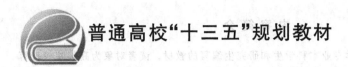

普通高校"十三五"规划教材

随 机 过 程

（第4版）

李裕奇　刘　赪　王　沁　编著

北京航空航天大学出版社

内容简介

本书是为高等院校非数学专业本科学生和研究生编写的教材。读者对象为高等院校计算机与通信、交通运输、工程、管理、经济、金融、物理与化学等专业的本科生、研究生与有关专业的实际技术人员。本书内容主要包括随机过程的基本概念、随机过程的分布与数字特征、均方微积分、著名的泊松过程、平稳过程、马尔可夫过程等随机过程的基本理论与简单应用,以及时间序列的基本概念、趋势项的分离、自回归模型、移动平均模型、自回归与移动平均模型的参数估计,模型拟合与预测等时间序列分析内容。

读者只需具备概率论、微积分与线性代数知识,即可顺利阅读全书。本书易读易懂,操作性强,是学习随机过程与时间序列知识的基础教材。

图书在版编目(CIP)数据

随机过程 / 李裕奇,刘赪,王沁编著. -- 4 版. --
北京 :北京航空航天大学出版社,2018.2
　　ISBN 978 - 7 - 5124 - 2661 - 0

Ⅰ. ①随… Ⅱ. ①李… ②刘… ③王… Ⅲ. ①随机过
程-高等学校-教材 Ⅳ. ①O211.6

中国版本图书馆 CIP 数据核字(2018)第 029201 号

随机过程(第 4 版)

李裕奇　刘　赪　王　沁　编著

责任编辑　尤　力

＊

北京航空航天大学出版社出版发行

北京市海淀区学院路 37 号(邮编 100191)　http://www.buaapress.com.cn
发行部电话:(010)82317024　传真:(010)82328026
读者信箱:bhpress@263.net　邮购电话:(010)82316936
北京建宏印刷有限公司印装　各地书店经销

＊

开本:710×1 000　1/16　印张:23.75　字数:430 千字
2018 年 2 月第 4 版　2024 年 1 月第 6 次印刷　印数:7 501～9 000 册
ISBN 978 - 7 - 5124 - 2661 - 0　定价:56.00 元

第4版前言

随着新时代科学技术的迅猛发展,交通运输、计算机科学、金融学、经济学、自动控制、通信工程、电气工程、机械工程、土木工程、工商管理以及企业管理等等学科的新技术新理论如雨后春笋般大量涌现,日益彰显出随机过程与时间序列分析理论对于动态随机数据的模型建立,数据预测与控制分析的重要性。因此,国内各高校在本科与研究生专业开设重点课程"随机过程"或"随机过程与时间序列分析"势在必行。但是这两门课程对于非数学、非统计专业的学生来讲,要想很好地理解随机过程的基本概念、基本理论与基本应用、时间序列的建模方法、检验与预测方法无疑是很困难的。但若有一本内容深入浅出、语句准确明了、推理清晰有序、逻辑合理严谨,且配有恰如其分的习题与参考答案的入门基础教材,对读者当是极幸运之事,这也是我们编写这部教材与配套习题解答辅助教材的初衷,希望通过这本书的学习,能为国家培养目前急需的科研型与应用型人才作出应有的贡献。

随机过程与时间序列分析是研究和处理动态随机数据的基础理论与重要技术手段,学习的难点首先在于是否具有扎实的"概率论与数理统计"知识基础,这可参阅李裕奇等人编写的《概率论与数理统计》(北京航空航天大学出版社出版,第5版)教材。其次在于是否认真仔细的学习与掌握基本概念、基本理论与基本方法,了解动态随机数据与静态随机数据的分析方法的借鉴与区别。本书中每一个概念、每一个知识点都配有实例,每一种方法都介绍操作步骤,详细解读随机过程与时间序列分析内容的重点与难点,且在每小节内容之后设置相应的基本练习题,每一章末设置适当的综合练习题,并于每一章末设置自测题用以作为读者自觉检验学习效果的标尺。本书试图通过这些内容的编写与习题的设置来帮助读者踏踏实实、一步一个脚印地掌握与巩固所学理论知识与技术方法。

本书较为系统地介绍了随机过程的基本概念,分布函数族与数字特征,均方极限、均方连续性、均方微分与均方积分,泊松过程,严平稳过程与宽平稳过程、遍历性与谱密度,马尔可夫过程、马尔可夫链、转移概率的遍历性与平稳分布等随机过程的基本概念、基本思想、基本原理与基本方法,还介绍了时间序列分析的基本概念,时间序列的确定性分析,平稳序列的自回归模型,移动平均模型,自回归与移动平均模型的性质、参数估计,模型拟合与预测等内容。

读者只需具备概率论、微积分与线性代数知识,即可顺利阅读全书。

本书的出版得到西南交通大学教务处教材科与数学学院统计系的鼎力支持,统计咨询中心全体同仁的热情参与,以及北京航空航天大学出版社的慷慨帮助,编者谨此一并表示由衷的感谢。

由于编者水平有限,书中难免会有错误与不妥之处,敬请同行与读者批评指正。

李裕奇

2018 年 1 月于成都

目 录

第1章 概率论基础

概率论是研究随机现象的统计规律性的一门随机数学学科、是一门构造随机数学模型的基础理论，也是学习随机过程的基础。因此本章首先简要地介绍概率论的基本理论知识，包括随机变量的分布、数字特征、条件分布与条件数学期望、特征函数等内容，作为学习、分析与研究随机过程理论的必要工具。

1.1 随机事件与概率

一、随机试验、随机事件与概率定义

一般来说，概率论中的试验是指对自然的观察或为某种目的进行的科学实验。如果此试验能在相同条件下重复进行；且每次试验的可能结果不止一个，事先明确试验所有可能结果；而每一次试验之前不能确定哪一个结果会出现。这样的试验就是概率论的研究对象——随机试验。

随机试验的全部可能结果的集合称为样本空间，记作 S。随机试验的每一个可能结果，即组成样本空间的元素称为样本点，又称基本事件，记作 e。

故样本空间 S 可记作 $S = \{e\}$。

而样本空间 S 的子集，即部分样本点的集合称为随机事件。通常用大写字母 A、B、C 等表示。若事件中至少一样本点发生时，称这一事件发生或出现。

由于样本空间 S 包括试验的全部的样本点、即每次试验每次都发生，故又称 S 为必然事件。而事件 ϕ 不包括任何样本点，即每次试验每次都不发生，故称为不可能事件。

由于随机事件是样本点的集合，因此事件间的关系与集合论中集合之间的关系是一致的。例如包含关系：若事件 A 发生导致事件 B 发生，则称事件 A 包含于事件 B，或事件 B 包含事件 A，记为 $A \subset B$；$A \bigcup B = \{e|e \in A \text{或} e \in B\}$ 称为事件 A 与事件 B 的和事件：当且仅当事件 A，B 中至少有一个发生时，事件 $A \bigcup B$ 发生；$A \bigcap B = \{e|e \in A \text{且} e \in B\}$ 称为事件 A 与事件 B 的积事件：即当且仅当事件 A，B 同时发生时，事件 $A \bigcap B$ 才发生，可简记为 AB；$A - B = \{e|e \in A \text{且} e \in B\}$ 称为事件 A

1

与事件 B 的差事件，当且仅当事件 A 发生，事件 B 不发生时，事件 $A-B$ 发生；若 $AB=\phi$，则称事件 A 与事件 B 互不相容，或称为互斥事件，即指事件 A 与事件 B 不能同时发生；若 $AB=\phi$，且 $A\bigcup B=S$，则称事件 A 与事件 B 互为逆事件，A 的逆事件常记为 $\overline{A}$ 等等。事件之间的运算规律与集合之间的运算规律也是一致的，亦具有下述规律：

交换律： $A\bigcup B=B\bigcup A$ $A\bigcap B=B\bigcap A$

结合律： $A\bigcup(B\bigcup C)=(A\bigcup B)\bigcup C$ $A\bigcap(B\bigcap C)=(A\bigcap B)\bigcap C$

分配律： $A\bigcap(B\bigcup C)=AB\bigcup AC$ $A\bigcup(B\bigcap C)=(A\bigcup B)\bigcap(A\bigcup C)$

德·摩根律： $\overline{A\bigcup B}=\overline{A}\bigcap\overline{B}$ $\overline{\bigcup A_i}=\bigcap\overline{A_i}$ $\overline{A\bigcap B}=\overline{A}\bigcup\overline{B}$ $\overline{\bigcap A_i}=\bigcup\overline{A_i}$

定义 1.1.1 设 E 为随机试验，S 为其样本空间，对于 E 的每一事件 A，赋予一实数 $P(A)$，若集函数 $P(\cdot)$ 满足以下性质：

1° 非负性： $\forall A\subset S, \ P(A)\geqslant 0$

2° 规范性： $P(S)=1$

3° 可列可加性：若 $A_1,A_2,\cdots$ 为两两互不相容事件列，即 $\forall i\neq j, A_iA_j=\phi$，有

$$P\left(\bigcup_{i=1}^{\infty}A_i\right)=\sum_{i=1}^{\infty}P(A_i)$$

则称 $P(A)$ 为随机事件 A 的概率。

概率具有以下几个简单性质：

1° 不可能事件发生的概率为零，即 $P(\phi)=0$

2° (有限可加性)若事件 $A_1,\cdots,A_n$ 两两互不相容，则

$$P(A_1\bigcup A_2\bigcup\cdots\bigcup A_n)=\sum_{i=1}^{n}P(A_i)$$

3° 若 $A\subset B$，则 $P(A)\leqslant P(B)$ 且 $P(B-A)=P(B)-P(A)$

4° $\forall A\subset S, \ 0\leqslant P(A)\leqslant 1$

5° 对任意事件 A，有 $P(A)+P(\overline{A})=1$

6° 对任意事件 A 与 B，$P(A\bigcup B)\leqslant P(A)+P(B)$，且 $P(A\bigcup B)=P(A)+P(B)-P(AB)$

二、古典概型概率计算方法

若随机试验的样本空间中的元素个数只有有限个，可记为 $S=\{e_1,e_2,\cdots,e_n\}$，

且每个基本事件 e_i 出现的可能性相等，$i = 1, 2, \cdots, n$，即

$$P(\{e_1\}) = P(\{e_2\}) = \cdots = P(\{e_n\}) = \frac{1}{n}$$

则称此试验为古典概型。对于任意一个随机事件 $A \subset S$，古典概型事件 A 的概率计算公式为

$$P(A) = \frac{k}{n} = \frac{A\text{包含的基本事件数}}{S\text{中基本事件总数}} \tag{1.1.1}$$

［例 1.1.1］ 从 $1, 2, \cdots, 10$ 共 10 个数中任取一数，设每个数以 $\frac{1}{10}$ 的概率被取中，取后放回，先后取出 7 个数中，求下列事件的概率：

(1) A_1={7 个数全不相同}   (2) A_2={不含 10 和 1}

(3) A_3={10 恰好出现 2 次}   (4) A_4={10 至少出现 2 次}

解：(1) $P(A_1) = \dfrac{10 \times 9 \times 8 \times 7 \times 6 \times 5 \times 4}{10^7} = \dfrac{189}{3125} \approx 0.06048$

(2) $P(A_2) = \dfrac{8^7}{10^7} = 0.2097$

(3) $P(A_3) = \dfrac{C_7^2 9^5}{10^7} = 0.1240$

(4) $P(A_4) = \displaystyle\sum_{k=2}^{7} \dfrac{C_7^k 9^{7-k}}{10^7} = 1 - P(\overline{A_4}) = 1 - \dfrac{9^7 + C_7^1 9^6}{10^7} = 0.1497$

［例 1.1.2］ 从 3 个相异数字中，重复抽取两次，所得结果不计次序，试问抽到两个不同数字组成的组合(A)的概率是多少？

解：
$$P(A) = \frac{C_3^2}{C_{3+2-1}^2} = \frac{3}{C_4^2} = \frac{3}{2 \times 3} = \frac{1}{2}$$

［例 1.1.3］ 在 10 个数字中 0, 1, 2, $\cdots$, 9 中不重复地任取 4 个，能排成一个四位偶数的概率是多少？

解：
$$P(A) = \frac{A_9^3 + 4 \times 8 \times A_8^2}{A_{10}^4} = 0.4556$$

因为从 10 个数字中不重复任取 4 个的取法是总数为 A_{10}^4，而 0 在个位的四位数共有 A_9^3 种取法，而个位为 2，4，6，8 四个数之一，且首位不为 0 的取法数为 $4 \times 8 \times A_8^2$ 种。

3

[例 1.1.4]　从 0, 1, 2, …, 9 等 10 个数字中任意选出 3 个不同数字，试求下列事件的概率：

(1) $A_1 = \{3$ 个数字中不含 0 和 5$\}$

(2) $A_2 = \{3$ 个数字中不含 0 或 5$\}$

解：所取 3 个数不计序，属不重复的组合问题，基本事件总数为 $n = C_{10}^3$。

(1) $P(A_1) = \dfrac{C_8^3}{C_{10}^3} = \dfrac{7}{15}$

(2) $P(A_2) = 1 - P(\overline{A}_2) = 1 - \dfrac{C_8^1}{C_{10}^3} = 1 - \dfrac{1}{15} = \dfrac{14}{15}$

或利用概率加法公式，得

$$P(A_2) = \frac{C_9^3}{C_{10}^3} + \frac{C_9^3}{C_{10}^3} - \frac{C_8^3}{C_{10}^3} = \frac{14}{15}$$

三、条件概率、乘法公式、全概率公式与贝叶斯公式

定义 1.1.2　设 A, B 为两事件，且 $P(A) > 0$，称

$$P(B \mid A) = \frac{P(AB)}{P(A)} \tag{1.1.2}$$

为在事件 A 发生条件下 B 事件发生的条件概率。

既然 $P(B \mid A)$ 谓之条件概率，则 $P(B \mid A)$ 必须满足概率的 3 条公理：

1° 非负性：$\forall B \subset S \quad P(B \mid A) \geqslant 0$

2° 规范性：$P(S \mid A) = 1$

3° 有限可加性：设 $B_1, B_2, \cdots, B_n$ 两两互不相容，则有

$$P\left(\bigcup_{i=1}^{n} B_i \middle| A\right) = \sum_{i=1}^{n} P(B_i \mid A)$$

因此，概率的所有性质对条件概率依然成立。

将条件概率公式移项即得所谓的乘法公式：

设 $P(A) > 0$，则有

$$P(AB) = P(A)P(B \mid A) \tag{1.1.3}$$

[例 1.1.5]　设 A, B 为两事件，已知 $P(A) = 0.5$，$P(B) = 0.6$，$P(B \mid \overline{A}) = 0.4$，试求：

(1) $P(\overline{A}B)$

(2) $P(AB)$

(3) $P(A\bigcup B)$

解：(1) $P(\overline{A}B) = P(\overline{A})P(B|\overline{A}) = (1-0.5) \times 0.4 = 0.2$

(2) $P(AB) = P(B) - P(\overline{A}B) = 0.6 - 0.2 = 0.4$

(3) $P(A\bigcup B) = P(A) + P(B) - P(AB) = 0.5 + 0.6 - 0.4 = 0.7$

将乘法公式推广可得下述形式：

设有 n 个事件 $A_1, A_2, \cdots, A_n$，且 $P(A_1A_2\cdots A_{n-1}) > 0$，则

$$P(A_1A_2\cdots A_n) = P(A_1)P(A_2|A_1)P(A_3|A_1A_2)\cdots P(A_n|A_1A_2\cdots A_{n-1})$$

特别地，当 $n=2$ 即上述乘法公式，当 $n=3$ 时，为

$$P(A_1A_2A_3) = P(A_1)P(A_2|A_1)P(A_3|A_1A_2) \qquad P(A_1A_2) > 0$$

利用乘法公式与互斥事件的概率加法公式可得著名的全概率公式：

定理 1.1.1 设试验 E 的样本空间为 S，A 为 E 的事件，若 B_1, B_2, $\cdots$, B_n 为 S 的一个完备事件组(或称为 S 的一个划分)，即满足条件

1° $B_1, B_2, \cdots, B_n$ 两两互不相容，即 $B_iB_j = \phi, i \neq j, i,j = 1,2,\cdots,n$

2° $B_1\bigcup B_2\bigcup\cdots\bigcup B_n = S$，且有 $P(B_i) > 0, i = 1,2,\cdots,n$，则

$$P(A) = \sum_{i=1}^{n} P(B_i)P(A|B_i) \tag{1.1.4}$$

式(1.1.4)即称为全概率公式。

证：$P(A) = P(AS) = P(A\bigcup_{i=1}^{n} B_i) = P(\bigcup_{i=1}^{n}(B_iA))$

当 $i \neq j$ 时，$(B_iA)(B_jA) = A(B_iB_j)A = A\phi A = \phi$，故 $B_1A, B_2A, \cdots, B_nA$ 两两互不相容，由概率性质知

$$P(A) = \sum_{i=1}^{n} P(B_iA)$$

再用乘法公式，即得式(1.1.4)。

利用全概率公式与条件概率公式可得贝叶斯公式，即逆概公式：

定理 1.1.2 设试验 E 的样本空间为 S，A 为 E 的事件，B_1, B_2, $\cdots$, B_n 为 S 的一个完备事件组，即 S 的一个划分，且 $P(A) > 0, P(B_i) > 0$，$i = 1,2,\cdots,n$，则

$$P(B_i|A) = \frac{P(B_i)P(A|B_i)}{\sum_{j=1}^{n} P(B_j)P(A|B_j)} \qquad i = 1,2,\cdots,n \tag{1.1.5}$$

式(1.1.5)是 18 世纪英国哲学家 Thomas Bayes 首先总结出来的，所以称为贝叶斯公式。

证：$P(B_i \mid A) = \dfrac{P(B_i A)}{P(A)} = \dfrac{P(B_i)P(A \mid B_i)}{\sum\limits_{j=1}^{n} P(B_j)P(A \mid B_j)}$

可以这样说，$P(B_1), P(B_2), \cdots, P(B_n)$ 是人们对 $B_1, B_2, \cdots, B_n$ 发生可能性大小的经验认识，当发生新信息(知道 A)之后人们对 $B_1, B_2, \cdots, B_n$ 又有了新的认识，即 $P(B_1 \mid A), P(B_2 \mid A), \cdots, P(B_n \mid A)$，贝叶斯公式正是描述了这种认识的变化过程。

四、事件的独立性

定义 1.1.3　设 A, B 是两事件，如果具有等式

$$P(AB) = P(A)P(B) \tag{1.1.6}$$

则称 A, B 为相互独立事件。

由两事件相互独立性定义可以推知，若 4 对事件 A 与 B，$\overline{A}$ 与 B，A 与 $\overline{B}$ 和 $\overline{A}$ 与 $\overline{B}$ 中有一对是相互独立的事件，则另外各对也是相互独立的事件。实际上，若事件 A 与 B 相互独立，则其逆事件之间亦是相互独立的，这个概念可推广到多个事件情况中。

[例 1.1.6]　设事件 A 与 B 相互独立，已知 $P(A) = 0.4$，$P(A \bigcup B) = 0.7$，试求 $P(\overline{B} \mid A)$。

解：$0.7 = P(A \bigcup B) = P(A) + P(B) - P(AB) =$
　　　$P(A) + P(B) - P(A)P(B) =$
　　　$0.4 + P(B) - 0.4P(B) =$
　　　$0.4 + 0.6P(B)$

解得

$$P(B) = 0.3 / 0.6 = \frac{1}{2} = 0.5$$

又由事件 A 与 B 相互独立，故事件 A 与 $\overline{B}$ 也相互独立，所以有

$$P(\overline{B} \mid A) = P(\overline{B}) = 1 - P(B) = 0.5$$

容易将此概念推广到多个事件间的相互独立性：

定义 1.1.4　设 $A_1, A_2, \cdots, A_n$ 为 n 个事件，如果对于任意 k $(1 \leqslant k)$ 个事件，若 $A_{i_1}, A_{i_2}, \cdots, A_{i_k}, 1 \leqslant i_j \leqslant n, j = 1, 2, \cdots, k$，均有

$$P(A_{i_1} A_{i_2} \cdots A_{i_k}) = P(A_{i_1})P(A_{i_2}) \cdots P(A_{i_k}) \tag{1.1.7}$$

则称 $A_1, A_2, \cdots, A_n$ 为相互独立的事件。

在式(1.1.7)中包含了 $C_n^2 + C_n^3 + \cdots + C_n^n = (1+1)^n - C_n^0 - C_n^1 = 2^n - n - 1$ 个等式，故在实际中按定义 1.1.4 来判断 n 个事件的独立性较为困难，通常是按试验与事件的实际意义来判断事件间的相互独立性。

五、随机变量及其分布函数
1. 随机变量的定义

定义 1.1.5 设 E 为随机试验，其样本空间 $S = \{e\}$，若对于每一个 $e \in S$，均有一个实数 $X(e)$ 与之对应，这样一个定义在样本空间 S 上的单值实函数

$$X = X(e)$$

称为随机变量，其值域 $R_X \subset (-\infty, +\infty)$。

在样本空间上建立随机变量之后，我们就可以用随机变量取值的集合来表示随机事件。实际上，随机事件为部分样本点的集合，而在样本空间上定义一随机变量之后，每一样本点对应随机变量的一个取值，部分样本点的集合，即为随机变量部分取值的集合，即随机变量的部分取值的集合为随机事件。

2. 随机变量的分布函数的定义

一般地，若 X 为 $S = \{e\}$ 上随机变量，$L \subset (-\infty, +\infty)$ 为实数集合，则

$$\{X \in L\} \overset{\Delta}{=} \{e \mid X(e) \in L\}$$

表示一随机事件，这样，讨论样本点与随机事件的概率就转化为讨论随机变量 X 的可能取值与取值集合的概率。

进一步为达到建立数与数之间的映射，故引入分布函数概念：

定义 1.1.6 设 X 是一个随机变量，x 是任意实数，函数

$$F(x) = P(X \le x) \tag{1.1.8}$$

称为 X 的分布函数。

容易推出，随机变量的分布函数具有以下重要性质：

1° $F(x)$ 是一个不减函数，即 $\forall x_1 \le x_2$，$F(x_1) \le F(x_2)$

2° $0 \le F(x) \le 1$，且 $F(-\infty) = \lim\limits_{x \to -\infty} F(x) = 0$，$F(+\infty) = \lim\limits_{x \to +\infty} F(x) = 1$

3° $F(x)$ 是右连续函数，即 $F(x+0) = \lim\limits_{\varepsilon \to 0^+} F(x+\varepsilon) = F(x)$

4° $\forall x_1 \le x_2$，$P(x_1 < x \le x_2) = F(x_2) - F(x_1)$

可以证明：若定义在实数空间 R 上的函数 $F(x)$ 满足上述性质 1°～性质 3°，则它必为某随机变量的分布函数。

从上述随机变量的分布函数的性质可以看出，随机变量的分布函数能够完整地描述随机变量的统计规律性。

[例 1.1.7]　如下 4 个函数，哪个可作为随机变量 X 的分布函数？

$$(1)\ F(x)=\begin{cases}0 & x<-2 \\ \dfrac{1}{2} & -2\leqslant x<0 \\ 2 & x\geqslant 0\end{cases} \qquad (2)\ F(x)=\begin{cases}0 & x<0 \\ \sin x & 0\leqslant x<\pi \\ 1 & x\geqslant \pi\end{cases}$$

$$(3)\ F(x)=\begin{cases}0 & x<0 \\ \sin x & 0\leqslant x<\dfrac{\pi}{2} \\ 1 & x\geqslant \dfrac{\pi}{2}\end{cases} \qquad (4)\ F(x)=\begin{cases}0 & x<0 \\ \dfrac{1}{2}+x & 0\leqslant x<\dfrac{1}{2} \\ 1 & x\geqslant \dfrac{1}{2}\end{cases}$$

解: (1) 因为 $x\geqslant 0$ 时 $F(x)=2>1$，故 $F(x)$ 不是分布函数。

(2) 当 $\dfrac{\pi}{2}<x<\pi$ 时，$F(x)=\sin x$ 单调下降，不满足性质 1°，故此 $F(x)$ 亦不是分布函数。

(3) $\forall x\leqslant 0,\ F(x)=0;\ \forall 0<x<\dfrac{\pi}{2},F(x)=\sin x$ 单调上升；当 $x\geqslant\dfrac{\pi}{2},F(x)=1$，且 $F(x)$ 为连续函数，满足性质 1°～性质 3°，故此 $F(x)$ 是分布函数。

(4) $\forall x<0,F(x)=0;\ \forall 0\leqslant x<\dfrac{1}{2},F(x)=x+\dfrac{1}{2}$ 为单调上升函数；当 $x\geqslant\dfrac{1}{2}$，$F(x)=1$，满足性质 1°～性质 3°，故此 $F(x)$ 是分布函数。

3. 离散型随机变量

定义 1.1.7　若随机变量 X 的可能取值仅有有限或可列多个，则称此随机变量为离散型随机变量。

即 X 的可能取值可记为 x_k，$k=1,2,3,\cdots$，且 X 取每个可能值 x_k 均具有一定的概率，这由离散型随机变量的概率分布(概率函数)来说明:

定义 1.1.8　设离散型随机变量 X 的所有可能取值为 x_k，且 X 取值为 x_k 的概率，即事件 $\{X=x_k\}$ 的概率为

$$P\{X=x_k\}=p_k \qquad k=1,2,3,\cdots \tag{1.1.9}$$

若 p_k 满足条件:

$$1° \qquad\qquad p_k \geqslant 0 \qquad k=1,2,3,\cdots \qquad\qquad (1.1.10)$$

$$2° \qquad\qquad \sum_{k=1}^{\infty} p_k = 1 \qquad k=1,2,3,\cdots \qquad\qquad (1.1.11)$$

则称式(1.1.9)为 X 的概率分布(概率函数)，或分布律(列)。

一般地，概率分布有 3 种表示方式：

(1) 分析表达式

$$p_k = P\{X = x_k\} \qquad p_k \geqslant 0 , \qquad \sum p_k = 1$$

(2) 表格式或矩阵表达式

X_k	x_1	x_2	$\cdots$	x_k	$\cdots$
p_k	p_1	p_2	$\cdots$	p_k	$\cdots$

或

$$\begin{pmatrix} x_1 & x_2 & \cdots & x_k & \cdots \\ p_1 & p_2 & \cdots & p_k & \cdots \end{pmatrix}$$

(3) 图形表达式

例如某个随机变量的概率分布为

X	0	1	2	3	4	5
p_k	0.3277	0.4096	0.2048	0.0512	0.0064	0.0003

用图形表示如下(见图 1.1)：

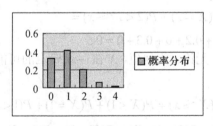

图 1.1　随机变量的概率分布

若 X 的概率分布为 $p_k = P(X = x_k), k = 1,2,3,\cdots$，则由分布函数定义可知，离散型随机变量的分布函数为

$$F(x) = \sum_{x_k \leqslant x} P\{X = x_k\} = \sum_{x_k \leqslant x} p_k \qquad\qquad (1.1.12)$$

式(1.1.12)中和式是对所有满足 $x_k \leqslant x$ 的 k 求和的。即

$$F(x) = \begin{cases} 0 & x < x_1 \\ p_1 & x_1 \leqslant x < x_2 \\ p_1 + p_2 & x_2 \leqslant x < x_3 \\ \vdots & \vdots \\ p_1 + p_2 + \cdots + p_{n-1} & x_{n-1} \leqslant x < x_n \\ p_1 + p_2 + \cdots + p_{n-1} + p_n = 1 & x \geqslant x_n \end{cases}$$

[**例1.1.8**]　已知离散型随机变量 X 的概率分布为

$$P(X=1) = 0.2 \qquad P(X=2) = 0.3 \qquad P(X=3) = 0.5$$

试写出 X 的分布函数 $F(x)$，并给出其图形。

解：因 X 的可能取值只有 1，2，3 三个值，为求分布函数 $F(x) = P(X \leqslant x)$，先将 $(-\infty, +\infty)$ 依 X 的可能取值分成 4 个区间：$(-\infty, 1), [1, 2), [2, 3)$ 与 $[3, +\infty)$，再考虑：

(1) 当 $x \in (-\infty, 1)$ 时，X 在 $(-\infty, x]$ 内没有可能取值，故

$$F(x) = P\{X \leqslant x\} = P(\phi) = 0$$

(2) 当 $x \in [1, 2)$ 时，无论 x 为何值，X 在 $(-\infty, x]$ 上的可能取值仅有 $X = 1$，故

$$F(x) = P(X \leqslant x) = P(X < 1) + P(X = 1) + P(1 < X \leqslant x)$$
$$0 + 0.2 + 0 = 0.2$$

(3) 当 $x \in [2, 3)$ 时，无论 x 为何值，X 在 $(-\infty, x]$ 上的可能取值仅有两值 $X = 1$ 或 $X = 2$，故

$$F(x) = P(X \leqslant x) = P(X < 1) + P(X = 1) + P(1 < X < 2) +$$
$$P(X = 2) + P(2 < X \leqslant x) =$$
$$0 + 0.2 + 0 + 0.3 + 0 = 0.5$$

(4) 当 $x \in [3, +\infty)$，无论 x 为何值，X 在 $(-\infty, x]$ 上的可能取值仅有 3 值 $X = 1$，$X = 2$ 或 $X = 3$，故

$$F(x) = P(X \leqslant x) = P(X < 1) + P(X = 1) + P(1 < X < 2) +$$
$$P(X = 2) + P(2 < X < 3) + P(X = 3) + P(3 < X \leqslant x) =$$
$$0 + 0.2 + 0 + 0.3 + 0 + 0.5 + 0 = 1$$

即得 X 的分布函数为

$$F(x) = \begin{cases} 0 & x < 1 \\ 0.2 & 1 \leqslant x < 2 \\ 0.5 & 2 \leqslant x < 3 \\ 1 & x \geqslant 3 \end{cases}$$

10

$F(x)$图形容易绘出(略)。

常见的离散型分布见表 1.1。

表 1.1 离散型分布

分布类型	分布律	参数
(0—1)分布	$P\{X=k\}=p^k(1-p)^{1-k}\quad k=0,1$	$0<p<1$
二项分布	$P\{X=k\}=C_n^k p^k(1-p)^{n-k}\quad k=0,1,2,\cdots,n$	$0<p<1$
几何分布	$P\{X=k\}=p(1-p)^{k-1}\quad k=1,2,\cdots$	$0<p<1$
超几何分布	$P\{X=k\}=\dfrac{C_M^k C_{N-M}^{n-k}}{C_N^n}\quad k=0,1,2,\cdots,r$	$r=\min\{n,M\}$
负二项分布	$P\{X=k\}=C_{k-1}^{r-1}p^r(1-p)^{k-r}\quad k=r,r+1,\cdots$	$r\geqslant 1$ $0\leqslant p<1$
泊松分布	$P\{X=k\}=\dfrac{\lambda^k \mathrm{e}^{-\lambda}}{k!}\quad k=0,1,2,\cdots$	$\lambda>0$
等可能分布	$P\{X=x_k\}=\dfrac{1}{n}\quad k=1,2,\cdots,n$	

[例 1.1.9] 一批产品有 20 个,其中有 5 个次品,从这批产品中随意抽出 4 个,试求 4 个中的次品数的分布律。

解: 设 $X=$ 抽出的 4 个产品中次品个数,则 X 的可能取值为 0,1,2,3,4,显然 X 服从超几何分布,$N=20$,$M=5$,$n=4$,由上表中查得

$$P\{X=k\}=\frac{C_5^k C_{15}^{4-k}}{C_{20}^4}\qquad k=0,1,2,3,4$$

即

$$P\{X=0\}=C_5^0 C_{15}^4 / C_{20}^4=0.2817$$
$$P\{X=1\}=C_5^1 C_{15}^3 / C_{20}^4=0.4696$$
$$P\{X=2\}=C_5^2 C_{15}^2 / C_{20}^4=0.2167$$
$$P\{X=3\}=C_5^3 C_{15}^1 / C_{20}^4=0.0310$$
$$P\{X=4\}=C_5^4 C_{15}^0 / C_{20}^4=0.0010$$

常见的离散型随机变量的概率分布及分布函数对应着不同的随机模型:

1) (0—1)分布(两点分布)

设随机变量 X 的可能取值仅为 0 或 1,其概率分布为

$$P\{X=k\}=p^k(1-p)^{1-k}\qquad k=0,\quad 1,\quad 0<p<1 \tag{1.1.13}$$

11

或

X	0	1
p_k	$1-p$	p

则称 X 服从参数为 p 的(0—1)分布。

其分布函数为

$$F(x) = \begin{cases} 0 & x < 0 \\ 1-p & 0 \leqslant x < 1 \\ 1 & x \geqslant 1 \end{cases} \qquad (1.1.14)$$

实际上，对于一个随机试验，若其样本空间只包含两个元素，即 $S = \{A, \overline{A}\}$，则可在 S 定义一个服从(0—1)分布的随机变量为

$$X = X(e) = \begin{cases} 0 & e = \overline{A} \\ 1 & e = A \end{cases} \qquad (1.1.15)$$

来描述这个随机试验的结果。

例如，设一射手击中目标的概率为 0.3，则他一次射击击中目标次数 X 的概率分布为

$$P\{X = k\} = 0.3^k 0.7^{1-k} \qquad k = 0,1$$

其分布函数为

$$F(x) = \begin{cases} 0 & x < 0 \\ 0.7 & 0 \leqslant x < 1 \\ 1 & x \geqslant 1 \end{cases}$$

2) 等可能分布(离散型均匀分布)

如果随机变量 X 可以取 n 个不同的值 $x_1, x_2, \cdots, x_n$，且取每个 x_k 值的概率相等，即

$$P\{X = x_k\} = \frac{1}{n} \qquad (1.1.16)$$

则称 X 服从等可能分布或离散型均匀分布，其分布参数为 n，可记为 $X \sim U(n)$。

其分布函数为

12

$$F(x) = \begin{cases} 0 & x < x_1 \\ \dfrac{k}{n} & x_k \leqslant x < x_{k+1} \qquad k = 1,2,\cdots,n-1 \\ 1 & x \geqslant x_n \end{cases}$$

实际上，在一古典概型中，若记 $X(e_k) = x_k$，$k = 1,2,\cdots,n$ 则由古典概型特点知，$P\{X = x_k\} = \dfrac{1}{n}$，$k = 1,2,\cdots,n$，此即等可能分布。

例如，掷一质地均匀的骰子一次，观察朝上的点数。记随机变量 X 为朝上的点数，则 X 的可能取值为 1，2，$\cdots$，6，且 $P\{X = k\} = \dfrac{1}{6}$，$k = 1,2,\cdots,6$，即此 X 服从等可能分布。

3）二项分布

如果随机变量 X 取值为 0，1，2，$\cdots$，n 的概率为

$$P\{X = k\} = C_n^k p^k (1-p)^{n-k} \qquad k = 0,1,2,\cdots,n \tag{1.1.17}$$

则称 X 服从参数为 n, p 的二项分布，记为 $X \sim B(n, p)$。

其分布函数为

$$F(x) = \sum_{0 \leqslant k \leqslant x} P\{X = k\} = \sum_{0 \leqslant k \leqslant x} C_n^k p^k (1-p)^{n-k} \tag{1.1.18}$$

一般地，设观察随机试验 E 的结果只有两个，即 A 或 $\bar{A}$，且 $P(A) = p$，$P(\bar{A}) = 1 - p = q, 0 < p < 1$，将 E 独立地重复进行 n 次，则称这一串重复的独立试验为 n 重贝努利试验，或称 n 重贝努利概型。

贝努利概型是一种很重要的数学模型，有着非常广泛的运用。在 n 重贝努利概型中事件 A 恰恰出现 k 次的概率是实际中常遇到的，这个概率常称为二项概率，记为 $P_n(k)$。n 重贝努利概型中事件 A 发生的次数 X 即服从 $B(n, p)$，即

$$P_n(k) = P\{X = k\} = C_n^k p^k (1-p)^{n-k} \qquad k = 0,1,2,\cdots,n$$

例如：(1) n 次投掷一枚硬币，其中正面出现次数 X 的分布；

(2) 检查 n 只产品，其中次品个数 X 的分布。

4）泊松分布

如果随机变量 X 的可能取值为 0，1，2，$\cdots$，取各值的概率为

$$P\{X = k\} = \frac{\lambda^k \mathrm{e}^{-\lambda}}{k!} \qquad k = 0,1,2,\cdots \tag{1.1.19}$$

其中 $\lambda > 0$ 为常数, 则称 X 服从参数为 λ 的泊松分布, 记作 $X \sim \pi(\lambda)$。

其分布函数为

$$F(x) = \sum_{0 \leqslant k \leqslant x} \frac{\lambda^k \mathrm{e}^{-\lambda}}{k!} \qquad (1.1.20)$$

一般地, 作为描述大量独立试验中稀有事件 A 出现次数的分布模型服从泊松分布, 例如:

(1) 电话交换台在一段时间内收到的呼唤次数 X 的分布;

(2) 某路段, 某时段交通事故出现次数 X 的分布。

[例 1.1.10]　某电话交换台在一般情况下, 1h 内平均接到电话 60 次, 已知电话呼唤次数 X 服从泊松分布, 试求在一般情况下, 30s 内接到电话次数不超过一次的概率。

解: 已知 $X \sim \pi(\lambda)$, 而 $\lambda = 30s$ 内电话交换台接到电话次数的平均数为

$$\frac{60}{3600} \times 30 = 0.5$$

故

$$P\{X = k\} = \frac{0.5^k \mathrm{e}^{-0.5}}{k!} \qquad k = 0, 1, 2, \cdots$$

于是

$$P\{X \leqslant 1\} = \frac{0.5^0 \mathrm{e}^{-0.5}}{0!} + \frac{0.5 \mathrm{e}^{-0.5}}{1!} = 1.5 \mathrm{e}^{-0.5} = 0.9098$$

特别地, 当贝努利试验的次数 n 很大, 且在一次试验中某事件发生的概率 p 较小时, 可用泊松分布公式(1.1.19)作二项概率的近似计算, 即当 n 很大, p 很小时有

$$P\{X = k\} = C_n^k p^k (1-p)^{n-k} \approx \frac{\lambda^k \mathrm{e}^{-\lambda}}{k!} \qquad \lambda = np \qquad (1.1.21)$$

[例 1.1.11]　一台总机共有 300 台分机, 总机拥有 13 条外线, 假设每台分机向总机要外线的概率为 3%, 试求每台分机向总机要外线时, 能及时得到满足的概率。

解: 设 $X =$ 300 台分机中向总机要外线的台数, 则依题意, 有

$$X \sim B(300, \quad 0.03)$$

$$P\{X = k\} = C_{300}^k 0.03^k 0.97^{300-k} \qquad k = 0, 1, 2, \cdots, 300$$

$n = 300$ 很大, $p = 0.03$ 很小, $\lambda = np = 300 \times 0.03 = 9$

故

14

$$P\{X \leqslant 13\} = 1 - P\{X > 13\} \approx 1 - \sum_{k=14}^{\infty} \frac{9^k e^{-9}}{k!} \approx 0.9265$$

4. 连续型随机变量

定义 1.1.9 如果对于随机变量 X 的分布函数 $F(x)$，存在非负函数 $f(x)$，使对于任意实数 x 均有

$$F(x) = \int_{-\infty}^{x} f(t)\mathrm{d}t \tag{1.1.22}$$

则称 X 为连续型随机变量，其中函数 $f(x)$ 称为 X 的概率密度函数，简称概率密度。

随机变量 X 的概率密度具有以下性质：

1° $f(x) \geqslant 0 \quad x \in (-\infty, +\infty)$

2° $\int_{-\infty}^{+\infty} f(x)\mathrm{d}x = 1$

3° $\forall x_1 \leqslant x_2, P\{x_1 < X \leqslant x_2\} = F(x_2) - F(x_1) = \int_{x_1}^{x_2} f(x)\mathrm{d}x$

表明 X 的取值在区间 $(x_1, x_2]$ 内的概率 $P\{x_1 < X \leqslant x_2\}$ 等于区间 $(x_1, x_2]$ 上曲线 $y = f(x)$ 之下曲边梯形的面积。

4° 若 $f(x)$ 在 x 处连续，则 $F'(x) = f(x)$，表明密度 $f(x)$ 可与分布函数相互确定。一般地，令

$$f(x) = \begin{cases} F'(x) & F'(x)\text{存在时} \\ 0 & F'(x)\text{不存在时} \end{cases}$$

则 $F(x)$ 与 $f(x)$ 相互唯一确定。

由性质 3°容易知道，下列概率均相等，即

$$P\{a < X < b\} = P\{a \leqslant X < b\} = P\{a < X \leqslant b\} = P\{a \leqslant X \leqslant b\}$$

常见的连续型分布见表 1.2。

表 1.2 连续型分布

分布类型	概率密度	参数
均匀分布 $U(a,b)$	$f(x) = \begin{cases} 1/(b-a) & a < x < b \\ 0 & \text{其它} \end{cases}$	$a < b$
指数分布 $Z(\alpha)$	$f(x) = \begin{cases} \alpha e^{-\alpha x} & x > 0 \\ 0 & x \leqslant 0 \end{cases}$	$\alpha > 0$

分布类型	概 率 密 度	参 数
正态分布 $N(\mu,\sigma^2)$	$f(x)=\dfrac{1}{\sqrt{2\pi}\sigma}e^{\frac{(x-\mu)^2}{2\sigma^2}}$	$\mu,\ \sigma^2$
伽玛分布 $\Gamma(\alpha,\beta)$	$f(x)=\begin{cases}\dfrac{\beta^\alpha}{\Gamma(\alpha)}x^{\alpha-1}e^{-\beta x} & x>0 \\ 0 & x\leqslant 0\end{cases}$	$\alpha>0$ $\beta>0$
瑞利分布	$f(x)=\begin{cases}\dfrac{x}{\sigma^2}e^{-x^2/2\sigma^2} & x>0 \\ 0 & x\leqslant 0\end{cases}$	$\sigma>0$
柯西分布	$f(x)=\dfrac{1}{\pi}\cdot\dfrac{1}{\lambda^2+(x-\mu)^2}$	$\lambda>0$ μ

常见的连续型随机变量的概率密度及分布函数对应着不同的随机模型：

1) 均匀分布

若随机变量 X 具有概率密度

$$f(x)=\begin{cases}\dfrac{1}{b-a} & a<x<b \\ 0 & \text{其它}\end{cases} \tag{1.1.23}$$

则称 X 服从区间 (a,b) 上的均匀分布，记为 $X\sim U(a,b)$ 。

其分布函数 $F(x)$ 为

$$F(x)=\begin{cases}0 & x<a \\ \dfrac{x-a}{b-a} & a\leqslant x<b \\ 1 & x\geqslant b\end{cases}$$

例如在某区间上"等可能投点"与"随机投点"的试验的数学模型即为均匀分布模型。

[例 1.1.12] 设随机变量 X 在区间 $(2，5)$ 上服从均匀分布，现对 X 进行 3 次独立观测，试求至少有两次观测值大于 3 的概率。

解：已知 $X\sim U(2,5)$ ，则

$$f(x)=\begin{cases}\dfrac{1}{3} & 2<x<5 \\ 0 & \text{其它}\end{cases}$$

16

设 $A = \{$对 X 的观测值大于 3$\}$，则

$$P(A) = P\{X > 3\} = \int_3^{+\infty} f(x)\mathrm{d}x = \int_3^5 \frac{1}{3}\mathrm{d}x + \int_5^{+\infty} 0\mathrm{d}x =$$

$$\frac{1}{3} \times \Big|_3^5 = \frac{2}{3}$$

记 $Y = \{3$ 次独立观测中观测值大于 3 的次数$\}$，显然有 Y 服从二项分布 $B\left(3, \dfrac{2}{3}\right)$。

故

$$P\{Y \geqslant 2\} = \sum_{k=2}^3 C_3^k \left(\frac{2}{3}\right)^k \left(\frac{1}{3}\right)^{3-k} = C_3^2 \left(\frac{2}{3}\right)^2 \left(\frac{1}{3}\right) + C_3^3 \left(\frac{2}{3}\right)^3 = \frac{20}{27}$$

2）指数分布

若随机变量 X 具有概率密度

$$f(x) = \begin{cases} \alpha\,\mathrm{e}^{-\alpha x} & x > 0 \\ 0 & x \leqslant 0 \end{cases} \qquad (1.1.24)$$

其中参数 $\alpha > 0$，则称随机变量 X 服从参数为 α 的指数分布，记为 $X \sim Z(\alpha)$。

其分布函数 $F(x)$ 为

$$F(x) = \begin{cases} 1 - \mathrm{e}^{-\alpha x} & x > 0 \\ 0 & x \leqslant 0 \end{cases} \qquad (1.1.25)$$

指数分布是一种重要的寿命分布，在可靠性理论及排队论中有重要应用。

例如保险丝、轴承、陶瓷制品的寿命分布，电子元件及设备的寿命分布，一些动物的寿命分布等。

[**例 1.1.13**] 某仪器装有 3 只独立工作的同型号电子元件，其寿命(单位：h)都服从同一指数分布，其概率密度为

$$f(x) = \begin{cases} \dfrac{1}{600}\,\mathrm{e}^{-\frac{x}{600}} & x > 0 \\ 0 & x \leqslant 0 \end{cases}$$

试求在仪器使用的最初 200h 内至少有一只电子元件损坏的概率。

解：已知 $X \sim Z\left(\dfrac{1}{600}\right)$

设 $A = \{$一只元件的使用寿命小于 200h$\}$

则

$$p = P(A) = P\{X \leqslant 200\} = \int_{-\infty}^{200} f(x)\mathrm{d}x = \int_{-\infty}^{0} 0\mathrm{d}x + \int_{0}^{200} \frac{1}{600}\mathrm{e}^{-\frac{x}{600}}\mathrm{d}x = 1 - \mathrm{e}^{-\frac{1}{3}}$$

记 $Y = \{3$ 只电子元件中使用寿命小于 200h 的只数$\}$，显然有 Y 服从二项分布 $B(3,p)\, p = 1 - \mathrm{e}^{-\frac{1}{3}}$，故

$$P\{Y \geqslant 1\} = 1 - P\{Y = 0\} = 1 - (1-p)^3 =$$
$$1 - (1 - 1 + \mathrm{e}^{-\frac{1}{3}})^3 = 1 - \mathrm{e}^{-1} = 0.6321$$

3）正态分布

若随机变量 X 具有概率密度

$$f(x) = \frac{1}{\sqrt{2\pi}\sigma}\mathrm{e}^{-\frac{(x-\mu)^2}{2\sigma^2}} \qquad -\infty < x < +\infty \tag{1.1.26}$$

则称 X 服从参数为 μ 和 σ^2 $(\sigma > 0)$ 的正态分布，记作 $X \sim N(\mu, \sigma^2)$，此时称 X 为正态变量。

特别地，若 $X \sim N(\mu, \sigma^2), \mu = 0, \sigma = 1$，称 X 服从标准正态分布 $N(0,1)$，其概率密度函数为

$$\varphi(x) = \frac{1}{\sqrt{2\pi}}\mathrm{e}^{-\frac{x^2}{2}} \qquad x \in (-\infty, +\infty)$$

其分布函数为

$$\Phi(x) = \int_{-\infty}^{x} \frac{1}{\sqrt{2\pi}}\mathrm{e}^{-\frac{x^2}{2}}\mathrm{d}x \tag{1.1.27}$$

注：由概率密度函数的对称性可得

$$\varphi(-x) = \varphi(x) \qquad \Phi(-x) = 1 - \Phi(x)$$

且一般正态分布的分布函数值可引用标准正态分布的分布函数值求得，即

若 $X \sim N(\mu, \sigma^2)$，则 $\forall a < b$，有

$$P\{a < X < b\} = \Phi\left(\frac{b-\mu}{\sigma}\right) - \Phi\left(\frac{a-\mu}{\sigma}\right) \tag{1.1.28}$$

例如，$X \sim N(1, 2^2)$，则

18

$$P(0.5 < X < 1.5) = \Phi\left(\frac{1.5-1}{2}\right) - \Phi\left(\frac{-0.5-1}{2}\right) =$$

$$\Phi(0.25) - \Phi(-0.75) =$$

$$0.5987 - (1 - 0.7734) = 0.3721$$

实际上，许多自然现象、社会经济现象，以及军事、科学技术和工农业生产的现象，都可用正态分布描述其统计规律性。例如测量误差的分布，某地区男性成年人身高的分布，海洋波浪的高度分布，电子管或半导体器件中热噪声电流或电压、飞机材料的疲劳应力的分布，一些随机变量的极限分布，如二项分布(n 很大，p 不小)、泊松分布(λ 很大)的极限分布，独立同分布的随机变量的极限分布等。

4)　Γ 分布

如果随机变量 X 具有概率密度

$$f(x) = \begin{cases} \dfrac{\beta^{\alpha}}{\Gamma(\alpha)} x^{\alpha-1} e^{-\beta x} & x > 0 \\ 0 & x \leqslant 0 \end{cases} \tag{1.1.29}$$

其中 $\alpha > 0, \beta > 0$，$\Gamma(\alpha) = \int_0^{+\infty} x^{\alpha-1} e^{-x} dx$ （Γ 函数），则称 X 服从参数为 α, β 的 Γ 分布，记作 $X \sim \Gamma(\alpha, \beta)$。其分布函数为

$$F(x) = \begin{cases} \displaystyle\int_0^x \frac{\beta^{\alpha}}{\Gamma(\alpha)} x^{\alpha-1} e^{-\beta x} dx & x > 0 \\ 0 & x \leqslant 0 \end{cases}$$

注 1：$\Gamma(\alpha)$ 称为 Γ 函数，具有性质

$$\Gamma(\alpha+1) = \alpha\, \Gamma(\alpha)$$

α 为正整数 n 时，$\Gamma(n+1) = n\Gamma(n) = n!$，

$$\Gamma(1) = 1, \qquad \Gamma\left(\frac{1}{2}\right) = \sqrt{\pi}$$

注 2：很多常见的分布都是 $\Gamma(\alpha, \beta)$ 的特殊情形，例如，$\Gamma(1, \beta)$ 即为参数为 β 的指数分布 $Z(\beta)$。$\Gamma(n/2, 1/2)$ 是统计中著名的 $\chi^2(n)$ 分布。

六、随机变量的函数的分布
1. 离散型随机变量的函数分布
若已知离散型随机变量 X 的分布律为

$$P\{X = x_k\} = p_k \qquad k = 1, 2, \cdots$$

$g(\cdot)$ 为连续函数，则 X 的函数 $Y = g(X)$ 亦为离散型随机变量，其可能取值为

$$y_k = g(x_k) \qquad k = 1, 2, \cdots$$

(1) 若 $y_k = g(x_k)$ $\quad k = 1, 2, \cdots$ 中任何两个值都有不相等，即当 $x_i \neq x_j$ 时

$$g(x_i) \neq g(x_j) \qquad i, j = 1, 2, \cdots$$

则

$$P\{Y = y_k\} = P\{g(X) = y_k\} = P\{X = x_k\} = p_k \qquad k = 1, 2, \cdots$$

于是 $Y = g(X)$ 的分布律为

$$P\{Y = y_k\} = P\{X = x_k\} = p_k \qquad k = 1, 2, \cdots$$

(2) 若 $y_k = g(x_k)$ $\quad k = 1, 2, \cdots$ 中存在两个或两个以上的值相等，如有 $x_i \neq x_j$ 但 $y_i = y_j$，则

$$P\{Y = y_i\} = P\{X = x_i \text{或} X = x_j\} = P\{X = x_i\} + P\{X = x_j\} = p_i + p_j$$

从而确定 $Y = g(X)$ 的分布律。

[例 1.1.14] 测量一圆形物体的半径 R，其分布列如下：

R	10	11	12	13
p_k	0.1	0.4	0.3	0.2

试求圆周长 X 的分布律。

解：圆周长 $X = 2\pi R$，可能取值为 20π、22π、24π、26π 各不相同，故其分布律为

X	20π	22π	24π	26π
p_k	0.1	0.4	0.3	0.2

[例 1.1.15] 设随机变量 X 的分布律为

X	−2	−1	0	1	2
p_k	0.1	0.2	0.4	0.2	0.1

试求 $Y = 3X^2 - 1$ 的概率分布。

解：$Y = 3X^2 - 1$，可能取值为 11，2，−1，2，11 有两对值相同，故相应的概率为

$$P\{Y = 11\} = P\{X = -2 \text{或} X = 2\} = P\{X = -2\} + P\{X = 2\} = 0.1 + 0.1 = 0.2$$

$$P\{Y=2\}=P\{X=-1\text{或}X=1\}=P\{X=-1\}+P\{X=1\}=0.2+0.2=0.4$$
$$P\{Y=-1\}=P\{X=0\}=0.4$$
即分布律为

Y	−1	2	11
p_k	0.4	0.4	0.2

2. 连续型随机变量的函数分布

若已知 X 是连续随机变量，$g(\cdot)$ 是连续函数，则函数 $Y=g(X)$ 亦为连续型随机变量。若已知 X 的概率密度 $f_X(x)$，欲求 $Y=g(X)$ 的概率密度 $f_Y(y)$，可分为下列两种情况：

(1) $g'(x)$ 恒大于 0(或恒小于 0)情形：

已知 X 的概率密度

$$f_X(x)=\begin{cases} >0 & a<x<b \\ =0 & \text{其它} \end{cases}$$

其中 a 可为 $-\infty$，b 可为 $+\infty$，且 $y=g(x)$ 在 (a,b) 处处可导，恒有 $g'(x)>0$ (或 $g'(x)<0$)，则 $Y=g(X)$ 的概率密度为

$$f_Y(y)=\begin{cases} f_X(h(y))\,|h'(y)| & c<y<d \\ 0 & \text{其它} \end{cases} \tag{1.1.30}$$

其中 $x=h(y)$ 为 $y=g(x)$ 的反函数，$c=\min\{g(a),g(b)\},d=\max\{g(a),g(b)\}$。

(2) $g'(x)$ 不恒大于 0，或不恒小于 0 情形：

已知 X 的概率密度，$f_X(x)$ 仅在 $x\in(a,b)$ 时大于 0，但 $g'(x)$ 不恒大于 0，或不恒小于 0，此时 $Y=g(X)$ 的概率密度则依靠下列步骤求出：

① 先将 Y 的分布函数 $F_Y(y)$ 用 X 的分布函数表示。即

$$F_Y(y)=P\{Y\leqslant y\}=P\{g(X)\leqslant y\}=\int_{g(x)\leqslant y}f_X(x)\mathrm{d}x$$

注意，将区域 $\{x\,|\,g(x)\leqslant y\}$ 分成关于 y 的单值区间。

② 对 $F_Y(y)$ 求导即得 Y 的概率密度，即

$$f_Y(y)=F_Y'(y)$$

[例 1.1.16] 设随机变量 X 的概率密度为

21

$$f_X(x) = \begin{cases} \dfrac{2x}{\pi^2} & 0 < x < \pi \\ 0 & \text{其它} \end{cases}$$

试求 $Y = \sin X$ 的概率密度。

解：因为 $y = \sin x$ 的系数 $y' = \cos x$ 在 $(0, \pi)$ 并非恒大于 0，实际上，对同一固

定值 $0 < y < 1$，有两个 X 值 x_1、x_2 与之对应，即

$$x_1 = \arcsin y, \qquad x_2 = \pi - \arcsin y$$

此时，$\forall y < 0 \quad F_Y(y) = P\{Y \leqslant y\} = P\{\sin X \leqslant y\} = 0$

$\forall y > 1 \quad F_Y(y) = P\{Y \leqslant y\} = P\{\sin X \leqslant y\} = 1$

而当 $0 < y < 1$ 时

$$F_Y(y) = P\{Y \leqslant y\} = P\{\sin X \leqslant y\} =$$

$$P\{0 \leqslant X \leqslant \arcsin y\} + P\{\pi - \arcsin y \leqslant X \leqslant \pi\} =$$

$$F_X(\arcsin y) - F_X(0) + F_X(\pi) - F_X(\pi - \arcsin y)$$

故求导可得

$$f_Y(y) = f_X(\arcsin y) \cdot \frac{1}{\sqrt{1-y^2}} - f_X(\pi - \arcsin y)\frac{-1}{\sqrt{1-y^2}} =$$

$$\frac{1}{\sqrt{1-y^2}}[f_X(\arcsin y) + f_X(\pi - \arcsin y)] =$$

$$\frac{1}{\sqrt{1-y^2}}\left[\frac{2\arcsin y}{\pi^2} + \frac{2(\pi - \arcsin y)}{\pi^2}\right] =$$

$$\frac{1}{\sqrt{1-y^2}}\frac{2\pi}{\pi^2} = \frac{2}{\pi\sqrt{1-y^2}} \qquad 0 < y < 1$$

故 Y 的概率密度

$$f_Y(y) = \begin{cases} \dfrac{2}{\pi\sqrt{1-y^2}} & 0 < y < 1 \\ 0 & \text{其它} \end{cases}$$

七、多维随机变量及其分布

1. 二维随机变量的定义与分布函数

定义 1.1.10 设 E 为一个随机试验，其样本空间 $S = \{e\}$，$X = X(e)$ 及 $Y = Y(e)$
是定义在 S 上的两个随机变量，由它们构成的联合变量 (X, Y) 称为二维随机变量或

22

二维随机向量。

其可能取值为 $(x, y) \in R^2$，即其值域为

$$D = \{(x, y) \mid X(e) = x, Y(e) = y, \forall e \in S\} \subset R^2$$

而集合 $\{e \mid (X, Y) = (X(e), Y(e)) \in D\} \subset S$ 为一随机事件。

例如：一发炮弹的弹着点横坐标 $X(e)$ 与纵坐标 $Y(e)$ 构成一二维随机变量 $(X(e), Y(e)) = (x, y)$；某一地区 3 岁儿童的身高 $H(e)$ 与体重 $W(e)$ 构成一二维随机变量 $(H(e), W(e)) = (h, w)$；某一产品的综合成本 $C(e)$ 与收益 $R(e)$ 组成一二维随机变量 $(C(e), R(e)) = (c, r)$ 等。

可如一维随机变量的分布函数一样定义二维随机变量的分布函数：

定义 1.1.11　设 (X, Y) 是定义在 S 上的二维随机变量，对于任意实数 x、y，二元函数

$$F(x, y) = P\{X \leqslant x, Y \leqslant y\} \quad -\infty < x, y < +\infty \tag{1.1.31}$$

称为二维随机变量 (X, Y) 的分布函数，或称为随机变量 X 与 Y 的联合分布函数。

其中 $P\{X \leqslant x, Y \leqslant y\} = P(\{e \mid X(e) \leqslant x, Y(e) \leqslant y\})$，可视为随机点 $(X, Y) = (X(e), Y(e))$ 落在以 (x, y) 为顶点的位于该点左下方的无穷矩形域内的概率(见图 1.2)。

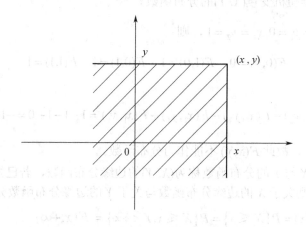

图 1.2　无穷矩形域内的概率分布

由 $F(x, y)$ 的定义，容易得出随机点 $(X, Y) = (X(e), Y(e))$ 落入一有限矩形域 $\{x_1 < X \leqslant x_2, y_1 < Y \leqslant y_2\}$ 内的概率，即

$$P\{x_1 < X \leqslant x_2, y_1 < Y \leqslant y_2\} =$$

$$P\{X \leqslant x_2, Y \leqslant y_2\} - P\{X \leqslant x_1, Y \leqslant y_2\} - \qquad (1.1.32)$$

$$\left[P\{X \leqslant x_2, Y \leqslant y_1\} - P\{X \leqslant x_1, Y \leqslant y_1\} \right] =$$

$$F(x_2, y_2) - F(x_1, y_2) - F(x_2, y_1) + F(x_1, y_1)$$

二维随机变量的分布函数具有性质：

1° $F(x,y)$ 是变量 x 和 y 的不减函数，即

$$\forall x_1 \leqslant x_2, F(x_1, y) \leqslant F(x_2, y) ; \quad \forall y_1 \leqslant y_2, F(x, y_1) \leqslant F(x, y_2)$$

2° $0 \leqslant F(x,y) \leqslant 1$，且对固定的 x，$F(x,-\infty) = 0$，对固定的 y，$F(-\infty,y) = 0$，及 $F(-\infty,-\infty) = 0$，$F(+\infty,+\infty) = 1$

3° $F(x,y)$ 关于变量 x 和 y 均是右连续的，即

$$\forall x,y \quad F(x+0,y) = F(x,y) = F(x,y+0)$$

4° 对于任意的 $x_1 \leqslant x_2, y_1 \leqslant y_2$，下述不等式成立：

$$F(x_2, y_2) - F(x_1, y_2) - F(x_2, y_1) + F(x_1, y_1) \geqslant 0$$

满足上述性质 1° ～性质 4° 的二元函数可作为某个二维随机变量的分布函数。

[例 1.1.17]　二元函数

$$F(x,y) = \begin{cases} 0 & x+y \leqslant 0 \\ 1 & x+y > 0 \end{cases}$$

是否为某个二维随机变量(X, Y)的分布函数？

解：取 $x_1 = y_1 = 0, x_2 = y_2 = 1$，则

$$F(0,0) = 0 \quad F(1,0) = 1 \quad F(0,1) = 1 \quad F(1,1) = 1$$

故

$$F(x_2, y_2) - F(x_1, y_2) - F(x_2, y_1) + F(x_1, y_1) = 1 - 1 - 1 + 0 = -1 < 0$$

不满足性质 4°，故此 $F(x,y)$ 不能作为分布函数。

随机变量 X 与 Y 的分布函数称为(X, Y)的边缘分布函数，若已知(X, Y)的分布函数 $F(x,y)$，则关于 X 的边缘分布函数与关于 Y 的边缘分布函数分别为

$$F_X(x) = P\{X \leqslant x\} = P\{X \leqslant x, Y < +\infty\} = F(x,+\infty) \qquad (1.1.33)$$

$$F_Y(x) = P\{Y \leqslant y\} = P\{X < +\infty, Y \leqslant y\} = F(+\infty, y) \qquad (1.1.34)$$

2. 二维离散型随机变量

定义 1.1.12　若二维随机变量(X, Y)的所有可能取值是有限对或可列多对：

$$(X,Y)=(x_i,y_j) \qquad i,j=1,2,\cdots$$

则称(X, Y)为二维离散型随机变量。

二维离散型随机变量分布亦具有概率分布：

定义 1.1.13 设二维离散型随机变量(X, Y)所有可能取值为(x_i, y_j), $i, j=1, 2, \cdots$, 若$\{X=x_i, Y=y_j\}$的概率为

$$p_{ij}=P\{X=x_i, Y=y_j\} \quad i,j=1,2,\cdots \tag{1.1.35}$$

满足 $1°$ $\quad p_{ij} \geqslant 0 \quad i,j=1,2,\cdots$

$2°$ $\quad \displaystyle\sum_{i=1}^{\infty}\sum_{j=1}^{\infty} p_{ij}=1$

则称$P\{X=x_i, Y=y_j\}=p_{ij} \quad i,j=1,2,\cdots$为二维离散型随机变量$(X, Y)$的概率分布或分布律，或称为随机变量$X$和$Y$的联合分布律或联合概率分布。

此分布律通常用表 1.3 表示。

表 1.3 变量 X 和 Y 的联合分布律

X ＼ Y	y_1	y_2	$\cdots$	y_j	$\cdots$	$p_{i.}=\displaystyle\sum_{j=1} p_{ij}$
x_1	p_{11}	p_{12}	$\cdots$	p_{1j}	$\cdots$	$p_{1.}$
x_2	p_{21}	p_{22}	$\cdots$	p_{2j}	$\cdots$	$p_{2.}$
$\vdots$	$\vdots$	$\vdots$		$\vdots$		$\vdots$
x_i	p_{i1}	p_{i2}	$\cdots$	p_{ij}	$\cdots$	$p_{i.}$
$\vdots$	$\vdots$	$\vdots$		$\vdots$		$\vdots$
$p_{.j}=\displaystyle\sum_{j=1} p_{ij}$	$p_{.1}$	$p_{.2}$	$\cdots$	$p_{.j}$	$\cdots$	1

若已知离散型随机变量(X, Y)的概率分布为

$$P\{X=x_i, Y=y_j\}=p_{ij} \qquad i,j=1,2,\cdots$$

则其分布函数为

$$F(x,y)=P\{X\leqslant x, Y\leqslant y\}=\sum_{x_i\leqslant x}\sum_{y_j\leqslant y} p_{ij} \tag{1.1.36}$$

关于 X 的边缘分布函数为

$$F_X(x)=F(x,+\infty)=\sum_{x_i\leqslant x}\sum_{y_j<+\infty} p_{ij}=\sum_{x_i\leqslant x}\left(\sum_{j=1}^{\infty} p_{ij}\right)=\sum_{x_i\leqslant x} P\{X=x_i\}$$

故关于 X 的边缘分布律为

$$p_{i\cdot} \overset{\Delta}{=} P\{X = x_i\} = \sum_{j=1}^{\infty} p_{ij} \quad i = 1, 2, \cdots \tag{1.1.37}$$

关于 Y 的边缘分布函数为

$$F_Y(y) = F(+\infty, y) = \sum_{x_i < +\infty} \sum_{y_j \leqslant y} p_{ij} = \sum_{y_j \leqslant y} (\sum_{i=1}^{\infty} p_{ij}) = \sum_{y_j \leqslant y} P\{Y = y_i\}$$

故关于 Y 的边缘分布律为

$$p_{\cdot j} \overset{\Delta}{=} P\{Y = y_j\} = \sum_{i=1}^{\infty} p_{ij} \quad j = 1, 2, \cdots \tag{1.1.38}$$

[例 1.1.18] 一袋中有 4 个球，上面分别标有 1,2,2,3，从这口袋中任取一球后，不放回袋中，再从袋中任取一个球，依次用 X, Y 表示第一次、第二次取得的球上标有的数字，试求 X, Y 的边缘分布律。

解：先求 (X, Y) 的概率分布，X, Y 可能取值为 1,2,3，则

$$p_{11} = P\{X = 1, Y = 1\} = P\{X = 1\}P\{Y = 1 | X = 1\} = \frac{1}{4} \times 0 = 0$$

$$p_{12} = P\{X = 1, Y = 2\} = P\{X = 1\}P\{Y = 2 | X = 1\} = \frac{1}{4} \times \frac{2}{3} = \frac{1}{6}$$

$$p_{13} = P\{X = 1, Y = 3\} = P\{X = 1\}P\{Y = 3 | X = 1\} = \frac{1}{4} \times \frac{1}{3} = \frac{1}{12}$$

$$p_{21} = P\{X = 2, Y = 1\} = P\{X = 2\}P\{Y = 1 | X = 2\} = \frac{2}{4} \times \frac{1}{3} = \frac{1}{6}$$

$$p_{22} = P\{X = 2, Y = 2\} = P\{X = 2\}P\{Y = 2 | X = 2\} = \frac{2}{4} \times \frac{1}{3} = \frac{1}{6}$$

$$p_{23} = P\{X = 2, Y = 3\} = P\{X = 2\}P\{Y = 3 | X = 2\} = \frac{2}{4} \times \frac{1}{3} = \frac{1}{6}$$

$$p_{31} = P\{X = 3, Y = 1\} = P\{X = 3\}P\{Y = 1 | X = 3\} = \frac{1}{4} \times \frac{1}{3} = \frac{1}{12}$$

$$p_{32} = P\{X = 3, Y = 2\} = P\{X = 3\}P\{Y = 2 | X = 3\} = \frac{1}{4} \times \frac{2}{3} = \frac{1}{6}$$

$$p_{33} = P\{X = 3, Y = 3\} = P\{X = 3\}P\{Y = 3 | X = 3\} = \frac{1}{4} \times 0 = 0$$

即

X \ Y	1	2	3	$p_{i\cdot}$
1	0	1/6	1/12	1/4
2	1/6	1/6	1/6	1/2
3	1/12	1/6	0	1/4
$p_{\cdot j}$	1/4	1/2	1/4	1

26

表中横行相加即得 X 的边缘分布律

X	1	2	3
p_i	1/4	1/2	1/4

表中纵行相加即得 Y 的边缘分布律

Y	1	2	3
$p_{\cdot j}$	1/4	1/2	1/4

常见的二维离散型随机变量的分布对应于一定的随机模型：

(1) 二维两点分布。如果(X, Y)具有分布律

X \ Y	0	1
0	$1-p$	0
2	0	p

则称(X, Y)服从二维两点分布。此时，X 与 Y 的边缘分布均为一维两点分布

X	0	1
p_i	$1-p$	P

Y	0	1
$p_{\cdot j}$	$1-p$	p

(2) 二维等可能分布。若(X, Y)取每对可能值的概率相等，即

$$P\{X = x_i, Y = y_j\} = \frac{1}{mn} \quad i = 1, 2, \cdots m \quad j = 1, 2, \cdots, n$$

则称(X, Y)服从等可能分布，即离散型均匀分布。此时，X 与 Y 的边缘分布均为一维等可能分布

$$p_i = P\{X = x_i\} = \frac{1}{m} \quad i = 1, 2, \cdots, m$$

$$p_{\cdot j} = P\{Y = y_j\} = \frac{1}{n} \quad j = 1, 2, \cdots, n$$

[例 1.1.19] 抛两颗相同的骰子一次，以 X, Y 记第一颗、第二颗骰子出现的点数，则(X, Y)的概率分布为

$$P\{X = i, Y = j\} = \frac{1}{36} \quad i, j = 1, 2, \cdots, 6$$

即此(X, Y)服从二维等可能分布。

3. 二维连续型随机变量

定义 1.1.14　设二维随机变量(X, Y)的分布函数为$F(x, y)$，若存在一个非负可积的二元函数$f(x, y)$，使它对于任意实数x, y，都有

$$F(x, y) = \int_{-\infty}^{x} \int_{-\infty}^{y} f(x, y) \mathrm{d}x \mathrm{d}y \tag{1.1.39}$$

则称(X, Y)是二维连续型随机变量，函数$f(x, y)$称为二维随机变量(X, Y)的概率密度，或称为随机变量X与Y的联合概率密度。

二维连续型随机变量的概率密度具有以下性质：

1° $f(x, y) \geqslant 0$　$-\infty < x, y < +\infty$

2° $\displaystyle\int_{-\infty}^{+\infty} \int_{-\infty}^{+\infty} f(x, y) \, \mathrm{d}x \mathrm{d}y = 1$

3° 若$f(x, y)$在点(x, y)处连续，则$\dfrac{\partial^2 F(x, y)}{\partial x \partial y} = f(x, y)$

4° 随机点(X, Y)落在平面区域D内的概率为

$$P\{(X, Y) \in D\} = \iint_{D} f(x, y) \, \mathrm{d}x \mathrm{d}y \tag{1.1.40}$$

[例 1.1.20]　已知随机变量X和Y的联合概率密度为

$$f(x, y) = \begin{cases} C\mathrm{e}^{-(2x+y)} & x > 0, y > 0 \\ 0 & \text{其它} \end{cases}$$

试求：(1) C 的值；(2) $P\{X < Y\}$。

解：(1) 由

$$1 = \int_{-\infty}^{+\infty} \int_{-\infty}^{+\infty} f(x, y) \, \mathrm{d}x \mathrm{d}y = \int_{0}^{+\infty} \int_{0}^{+\infty} C\mathrm{e}^{-2x-y} \mathrm{d}x \mathrm{d}y =$$

$$C \int_{0}^{+\infty} \mathrm{e}^{-2x} \mathrm{d}x \int_{0}^{+\infty} \mathrm{e}^{-y} \mathrm{d}y = C \left(-\frac{1}{2}\mathrm{e}^{-2y} \Big|_{0}^{+\infty} \right) \left(-\mathrm{e}^{-y} \Big|_{0}^{+\infty} \right) = \frac{C}{2}$$

故得$C = 2$，即

$$f(x, y) = \begin{cases} 2\mathrm{e}^{-(2x+y)} & x > 0, \ y > 0 \\ 0 & \text{其它} \end{cases}$$

(2) $\displaystyle P\{X < Y\} = \iint_{x < y} f(x, y) \, \mathrm{d}x \mathrm{d}y = \int_{0}^{+\infty} \mathrm{d}x \int_{x}^{+\infty} 2\mathrm{e}^{-2x-y} \mathrm{d}y =$

$$\int_0^{+\infty} 2e^{-2x} \cdot \left. (-e^{-y}) \right|_x^{+\infty} dx = \int_0^{+\infty} 2e^{-2x} e^{-x} dx = 2\int_0^{+\infty} e^{-3x} dx = 2\left(\left. -\frac{1}{3} e^{-3x} \right|_0^{+\infty} \right) = \frac{2}{3}$$

若已知(X, Y)的概率密度为$f(x, y)$，其分布函数为

$$F(x, y) = \int_{-\infty}^{x} \int_{-\infty}^{y} f(x, y) \, dx dy$$

关于X的边缘分布函数

$$F_X(x) = F(x, +\infty) =$$

$$\int_{-\infty}^{x} \int_{-\infty}^{+\infty} f(x, y) \, dx dy = \int_{-\infty}^{x} \left[\int_{-\infty}^{+\infty} f(x, y) dy \right] dx = \int_{-\infty}^{x} f_X(x) \, dx$$

故X的边缘概率密度为

$$f_X(x) = \int_{-\infty}^{+\infty} f(x, y) \, dy \tag{1.1.41}$$

关于Y的边缘分布函数

$$F_Y(y) = F(+\infty, y) = \int_{-\infty}^{+\infty} \int_{-\infty}^{y} f(x, y) \, dx \, dy =$$

$$\int_{-\infty}^{y} \left[\int_{-\infty}^{+\infty} f(x, y) \, dx \right] dy = \int_{-\infty}^{y} f_Y(y) dy$$

故Y的边缘概率密度为

$$f_Y(y) = \int_{-\infty}^{+\infty} f(x, y) \, dx \tag{1.1.42}$$

[例 1.1.21]　设(X, Y)的概率密度为

$$f(x, y) = \begin{cases} \dfrac{1}{\pi R^2} & x^2 + y^2 \leqslant R^2 \\ 0 & \text{其它} \end{cases}$$

试求X与Y的边缘概率密度函数。

　　解：当$x < -R$或$x > R$时，$f(x, y) = 0$，故

$$f_X(x) = \int_{-\infty}^{+\infty} f(x, y) \, dy = \int_{-\infty}^{+\infty} 0 \, dy = 0$$

当$-R \leqslant x \leqslant R$时，

$$f_X(x) = \int_{-\infty}^{+\infty} f(x, y) \, dy = \int_{-\sqrt{R^2 - x^2}}^{\sqrt{R^2 - x^2}} \frac{1}{\pi R^2} \, dy = \frac{2}{\pi R^2} \sqrt{R^2 - x^2}$$

于是

$$f_X(x) = \begin{cases} \dfrac{2}{\pi R^2}\sqrt{R^2 - x^2} & -R \leqslant x \leqslant R \\ 0 & \text{其它} \end{cases}$$

由于 X 与 Y 地位平等，类似可得 Y 的边缘密度为

$$f_Y(y) = \begin{cases} \dfrac{2}{\pi R^2}\sqrt{R^2 - y^2} & -R \leqslant y \leqslant R \\ 0 & \text{其它} \end{cases}$$

常见的二维连续型随机变量的分布亦对应于一定的随机模型：

(1) 二维均匀分布

若 (X, Y) 具有概率密度

$$f(x,y) = \begin{cases} \dfrac{1}{A} & (x,y) \in D \\ 0 & \text{其它} \end{cases}$$

其中 A 为平面区域 D 的面积值，则称此二维连续型随机变量 (X, Y) 在区域 D 内服从二维均匀分布。

例如，在例 1.1.21 中 (X, Y) 即为服从圆域 $D = \{(x,y)\,|\,x^2 + y^2 \leqslant R^2\}$ 内的二维均匀分布。

(2) 二维正态分布

若 (X, Y) 具有概率密度函数

$$f(x,y) = \frac{1}{2\pi\sigma_1\sigma_2\sqrt{1-\rho^2}}\exp\left\{\frac{-1}{2(1-\rho^2)}\left[\frac{(x-\mu_1)^2}{\sigma_1^2} - 2\rho\frac{(x-\mu_1)(y-\mu_2)}{\sigma_1\sigma_2} + \frac{(y-\mu_2)^2}{\sigma_2^2}\right]\right\}$$

$$-\infty < x < +\infty, \quad -\infty < y < +\infty$$

则称 (X,Y) 服从二维正态分布，记为 $(X,Y) \sim N(\mu_1,\mu_2,\sigma_1^2,\sigma_2^2,\rho)$。

八、相互独立的随机变量

1. 随机变量的相互独立性定义

定义 1.1.15 设 $F(x,y)$ 及 $F_X(x), F_Y(y)$ 分别是二维随机变量 (X, Y) 的分布函数及边缘分布函数，若对于所有的 x, y，有

$$P\{X \leqslant x, Y \leqslant y\} = P\{X \leqslant x\}P\{Y \leqslant y\} \tag{1.1.43}$$

即

$$F(x,y) = F_X(x)F_Y(y)$$

则称随机变量 X 与 Y 是相互独立的。

2. 离散型随机变量情况

离散型随机变量情况可由联合概率分布与边缘概率分布关系判别独立性：

定理 1.1.3 离散型随机变量 X 和 Y 相互独立的充要条件是它们联合分布律等于两个边缘分布律的乘积，即

$$P\{X=x_i, Y=y_j\} = P\{X=x_i\}P\{Y=y_j\}$$

即

$$p_{ij} = p_{i\cdot} \cdot p_{\cdot j} \qquad i,j=1,2,\cdots \tag{1.1.44}$$

[例 1.1.22] 设 X 和 Y 相互独立，其边缘概率分布为

X	−2	−1	0	1/2
$p_{i\cdot}$	1/4	1/3	1/12	1/3

Y	−1/2	1	3
$p_{\cdot j}$	1/2	1/4	1/4

试求 (X, Y) 的概率分布和 $P\{X+Y=1\}$ 及 $P\{X+Y=0\}$。

解： 因 X 与 Y 相互独立，由定理 1.1.3 得

$$p_{ij} = p_{i\cdot} \cdot p_{\cdot j} \qquad i=1,2,3,4 \quad j=1,2,3$$

联合分布律为

X \ Y	−1/2	1	3
−2	1/8	1/16	1/16
−1	1/6	1/12	1/12
0	1/24	1/48	1/48
1/2	1/6	1/12	1/12

由上表易得

$$P\{X+Y=1\} = P\{X=-2, Y=3\} + P\{X=0, Y=1\} = \frac{1}{16} + \frac{1}{48} = \frac{1}{12}$$

$$P\{X+Y \neq 0\} = 1 - P\{X+Y=0\} =$$

$$1 - P\{X=-1, Y=1\} - P\left\{X=\frac{1}{2}, Y=-\frac{1}{2}\right\} = \frac{3}{4}$$

3. 连续型随机变量情况

连续型随机变量情况可由联合概率密度与边缘概率密度关系判别独立性：

定理 1.1.4 连续型随机变量 X 和 Y 相互独立的充要条件是它们的联合概率

密度 $f(x,y)$ 等于边缘概率密度 $f_X(x)$ 和 $f_Y(y)$ 的乘积，即

$$f(x,y) = f_X(x)f_Y(y) \tag{1.1.45}$$

[例1.1.23]　设 (X,Y) 服从二维正态分布 $N(\mu_1,\mu_2,\sigma_1^2,\sigma_2^2,\rho)$，则 X 与 Y 相互独立的充要条件是 $\rho = 0$。

解：二维正态随机变量 (X,Y) 概率密度为

$$f(x,y) = \frac{1}{2\pi\sigma_1\sigma_2\sqrt{1-\rho^2}} \exp\left\{ -\frac{1}{2(1-\rho^2)}\left[\frac{(x-\mu_1)^2}{\sigma_1^2} - 2\rho\frac{(x-\mu_1)(y-\mu_2)}{\sigma_1\sigma_2} + \frac{(y-\mu_2)^2}{\sigma_2^2} \right] \right\}$$

$$-\infty < x < +\infty \qquad -\infty < y < +\infty$$

其边缘密度分别为

$$f_X(x) = \frac{1}{\sqrt{2\pi}\sigma_1} e^{-\frac{(x-\mu_1)^2}{2\sigma_1^2}} \qquad f_Y(y) = \frac{1}{\sqrt{2\pi}\sigma_2} e^{-\frac{(y-\mu_2)^2}{2\sigma_2^2}}$$

易见当 $\rho = 0$ 时有 $f(x,y) = f_X(x)f_Y(y)$，反之亦然。

九、两个随机变量的函数的分布

对于两个离散型随机变量 X 与 Y 的函数 $Z = g(x,y)$ 的分布，可以利用概率分布求法直接求出。

[例1.1.24]　设随机变量 (X,Y) 的分布律为

X＼Y	0	1	2	3
0	0.1	0.05	0.01	0.12
1	0.04	0.06	0.07	0.08
2	0.13	0.08	0.11	0.15

试求 $Z = X + Y$ 的分布律。

解：计算相应的函数取值及相应的概率列表如下：

(X,Y)	(0,0)	(0,1)	(0,2)	(0,3)	(1,0)	(1,1)	(1,2)	(1,3)	(2,0)	(2,1)	(2,2)	(2,3)
$Z=X+Y$	0	1	2	3	1	2	3	4	2	3	4	5
p_{ij}	0.1	0.05	0.01	0.12	0.04	0.06	0.07	0.08	0.13	0.08	0.11	0.15

再将相同的函数值对应的概率相加，整理成所求 $Z = X + Y$ 的分布律：

$Z=X+Y$	0	1	2	3	4	5
p_k	0.1	0.09	0.2	0.27	0.19	0.15

一般地，设随机变量(X, Y)的概率分布为

$$P\{X = x_i, Y = y_j\} = p_{ij} \quad i, j = 1, 2, \cdots$$

则离散型随机变量和$Z = X + Y$的分布律公式为

$$P\{Z = z_k\} = \sum_i P\{X = x_i, Y = z_k - x_i\} = \sum_j P\{Y = y_j, X = z_k - y_j\} \quad (1.1.46)$$

其中i, j均为自然数，$\sum_i$，$\sum_j$是对所有满足等式$z_k = x_i + y_j$的有序自然数对$(i,$

$j)$求和。特别地，当X与Y相互独立时，式(1.1.46)即为

$$P\{Z = z_k\} = \sum_i P\{X = x_i\} P\{Y = z_k - x_i\} =$$

$$\sum_j P\{Y = y_j\} P\{X = z_k - y_j\} \quad (1.1.47)$$

例如X, Y均取值为 0，1，2，$\cdots$时，则有

$$P\{Z = k\} = \sum_{i=0}^{k} P\{X = i\} P\{Y = k - i\} = \sum_{j=0}^{k} P\{Y = j\} P\{X = k - j\} \quad k = 0, 1, 2, \cdots$$

[例 1.1.25] 设X, Y是相互独立的随机变量,分别服从参数为λ_1, λ_2的泊松分布，试证明$Z = X + Y$服从参数为$\lambda_1 + \lambda_2$的泊松分布。

证：$P\{Z = k\} = P\{X + Y = k\} = \sum_{i=0}^{k} P\{X = i\} P\{Y = k - i\} =$

$$\sum_{i=0}^{k} \frac{\lambda_1^i e^{-\lambda_1}}{i!} \cdot \frac{\lambda_2^{k-i} e^{-\lambda_2}}{(k-i)!} = \left[\sum_{i=0}^{k} \frac{k!}{i!(k-i)!} \lambda_1^i \lambda_2^{k-i}\right] \frac{e^{-(\lambda_1 + \lambda_2)}}{k!} =$$

$$\left[\sum_{i=0}^{k} C_k^i \lambda_1^i \lambda_2^{k-i}\right] \frac{e^{-(\lambda_1 + \lambda_2)}}{k!} = (\lambda_1 + \lambda_2)^k e^{-(\lambda_1 + \lambda_2)} / k! \quad k = 0, 1, 2, \cdots$$

故Z服从参数为$\lambda_1 + \lambda_2$的泊松分布$\pi(\lambda_1 + \lambda_2)$。

对于两个连续型随机变量X和Y的函数的分布，我们常讨论几种特殊的函数类型：

若(X, Y)的概率密度为$f(x, y)$，则

(1) 两随机变量之和 $Z = X + Y$ 的概率密度函数为

$$f_z(z) = \int_{-\infty}^{+\infty} f(x, z-x) \, \mathrm{d}x \qquad (1.1.48)$$

或

$$f_Z(z) = \int_{-\infty}^{+\infty} f(z-y, y) \, \mathrm{d}y \qquad (1.1.49)$$

特别地，当 X 与 Y 相互独立时，式(1.1.48)与式(1.1.49)分别为

$$f_z(z) = \int_{-\infty}^{+\infty} f_X(x) f_Y(z-x) \mathrm{d}x \qquad (1.1.50)$$

$$f_z(z) = \int_{-\infty}^{+\infty} f_X(z-y) f_Y(y) \mathrm{d}y \qquad (1.1.51)$$

[例 1.1.26] 设随机变量 X 与 Y 相互独立，均服从标准均匀分布 $U(0,1)$，试求 $Z = X + Y$ 的概率密度函数。

解：由题意 X, Y 相互独立，且有相同概率密度函数

$$f_X(x) = \begin{cases} 1 & 0 < x < 1 \\ 0 & \text{其它} \end{cases} \qquad f_Y(y) = \begin{cases} 1 & 0 < y < 1 \\ 0 & \text{其它} \end{cases}$$

则 $Z = X + Y$ 的概率密度为

$$f_z(z) = \int_{-\infty}^{+\infty} f_X(x) f_Y(z-x) \mathrm{d}x$$

只当 $0 < x < 1, 0 < z-x < 1$ 即 $0 < x < 1, z-1 < x < z$ 时

$$f_X(x) f_Y(z-x) > 0$$

故

$$f_z(z) = \begin{cases} 0 & z \leqslant 0 \text{ 或 } z \geqslant 2 \\ \int_0^z 1 \, \mathrm{d}x = z & 0 \leqslant z < 1 \\ \int_{z-1}^1 1 \, \mathrm{d}x = 2-z & 1 \leqslant z < 2 \end{cases}$$

(2) 两随机变量之商 $Z = \dfrac{X}{Y}$ 的概率密度函数为

$$f_z(z) = \int_{-\infty}^{+\infty} |y| f(yz, y) \, \mathrm{d}y \qquad (1.1.52)$$

(3) 随机变量的极值分布：设 X, Y 是两个相互独立的随机变量，其分布函数

为 $F_X(x)$，$F_Y(y)$，概率密度为 $f_X(x), f_Y(y)$，称 $M = \max\{X, Y\}$ 为最大值变量，$N = \min\{X, Y\}$ 为最小值变量，它们统称为极值变量，其分布函数分别为

$$F_M(z) = F_X(z)F_Y(z) \tag{1.1.53}$$

$$F_N(z) = 1 - (1 - F_X(z))(1 - F_Y(z)) \tag{1.1.54}$$

它们的概率密度函数为

$$f_M(z) = f_X(z)F_Y(z) + f_Y(z)F_X(z) \tag{1.1.55}$$

$$f_N(z) = f_X(z)(1 - F_Y(z)) + f_Y(z)(1 - F_X(z)) \tag{1.1.56}$$

十、n 维随机变量概念

可以仿照二维随机变量概念给出 n 维随机变量的概念：

定义 1.1.16 设 E 为一个随机试验，其样本空间 $S = \{e\}$，$X_i = X_i(e)$，$i = 1$, $2, \cdots, n$ 是定义在 S 上的 n 个随机变量，由它们构成的联合变量 $(X_1, X_2, \cdots, X_n)$ 称为 n 维随机变量或 n 维随机向量。

其可能取值为 $(x_1, x_2, \cdots, x_n) \in R^n$，即其值域

$$D = \left\{ (x_1, x_2, \cdots, x_n) \middle| X_i(e) = x_i, i = 1, 2, \cdots, n, \forall e \in S \right\} \subset R^n$$

而集合 $\left\{ e \middle| (X_1, X_2, \cdots, X_n) = (X_1(e), X_2(e), \cdots, X_n(e)) \in D \right\} \subset S$ 为一随机事件。

其联合分布函数及边缘分布函数定义如下：

定义 1.1.17 设 $(X_1, X_2, \cdots, X_n)$ 是定义在 S 上的 n 维随机变量，对于任意实数 $(x_1, x_2, \cdots, x_n)$，n 元函数

$$F(x_1, x_2, \cdots, x_n) = P\{X_1 \leqslant x_1, X_2 \leqslant x_2, \cdots, X_n \leqslant x_n\} \quad -\infty < x_1, x_2, \cdots, x_n < +\infty$$

称为 n 维随机变量 $(X_1, X_2, \cdots, X_n)$ 的分布函数，或称为随机变量 $X_1, X_2, \cdots, X_n$ 的联合分布函数。

$F_{X_1}(x_1) = F(x_1, +\infty, \cdots, +\infty)$ 为关于 X_1 的边缘分布函数，而 $F_{X_1 X_2}(x_1, x_2) = F(x_1, x_2 + \infty, \cdots, +\infty)$ 为关于 X_1 与 X_2 的边缘分布函数，以此类推，这样的边缘分布函数共有 $C_n^1 + C_n^2 + \cdots + C_n^{n-1} = 2^n - 2$ 个。

同样的，若 $(X_1, X_2, \cdots, X_n)$ 的可能取值为有限或至多可列多对时，则称 $(X_1, X_2, \cdots, X_n)$ 为 n 维离散型随机变量，且只当存在一个非负函数 $f(x_1, x_2, \cdots, x_n)$，使 $(X_1, X_2, \cdots, X_n)$ 的分布函数满足

$$F(x_1, x_2, \cdots, x_n) = \int_{-\infty}^{x_n} \int_{-\infty}^{x_{n-1}} \cdots \int_{-\infty}^{x_1} f(x_1, x_2, \cdots, x_n) \mathrm{d}x_1 \mathrm{d}x_2 \cdots \mathrm{d}x_n \qquad (1.1.57)$$

则此 $(X_1, X_2, \cdots, X_n)$ 为 n 维连续型随机变量，$f(x_1, x_2, \cdots, x_n)$ 为概率密度函数。

关于 n 维随机变量的独立性，有如下定义：

定义 1.1.18 对任意实数 $(x_1, x_2, \cdots, x_n) \in R^n$，$(X_1, X_2, \cdots, X_n)$ 的联合分布函数为边缘分布函数之积，即

$$F(x_1, x_2, \cdots, x_n) = \prod_{i=1}^{n} F_{X_i}(x_i)$$

则称随机变量 X_1，X_2，$\cdots$，X_n 是相互独立的。

关于 n 维随机变量的独立性，有以下一些常见结果：

(1) n 个独立正态随机变量的线性组合仍为正态随机变量；

(2) n 个独立的服从 Γ 分布的随机变量的和仍为服从 Γ 分布的随机变量；

(3) n 个独立随机变量的最大值 $M = \max(X_1, X_2, \cdots, X_n)$ 的分布函数为

$$F_M(z) = \prod_{i=1}^{n} F_{X_i}(z)$$

(4) n 个独立随机变量的最小值 $N = \min(X_1, X_2, \cdots, X_n)$ 的分布函数为

$$F_N(z) = 1 - \prod_{i=1}^{n} \left(1 - F_{X_i}(z)\right)$$

十一、随机变量的数学期望

定义 1.1.19 设离散型随机变量 X 的分布律为 $P\{X = x_k\} = p_k$，$k = 1, 2, \cdots$

若级数 $\sum_{k=1}^{\infty} x_k p_k$ 绝对收敛，则称

$$E(X) = \sum_{k=1}^{\infty} x_k p_k \qquad (1.1.58)$$

为 X 的数学期望，亦称其为离散型随机变量 X 的概率均值，简称均值或期望。

设连续型随机变量 X 的概率密度为 $f(x)$，若积分 $\int_{-\infty}^{+\infty} xf(x)\mathrm{d}x$ 绝对收敛，则称

$$E(X) = \int_{-\infty}^{+\infty} xf(x)\mathrm{d}x \qquad (1.1.59)$$

为连续型随机变量 X 的数学期望，简称期望或均值。

由概率分布或概率密度知识，可得一维随机变量函数的数学期望公式：

若 X 的分布律为 $P\{X = x_k\} = p_k$，$k = 1, 2, \cdots$，且 $\sum\limits_{k=1}^{\infty} g(x_k) p_k$ 绝对收敛，则函数 $Y = g(X)$ 的期望为

$$E(Y) = E[g(X)] = \sum_{k=1}^{\infty} g(x_k) p_k \qquad (1.1.60)$$

其中 g 为连续函数。

若连续型随机变量 X 的概率密度为 $f(x)$，且 $\int_{-\infty}^{+\infty} g(x) f(x) \mathrm{d}x$ 绝对收敛，则函数 $Y = g(X)$ 的期望为

$$E(Y) = E[g(X)] = \int_{-\infty}^{+\infty} g(x) f(x) \mathrm{d}x \qquad (1.1.61)$$

[例 1.1.27]　设 X 的分布律为

X	-2	-1	0	1
p_k	1/4	1/8	1/2	1/8

试求 $Y = X^2 - 1$ 的数学期望。

解：方法 1　先求 $Y = X^2 - 1$ 的分布律为

$Y = X^2 - 1$	-1	0	3
p_k	1/2	1/4	1/4

再用式(1.1.58)求 Y 的期望，得

$$E(Y) = -1 \times \frac{1}{2} + 0 \times \frac{1}{4} + 3 \times \frac{1}{4} = \frac{1}{4}$$

方法 2　直接用式(1.1.60)求 Y 的期望。

$$E(Y) = E[X^2 - 1] = [(-2)^2 - 1] \times \frac{1}{4} + [(-1)^2 - 1] \times \frac{1}{8} +$$

$$[0^2 - 1] \times \frac{1}{2} + [1^2 - 1] \times \frac{1}{8} = 3 \times \frac{1}{4} + 0 \times \frac{1}{8} + (-1) \times \frac{1}{2} + 0 \times \frac{1}{8} = \frac{1}{4}$$

[例 1.1.28]　游客乘电梯从底层到电视塔顶观光，电梯于每个整点的第 5min、25min 和 55min，从底层起行，假设一游客是在早 8：00 的第 X 分钟到达底层楼梯处，且 X 在[0，60]上服从均匀分布，试求该游客等候时间的数学期望。

解：已知 $X \sim U(0, 60)$，其概率密度为

$$f(x) = \begin{cases} \dfrac{1}{60} & 0 < x < 60 \\ 0 & \text{其它} \end{cases}$$

再设 Y=游客等待电梯的时间(单位：min)，则有

$$Y = g(X) = \begin{cases} 5-X & 0 < X \leqslant 5 \\ 25-X & 5 < X \leqslant 25 \\ 55-X & 25 < X \leqslant 55 \\ 60-X+5 & 55 < X \leqslant 60 \end{cases}$$

故

$$E(Y) = E[g(X)] = \int_{-\infty}^{+\infty} g(x)f(x)\mathrm{d}x =$$

$$\int_0^5 (5-x) \cdot \frac{1}{60}\mathrm{d}x + \int_5^{25} (25-X)\frac{1}{60}\mathrm{d}x +$$

$$\int_{25}^{55} (55-X)\frac{1}{60}\mathrm{d}x + \int_{55}^{60} (65-X)\frac{1}{60}\mathrm{d}x = \frac{35}{3} \approx 11.67 \text{ (min)}$$

对于多维随机变量函数的数学期望亦有类似公式：

(1) 若已知 (X,Y) 的分布律为 $P\{X = x_i, Y = y_j\} = p_{ij}, i,j = 1,2,\cdots$，则函数 $Z = g(X,Y)$ 的数学期望为

$$E(Z) = E[g(X,Y)] = \sum_{i=1}^{\infty} \sum_{j=1}^{\infty} g(x_i, y_j)p_{ij} \tag{1.1.62}$$

(2) 若已知 (X,Y) 的概率密度为 $f(x,y)$，则函数 $Z = g(X,Y)$ 的数学期望为

$$E(Z) = E[g(X,Y)] = \int_{-\infty}^{+\infty} \int_{-\infty}^{+\infty} g(x,y)f(x,y)\mathrm{d}x\mathrm{d}y \tag{1.1.63}$$

数学期望有以下的简单性质：

1° (线性法则)设 X 为随机变量，其期望为 $E(X)$，对任意常数 a，b，有

$$E(aX + b) = aE(X) + b \tag{1.1.64}$$

2° (加法法则)设 X，Y 为随机变量，同为离散型或连续型，则有

$$E(X + Y) = E(X) + E(Y) \tag{1.1.65}$$

推广：对于 n 个随机变量，n 个任意实数 $a_1, a_2, \cdots, a_n$

$$E(\sum_{i=1}^{n} X_i) = \sum_{i=1}^{n} E(X_i) \tag{1.1.66}$$

$$E(\sum_{i=1}^{n} a_i X_i) = \sum_{i=1}^{n} a_i E(X_i) \tag{1.1.67}$$

3° (乘法法则)设 X，Y 为同类型随机变量，且相互独立，则

$$E(XY) = E(X)E(Y) \tag{1.1.68}$$

推广：若 $X_1, X_2, \cdots, X_n$ 为相互独立的随机变量，则

$$E(X_1 \ X_2 \ \cdots \ X_n) = E(X_1)E(X_2)\cdots E(X_n) \tag{1.1.69}$$

4° (柯西—许瓦兹不等式)设 X 与 Y 是两个随机变量，则

$$|E(XY)|^2 \leqslant E(X^2)E(Y^2) \tag{1.1.70}$$

十二、随机变量的方差

1. 方差的定义

定义 1.1.20　设 X 是一个随机变量，若 $E\{[X - E(X)]^2\}$ 存在，则称 $E\{[X - E(X)]^2\}$ 为 X 的方差，记为 $D(X)$ 或 $\mathrm{Var}(X)$ 或 σ_X^2，即

$$D(X) = \mathrm{Var}(X) = E\{[X - E(X)]^2\} \tag{1.1.71}$$

显然 $D(X) \geqslant 0$，称 $\sigma_X = \sigma(X) = \sqrt{D(X)}$ 为 X 的标准差或均方差。

由方差的定义式(1.1.71)易得

$$D(X) = E(X^2) - [E(X)]^2 \tag{1.1.72}$$

$$E(X^2) = D(X) + [E(X)]^2 \tag{1.1.73}$$

显然，若 X 为离散型随机变量，其概率分布为

$$P\{X = x_k\} = p_k \qquad k = 1, 2, \cdots$$

则由式(1.1.71)与式(1.1.72)可得 X 的方差为

$$D(X) = \sum_{K=1}^{\infty} (x_k - E(X))^2 p_k \tag{1.1.74}$$

或

$$D(X) = \sum_{K=1}^{\infty} x_k^2 p_k - (\sum_{k=1}^{\infty} x_k p_k)^2 \tag{1.1.75}$$

若 X 为连续型随机变量，其概率密度为 $f(x)$，则由式(1.1.71)与式(1.1.72)可得 X 的方差为

$$D(X) = \int_{-\infty}^{+\infty} [x - E(X)]^2 f(x)\mathrm{d}x \tag{1.1.76}$$

或

$$D(X) = \int_{-\infty}^{+\infty} x^2 f(x) dx - [\int_{-\infty}^{+\infty} x f(x) dx]^2 \tag{1.1.77}$$

2. 方差的简单性质

1° 设 X 为随机变量，则对于任意实常数 a, b

$$D(aX + b) = a^2 D(X)$$

[例 1.1.29]　设随机变量 X 服从瑞利分布，其概率密度为

$$f(x) = \begin{cases} \dfrac{x}{\sigma^2} e^{-\frac{x^2}{2\sigma^2}} & x > 0 \\ 0 & x \leqslant 0 \end{cases}$$

其中 $\sigma > 0$ 是常数，试求其标准化变量 $X^* = \dfrac{X - E(X)}{\sqrt{D(X)}}$。

解：$E(X) = \int_{-\infty}^{+\infty} x \cdot \dfrac{x}{\sigma^2} e^{-\frac{x^2}{2\sigma^2}} dx = -x e^{-\frac{x^2}{2\sigma^2}} \Big|_0^{+\infty} + \int_0^{+\infty} e^{-\frac{x^2}{2\sigma^2}} dx =$

$$\sqrt{2\pi}\sigma \int_0^{+\infty} \dfrac{1}{\sqrt{2\pi}\sigma} e^{-\frac{x^2}{2\sigma^2}} dx = \dfrac{\sqrt{2\pi}}{2}\sigma$$

$E(X^2) = \int_0^{+\infty} x^2 \cdot \dfrac{x}{\sigma^2} e^{-\frac{x^2}{2\sigma^2}} dx = -x^2 e^{-\frac{x^2}{2\sigma^2}} \Big|_0^{+\infty} + 2 \int_0^{+\infty} x \cdot e^{-\frac{x^2}{2\sigma^2}} dx =$

$$2\sigma^2 \int_0^{+\infty} \dfrac{x}{\sigma^2} e^{-\frac{x^2}{2\sigma^2}} dx = 2\sigma^2$$

$$D(X) = 2\sigma^2 - \left(\dfrac{\sqrt{2\pi}}{2}\sigma\right)^2 = (2 - \dfrac{\pi}{2})\sigma^2$$

故标准化变量 X^* 为

$$X^* = \dfrac{X - \sqrt{\dfrac{\pi}{2}}\sigma}{\sqrt{2 - \dfrac{\pi}{2}}\sigma}$$

2° 设 X, Y 为两个相互独立的随机变量，则有

$$D(X + Y) = D(X) + D(Y) \tag{1.1.78}$$

40

一般的，若 $X_1, X_2, \cdots, X_n$ 是相互独立随机变量，$a_1, a_2, \cdots, a_n$ 为任意实常数，则有

$$D(\sum_{i=1}^{n} a_i X_i) = \sum_{i=1}^{n} a_i^2 D(X_i)$$

[例 1.1.30]　设随机变量 $X_1, X_2, \cdots, X_n$ 相互独立，均服从指数分布 $Z(2)$，即其概率密度为

$$f(x) = \begin{cases} 2\mathrm{e}^{-2x} & x > 0 \\ 0 & x \leqslant 0 \end{cases}$$

试求 $\bar{X} = \dfrac{1}{n}\sum_{i=1}^{n} X_i$ 的方差与均方差。

　　解：$E(X) = \int_{-\infty}^{+\infty} xf(x)\mathrm{d}x = \int_{0}^{+\infty} x \cdot 2\mathrm{e}^{-2x}\mathrm{d}x = -x\mathrm{e}^{-2x}\big|_{0}^{+\infty} +$

$$\int_{0}^{+\infty} \mathrm{e}^{-2x}\mathrm{d}x = \frac{1}{2}\int_{0}^{+\infty} 2\mathrm{e}^{-2x}\mathrm{d}x = \frac{1}{2}$$

$$E(X^2) = \int_{-\infty}^{+\infty} x^2 f(x)\mathrm{d}x = \int_{0}^{+\infty} x^2 \cdot 2\mathrm{e}^{-2x}\mathrm{d}x = -x^2\mathrm{e}^{-2x}\big|_{0}^{+\infty} + 2\int_{0}^{+\infty} x\mathrm{e}^{-2x}\mathrm{d}x = \frac{1}{2}$$

　　故　　$D(X) = E(X^2) - [E(X)]^2 = \dfrac{1}{2} - \left(\dfrac{1}{2}\right)^2 = \dfrac{1}{4}$

　　而 $X_1, X_2, \cdots, X_n$ 均同 $Z(2)$ 分布，故

$$D(X_i) = \frac{1}{4} \qquad i = 1, 2, \cdots, n$$

且 $X_1, X_2, \cdots, X_n$ 相互独立，故

$$D(\bar{X}) = D(\frac{1}{n}\sum_{i=1}^{n} X_i) = \frac{1}{n^2} D(\sum_{i=1}^{n} X_i) = \frac{1}{n^2}\sum_{i=1}^{n} D(X_i) = \frac{1}{n^2}\sum_{i=1}^{n} \frac{1}{4} = \frac{1}{4n}$$

$$\sigma_{\bar{X}} = \sqrt{D(\bar{X})} = \frac{1}{2\sqrt{n}}$$

　　3° (切比雪夫不等式)设 X 为一随机变量，其均值 $E(X) = \mu$，方差 $D(X) = \sigma^2$，则对任意正数 $\varepsilon > 0$，有

$$P\{|X - \mu| \geqslant \varepsilon\} \leqslant \frac{\sigma^2}{\varepsilon^2} \qquad\qquad (1.1.79)$$

4° $D(X) = 0$ 的充要条件是 X 以概率 1 取常数 $\mu = E(X)$，即 $P\{X = \mu\} = 1$。

几种重要的随机变量的数学期望与方差

(1) 二项分布 $B(n, p)$ 设 $X \sim B(n, p)$，其分布律为

$$P\{X = k\} = C_n^k p^k (1-p)^{n-k} \qquad k = 0, 1, 2, \cdots, n \qquad 0 < p < 1$$

则
$$E(X) = np \qquad D(X) = np(1-p)$$

(2) 泊松分布 $\pi(\lambda)$ 设 $X \sim \pi(\lambda)$，其分布律为

$$P\{X = k\} = \frac{\lambda^k e^{-\lambda}}{k!} \qquad k = 0, 1, 2, \cdots \qquad \lambda > 0$$

则
$$E(X) = D(X) = \lambda$$

(3) 均匀分布 $U(a, b)$ 设 $X \sim U(a, b)$，其概率密度为

$$f(x) = \begin{cases} \dfrac{1}{b-a} & a < x < b \\ 0 & \text{其它} \end{cases}$$

则
$$E(X) = \frac{a+b}{2} \qquad D(X) = \frac{(b-a)^2}{12}$$

(4) 指数分布 $Z(\alpha)$ 设 $X \sim Z(\alpha)$，其概率密度为

$$f(x) = \begin{cases} \alpha e^{-\alpha x} & x > 0 \\ 0 & x \leqslant 0 \end{cases} \qquad \alpha > 0$$

则
$$E(X) = \frac{1}{\alpha} \qquad D(X) = \frac{1}{\alpha^2}$$

(5) 正态分布 $N(\mu, \sigma^2)$ 设 $X \sim N(\mu, \sigma^2)$，其概率密度为

$$f(x) = \frac{1}{\sqrt{2\pi}\sigma} e^{-\frac{(x-\mu)^2}{2\sigma^2}} \qquad -\infty < x < \infty \qquad \sigma > 0$$

则
$$E(X) = \mu \qquad D(X) = \sigma^2$$

十三、协方差、相关系数和矩

定义 1.1.21   设 (X, Y) 为二维随机变量，称

$$\text{Cov}(X, Y) = E[(X - E(X))(Y - E(Y))] \tag{1.1.80}$$

为 X 与 Y 的协方差。

协方差是反映 X 与 Y 相关关系的特征量，由方差定义与协方差定义可知

$$D(X + Y) = D(X) + D(Y) + 2\text{Cov}(X, Y) \tag{1.1.81}$$

42

$$\text{Cov}(X,Y) = E(XY) - E(X)E(Y) \tag{1.1.82}$$

[例 1.1.31] 设随机变量(X, Y)的密度函数为

$$f(x,y) = \begin{cases} x+y & 0 \leqslant x \leqslant 1 \quad 0 \leqslant y \leqslant 1 \\ 0 & \text{其它} \end{cases}$$

试求 $\text{Cov}(X,Y)$。

解：因为 $f_X(x) = \begin{cases} \int_0^1 (x+y)\mathrm{d}y = x + \dfrac{1}{2} & 0 \leqslant x < 1 \\ 0 & \text{其它} \end{cases}$

$$f_Y(y) = \begin{cases} \int_0^1 (x+y)\mathrm{d}x = y + \dfrac{1}{2} & 0 \leqslant y < 1 \\ 0 & \text{其它} \end{cases}$$

故 $E(X) = \int_0^1 x\left(x + \dfrac{1}{2}\right)\mathrm{d}x = \dfrac{7}{12}$，类似 $E(Y) = \dfrac{7}{12}$

$$E(XY) = \int_0^1 \int_0^1 xy(x+y)\mathrm{d}x\mathrm{d}y = \frac{1}{3}$$

于是
$$\text{Cov}(X,Y) = \frac{1}{3} - \frac{7}{12} \times \frac{7}{12} = -\frac{1}{144}$$

协方差的基本性质：

1° $\text{Cov}(X,Y) = \text{Cov}(Y,X)$; $\tag{1.1.83}$

2° $\text{Cov}(aX,bY) = ab\text{Cov}(Y,X)$; $\tag{1.1.84}$

3° $\text{Cov}(X_1 \pm X_2, Y) = \text{Cov}(X_1,Y) \pm \text{Cov}(X_2,Y)$ $\tag{1.1.85}$

4° $|\text{Cov}(X,Y)| \leqslant \sqrt{D(X)}\sqrt{D(Y)}$ $\tag{1.1.86}$

5° $\text{Cov}(X,X) = D(X)$ $\tag{1.1.87}$

6° 若 X 与 Y 相互独立，则 $\text{Cov}(X,Y) = 0$ $\tag{1.1.88}$

7° $\text{Cov}(aX \pm b, cY \pm d) = ac\text{Cov}(X,Y)$

[例 1.1.32] 设随机变量(X,Y)的密度函数为

$$f(x,y) = \begin{cases} x+y & 0 \leqslant x \leqslant 1 \quad 0 \leqslant y \leqslant 1 \\ 0 & \text{其它} \end{cases}$$

试求 $D(2X \pm 3Y)$。

解：计算得

$$E(X) = E(Y) = \frac{7}{12} \quad E(XY) = \frac{1}{3} \quad \mathrm{Cov}(X,Y) = -\frac{1}{144}$$

且

$$E(X^2) = \int_0^1 x^2 \left(x + \frac{1}{2} \right) \mathrm{d}x = \frac{5}{12}$$

$$D(X) = E(X^2) - [E(X)]^2 = \frac{5}{12} - \left(\frac{7}{12} \right)^2 = \frac{11}{144}$$

同理 $D(Y) = \frac{11}{144}$

故

$$D(2X + 3Y) = D(2X) + D(3Y) + 2\mathrm{Cov}(2X, 3Y) =$$
$$4D(X) + 9D(Y) + 12\mathrm{Cov}(X,Y) =$$
$$4 \times \frac{11}{144} + 9 \times \frac{11}{144} + 12 \times \left(-\frac{1}{144} \right) = \frac{131}{144}$$

$$D(2X - 3Y) = D(2X) + D(3Y) + 2\mathrm{Cov}(2X - 3Y) =$$
$$4D(X) + 9D(Y) - 12\mathrm{Cov}(X,Y) =$$
$$4 \times \frac{11}{144} + 9 \times \frac{11}{144} - 12 \times \left(-\frac{1}{144} \right) = \frac{155}{144}$$

协方差是反映 X 与 Y 相关关系的特征量，它是与 X 与 Y 同量纲的，而反映 X 与 Y 相关关系的无量纲的是相关系数：

定义 1.1.22 设 (X,Y) 为二维随机变量，$D(X), D(Y), \mathrm{Cov}(X,Y)$ 分别为 X, Y 的方差与协方差，称

$$\rho_{XY} = \frac{\mathrm{Cov}(X,Y)}{\sqrt{D(X)}\sqrt{D(Y)}} \tag{1.1.89}$$

为随机变量 X 与 Y 的相关系数。

[例 1.1.33] （续例 1.1.32）求 ρ_{XY}。

解：已计算得 $\mathrm{Cov}(X,Y) = -\frac{1}{144}$，及由例 1.32 结果

$$D(X) = D(Y) = \frac{11}{144}$$

故

44

$$\rho_{XY} = \frac{\text{Cov}(X,Y)}{\sqrt{D(X)}\sqrt{D(Y)}} = \frac{-\frac{11}{144}}{11/144} = -\frac{1}{11}$$

容易证明，相关系数有如下性质：

1° $|\rho_{XY}| \leqslant 1$

ρ_{XY} 是一个表征 X,Y 同线性关系紧密程度的量，$|\rho_{XY}|$ 较大，表示 X,Y 线性相关程度较高，反之较低；

2° 若 X,Y 相互独立，且 $D(X), D(Y) > 0$，则 $\rho_{XY} = 0$；若 X 与 Y 的相关系数 $\rho_{XY} = 0$，则称 X 与 Y 为不相关

另一个重要的数字特征是随机变量的矩：

定义 1.1.23 设 X 和 Y 是随机变量，k, l 为任一正整数，若下列式中函数的期望均存在，则称

(1) $\mu_k = E(X^k)$ 为 X 的 k 阶原点矩，简称 k 阶矩；

(2) $\sigma_k = E[(X - E(X))^k]$ 为 X 的 k 阶中心矩；

(3) $\mu_{kl} = E(X^k Y^l)$ 为 X 和 Y 的 $k+l$ 阶混合原点矩；

(4) $\sigma_{kl} = E\{[X - E(X)]^k [Y - E(Y)]^l\}$ 为 X 和 Y 的 $k+l$ 阶混合中心矩。

特别地，对于 n 维正态随机变量而言，其数字特征决定了其全部概率特征，容易得到如下一些常见结果：

设 $(X_1, X_2, \cdots, X_n)$ 为 n 维正态随机变量，令

$$\boldsymbol{x} = \begin{pmatrix} x_1 \\ x_2 \\ \vdots \\ x_n \end{pmatrix} \qquad \boldsymbol{\mu} = \begin{pmatrix} \mu_1 \\ \mu_2 \\ \vdots \\ \mu_n \end{pmatrix} = \begin{pmatrix} E(X_1) \\ E(X_2) \\ \vdots \\ E(X_n) \end{pmatrix}$$

$$\boldsymbol{C} = (C_{ij})_{n \times n} \qquad C_{ij} = \text{Cov}(X_i, X_j) \qquad i, j = 1, 2, \cdots, n$$

则 $(X_1, X_2, \cdots, X_n)$ 的概率密度函数为

$$f(x_1, x_2, \cdots, x_n) = \frac{1}{(2\pi)^{\frac{n}{2}} |C|^{\frac{1}{2}}} \exp\{-\frac{1}{2}(x - \mu)' C^{-1}(x - \mu)\} \qquad (1.1.90)$$

(1) n 维随机变量 $(X_1, X_2, \cdots, X_n)$ 服从 n 维正态分布的充要条件是 $X_1, X_2, \cdots, X_n$ 的任意线性组合 $l_1 X_1 + l_2 X_2 + \cdots + l_n X_n$ 服从一维正态分布；

(2) 若 n 维随机变量 $(X_1, X_2, \cdots, X_n)$ 服从 n 维正态分布，设 $Y_1, Y_2, \cdots, Y_k$ 是 X_j，$j = 1, 2, \cdots, n$ 的线性函数，则 $(Y_1, Y_2, \cdots, Y_k)$ 也服从多维正态分布；

(3)设 $(X_1, X_2, \cdots, X_n)$ 服从 n 维正态分布，则" $X_1, X_2, \cdots, X_n$ 相互独立"与 " $X_1, X_2, \cdots, X_n$ 两两不相关"是等价的。

十四、大数定律及中心极限定理
1. 大数定律概念

定义 1.1.24 设 $X_1, X_2, \cdots, X_n, \cdots$ 是随机变量序列，$E(X_k)$ 存在，$k = 1, 2, \cdots$，令

$$\overline{X}_n = \frac{1}{n} \sum_{k=1}^{n} X_k$$

若对于任意给定的正数 $\varepsilon > 0$，有

$$\lim_{n \to \infty} P\left\{ \left| \overline{X}_n - E(\overline{X}_n) \right| \geqslant \varepsilon \right\} = 0 \tag{1.1.91}$$

或

$$\lim_{n \to \infty} P\left\{ \left| \overline{X}_n - E(\overline{X}_n) \right| < \varepsilon \right\} = 1 \tag{1.1.92}$$

则称 $\{X_n\}$ 服从大数定律，或称大数法成立。

几个常用的大数定律如下：

(1) 贝努利大数定律

定理 1.1.5 设 n_A 是 n 次独立重复试验中事件 A 发生的次数，p 是事件 A 在每次试验中发生的概率，则对于任意正数 $\varepsilon > 0$，有

$$\lim_{n \to \infty} P\left\{ \left| \frac{n_A}{n} - p \right| < \varepsilon \right\} = 1 \tag{1.1.93}$$

或

$$\lim_{n \to \infty} P\left\{ \left| \frac{n_A}{n} - p \right| \geqslant \varepsilon \right\} = 0 \tag{1.1.94}$$

(2) 切比雪夫大数定律

定理 1.1.6 设 $X_1, X_2, \cdots$ 相互独立，且具有相同的期望 $E(X_k) = \mu$，$k = 1, 2, \cdots$，方差有界 $D(X_k) \leqslant M, k = 1, 2, \cdots$，则 $X_1, X_2, \cdots$ 服从大数定律，即对于任意正数 $\varepsilon > 0$，有

$$\lim_{n \to \infty} P\left\{ \left| \overline{X}_n - \mu \right| \geqslant \varepsilon \right\} = 0 \tag{1.1.95}$$

46

(3) 辛钦大数定律

定理 1.1.7 设随机变量 $X_1, X_2, \cdots$ 相互独立，且服从同一分布，具有相同的数学期望。$E(X_k) = \mu, k = 1, 2, \cdots$，则对于任意正数 ε，有

$$\lim_{n \to \infty} P\left\{\left|\bar{X}_n - \mu\right| < \varepsilon\right\} = 1, \quad \text{即} \quad \bar{X}_n \xrightarrow{P} \mu$$

2. 中心极限定理

定义 1.1.25 设随机变量列 $X_1, X_2, \cdots$ 的部分和为 $Y_n = \sum_{k=1}^{n} X_k$，若对于任意实数 x，有

$$\lim_{n \to \infty} P\left\{\frac{Y_n - E(Y_n)}{\sqrt{D(Y_n)}} \leqslant x\right\} = \int_{-\infty}^{x} \frac{1}{\sqrt{2\pi}} e^{-\frac{x^2}{2}} \mathrm{d}x = \Phi(x) \qquad (1.1.96)$$

则称 $X_1, X_2, \cdots$ 服从中心极限定理。

几个常用的中心极限定理如下：

(1) 隶莫弗——拉普拉斯定理

定理 1.1.8 若随机变量 $Y_n (n = 1, 2, \cdots)$ 服从参数为 n，p 的二项分布 $B(n, p)$，$0 < p < 1$，则对于任意的 x，有

$$\lim_{n \to \infty} P\left\{\frac{Y_n - np}{\sqrt{np(1-p)}} \leqslant x\right\} = \Phi(x) \qquad (1.1.97)$$

此定理说明二项分布以正态分布为极限分布。故由式(1.1.97)可知，当 n 很大，对任意的 x，近似有

$$P\left\{\frac{Y_n - np}{\sqrt{np(1-p)}} \leqslant x\right\} \approx \Phi(x) \qquad (1.1.98)$$

此时对 $a < b$，有

$$P\left\{a \leqslant Y_n \leqslant b\right\} \approx \Phi\left(\frac{b - np}{\sqrt{np(1-p)}}\right) - \Phi\left(\frac{a - np}{\sqrt{np(1-p)}}\right) \qquad (1.1.99)$$

(2) 列维定理(独立同分布中心极限定理)

定理 1.1.9 设 $X_1, X_2, \cdots$ 相互独立，且服从同一分布，且有有限的期望与方差，即

$$E(X_k) = \mu, \quad D(X_k) = \sigma^2 \neq 0 \quad k = 1, 2, \cdots$$

则随机变量 $Y_n = \sum_{k=1}^{n} X_k$ 近似服从正态分布 $N(n\mu, n\sigma^2)$，即对任意的 x，有

$$\lim_{n \to \infty} P\left\{ \frac{Y_n - n\mu}{\sqrt{n}\sigma} \leqslant x \right\} = \Phi(x) \tag{1.1.100}$$

由式(1.1.100)易得，对任意的 x，当 n 很大时，近似有

$$P\{Y_n \leqslant x\} = P\left\{ \frac{Y_n - n\mu}{\sqrt{n}\sigma} \leqslant \frac{x - n\mu}{\sqrt{n}\sigma} \right\} \approx \Phi\left(\frac{x - n\mu}{\sqrt{n}\sigma} \right)$$

故对 $a < b$，近似有

$$P\{a \leqslant X \leqslant b\} \approx \Phi\left(\frac{b - n\mu}{\sqrt{n}\sigma} \right) - \Phi\left(\frac{a - n\mu}{\sqrt{n}\sigma} \right) \tag{1.1.101}$$

(3) 李雅普诺夫定理

定理 1.1.10　设随机变量 $X_1, X_2, \cdots$ 相互独立，它们具有有限数学期望与方差

$$E(X_k) = \mu_k, \quad D(X_k) = \sigma_k^2 \neq 0 \quad k = 1, 2, \cdots$$

记 $B_n^2 = \sum_{k=1}^{n} \sigma_k^2$，若存在正数 $\delta > 0$，使得当 $n \to \infty$ 时，

$$\frac{1}{B_n^{2+\delta}} \sum_{k=1}^{n} E\left\{ |X_k - \mu_k|^{2+\delta} \right\} \to 0 \tag{1.1.102}$$

则随机变量 $Y_n = \sum_{k=1}^{n} X_k$ 近似服从正态分布 $N\left(\sum_{k=1}^{n} \mu_k, B_n^2 \right)$，即对于任意的 x，有

$$\lim_{n \to \infty} P\left\{ \frac{Y_n - \sum_{k=1}^{n} \mu_k}{B_n} \leqslant x \right\} = \Phi(x) \tag{1.1.103}$$

由式(1.1.103)可知，对于任意的 $a < b$，近似成立

$$P\{a \leqslant Y_n \leqslant b\} \approx \Phi\left(\frac{b - \sum_{k=1}^{n} \mu_k}{B_n} \right) - \Phi\left(\frac{a - \sum_{k=1}^{n} \mu_k}{B_n} \right) \tag{1.104}$$

注：式(1.1.102)称为李雅普诺夫条件，表示每个 X_k 对总和 $\sum_{k=1}^{n} X_k$ 影响不大，

即每个 X_k 对总和 $\sum\limits_{k=1}^{n} X_k$ 的作用都是"均匀"小，在此条件下，总和 $Y_n = \sum\limits_{k=1}^{n} X_k$ 近似服从正态分布

$$N\left(\sum_{k=1}^{n} \mu_k, B_n^2\right)$$

需要进一步详细了解概率论知识，请参阅《概率论与数理统计》(北京航空航天大学出版社出版，李裕奇等编写，第 5 版)。

1.1 基本练习题

1. 已知随机事件 A 的概率 $P(A) = 0.5$，随机事件 B 的概率 $P(B) = 0.6$，及条件概率 $P(B\,|\,A) = 0.8$，试求 $P(A \bigcup B)$。

2. 有 3 个箱子，第一个箱子中有 4 个黑球 1 个白球，第二个箱子中有 3 个黑球 3 个白球，第 3 个箱子中有 3 个黑球 5 个白球。现随机地取出一个箱子，再从这个箱子中任意取出一个球。

(1) 试求这个球是白球的概率；

(2) 已知取出的球是白球，试求此球是从第二个箱子取出的概率。

3. 设在三次独立试验中，随机事件 A 出现的概率相等。若已知 A 至少出现一次的概率等于 $\dfrac{19}{27}$，试求随机事件 A 在一次试验中出现的概率。

4. 某厂家生产的每台仪器，以概率 0.7 可以直接出厂，以概率 0.3 需进一步调试。经调试后以概率 0.8 可以出厂，以概率 0.2 定为不合格产品不能出厂。现该厂新生产了 $n(n \geqslant 2)$ 台仪器(假设各台仪器的生产过程相互独立)，试求：

(1) 全部能出厂的概率 α；

(2) 恰有两台不能出厂的概率 β；

(3) 至少有两台不能出厂的概率 θ。

5. 已知甲、乙两箱中装有同种产品，其中甲箱中装有 3 件合格品和 3 件次品，乙箱中仅装有 3 件合格品。从甲箱中任取 3 件产品放入乙箱后，试求：

(1) 乙箱中次品件数的数学期望；

(2) 从乙箱中任取一件产品是次品的概率。

6. 设随机变量 X 服从正态分布 $N(\mu, \sigma^2)$ ($\sigma > 0$)，且二次方程 $y^2 + 4y + X = 0$ 无实根的概率为 1/2，试求 X 的数学期望。

7. 设随机变量 X 的概率密度为

$$f(x) = \begin{cases} 2x & 0 < x < 1 \\ 0 & \text{其它} \end{cases}$$

现对 X 进行 n 次独立重复观测，以 V_n 表示观测值不大于 0.1 的次数，试求随机变量 V_n 的概率分布。

8. 设二维随机变量 (X,Y) 的概率密度为

$$f(x,y) = \begin{cases} 1 & 0 < x < 1, 0 < y < 2x \\ 0 & \text{其它} \end{cases}$$

(1) 试求二维随机变量 (X,Y) 的边缘概率密度 $f_X(x)$ 与 $f_Y(y)$，X 与 Y 是否独立?

(2) 试求 $Z = 2X - Y$ 的概率密度 $f_Z(z)$。

(3) $P\left\{ Y \leqslant \dfrac{1}{2} \middle| X \leqslant \dfrac{1}{2} \right\}$

9. 设二维随机变量 (X,Y) 的概率分布为

X \ Y	0	1
0	0.4	a
1	b	0.1

若随机事件 $\{X = 0\}$ 与 $\{X + Y = 1\}$ 相互独立。

(1) 试确定常数 a 与 b;

(2) 试求 (X,Y) 的分布函数。

10. 设随机变量 X 的概率密度为

$$f(x) = \begin{cases} 1/2 & -1 < x < 0 \\ 1/4 & 0 \leqslant x < 2 \\ 0 & \text{其它} \end{cases}$$

令 $Y = X^2$，$F(x,y)$ 为二维随机变量 (X,Y) 的分布函数。试求:

(1) Y 的概率密度 $f_Y(y)$;

(2) X 与 Y 的协方差 $\mathrm{Cov}(X,Y)$;

(3) $F\left(-\dfrac{1}{2}, 4\right)$。

11. 设二维随机变量 (X,Y) 的概率密度为

$$f(x,y) = \begin{cases} 2 - x - y & 0 < x < 1, 0 < y < 1 \\ 0 & \text{其它} \end{cases}$$

(1) 试求 $P\{X > 2Y\}$;

(2) 试求 $Z = X + Y$ 的概率密度 $f_Z(z)$。

12. 设随机变量 X 与 Y 独立同分布，且 X 的概率分布为

X	1	2
P	2/3	1/3

记 $U = \max\{X,Y\}$，$V = \min\{X,Y\}$。试求:

(1) (U,V) 的概率分布;

(2) U 与 V 的协方差 $\mathrm{Cov}(U,V)$ 与相关系数 ρ_{UV}。

13. 某保险公司多年的统计资料表明，在索赔中被盗索赔户占 20%。以 X 表示在随机抽查的 100 个索赔户中因被盗向保险公司索赔的户数。

(1) 写出 X 的概率分布;

(2) 利用隶莫弗—拉普拉斯定理，求被盗索赔户不少于 14 户且不多于 30 户的概率的近似值。

14. 一生产线生产的产品成箱包装，每箱的重量是随机的。假设每箱平均重 50kg，标准差为 5kg，若用最大载重量为 5t 的汽车承运，试利用中心极限定理说明每辆车最多可以装多少箱，才能保障不超载的概率大于 0.9772。

1.2　条件分布与条件数学期望

一、条件分布
1. 条件分布律(条件概率分布)

定义 1.2.1　设 (X,Y) 是二维离散型随机变量，可能取值为 (x_i, y_j)，$i,j = 1,2,\cdots$，其分布律及边缘分布律分别为

$$p_{ij} = P\{X = x_i, Y = y_j\} \qquad i,j = 1,2,\cdots$$

$$p_{i\cdot} \overset{\Delta}{=} P\{X = x_i\} = \sum_{j=1}^{\infty} p_{ij} \qquad i = 1,2,\cdots$$

$$p_{\cdot j} \overset{\Delta}{=} P\{Y = y_j\} = \sum_{i=1}^{\infty} p_{ij} \qquad j = 1,2,\cdots$$

则称

$$P\{Y = y_j \mid X = x_i\} = \frac{P\{X = x_i, Y = y_j\}}{P\{X = x_i\}} = \frac{p_{ij}}{p_{i\cdot}} = p_{j|i} \quad j = 1,2,\cdots \tag{1.2.1}$$

$$P\{X=x_i \mid Y=y_j\} = \frac{P\{X=x_i, Y=y_j\}}{P\{Y=y_j\}} = \frac{p_{ij}}{p_{\cdot j}} = p_{i|j}, \quad i=1,2,\cdots \qquad (1.2.2)$$

[例 1.2.1] 设 (X,Y) 的概率分布如下表，试求其所有条件分布律。

Y＼X	0	1	2
−1	1/10	1/20	7/20
2	3/10	1/10	1/10

解：由已知 (X,Y) 的分布律可得 X 的边缘分布律为

X	−1	2
p_k	1/2	1/2

Y 的边缘分布律为

Y	0	1	2
p_k	4/10	3/20	9/20

(1) $X=-1$ 条件下 Y 的条件分布律为

$$P\{Y=0 \mid X=-1\} = \frac{1/10}{1/2} = \frac{1}{5} \qquad P\{Y=1 \mid X=-1\} = \frac{1/20}{1/2} = \frac{1}{10}$$

$$P\{Y=2 \mid X=-1\} = \frac{7/20}{1/2} = \frac{7}{10}$$

(2) $X=2$ 条件下 Y 的条件分布律为

$$P\{Y=0 \mid X=2\} = \frac{3/10}{1/2} = \frac{3}{5} \qquad P\{Y=1 \mid X=2\} = \frac{1/10}{1/2} = \frac{1}{5}$$

$$P\{Y=2 \mid X=2\} = \frac{1/10}{1/2} = \frac{1}{5}$$

(3) $Y=0$ 条件下 X 的条件分布律为

$$P\{X=-1 \mid Y=0\} = \frac{1/10}{4/10} = \frac{1}{4} \qquad P\{X=2 \mid Y=0\} = \frac{3/10}{4/10} = \frac{3}{4}$$

(4) $Y=1$ 条件下 X 的条件分布律为

$$P\{X=-1 \mid Y=1\} = \frac{1/20}{3/20} = \frac{1}{3} \qquad P\{X=2 \mid Y=1\} = \frac{1/10}{3/20} = \frac{2}{3}$$

(5) $Y=2$ 条件下 X 的条件分布律为

$$P\{X=-1\,|\,Y=2\}=\frac{7/20}{9/20}=\frac{7}{9} \qquad P\{X=2\,|\,Y=2\}=\frac{1/10}{9/20}=\frac{2}{9}$$

2. 条件分布函数与条件概率密度函数

定义 1.2.2   给定 y，设对于任意固定的正数 ε，$P\{y-\varepsilon<Y\leqslant y+\varepsilon\}>0$，且若对于任意的实数 x，极限

$$\lim_{\varepsilon\to 0^+}P\{X\leqslant x\,|\,y-\varepsilon<Y\leqslant y+\varepsilon\}=\lim_{\varepsilon\to 0^+}\frac{P\{X\leqslant x,y-\varepsilon<Y\leqslant y+\varepsilon\}}{P\{y-\varepsilon<Y\leqslant y+\varepsilon\}}$$

存在，则称此极限为在 $Y=y$ 条件下的条件分布函数，记为 $P\{X\leqslant x\,|\,Y=y\}$，或 $F_{X|Y}(x|y)$。可以证明，相应的在 $Y=y$ 条件下 X 的概率密度函数为

$$f_{X|Y}(x|y)=\frac{f(x,y)}{f_Y(y)} \tag{1.2.3}$$

类似的，给定 x，设对于任意固定的正数 ε，$P\{x-\varepsilon<X\leqslant x+\varepsilon\}>0$，且若对于任意的实数 y，极限

$$\lim_{\varepsilon\to 0^+}P\{Y\leqslant y\,|\,x-\varepsilon<X\leqslant x+\varepsilon\}=\lim_{\varepsilon\to 0^+}\frac{P\{Y\leqslant y,x-\varepsilon<X\leqslant x+\varepsilon\}}{P\{x-\varepsilon<X\leqslant x+\varepsilon\}}$$

存在，则称此极限为在 $X=x$ 条件下的条件分布函数，记为 $P\{Y\leqslant y\,|\,X=x\}$，或 $F_{Y|X}(y|x)$。

相应的在 $X=x$ 条件下 Y 的概率密度函数为

$$f_{Y|X}(y|x)=\frac{f(x,y)}{f_X(x)} \tag{1.2.4}$$

[例 1.2.2]   设 (X,Y) 的概率密度为

$$f(x,y)=\begin{cases}\dfrac{1}{\pi} & x^2+y^2\leqslant 1\\[2mm] 0 & \text{其它}\end{cases}$$

试求条件概率密度函数 $f_{X|Y}(x|y)$。

解：由联合概率密度函数得边缘概率密度函数为

$$f_Y(y)=\int_{-\infty}^{+\infty}f(x,y)\mathrm{d}x=\begin{cases}\displaystyle\int_{-\sqrt{1-y^2}}^{\sqrt{1-y^2}}\dfrac{1}{\pi}\mathrm{d}x=\dfrac{2}{\pi}\sqrt{1-y^2} & -1\leqslant y\leqslant 1\\[2mm] 0 & \text{其它}\end{cases}$$

故当 $-1<y<1$ 时有

$$f_{X|Y}(x|y)=\begin{cases}\dfrac{1/\pi}{(2/\pi)\sqrt{1-y^2}}=\dfrac{1}{2\sqrt{1-y^2}} & -\sqrt{1-y^2}\leqslant x\leqslant\sqrt{1-y^2}\\[2mm] 0 & \text{其它}\end{cases}$$

二、条件数学期望

设(X, Y)为二维随机变量,则在一定条件下可求条件分布函数与条件概率分布或条件概率密度,由此我们可用类似数学期望的定义去定义条件数学期望。

1. 离散型随机变量的条件数学期望

设(X, Y)为二维离散型随机变量,若其概率分布为$P\{X=x_i, Y=y_j\}=p_{ij}$,$i, j=1, 2, \cdots$,边缘概率分布为$p_{i\cdot}=P(X=x_i)=\sum_{j=1}^{\infty}p_{ij}$,$p_{\cdot j}=P\{Y=y_j\}=\sum_{i=1}^{\infty}p_{ij}$,其条件概率分布为

$$P\{Y=y_j \mid X=x_i\}=\frac{p_{ij}}{p_{i\cdot}},\quad P\{X=x_i \mid Y=y_j\}=\frac{p_{ij}}{p_{\cdot j}},\quad i,j=1,2,\cdots$$

则条件数学期望如下定义:

定义 1.2.3 若级数$\sum_{j=1}^{\infty}y_j P\{Y=y_j \mid X=x_i\}=\sum_{j=1}^{\infty}y_j\frac{p_{ij}}{p_{i\cdot}}$绝对收敛,则称此级数为在$\{X=x_i\}$条件下,$Y$的条件数学期望。记为

$$E(Y \mid X=x_i)\quad i=1, 2, \cdots$$

即

$$E\{Y \mid X=x_i\}=\sum_{j=1}^{\infty}y_j\frac{p_{ij}}{p_{i\cdot}} \tag{1.2.5}$$

类似地,在$\{Y=y_j\}$条件下X的条件数学期望为

$$E\{X \mid Y=y_j\}=\sum_{i=1}^{\infty}x_i\frac{p_{ij}}{p_{\cdot j}}\qquad j=1, 2, \cdots \tag{1.2.6}$$

[例 1.2.3] 设(X, Y)的概率分布如下:

X \ Y	0	1	2
0	0.2	0.1	0.3
1	0.1	0.2	0.1

试求全部的条件数学期望。

解: 由已知概率分布可得关于X与Y的边缘概率分布为

X	0	1
p_i	0.6	0.4

Y	0	1	2
p_j	0.3	0.3	0.4

则条件概率分布与条件数学期望为

$$P\{Y=0 \mid X=0\} = \frac{0.2}{0.6} = \frac{1}{3} , \quad P\{Y=1 \mid X=0\} = \frac{0.1}{0.6} = \frac{1}{6}$$

$$P\{Y=2 \mid X=0\} = \frac{0.3}{0.6} = \frac{1}{2}$$

$$E(Y \mid X=0) = \sum_{j=0}^{2} jP\{Y=j \mid X=0\} = 0 \times \frac{1}{3} + 1 \times \frac{1}{6} + 2 \times \frac{1}{2} = \frac{7}{6}$$

$$P\{Y=0 \mid X=1\} = \frac{0.1}{0.4} = \frac{1}{4} , \quad P\{Y=1 \mid X=1\} = \frac{0.2}{0.4} = \frac{1}{2}$$

$$P\{Y=2 \mid X=1\} = \frac{0.1}{0.4} = \frac{1}{4}$$

$$E(Y \mid X=1) = \sum_{j=0}^{2} jP\{Y=j \mid X=1\} = 0 \times \frac{1}{4} + 1 \times \frac{1}{2} + 2 \times \frac{1}{4} = 1$$

$$P(X=0 \mid Y=0) = \frac{0.2}{0.3} = \frac{2}{3} , \quad P(X=1 \mid Y=0) = \frac{0.1}{0.3} = \frac{1}{3}$$

$$E(X \mid Y=0) = \sum_{i=0}^{1} iP\{X=i \mid Y=0\} = 0 \times \frac{2}{3} + 1 \times \frac{1}{3} = \frac{1}{3}$$

类似可得

$$E(X \mid Y=1) = \frac{2}{3} \quad E(X \mid Y=2) = \frac{1}{4}$$

[**例 1.2.4**] 一射手进行射击，击中目标的概率为 p , $0 < p < 1$, 射击到击中两次目标为止。设 X 表示首次击中目标所进行的射击次数，以 Y 表示总共进行的射击次数，试求 X 和 Y 的条件数学期望。

解： 由题意得(X,Y)的联合概率分布为

$$P\{X=i, Y=j\} = p^2 (1-p)^{j-2} \quad j=2,3,\cdots \quad i=1,2,\cdots,j-1$$

易计算得 X 与 Y 的边缘分布律为

$$P\{X=i\} = p(1-p)^{i-1} \quad i=1, 2, \cdots$$

$$P\{Y=j\} = (j-1)p^2 (1-p)^{j-2} \quad j=2, 3, \cdots$$

当 $Y = j = 2,3,\cdots$ 时，X 的条件分布律为

$$P\{X=i \mid Y=j\} = \frac{1}{j-1} \quad i=1,2,\cdots,j-1$$

故

$$E(X \mid Y = j) = \sum_{i=1}^{j-1} \frac{i}{j-1} = \frac{j}{2} \qquad j = 2, \ 3, \ \cdots$$

又当 $X = i = 1, 2, \cdots$ 时，Y 的条件分布律为

$$P\{Y = j \mid X = i\} = p(1-p)^{j-i-1} \qquad j = i+1, \ i+2, \ \cdots$$

故

$$E(Y \mid X = i) = \sum_{j=i+1}^{\infty} jp(1-p)^{j-i-1} = \sum_{k=0}^{\infty} (k+i+1)p(1-p)^k =$$

$$\sum_{k=0}^{\infty} (k+1)p(1-p)^k + i\sum_{k=0}^{\infty} p(1-p)^k = \frac{1}{p} + i \qquad i = 1, \ 2, \ \cdots$$

2. 连续型随机变量的条件数学期望

若 (X, Y) 为连续型随机变量，其概率密度为 $f(x, y)$，边缘概率密度为

$$f_X(x) = \int_{-\infty}^{+\infty} f(x, y)\mathrm{d}y \qquad f_Y(y) = \int_{-\infty}^{+\infty} f(x, y)\mathrm{d}x$$

其条件概率密度为

$$f_{Y|X}(y \mid x) = \frac{f(x, y)}{f_X(x)}, f_{X|Y}(x \mid y) = \frac{f(x, y)}{f_Y(y)}$$

则其相应的条件数学期望如下定义：

定义 1.2.4 若广义积分 $\int_{-\infty}^{+\infty} yf_{Y|X}(y \mid x)\mathrm{d}y$ 绝对收敛，则称此积分为在条件 $X = x$ 下 Y 的条件数学期望，记为 $E(Y \mid X = x)$ ，即

$$E(Y \mid X = x) = \int_{-\infty}^{+\infty} yf_{Y|X}(y \mid x)\mathrm{d}y \qquad (1.2.7)$$

类似地，在 $Y = y$ 条件下 X 的条件数学期望为

$$E(X \mid Y = y) = \int_{-\infty}^{+\infty} xf_{X|Y}(x \mid y)\mathrm{d}x \qquad (1.2.8)$$

[**例 1.2.5**] 设 (X, Y) 在圆域 $X^2 + Y^2 \leqslant 1$ 上服从均匀分布，分别求 $Y = y$ 与 $X = x$ 条件下的条件数学期望。

解： 由题意知，(X, Y) 的概率密度为

$$f(x, y) = \begin{cases} \dfrac{1}{\pi} & x^2 + y^2 \leqslant 1 \\ 0 & \text{其它} \end{cases}$$

则

$$f_Y(y) = \begin{cases} \dfrac{2}{\pi}\sqrt{1-y^2} & -1 < y < 1 \\ 0 & \text{其它} \end{cases} \qquad f_X(x) = \begin{cases} \dfrac{2}{\pi}\sqrt{1-x^2} & -1 < x < 1 \\ 0 & \text{其它} \end{cases}$$

当 $Y = y$，$-1 < y < 1$ 时 X 的条件概率密度为

$$f_{X|Y}(x \mid y) = \frac{1}{2\sqrt{1-y^2}} \qquad -\sqrt{1-y^2} < x < \sqrt{1-y^2}$$

故

$$E(X \mid Y = y) = \int_{-\sqrt{1-y^2}}^{\sqrt{1-y^2}} x \frac{1}{2\sqrt{1-y^2}} \mathrm{d}x = 0$$

类似可得 $X = x$，$-1 < x < 1$ 时 Y 的条件数学期望为 $E(Y \mid X = x) = 0$。

[例 1.2.6]　设在 $Y = y$，$0 < y < 1$ 条件下 X 的条件概率密度为

$$f_{X|Y}(x \mid y) = \begin{cases} \dfrac{3x^2}{y^3} & 0 < x < y \\ 0 & \text{其它} \end{cases}$$

试求条件数学期望 $E(X \mid Y = y)$。

解：由定义可得

$$E(X \mid Y = y) = \int_0^y x \frac{3x^2}{y^3} \mathrm{d}x = \frac{3}{y^3} \cdot \frac{1}{4} x^4 \Big|_0^y = \frac{3y}{4}$$

3. 条件数学期望的简单性质

设 X, Y, Z 为随机变量，$g(x)$ 在 R 上连续，且 $E(X), E(Y), E(Z)$ 及 $E(g(Y)X)$ 均存在，容易证明条件数学期望有如下性质，我们只在连续型随机变量情况下给出证明，离散型情况类似可得。

1°　当 X 与 Y 相互独立时，必有

$$E(X \mid Y) = E(X)，\quad E(Y \mid X) = E(Y)$$

即 X 与 Y 独立时，条件期望与无条件期望相等。

2°　　$E(X) = E[E(X \mid Y)]$　　(全期望公式)　　　　　　　　　　　(1.2.9)

证：不妨设 X 与 Y 为连续型随机变量，则

$$E[E(X \mid Y)] = \int_{-\infty}^{+\infty} E(X \mid Y = y) f_Y(y) \mathrm{d}y =$$

$$\int_{-\infty}^{+\infty} \int_{-\infty}^{+\infty} x f_{X|Y}(x \mid y) f_Y(y) \mathrm{d}y \mathrm{d}x = \int_{-\infty}^{+\infty} \int_{-\infty}^{+\infty} x f(x, y) \mathrm{d}x \mathrm{d}y =$$

$$\int_{-\infty}^{+\infty} x \left[\int_{-\infty}^{+\infty} f(x,y) dy \right] dx = \int_{-\infty}^{+\infty} x f_X(x) dx = E(X)$$

离散型随机变量情形类似。

3° $\qquad\qquad E[g(Y)X|Y] = g(Y)E(X|Y)$ $\qquad\qquad$ (1.2.10)

实际上,对于任意固定的 y,有等式 $E[g(y) \cdot X|Y=y] = g(y)E(X|Y=y)$ 成立。可知 3°结论为真。

4° $\qquad\qquad E[g(Y)X] = E[g(Y) \cdot E(X|Y)]$ $\qquad\qquad$ (1.2.11)

这由 2°与 3°可得。

5° $\quad E(C|Y) = C$,C 为常数。

由条件数学期望定义 1.2.4 知其为真。

6° $\qquad\qquad E(g(Y)|Y) = g(Y)$ $\qquad\qquad$ (1.2.12)

由 3°与 5°立得。

7° $\qquad\qquad E[(aX+bY)|Z] = aE(X|Z) + bE(Y|Z)$ $\qquad\qquad$ (1.2.13)

由定义直接可得。

8° $\qquad\qquad E[X - E(X|Y)]^2 \leqslant E[X - g(Y)]^2$ $\qquad\qquad$ (1.2.14)

证:对任一固定的 y

$$E[X-g(Y)]^2 = \int_{-\infty}^{+\infty} \int_{-\infty}^{+\infty} (x-g(y))^2 f(x,y) dx dy =$$

$$\int_{-\infty}^{+\infty} \int_{-\infty}^{+\infty} (x-g(y))^2 f_{X|Y}(x|y) f_Y(y) dx dy =$$

$$\int_{-\infty}^{+\infty} \left[\int_{-\infty}^{+\infty} [x-g(y)]^2 f_{X|Y}(x|y) dx \right] f_Y(y) dy$$

由数学期望性质知,当 $g(y) = E(X|Y=y)$ 时,积分

$$\int_{-\infty}^{+\infty} (x-g(y))^2 f_{X|Y}(x|y) dx$$

达到最小,因而 $E[X-g(Y)]^2$ 当 $g(y) = E(X|Y)$ 时为最小。

[例 1.2.7] (巴格达窃贼问题) 一窃贼被关在 3 个门的地牢中,其中第一个门通向自由,出这个门后 3h 便回到地面;第二个门通向一个地道,在此地道中走 5h 后将返回地牢;第三个门通向一个更长的地道,沿这个地道走 7h 也回到地牢,如果窃贼每次选择 3 个门的可能性总相等,试求他为获得自由而奔走的平均时间。

解:设窃贼需走 X 个小时到达地面,并设 Y 为窃贼每次对 3 个门的选择,则 Y 均以 $\frac{1}{3}$ 的概率取值为 1,2,3,可利用全期望公式得

58

$$E(X) = E\left[E(X \mid Y)\right] = \sum_{j=1}^{3} E(X \mid Y = j)P(Y = j)$$

而 $E(X \mid Y = 1) = 3$，$E(X \mid Y = 2) = 5 + E(X)$ 这是因为，若窃贼选第一个门，则 3h 后肯定到达地面，故 $E(X \mid Y = 1) = 3$，而窃贼选第二个门时，他花 5h 重回地牢，此时处境与开始时完全一样，故有 $E(X \mid Y = 2) = 5 + E(X)$，类似地，窃贼选第三个门时，有 $E(X \mid Y = 3) = 7 + E(X)$，故得

$$E(X) = \frac{1}{3}\left[3 + 5 + E(X) + 7 + E(X)\right]$$

解得 $E(X) = 15\,(h)$，即窃贼若从 3 个门中等可能地选择逃跑时，平均 15h 后获得自由。

[例 1.2.8]   设随机变量 X 的概率密度为

$$f_X(x) = \begin{cases} \lambda^2 x \mathrm{e}^{-\lambda x} & x > 0 \\ 0 & x \leqslant 0 \end{cases}$$

随机变量 Y 在区间 $(0, X)$ 上均匀分布，试求条件期望 $E(Y \mid X = x)$ 与无条件期望 $E(Y)$。

解： 当 $x > 0$ 时

$$E(Y \mid X = x) = \int_{-\infty}^{+\infty} y f_{Y \mid X}(y \mid x)\mathrm{d}y =$$

$$\int_0^x y \cdot \frac{1}{x}\mathrm{d}y = \frac{x}{2}$$

再由全期望公式得

$$E(Y) = E\left[E(Y \mid X)\right] = \int_{-\infty}^{+\infty} E(Y \mid X = x) \cdot f_X(x)\mathrm{d}x =$$

$$\int_0^{+\infty} \frac{x}{2} \cdot \lambda^2 x \mathrm{e}^{-\lambda x}\mathrm{d}x = \frac{1}{2}\int_0^{+\infty}(\lambda x)^2 \mathrm{e}^{-\lambda x}\mathrm{d}x \; \underline{u = \lambda x}$$

$$\frac{1}{2\lambda}\int_0^{+\infty} u^2 \mathrm{e}^{-u}\mathrm{d}u = \frac{1}{2\lambda}\Gamma(3) = \frac{1}{\lambda}$$

读者可通过无条件期望定义求 $E(Y)$ 加以印证。

1.2   基本练习题

1. 设二维随机变量 (X, Y) 的概率分布为

X \ Y	1	2	3
0	0.14	0.24	0.35
2	0.21	0	0.06

试求出全部的条件数学期望。

2. 以 X 表示某医院一天内诞生婴儿的个数，以 Y 表示其中男婴的个数。设 X 与 Y 的联合概率分布为

$$P\{X=i, Y=j\} = \frac{e^{-14}(7.14)^j(6.86)^{i-j}}{j!(i-j)!} \qquad j=0,1,2,\cdots,i, \ i=0,1,2,\cdots$$

试求 $Y|X=i$ 的条件概率分布及其条件数学期望。

3. 设二维连续型随机变量 (X,Y) 的概率密度函数为

$$f(x,y) = \begin{cases} 3x & 0<x<1, 0<y<x \\ 0 & 其它 \end{cases}$$

试求 $Y|X=x$ 的条件概率密度 $f_{Y|X}(y|x)$ 与条件数学期望。

4. 已知随机变量 Y 的密度函数为

$$f_Y(y) = \begin{cases} 5y^4 & 0<y<1 \\ 0 & 其它 \end{cases}$$

在给定 $Y=y$ 条件下，随机变量 X 的条件密度函数为

$$f_{X|Y}(x|y) = \begin{cases} \dfrac{3x^2}{y^3} & 0<x<y<1 \\ 0 & 其它 \end{cases}$$

试求 $P\{X>0.5\}$。

5. 设二维连续型随机变量 (X,Y) 的概率密度函数为

$$f(x,y) = \begin{cases} \dfrac{21}{4}x^2y & x^2<y<1 \\ 0 & 其它 \end{cases}$$

试求 $Y|X=0.5$ 的条件数学期望与条件概率 $P\{Y \geqslant 0.75 | X=0.5\}$。

6. 设二维连续型随机变量 (X,Y) 的概率密度函数为

$$f(x,y) = \begin{cases} 24(1-x)y & 0 < y < x < 1 \\ 0 & \text{其它} \end{cases}$$

试在 $0 < y < 1$ 时，求 $X \mid Y = y$ 的条件数学期望。

7. 设随机变量 X 与 Y 的联合概率密度为

$$f(x,y) = \begin{cases} \dfrac{1}{y}\mathrm{e}^{-y-\frac{x}{y}} & x > 0, y > 0 \\ 0 & \text{其它} \end{cases}$$

试求条件概率密度 $f_{X\mid Y}(x \mid y)$ 和条件数学期望 $E(X \mid Y = y)$。

8. 口袋中有编号为 $1,2,\cdots,n$ 的 n 个球，从中任取一球。若取到 1 号球，则得 1 分，且停止摸球；若取到 i 号球 $(i \geqslant 2)$，则得 i 分，且将此球放回，重新摸球。如此下去，试求得到的平均总分数。

9. 设 $X_1, X_2, \cdots$ 为独立同分布的随机变量序列，且方差存在，随机变量 N 只取正整数值，$D(N)$ 存在，且 N 与 $\{X_n\}$ 独立，试证：

$$D\left(\sum_{k=1}^{N} X_k\right) = D(N)\left[E(X_1)\right]^2 + E(N)D(X_1)$$

1.3 特征函数

在一般情况下，随机变量的数学期望与方差只能粗略地反映分布函数的某些特征性质，不能完整地刻画分布函数，因此，为深入研究随机变量的分布特性，产生了特征函数的概念。可以证明，不同的分布函数对应着不同的特征函数，而特征函数具有简单实用的特点，例如，矩的计算对分布函数是积分，对特征函数则是微分，求独立随机变量和的分布时，用分布函数需求卷积，用特征函数则化为简单的乘法。因此，在研究随机变量的分布特性时，特征函数起着重要的工具作用。

一、复随机变量

为定义随机变量的特征函数，我们先引入复随机变量的概念。

定义 1.3.1 若 X 与 Y 为实随机变量，则称 $Z = X + \mathrm{i}Y$ 为复随机变量，其中 $\mathrm{i} = \sqrt{-1}$。

由于复随机变量 $Z = X + \mathrm{i}Y$ 与二维随机变量 (X, Y) 紧密相关，故其相关概率特性如下定义：

定义 1.3.2 若二维随机变量 (X_1, Y_1)，(X_2, Y_2)，$\cdots$，(X_n, Y_n) 相互独立，则称复随机变量 $Z_1 = X_1 + \mathrm{i}Y_1, Z_2 = X_2 + \mathrm{i}Y_2, \cdots, Z_n = X_n + \mathrm{i}Y_n$ 是相互独立的。

如果随机变量 X 与 Y 的数学期望存在，则复随机变量的数学期望亦存在。

定义 1.3.3 若 $E(X), E(Y)$ 存在，则称

$$E(Z) = E(X) + \mathrm{i}E(Y) \tag{1.3.1}$$

为复随机变量 Z 的数学期望。

易见，关于实随机变量数学期望的一些性质，对复随机变量也同样成立。

[例 1.3.1] 设复随机变量 $Z = 2X + \mathrm{i}Y^2$，其中 X, Y 均服从正态分布 $N(\mu, \sigma^2)$，试求 $E(2Z)$。

解： $E(2Z) = 2E(Z) = 2(E(2X) + \mathrm{i}E(Y^2)) = 4E(X) + 2\mathrm{i}E(Y^2) =$
$4\mu + 2\mathrm{i}(D(Y) + (E(Y))^2) = 4\mu + 2\mathrm{i}(\sigma^2 + \mu^2)$

二、特征函数的定义

定义 1.3.4 设 X 为随机变量，称复随机变量 $\mathrm{e}^{\mathrm{i}vX}$ 的数学期望为 X 的特征函数，记为 $\varphi_X(v)$ 或 $\varphi(v)$，即

$$\varphi_X(v) = E(\mathrm{e}^{\mathrm{i}vX}) \qquad v \in (-\infty, +\infty) \tag{1.3.2}$$

由于对任意的实数 $v \in (-\infty, +\infty)$，总有 $|\mathrm{e}^{\mathrm{i}vX}| = 1$，所以 $E(\mathrm{e}^{\mathrm{i}vX})$ 总是存在的，即对一切随机变量，其特征函数都存在。

易见，若 X 为离散型随机变量，概率分布为

$$P(X = x_k) = p_k \qquad k = 1, 2, 3, \cdots$$

则其特征函数为

$$\varphi_X(v) = E(\mathrm{e}^{\mathrm{i}vX}) = \sum_{k=1}^{\infty} \mathrm{e}^{\mathrm{i}vx_k} p_k \tag{1.3.3}$$

若 X 为连续型随机变量，概率密度为 $f(x)$，则其特征函数为

$$\varphi_X(v) = E(\mathrm{e}^{\mathrm{i}vX}) = \int_{-\infty}^{+\infty} \mathrm{e}^{\mathrm{i}vx} f(x) \mathrm{d}x \tag{1.3.4}$$

[例 1.3.2] 设随机变量 X 具有概率分布为

X	0	1	2
p_k	1/2	1/3	1/6

试求其特征函数 $\varphi_X(v)$。

解: $\varphi_X(v) = E(\mathrm{e}^{\mathrm{i}vX}) = \mathrm{e}^{\mathrm{i}v\cdot 0}\cdot\dfrac{1}{2} + \mathrm{e}^{\mathrm{i}v\cdot 1}\cdot\dfrac{1}{3} + \mathrm{e}^{\mathrm{i}v\cdot 2}\cdot\dfrac{1}{6} = \dfrac{1}{2} + \dfrac{1}{3}\mathrm{e}^{\mathrm{i}v} + \dfrac{1}{6}\mathrm{e}^{2\mathrm{i}v} =$

$$\frac{1}{2} + \frac{1}{3}\cos v + \frac{1}{6}\cos 2v + i\left(\frac{1}{3}\sin v + \frac{1}{6}\sin 2v\right) =$$

$$\frac{1}{2} + \frac{1}{3}\cos v + \frac{1}{6}\cos 2v + \frac{i}{3}\sin v(1 + \cos v)$$

[例 1.3.3] 设随机变量 X 具有概率密度为

$$f(x) = \begin{cases} 2x & 0 \leqslant x < 1 \\ 0 & \text{其它} \end{cases}$$

试求 X 的特征函数 $\varphi_X(v)$。

解: $\varphi_X(v) = E(\mathrm{e}^{\mathrm{i}vX}) = \displaystyle\int_{-\infty}^{+\infty} \mathrm{e}^{\mathrm{i}vx} f(x)\mathrm{d}x =$

$$\int_0^1 \mathrm{e}^{\mathrm{i}vx}\cdot 2x\,\mathrm{d}x = 2x\cdot\frac{1}{\mathrm{i}v}\mathrm{e}^{\mathrm{i}vx}\Big|_0^1 - 2\frac{1}{\mathrm{i}v}\int_0^1 \mathrm{e}^{\mathrm{i}vx}\mathrm{d}x =$$

$$\frac{2}{\mathrm{i}v}\mathrm{e}^{\mathrm{i}v} - \frac{2}{(\mathrm{i}v)^2}(\mathrm{e}^{\mathrm{i}v} - 1) = 2\left[\frac{-\mathrm{i}\mathrm{e}^{\mathrm{i}v}}{v} + \frac{1}{v^2}(\mathrm{e}^{\mathrm{i}v} - 1)\right] = \frac{2}{v^2}\left[-\mathrm{i}v\mathrm{e}^{\mathrm{i}v} + \mathrm{e}^{\mathrm{i}v} - 1\right] =$$

$$\frac{2}{v^2}\left[-\mathrm{i}v(\cos v + \mathrm{i}\sin v) + (\cos v + \mathrm{i}\sin v - 1)\right] =$$

$$\frac{2}{v^2}\left[(v\sin v + \cos v - 1) + \mathrm{i}(-v\cos v + \sin v)\right]$$

三、常见分布的特征函数

1. 两点分布$((0-1)$分布$)$

设 $X \sim (0-1)$ 分布，则其概率分布为

$$P(X = k) = p^k(1-p)^{1-k} \quad k = 0, 1 \quad 0 < p < 1$$

其特征函数为

$$\varphi(v) = E(\mathrm{e}^{\mathrm{i}vX}) = \mathrm{e}^{\mathrm{i}v\cdot 0}(1-p) + \mathrm{e}^{\mathrm{i}v\cdot 1}\cdot p = 1 - p + p\mathrm{e}^{\mathrm{i}v} \qquad (1.3.5)$$

2. 二项分布 $B(n, p)$

设 $X \sim B(n, p)$，则其概率分布为

$$P(X = k) = C_n^k p^k(1-p)^{n-k} \qquad k = 0, 1, \cdots, n \quad 0 < p < 1$$

其特征函数为

$$\varphi(v) = E(e^{ivX}) = \sum_{k=0}^{n} e^{ivk} C_n^k p^k (1-p)^{n-k} =$$

$$\sum_{k=0}^{n} C_n^k (pe^{iv})^k (1-p)^{n-k} = (pe^{iv} + 1 - p)^n$$

3. 泊松分布 $\pi(\lambda)$

设 $X \sim \pi(\lambda)$，则其概率分布为

$$P(X = k) = \frac{\lambda^k e^{-\lambda}}{k!} \quad k = 0, 1, 2, \cdots \quad \lambda > 0$$

其特征函数为

$$\varphi(v) = E(e^{ivX}) = \sum_{k=0}^{+\infty} e^{ivk} \cdot \frac{\lambda^k e^{-\lambda}}{k!} =$$

$$e^{-\lambda} \sum_{k=0}^{\infty} \frac{(\lambda e^{iv})^k}{k!} = e^{-\lambda} \cdot e^{\lambda e^{iv}} = e^{\lambda(e^{iv}-1)} \tag{1.3.6}$$

4. 均匀分布 $U(a, b)$

设 $X \sim U(a, b)$，则其概率密度为

$$f(x) = \begin{cases} \dfrac{1}{b-a} & a < x < b \\ 0 & \text{其它} \end{cases}$$

特征函数为

$$\varphi(v) = E(e^{ivX}) = \int_{-\infty}^{+\infty} e^{ivx} f(x) dx = \int_{a}^{b} e^{ivx} \frac{1}{b-a} dx = \frac{1}{b-a} \cdot \frac{1}{iv} e^{ivx} \Big|_{a}^{b} =$$

$$\frac{i}{(b-a)v} \cdot (e^{iva} - e^{ivb}) = \frac{i}{(b-a)v} (\cos va - \cos vb) - \frac{(\sin va - \sin vb)}{(b-a)v} \tag{1.3.7}$$

5. 指数分布 $Z(\alpha)$

设 $X \sim Z(\alpha)$，则其概率密度为

$$f(x) = \begin{cases} \alpha e^{-\alpha x} & x > 0 \quad \alpha > 1 \\ 0 & x \leqslant 0 \end{cases}$$

其特征函数为

$$\varphi(v) = E(e^{ivX}) = \int_{-\infty}^{+\infty} e^{ivx} f(x) dx$$

$$= \int_{0}^{+\infty} e^{ivx} \cdot \alpha e^{-\alpha x} dx = \frac{\alpha}{iv - \alpha} e^{(iv-\alpha)x} \Big|_{0}^{+\infty} =$$

$$\frac{\alpha}{\alpha - \mathrm{i}v} = \frac{\alpha(\alpha + \mathrm{i}v)}{\alpha^2 + v^2} = \frac{\alpha^2}{\alpha^2 + v^2} + \mathrm{i}\frac{\alpha v}{\alpha^2 + v^2} \tag{1.3.8}$$

6. 标准正态分布 $N(0, 1)$

设 $X \sim N(0, 1)$，则其概率密度为

$$f(x) = \frac{1}{\sqrt{2\pi}} \mathrm{e}^{-\frac{x^2}{2}}$$

其特征函数为

$$\varphi(v) = E(\mathrm{e}^{\mathrm{i}vX}) = \int_{-\infty}^{+\infty} \mathrm{e}^{\mathrm{i}vx} f(x) \mathrm{d}x =$$

$$\int_{-\infty}^{+\infty} \mathrm{e}^{\mathrm{i}vx} \cdot \frac{1}{\sqrt{2\pi}} \mathrm{e}^{-\frac{x^2}{2}} \mathrm{d}x = \frac{1}{\sqrt{2\pi}} \int_{-\infty}^{+\infty} \mathrm{e}^{\mathrm{i}vx - \frac{x^2}{2}} \mathrm{d}x$$

因为 $\dfrac{\mathrm{d}}{\mathrm{d}v}(\mathrm{e}^{\mathrm{i}vx - \frac{x^2}{2}}) = \mathrm{i}x\mathrm{e}^{\mathrm{i}vx - \frac{x^2}{2}}$，且 $\left| \mathrm{i}x\mathrm{e}^{\mathrm{i}vx - \frac{x^2}{2}} \right| \leqslant |x|\mathrm{e}^{-\frac{x^2}{2}}$

而 $\displaystyle\int_{-\infty}^{+\infty} |x|\mathrm{e}^{-\frac{x^2}{2}} \mathrm{d}x = 2\int_0^{+\infty} x\mathrm{e}^{-\frac{x^2}{2}} \mathrm{d}x = 2(-\mathrm{e}^{-\frac{x^2}{2}})\Big|_0^{+\infty} = 2 < +\infty$

故 $\varphi(v)$ 的导数存在，且为 $\varphi'(v) = \dfrac{1}{\sqrt{2\pi}} \displaystyle\int_{-\infty}^{+\infty} \mathrm{i}x\mathrm{e}^{\mathrm{i}vx - \frac{x^2}{2}} \mathrm{d}x$

又 $\mathrm{i}v\varphi(v) + \mathrm{i}\varphi'(v) = \dfrac{1}{\sqrt{2\pi}} \displaystyle\int_{-\infty}^{+\infty} (\mathrm{i}v - x)\mathrm{e}^{\mathrm{i}vx - \frac{x^2}{2}} \mathrm{d}x = \dfrac{1}{\sqrt{2\pi}} (\mathrm{e}^{\mathrm{i}vx - \frac{x^2}{2}})\Big|_{-\infty}^{+\infty} = 0$

解微分方程 $v\varphi(v) + \varphi'(v) = 0$ 可得

$$\varphi_X(v) = C\mathrm{e}^{-\frac{v^2}{2}}$$

代入初始条件 $\varphi(0) = E(\mathrm{e}^{\mathrm{i} \cdot 0 \cdot X}) = E(1) = 1$，即得 $C = 1$，所以

$$\varphi(v) = \mathrm{e}^{-\frac{v^2}{2}} \tag{1.3.9}$$

为标准正态分布 $N(0, 1)$ 的特征函数。

四、特征函数的基本性质

设 $\varphi_X(v) = E(\mathrm{e}^{\mathrm{i}vX})$ 为随机变量 X 的特征函数，则它具有以下性质：

1° $\varphi_X(0) = 1$，$|\varphi_X(v)| \leqslant \varphi_X(0)$，$\varphi_X(-v) = \overline{\varphi_X(v)}$

显然，$\varphi_X(0) = E(\mathrm{e}^0) = 1$，而对于任意的 v，$|\mathrm{e}^{\mathrm{i}vx}| = 1$，不妨设 X 具有概率

密度 $f(x)$，则

$$|\varphi_X(v)| = |E(e^{ivX})| = \left|\int_{-\infty}^{+\infty} e^{ivx} f(x)\mathrm{d}x\right| \leqslant$$

$$\int_{-\infty}^{+\infty} |e^{ivx}| f(x)\mathrm{d}x = \int_{-\infty}^{+\infty} f(x)\mathrm{d}x = 1 = \varphi_X(0)$$

$$\varphi_X(-v) = E(e^{-ivX}) = \int_{-\infty}^{+\infty} e^{-ivx} f(x)\mathrm{d}x = \int_{-\infty}^{+\infty} \overline{e^{ivx}} f(x)\mathrm{d}x =$$

$$\overline{\int_{-\infty}^{+\infty} e^{ivx} f(x)\mathrm{d}x} = \overline{\varphi_X(v)}$$

2° $\varphi_X(v)$ 为 $(-\infty, +\infty)$ 上连续函数。（证略）

3° 设 a, b 为常数，则 $Y = aX + b$ 的特征函数为

$$\varphi_Y(v) = e^{ibv} \varphi_X(av)$$

证：$\varphi_Y(v) = E(e^{ivY}) = E(e^{iv(aX+b)}) = E(e^{ivaX+ivb}) =$

$$e^{ibv} E(e^{i(av)X}) = e^{ibv} \varphi_X(av)$$

[例 1.3.4] 设 $X \sim N(\mu, \sigma^2)$，试求 X 的特征函数。

解：设 $Y = \dfrac{X - \mu}{\sigma}$，则 $Y \sim N(0, 1)$，故其特征函数为 $\varphi_Y(v) = e^{-\frac{v^2}{2}}$。

而 $X = \sigma Y + \mu$，由上述性质可得 X 的特征函数为

$$\varphi_X(v) = e^{i\mu v} \varphi_Y(\sigma v) = e^{i\mu v} \cdot e^{-\frac{\sigma^2 v^2}{2}} = e^{i\mu v - \frac{\sigma^2 v^2}{2}}$$

4° 若随机变量 X 与 Y 相互独立，则有

$$\varphi_{X+Y}(v) = \varphi_X(v)\varphi_Y(v) \tag{1.3.10}$$

证：由于 X 与 Y 相互独立，因此其函数 e^{ivX} 与 e^{ivY} 也相互独立，故由数学期望的性质知

$$\varphi_{X+Y}(v) = E(e^{iv(X+Y)}) = E(e^{ivX} \cdot e^{ivY}) =$$

$$E(e^{ivX})E(e^{ivY}) = \varphi_X(v)\varphi_Y(v)$$

一般地，若 $X_1, X_2, \cdots, X_n$ 相互独立，则其和的特征函数等于各个特征函数的乘积，即 $Y_n = \sum_{k=1}^{n} X_k$ 的特征函数为

$$\varphi_{Y_n}(v) = \varphi_{X_1}(v)\varphi_{X_2}(v)\cdots\varphi_{X_n}(v)$$

5° 若随机变量 X 的 n 阶矩存在，则它的特征函数可微分 n 次，且当

$1 \leqslant k \leqslant n$ 时，有

$$\varphi^{(k)}(0) = i^k E(X^k) \qquad\qquad (1.3.11)$$

证： 不妨设 X 为连续型随机变量，具有概率密度 $f(x)$，则其特征函数为

$$\varphi(v) = E(e^{ivX}) = \int_{-\infty}^{+\infty} e^{ivx} f(x)dx$$

因为 $\left| \dfrac{d^k}{dv^k}(e^{ivx}) \right| = |i^k x^k e^{ivx}| \leqslant |x|^k$，且 $E(X^k)$ 存在，故 $\int_{-\infty}^{+\infty} |x|^k f(x)dx < +\infty$

因而 $\varphi(v)$ 的 k 阶导数存在 $(1 \leqslant k \leqslant n)$，且

$$\varphi^{(k)}(v) = \frac{d^k}{dv^k}\left(\int_{-\infty}^{+\infty} e^{ivx} f(x)dx \right) = \int_{-\infty}^{+\infty} \frac{d^k}{dv^k}(e^{ivx}) f(x)dx =$$

$$= \int_{-\infty}^{+\infty} i^k x^k e^{ivx} f(x)dx = i^k \int_{-\infty}^{+\infty} x^k e^{ivx} f(x)dx$$

易见 $v=0$ 时得 $\varphi^{(k)}(0) = i^k E(X^k)$ $\quad(1 \leqslant k \leqslant n)$

这样，若已知 X 的特征函数 $\varphi(v)$，就可通过微分方便地求出 X 的 k 阶矩：

$$E(X^k) = \frac{\varphi^{(k)}(0)}{i^k} = (-i)^k \varphi^{(k)}(0)$$

特别地，当 $k=1$ 时，X 的数学期望 $E(X) = -i\varphi'(0)$，$k=2$ 时，X 的二阶矩为 $E(X^2) = -\varphi''(0)$。

[例 1.3.5] 设随机变量 X 的特征函数为

$$\varphi(v) = \frac{1}{1-iv}$$

试求 X 的数学期望 $E(X)$ 与方差 $D(X)$。

解： $$\varphi'(v) = -\frac{1}{(1-iv)^2} \cdot (-i) = \frac{i}{(1-iv)^2}$$

故 $$E(X) = -i\varphi'(0) = -i \cdot \frac{i}{(1-0)^2} = -i^2 = 1$$

$$\varphi''(v) = -\frac{2i}{(1-iv)^3} \cdot (-i) = \frac{2i^2}{(1-iv)^3} = \frac{-2}{(1-iv)^3}$$

$$\varphi''(0) = -2，故 E(X^2) = -\varphi''(0) = 2$$

方差 $D(X) = E(X^2) - (E(X))^2 = 2 - 1^2 = 1$。

6° 随机变量的分布函数与其特征函数一一对应。（唯一性）。

从特征函数定义 $\varphi(v) = E(e^{ivX})$ 可知，特征函数是被其分布函数 $F(x)$ 唯一决定

的，反之，通过下列逆转公式

$$\frac{F(x_2+0)+F(x_2-0)}{2}-\frac{F(x_1+0)+F(x_1-0)}{2}=$$

$$\frac{1}{2\pi}\lim_{T\to\infty}\int_{-T}^{T}\frac{e^{ivx_1}-e^{ivx_2}}{iv}\varphi(v)dv \qquad (1.3.12)$$

可知，分布函数 $F(x)$ 是被其特征函数唯一确定的。也就是说，一个分布函数对应了唯一一个特征函数，反之亦然。

[例 1.3.6] 设随机变量 $X_k(k=1,2,\cdots,n)$ 相互独立，且均服从相同的两点分布，即其分布律为

$$P(X_k=0)=1-p \qquad P(X_k=1)=p \qquad 0<p<1$$

试利用特征函数与分布函数的唯一性证明 $Y=\sum_{k=1}^{n}X_k$ 服从二项分布 $B(n,p)$。

证：因为 $P(X_k=0)=1-p,P(X_k=1)=p$，故其特征函数为

$$\varphi_{X_k}(v)=E(e^{ivX_k})=pe^{iv}+1-p \qquad k=1,2,\cdots,n$$

则 Y 的特征函数为

$$\varphi_Y(v)=E(e^{ivY})=E(e^{iv\sum_{k=1}^{n}X_k})=$$

$$\prod_{k=1}^{n}E(e^{ivX_k})=\prod_{k=1}^{n}(pe^{iv}+1-p)=(pe^{iv}+1-p)^n$$

这是二项分布 $B(n,p)$ 的特征函数，故由唯一性知，$Y=\sum_{k=1}^{n}X_k$ 服从二项分布 $B(n,p)$。

五、n 维随机变量的特征函数

定义 1.3.5 设 $(X_1,X_2,\cdots,X_n)$ 为 n 维随机变量，称

$$\varphi(v_1,v_2,\cdots,v_n)=E(e^{i(v_1X_1+v_2X_2+\cdots+v_nX_n)}) \qquad (1.3.13)$$

为其特征函数，当 $n=1$ 时，式（1.3.13）即为式（1.3.2）。

易见，若 $(X_1,X_2,\cdots,X_n)$ 为离散型随机变量，其概率分布为

$$P(X_1=x_{i_1},X_2=x_{i_2},\cdots,X_n=x_{i_n})=p_{i_1i_2\cdots i_n}$$

则其特征函数为

68

$$\varphi(v_1, v_2, \cdots, v_n) = \sum_{i_1}\sum_{i_2}\cdots\sum_{i_n} e^{i(v_1 x_{i_1} + v_2 x_{i_2} + \cdots + v_n x_{i_n})} p_{i_1 i_2 \cdots i_n} \qquad (1.3.14)$$

若 $(X_1, X_2, \cdots, X_n)$ 为连续型随机变量，其概率密度为 $f(x_1, x_2, \cdots, x_n)$，则其特征函数为

$$\varphi(v_1, v_2, \cdots, v_n) = \int_{-\infty}^{+\infty}\cdots\int_{-\infty}^{+\infty} e^{i(v_1 x_1 + v_2 x_2 + \cdots + v_n x_n)} f(x_1, x_2, \cdots, x_n) dx_1 dx_2 \cdots dx_n \qquad (1.3.15)$$

若 $(X_1, X_2, \cdots, X_n)$ 服从 n 维正态分布，即其概率密度为

$$f(x_1, x_2, \cdots, x_n) = \frac{1}{(2\pi)^{\frac{n}{2}} |C|^{\frac{1}{2}}} \exp\{-\frac{1}{2}(x-\mu)' C^{-1}(x-\mu)\} \qquad (1.3.16)$$

其中协方差矩阵 $\boldsymbol{C} = (C_{ij})_{n\times n}$ $C_{ij} = Cov(X_i, X_j)$，$1 \leqslant i, j \leqslant n$

$$x = (x_1, x_2, \cdots, x_n)' \quad \boldsymbol{\mu} = (E(X_1), E(X_2), \cdots, E(X_n))' = (\mu_1, \mu_2, \cdots, \mu_n)'$$

可以求得其特征函数为

$$\varphi(v_1, v_2, \cdots, v_n) = \exp\{i\sum_{k=1}^{n}\mu_k v_k - \frac{1}{2}\sum_{k=1}^{n}\sum_{l=1}^{n} C_{lk} v_l v_k\} \qquad (1.3.17)$$

n 维特征函数具有以下性质

1° 若 $(X_1, X_2, \cdots, X_n)$ 的特征函数为 $\varphi(v_1, v_2, \cdots, v_n)$，则 $Y = \sum_{k=1}^{n} a_k X_k + b$ 的特征函数为

$$\varphi_Y(v) = e^{ivb}\varphi(a_1 v, a_2 v, \cdots, a_n v) \qquad (1.3.18)$$

2° 若 $(X_1, X_2, \cdots, X_n)$ 的特征函数为 $\varphi(v_1, v_2, \cdots, v_n)$，则 $k(1 \leqslant k \leqslant n)$ 维随机变量 $Y_k = (X_1, X_2, \cdots, X_k)$ 的特征函数为

$$\varphi_{Y_k}(v_1, v_2, \cdots, v_k) = \varphi(v_1, v_2, \cdots, v_k, 0, \cdots, 0) \qquad (1.3.19)$$

3° 若 $(X_1, X_2, \cdots, X_n)$ 的特征函数为 $\varphi(v_1, v_2, \cdots, v_n)$，又 $\varphi_k(v_k)$ 为 X_k 的特征函数，且 $X_1, X_2, \cdots, X_n$ 相互独立，则有

$$\varphi(v_1, v_2, \cdots, v_n) = \prod_{k=1}^{n} \varphi_k(v_k)$$

4° 多维分布函数与其特征函数一一对应（唯一性）。

思 考 题

1. 关于复随机变量的数学期望具备哪些性质？

2. 若随机变量 X 与 Y 的特征函数与其和的特征函数满足等式 $\varphi_{X+Y}(v) = \varphi_X(v)\varphi_Y(v)$，是否 X 与 Y 一定独立，为什么？

3. 特征函数 $\varphi(v)$ 能否任意阶可导，试找出一个例子。

4. 在逆转公式（3.12）中，若 x_1, x_2 为 $F(x)$ 的连续点时，式（3.12）是何种形式？当 X 为连续型随机变量时，式（3.12）又该如何表示？

1.3 基本练习题

1. 设离散型随机变量 X 的概率分布如下：

X	0	1	2	3
$p_{i.}$	0.4	0.3	0.2	0.1

试求 X 的特征函数。

2. 设离散型随机变量 X 服从几何分布，其概率分布为

$$P\{X=k\} = pq^{k-1} \qquad k=1,2,\cdots \qquad q=1-p \qquad 0<p<1$$

试求 X 的特征函数，并以此求 $E(X)$ 和 $D(X)$。

3. 设离散型随机变量 X 服从帕斯卡分布(负二项分布)，其概率分布为

$$P\{X=k\} = C_{k-1}^{r-1}p^r q^{k-r} \qquad k=r,r+1,r+2,\cdots \qquad q=1-p \qquad 0<p<1$$

试求 X 的特征函数。

4. 设连续型随机变量 X 的分布函数为

$$F(x) = \frac{a}{2}\int_{-\infty}^{x} \mathrm{e}^{-a|u|}\mathrm{d}u \qquad a>0$$

试求 X 的特征函数，并由特征函数求其数学期望和方差。

5. 设随机变量 X 服从正态分布 $N(\mu,\sigma^2)$，试用特征函数的方法求 X 的 3 阶与 4 阶中心矩。

6. 试用特征函数的方法证明泊松分布的可加性：若 $X \sim \pi(\lambda_1)$，$Y \sim \pi(\lambda_2)$，且 X 与 Y 相互独立，则 $X+Y \sim \pi(\lambda_1+\lambda_2)$。

7. 试用特征函数的方法证明伽玛分布的可加性：若 $X \sim \Gamma(\alpha_1,\beta)$，$Y \sim \Gamma(\alpha_2,\beta)$，且 X 与 Y 相互独立，则 $X+Y \sim \Gamma(\alpha_1+\alpha_2,\beta)$。

8. 设 $X_1,X_2,\cdots,X_n$ 相互独立且同指数分布 $Z(\alpha)$，其概率密度为

$$f(x) = \begin{cases} \alpha e^{-\alpha x} & x > 0 \\ 0 & x \leqslant 0 \end{cases}$$

试利用特征函数证明

$$Y_n = \sum_{k=1}^{n} X_k \sim \Gamma(n, \alpha)$$

9. 设随机变量 $X_1, X_2, \cdots, X_n$ 相互独立且服从同一正态分布 $N(\mu, \sigma^2)$，试利用特征函数求 $\bar{X} = \dfrac{1}{n}\sum_{k=1}^{n} X_k$ 的分布。

第 2 章　随机过程的基本概念

随机过程论是随机数学的一个重要分支，它产生于 20 世纪的初期，其研究对象与概率论一样是随机现象，而它特别研究的是随"时间"变化的"动态"的随机现象，因此随机过程与概率论的关系类似于物理学中动力学与静力学的关系。自随机过程出现以来，随着物理学、生物学、自动控制，无线电通信及管理科学等方面的需求的提出与解决，使它逐步形成为一门独立的分支学科，在自然科学，工程技术及社会科学中日益呈现出广泛的应用前景和蓬勃的发展前景。

2.1　随机过程的定义

在概率论中，我们仅讨论的是一个或有限多个随机变量的情况，而在大多实际问题中，这种研究往往不能满足需要，因为有许多随机现象仅用静止的有限个随机变量去描述是远远不够的。虽然在大数定律与中心极限定理中我们考虑了无穷多个随机变量，然而在其中假定了这些随机变量之间是相互独立的，若它们并非相互独立时，概率论知识就无能为力了。而在实际中，我们往往需要用一族无穷多个相互有关的随机变量去描述自然界与科学技术中存在的大量随机现象，这就导致了随机过程论的产生与发展。首先，我们给出随机过程的数学定义：

定义 2.1.1　设 E 为随机试验，$S = \{e\}$ 为样本空间，如果对于每个参数 $t \in T, X(e,t)$ 为建立在 S 上的随机变量，且对每一个 $e \in S, X(e,t)$ 为 t 的函数，那么称随机变量族

$$\{X(e,t), t \in T, e \in S\} \tag{2.1.1}$$

为一随机过程，简记为 $\{X(t), t \in T\}$ 或 $X(t)$。

[例 2.1.1]　利用抛掷一枚硬币的试验，定义随机变量 $X(t)$ 为

$$X(t) \triangleq X(e,t) = \begin{cases} \cos \pi t & e = H \\ t & e = T \end{cases} \quad t \in (-\infty, +\infty)$$

其中，$P(H) = P(T) = \dfrac{1}{2}$。这里试验的样本空间为 $S = \{H, T\}$，对每个 $t \in (-\infty, +\infty)$，$X(e,t)$ 为一随机变量，且 $X(H,t) = \cos \pi t$，$X(T,t) = t$ 均为 t 的函数。故

$\{X(e,t), t \in (-\infty, +\infty), e \in \{H, T\}\}$ 为一随机过程。

[例 2.1.2] 考虑随机变量 $X(t)$ 为

$$X(t) = a\cos(\omega t + \Theta) \quad t \in (-\infty, +\infty)$$

其中，a, ω 为常数，Θ 是在区间 $(0, 2\pi)$ 上服从均匀分布的随机变量。

显然，对于每一个固定的时刻 $t = t_1$，$X(t_1) = a\cos(\omega t_1 + \Theta)$ 为一随机变量；在 $(0, 2\pi)$ 内随机取一数 θ_0，则

$$X(t) = a\cos(\omega t + \theta_0) \quad \theta_0 \in (0, 2\pi)$$

为 t 的函数，因而 $X(t)$ 为一随机过程，通常称它为随机相位正弦波。

[例 2.1.3] 1827 年布朗（Brown）发现静水中的花粉在不停地运动，后来就把这种运动称为布朗运动。在静水中花粉运动的原因是由于花粉受到水中分子的碰撞，这些相互独立的分子每分钟多达 10^{21} 次对花粉随机碰撞的合力使花粉产生随机运动。若用 $X(e,t)$ 表示在 t 时刻花粉所处位置的横坐标，那么 $\{X(e,t) \ t \in (0,+\infty)\}$ 就是描述花粉运动的随机过程。

[例 2.1.4] 用 $X(t)$ 表示一个电话交换台在 $[0,t]$ 时间间隔内收到用户的呼叫次数，它是一个随机变量，且对于不同的 $t \geq 0$，$X(t)$ 是不同的随机变量，于是 $\{X(t), t \geq 0\}$ 为一随机过程。

[例 2.1.5] 考虑抛掷骰子的试验：

(1) 设 X_n 是第 n 次 $(n \geq 1)$ 抛掷的点数，对于 $n = 1, 2, \cdots$ 的不同值，X_n 为不同的随机变量，因而 $\{X_n, n \geq 1\}$ 构成一随机过程，称为贝努利过程或贝努利随机序列；

(2) 设 X_n 是前 n 次抛掷中出现的最大点数，则 $\{X_n, n \geq 1\}$ 也是一随机过程。

自然界还有许多随机现象，如地震波振幅，结构物承受的风荷载，在时间间隔 $[0,t)$ 内船舶甲板"上浪"的次数，通信系统和自控系统中的各种噪声和干扰，以及生物群体的生灭问题，数量遗传学，竞争现象，传染病扩散，癌细胞扩散，质点随机游动，排队问题等等都可用随机过程这一数学模型来描述。

从上述这些例子可见，随机过程 $\{X(e,t), t \in T, e \in S\}$ 实际上可以看成是两个变量 e 和 t 的函数：

(1) 对于一个特定的试验结果 $e_0 \in S$，$X(e_0,t)$ 就是对应于 e_0 的样本函数，简记为 $X_0(t)$，由它作出的图形就是一条样本曲线，它可以理解为随机过程的一次实现；

(2) 对于一个固定的参数 $t_0 \in T$，$X(e,t_0)$ 是一个定义在 S 上的随机变量；

(3) 当随机过程在 $t = t_0 \, (t_0 \in T)$ 时, $X(e_0, t_0) = x_0$, 则称该过程在 t_0 时刻处于状态 x_0, 简记为 $X(t_0) = x_0$。

若 $X(e,t)$ 表示一质点 M 沿直线运动的一个随机过程, 则 $X(t_0) = x_0$ 表示在时刻 $t = t_0$ 时质点处于位置 x_0。

对于一切 $e \in S$, $t \in T$, $X(e,t)$ 的全部可能取值的集合 E 称为该随机过程的状态集。有时也称为随机过程的状态空间。参数 t 的变化范围 T 称为参数集, 或参数空间, 本书中的 T 一般为时间集, 即 $T = \{t, \ t \geq 0\}$。

思 考 题

1. 随机过程可以描述哪些工程技术中的随机现象,为什么?
2. 例 2.1.4 与例 2.1.5 中的随机过程 $X(t) = X(e,t)$ 中的 t 表示什么?
3. 参数集 T 和状态集 E 是否均可为离散点集?
4. 例 2.1.2 中随机过程含多少个样本函数?

2.1 基本练习题

1. 设质点 M 在一直线上移动, 每单位时间移动一次, 且只能在整数点上移动, 质点 M 的移动是随机的, 试建立描述这一随机现象的随机过程。

2. 顾客来到服务台要求服务, 当服务台中的服务员都正在为别的顾客服务时, 来到的顾客就要排队等待服务。顾客的到达是随机的, 每个顾客所需服务时间也是随机的, 若令 $X(t)$ 为 t 时刻的队长（即正在被服务的顾客和等待服务的顾客的总数目）, $Y(t)$ 为 t 时刻来到的顾客所需等待时间, $\{X(t), t \in T\}, \{Y(t), t \in T\}$ 是随机过程吗? 为什么?

3. 试写出随机过程

$$X(t) = A\sin(\omega t + \Theta) \quad t \in (-\infty, +\infty)$$

的任意两个样本函数, 并画出其图形。

(1) 若 A 是 $(-1, 1)$ 上均匀分布的随机变量, ω, Θ 均为常数;

(2) 若 Θ 服从 $(0, 2\pi)$ 上的均匀分布, A, ω 为常数;

(3) 若 A 是在 $(-1, 1)$ 上均匀分布的随机变量, ω 在 $(0, 2\pi)$ 上服从均匀分布, 而 Θ 为常数;

(4) 若 A 服从 $(-1, 1)$ 上均匀分布, Θ 服从 $(0, 2\pi)$ 上均匀分布, 而 ω 为常数。

4. 设随机过程如例 2.1.1

$$X(t) = X(e,t) = \begin{cases} \cos \pi t & e = H \\ t & e = T \end{cases} \quad t \in (-\infty, +\infty)$$

试画出其样本曲线。

5. 考虑一维对称流动过程 Y_n，其中 $Y_0 = 0$，$Y_n = \sum_{k=1}^{n} X_k$，X_k 具有概率分布为

$$P(X_k = 1) = P(X_k = -1) = \frac{1}{2}$$

且 $X_1, X_2 \cdots$ 是相互独立的。

(1) 试画出一典型的样本函数；

(2) 试求 Y_1 与 Y_2 的概率分布；

(3) 试利用特征函数求 Y_n 的概率分布。

6. 设 $\{X(t) = A\cos \omega t - B\sin \omega t, t \in (-\infty, +\infty)\}$，其中 A，B 是相互独立且服从相同正态分布 $N(0, \sigma^2)$ 的随机变量，ω 为常数。试求：

(1) $X(t)$ 的两个样本函数；

(2) $X(t)$ 的概率密度。

7. 设到达某商店的顾客数 $X(t)$ 服从参数为 $\lambda t(t \geq 0)$ 的泊松分布，每位顾客购买商品的概率为 p，且与其他顾客是否购买商品无关，令 $Y(t)$ 表示 $[0, t)$ 时段内购物的顾客人数。

(1) 试问 $\{Y(t), t \geq 0\}$ 是否为随机过程？

(2) 试求 $Y(t)$ 的概率分布。

2.2　随机过程的分布与数字特征

由于随机过程在任一时刻 t 的状态是随机变量，所以可以利用随机变量（一维和多维）的分布和数字特征来描述随机过程的统计特性。

一、随机过程的分布函数族

对于随机过程 $\{X(t), t \in T\}$ 来说，固定 t 时，$X(t)$ 是一个随机变量，这样，可以按概率论方法定义随机过程的分布函数。

定义 2.2.1　设 $\{X(t), t \in T\}$ 为随机过程，对任意固定的 $t \in T$，及实数 $x \in R$，称

$$F_1(x, t) \triangleq P(X(t) \leq x) \quad t \in T \tag{2.2.1}$$

为随机过程 $\{X(t), t \in T\}$ 的一维分布函数。

若存在非负可积函数 $f_1(x, t)$，使满足

$$F_1(x,t) = \int_{-\infty}^{x} f_1(s,t)\mathrm{d}s \qquad\qquad (2.2.2)$$

则称 $f_1(x,t)$ 为随机过程 $\{X(t), t \in T\}$ 的一维概率密度函数。

若 $P(X(t) = x_k) = p_k(t)$，$k = 1, 2, \cdots$，满足条件

$$p_k(t) \geqslant 0 \quad \text{且} \sum_{k=1}^{\infty} p_k(t) = 1$$

则称 $P(X(t) = x_k) = p_k(t)$ 为随机过程 $\{X(t), t \in T\}$ 的一维概率分布（分布律）。

[例 2.2.1] 考虑随机过程

$$X(t) = X \cos \omega t \qquad t \in T$$

其中 ω 为常数，X 服从标准正态分布。试求 $X(t)$ 的一维概率密度。

解： 在一个给定时刻 t_0，随机变量 $X(t_0)$ 为 X 的线性函数，而 X 服从标准正态分布 $N(0, 1)$，由概率论知 $X(t_0)$ 服从正态分布 $N(0, \cos^2 \omega t_0)$，故其一维概率密度为

$$f_1(x, t_0) = \frac{1}{\sqrt{2\pi}|\cos \omega t_0|} \exp\left\{ -\frac{1}{2}\left(\frac{x}{\cos \omega t_0} \right)^2 \right\} \qquad \cos \omega t_0 \neq 0$$

[例 2.2.2] 设随机过程为

$$Y_n = \sum_{k=1}^{n} X_k$$

其中 $X_k, k = 1, 2, \cdots$ 为相互独立且服从相同正态分布 $N(\mu, \sigma^2)$ 的随机变量列，由概率论知 $Y_n = \sum_{k=1}^{n} X_k$ 亦服从正态分布，且有 $E(Y_n) = n\mu$，$D(Y_n) = n\sigma^2$，故其一维概率密度为

$$f_1(y, n) = \frac{1}{\sqrt{2\pi n\sigma^2}} \exp\left\{ -\frac{(y - n\mu)^2}{2n\sigma^2} \right\} \qquad -\infty < y < +\infty$$

[例 2.2.3] 设随机过程为

$$Y(t) = t\mathrm{e}^{X} \qquad t > 0$$

其中 X 服从参数为 λ 的指数分布，试求 $Y(t)$ 的一维概率密度。

解： 因为 $X \sim Z(\lambda)$，即其概率密度为

$$f(x) = \begin{cases} \lambda \mathrm{e}^{-\lambda x} & x > 0 \\ 0 & x \leqslant 0 \end{cases} \qquad \lambda > 0$$

而对于固定的 $t > 0$，$Y(t)$的一维分布函数

$$F_1(y,t) = P(Y(t) \leqslant y) = P(te^X \leqslant y)$$

$$= \begin{cases} P\left(X \leqslant \ln\dfrac{y}{t}\right) & y > t \\ 0 & y \leqslant t \end{cases} \quad t > 0$$

$$= \begin{cases} F_X\left(\ln\dfrac{y}{t}\right) & y > t \\ 0 & y \leqslant t \end{cases}$$

故 $Y(t)$的一维密度函数为

$$f(y,t) = \begin{cases} f_X(\ln\dfrac{y}{t})\dfrac{1}{y} = \dfrac{\lambda t^\lambda}{y^{\lambda+1}} & y > t \\ 0 & y \leqslant t \end{cases} \quad \lambda > 0, \ t > 0$$

虽然一维分布函数或概率密度描绘了随机过程在各个孤立时刻的统计特性，但它们不能反映随机过程在不同时刻的状态之间的联系。为了描述随机过程 $X(t)$在任意两个时刻 t_1, t_2 或任意 n 个时刻 $t_1, t_2, \cdots, t_n$ 状态之间的联系，引入随机过程的二维分布函数与 n 维分布函数的概念。

定义 2.2.2 设 $\{X(t), t \in T\}$ 为随机过程，对于任意两个时刻 $t_1, t_2 \in T$，及实数 $x_1, x_2 \in R$，称

$$F_2(x_1, x_2, t_1, t_2) = P(X(t_1) \leqslant x_1, X(t_2) \leqslant x_2) \tag{2.2.3}$$

为随机过程 $\{X(t), t \in T\}$ 的二维分布函数。

若存在非负可积函数 $f_2(x_1, x_2, t_1, t_2)$ 使满足

$$F(x_1, x_2, t_1, t_2) = \int_{-\infty}^{x_1} \int_{-\infty}^{x_2} f_2(x_1, x_2, t_1, t_2) \, \mathrm{d}x_1 \mathrm{d}x_2 \tag{2.2.4}$$

则称 $f_2(x_1, x_2, t_1, t_2)$ 为随机过程 $X(t)$的二维概率密度。

类似定义 n 维分布函数：

定义 2.2.3 设 $\{X(t), t \in T\}$ 为随机过程，对于任意 n 个时刻 $t_1, t_2, \cdots, t_n \in T$，及实数 $x_1, x_2, \cdots, x_n \in R$，称

$$F_n(x_1, x_2, \cdots, x_n, t_1, t_2, \cdots, t_n) = P(X(t_1) \leqslant x_1, X(t_2) \leqslant x_2, \cdots, X(t_n) \leqslant x_n) \tag{2.2.5}$$

为随机过程 $\{X(t), t \in T\}$ 的 n 维分布函数。我们称关于随机过程 $X(t)$ 的所有有限维分布函数的集合

$$\{F_n(x_1, x_2, \cdots, x_n, t_1, t_2, \cdots, t_n), t_1, t_2, \cdots, t_n \in T, n \geqslant 1\}$$

为 $X(t)$ 的有限维分布函数族。

同样地，若存在非负可积函数，$f_n(x_1, x_2, \cdots x_n, t_1, t_2, \cdots, t_n)$ 满足等式

$$F_n(x_1, x_2, \cdots, x_n, t_1, t_2, \cdots, t_n) = \int_{-\infty}^{x_1} \int_{-\infty}^{x_2} \cdots \int_{-\infty}^{x_n} f_n(x_1, x_2, \cdots, x_n, t_1, t_2, \cdots, t_n) \mathrm{d}x_1 \mathrm{d}x_2 \cdots \mathrm{d}x_n$$

(2.2.6)

则称 $f_n(x_1, x_2, \cdots, x_n, t_1, t_2, \cdots, t_n)$ 为随机过程 $\{X(t), t \in T\}$ 的 n 维概率密度函数。而关于随机过程 $X(t)$ 的所有有限维概率密度函数的集合

$$\{f_n(x_1, x_2, \cdots, x_n, t_1, t_2, \cdots, t_n), t_1, t_2, \cdots, t_n \in T, n \geqslant 1\}$$

称为 $X(t)$ 的有限维概率密度函数族。类似可定义 $X(t)$ 的有限维概率分布族。

随机过程的 n 维分布函数（或概率密度）能够近似地描述随机过程的统计特性，而且 n 越大，则 n 维分布函数越趋完善地描述随机过程的统计特性。所以有很多数学家研究了随机过程 $X(t)$ 与其有限维分布函数族的关系，1931 年，苏联数学家柯尔莫哥洛夫证明了关于有限维分布函数族的重要性的定理：

定理 2.2.1（存在定理） 设 $F = \{F_n(x_1, x_2, \cdots, x_n, t_1, t_2, \cdots, t_n), n \geqslant 1, t_i \in T\}$ 为满足下述性质的有限维分布族：

(1) 对称性：对于 $(1, 2, \cdots, n)$ 的任一排列 $(i_1, i_2, \cdots, i_n)$，有

$$F_n(x_{i_1}, x_{i_2}, \cdots, x_{i_n}, t_{i_1}, t_{i_2}, \cdots, t_{i_n}) = F(x_1, x_2, \cdots, x_n, t_1, t_2, \cdots, t_n)$$

(2) 相容性：对于任意自然数 $m < n$，随机过程的 m 维分布函数与 n 维分布函数之间有关系：

$$F_m(x_1, x_2, \cdots, x_m, t_1, t_2, \cdots, t_m) = F_n(x_1, x_2, \cdots, x_m, +\infty, \cdots, +\infty, t_1, t_2, \cdots, t_n)$$

则 F 必为某个随机过程 $\{X(t), t \in T\}$ 的有限维分布族。即

$$F_n(x_1, x_2, \cdots, x_n, t_1, t_2, \cdots, t_n) = P(X(t_1) \leqslant x_1, X(t_2) \leqslant x_2, \cdots, X(t_n) \leqslant x_n)$$

上述定理表明有限维分布函数族 $\{F_1, F_2, \cdots\}$ 或概率密度族 $\{f_1, f_2, \cdots\}$ 完全确定了随机过程的全部统计特性。

[**例 2.2.4**] 设随机过程 $X(t) = A + Bt$, $0 < a \leqslant t \leqslant b$，其中 A 和 B 是相互独立的正态分布 $N(0, 1)$ 的随机变量。试求 $X(t)$ 的 n 维分布函数。

78

解：因为 A 和 B 都服从标准正态分布，且相互独立，所以它们的线性组合也服从正态分布，且易知 $X(t_1), X(t_2), \cdots, X(t_n)$ 的任意线性组合，均服从一维正态分布，故 n 维随机变量 $(X(t_1), X(t_2), \cdots, X(t_n))$ 服从 n 维正态分布，对于正态分布，只要知道它们的数学期望与协方差就完全确定了它们的分布，故此处只需求得 $X(t)$ 的一阶矩和二阶矩即可。

对固定的 $t \in T, EX(t) = E(A + Bt)$，而 $E(A) = E(B) = 0$，故有 $EX(t) = 0$。

对固定的 $t_1, t_2, \cdots, t_n \in T, X(t_i)$ 与 $X(t_j)$，$i, j = 1, 2, \cdots, n$ 的协方差为

$$\text{Cov}(X(t_i), X(t_j)) = E(X(t_i) - EX(t_i))(X(t_j) - EX(t_j)) =$$

$$E(X(t_i)X(t_j)) = E(A + Bt_i)(A + Bt_j) =$$

$$E(A^2 + BAt_i + ABt_j + B^2 t_i t_j) =$$

$$E(A^2) + E(B^2)t_i t_j = 1 + t_i t_j$$

其中 $E(AB) = E(BA) = E(A)E(B) = 0, E(A^2) = E(B^2) = D(A) = D(B) = 1$，故

$$D[X(t_i)] = D[A + Bt_i] = D(A) + t_i^2 D(B) = 1 + t_i^2$$

则 $(X(t), X(t_2), \cdots, X(t_n))$ 的概率密度，即 $X(t)$ 的有限维概率密度为

$$f_n(x_1, x_2, \cdots, x_n, t_1, t_2, \cdots, t_n) = \frac{1}{(2\pi)^{\frac{n}{2}} |C|^{\frac{1}{2}}} \exp\left\{-\frac{1}{2} x' C^{-1} x\right\}$$

其中

$$C = (1 + t_i t_j)_{n \times n} \qquad x = (x_1, x_2, \cdots, x_n)'$$

二、随机过程的数字特征与特征函数

1. 随机过程的数字特征

对于随机过程 $\{X(t), t \in T\}$，固定时刻 $t \in T$，则 $X(t)$ 为随机变量，则它具有相应的数字特征，我们据此定义随机过程的相应数字特征。

(1) 若对于任意给定的 $t \in T$，$EX(t)$ 存在，则称它为随机过程的均值函数，记为 $m_X(t)$，即

$$m_X(t) = EX(t) \tag{2.2.7}$$

(2) 若对于任意给定的 $t \in T$，$EX^2(t)$ 存在，则称它为随机过程的均方值函数，记为 $\psi_X^2(t)$，即

$$\psi_X^2(t) = EX^2(t) \qquad (2.2.8)$$

(3) 若对于任意给定的 $t \in T, E(X(t) - m_X(t))^2$ 存在,则称它为随机过程的方差函数,记为 $D_X(t)$,即

$$D_X(t) = E(X(t) - m_X(t))^2 \qquad (2.2.9)$$

(4) 若对于任意给定的 $t_1, t_2 \in T, E[X(t_1)X(t_2)]$ 存在,则称它为随机过程的自相关函数,记为 $R_X(t_1, t_2)$,即

$$R_X(t_1, t_2) = E[X(t_1)X(t_2)] \qquad (2.2.10)$$

(5) 若对于任意给定的 $t_1, t_2 \in T, E[(X(t_1) - m_X(t_1))(X(t_2) - m_X(t_2))]$ 存在,则称它为随机过程的自协方差函数,记为 $C_X(t_1, t_2)$,即

$$C_X(t_1, t_2) = E[(X(t_1) - m_X(t_1))(X(t_2) - m_X(t_2))] \qquad (2.2.11)$$

均值函数,均方值函数与方差函数是刻画随机过程在某个孤立时刻状态的数字特征,而自相关函数与自协方差函数则是刻画随机过程自身在两个不同时刻状态之间的线性依从关系的数字特征。

从上述数字特征的定义,易见数字特征之间具有如下关系:

$$\psi_X^2(t) = E[X^2(t)] = R_X(t,t) \qquad (2.2.12)$$

$$C_X(t_1, t_2) = R_X(t_1, t_2) - m_X(t_1)m_X(t_2) \qquad (2.2.13)$$

$$D_X(t) = C_X(t,t) = R_X(t,t) - m_X^2(t) =$$
$$\psi_X^2(t) - m_X^2(t) \qquad (2.2.14)$$

[例 2.2.5]　试求随机相位余弦波

$$X(t) = a\cos(\omega t + \Theta)$$

的均值函数,方差函数和自相关函数。 其中, a, ω 为常数, Θ 是在 $(0, 2\pi)$ 上均匀分布的随机变量。

解:因为 $\Theta \sim U(0, 2\pi)$,其概率密度为

$$f(\theta) = \begin{cases} \dfrac{1}{2\pi} & 0 < \theta < 2\pi \\ 0 & 其它 \end{cases}$$

故

$$m_X(t) = E[X(t)] = E[a\cos(\omega t + \Theta)] =$$

80

$$\int_0^{2\pi} a\cos(\omega t+\theta)\frac{1}{2\pi}\mathrm{d}\theta = 0$$

$$R_X(t_1,t_2) = E[X(t_1)X(t_2)] = E[a\cos(\omega t_1+\Theta)a\cos(\omega t_2+\Theta)] =$$

$$a^2 E[\cos(\omega t_1+\Theta)\cos(\omega t_2+\Theta)] =$$

$$a^2\int_0^{2\pi}\cos(\omega t_1+\theta)\cos(\omega t_2+\theta)\frac{1}{2\pi}\mathrm{d}\theta =$$

$$a^2\int_0^{2\pi}\frac{1}{2}[\cos(\omega t_1+\omega t_2+2\theta)+\cos\omega(t_1-t_2)]\frac{1}{2\pi}\mathrm{d}\theta =$$

$$\frac{a^2}{2}\cos\omega(t_2-t_1)$$

特别令 $t_1 = t_2 = t$，得

$$D_X(t) = R_X(t,t) - m_X^2(t) = \frac{a^2}{2}$$

[**例 2.2.6**]　设随机过程 $X(t) = A\cos\omega t + B\sin\omega t$，$t\in(0,1)$，$A$ 与 B 相互独立，且都服从正态分布 $N(0,\sigma^2)$，ω 为实数，试求 $m_X(t), R_X(t_1,t_2), C_X(t_1,t_2), D_X(t)$。

解： $m_X(t) = E[X(t)] = E[A\cos\omega t + B\sin\omega t] =$

$$\cos\omega tE(A) + \sin\omega tE(B)$$

而 A、B 相互独立，且服从正态分布 $N(0,\sigma^2)$，故有

$$E(A) = E(B) = 0, D(A) = D(B) = \sigma^2 = E(A^2) = E(B^2)\quad E(AB) = E(A)E(B) = 0$$

所以有

$$m_X(t) = 0$$

$$R_X(t_1,t_2) = E[X(t_1)X(t_2)] =$$

$$E[(A\cos\omega t_1 + B\sin\omega t_1)(A\cos\omega t_2 + B\sin\omega t_2)] =$$

$$E(A^2)\cos\omega t_1\cos\omega t_2 + E(B^2)\sin\omega t_1\sin\omega t_2 =$$

$$\sigma^2(\cos\omega t_1\cos\omega t_2 + \sin\omega t_1\sin\omega t_2) =$$

$$\sigma^2\cos\omega(t_1-t_2)$$

$$C_X(t_1,t_2) = R_X(t_1,t_2) - m_X(t_1)m_X(t_2) = \sigma^2\cos\omega(t_1-t_2)$$

$$D_X(t) = C_X(t,t) = \sigma^2$$

[例 2.2.7] 设 $g(t)$ 是以 L 为周期的矩形波函数（见图 2.1），X 为服从两点分布的随机变量，其分布律为

$$P(X = -1) = P(X = 1) = \frac{1}{2}$$

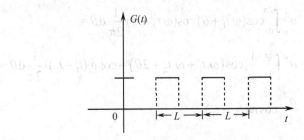

图 2.1 矩形波

令随机过程 $Y(t) = g(t)X, t \in R$，试求 $m_Y(t), R_Y(t_1, t_2), C_Y(t_1, t_2), D_Y(t)$。

解：因为

$$E(X) = -1 \times P(X = -1) + 1 \times P(X = 1) = 0,$$

$$E(X^2) = (-1)^2 \times P(X = -1) + 1^2 \times P(X = 1) = \frac{1}{2} + \frac{1}{2} = 1$$

故

$$m_Y(t) = E[Y(t)] = E[g(t)X] = g(t)E(X) = 0$$

$$R_Y(t_1, t_2) = E[Y(t_1)Y(t_2)] = E[g(t_1)Xg(t_2)X] =$$

$$g(t_1)g(t_2)E(X^2) = g(t_1)g(t_2)$$

$$C_Y(t_1, t_2) = R_Y(t_1, t_2) - m_Y(t_1)m_Y(t_2) = g(t_1)g(t_2)$$

$$D[Y(t)] = C_Y(t,t) = g(t)g(t) = g^2(t)$$

[例 2.2.8] 设随机过程 $X(t) = X_1 + X_2 t,\ t \in R,\ X_1,\ X_2$ 为相互独立的随机变量，且都服从正态分布 $N(0, \sigma^2)$。试求随机过程的一维分布和二维分布。

解：对于任意给定的 $t \in R, X(t)$ 为 X_1 与 X_2 的线性函数，故亦服从正态分布，其数学期望

$$m_X(t) = E[X(t)] = E[X_1 + X_2 t] = E(X_1) + tE(X_2)$$

而

82

$$E(X_1) = E(X_2) = 0 \quad E(X_1^2) = E(X_2^2) = D(X_1) = D(X_2) = \sigma^2$$

则 $m_X(t) = 0, t \in R$，又 X_1 与 X_2 相互独立，故 $E(X_1 X_2) = E(X_1)E(X_2) = 0$，其方差为

$$D_X(t) = \psi_X^2(t) - m_X^2(t) = E[X^2(t)] - 0 =$$

$$E[(X_1 + tX_2)^2] = E[X_1^2 + 2X_1 X_2 t + t^2 X_2^2] =$$

$$E(X_1)^2 + t^2 E(X_2^2) = \sigma^2(1+t^2)$$

故 $X(t) \sim N(0, \sigma^2(1+t^2))$，其一维概率密度函数为

$$f(x,t) = \frac{1}{\sqrt{2\pi}\sigma(1+t^2)} e^{-\frac{x^2}{2(1+t^2)\sigma^2}}$$

又因为 $X(t_1)$ 与 $X(t_2)$ 的线性函数亦为正态分布，故 $(X(t_1), X(t_2))$ 服从二维正态分布，且其相关系数为

$$\rho_X(t_1, t_2) = \frac{C_X(t_1, t_2)}{\sqrt{D_X(t_1)}\sqrt{D_X(t_2)}}$$

其中

$$C_X(t_1, t_2) = R_X(t_1, t_2) - m_X(t_1)m_X(t_2) = E[X(t_1)X(t_2)] - 0 =$$

$$E[(X_1 + t_1 X_2)(X_1 + t_2 X_2)] =$$

$$E[X_1^2 + t_1 X_1 X_2 + t_2 X_1 X_2 + t_1 t_2 X_2^2] =$$

$$E(X_1^2) + t_1 t_2 E(X_2^2) = \sigma^2(1 + t_1 t_2)$$

$$D_X(t_1) = \sigma^2(1 + t_1^2), \quad D_X(t_2) = \sigma^2(1 + t_2^2)$$

故

$$\rho_X(t_1, t_2) = \frac{1 + t_1 t_2}{\sqrt{(1+t_1^2)(1+t_2^2)}}$$

$$(X(t_1), X(t_2)) \sim N(0, 0, \sigma^2(1+t_1^2), \sigma^2(1+t_2^2), \frac{1+t_1 t_2}{\sqrt{(1+t_1^2)(1+t_2^2)}})$$

$$f(x_1, x_2, t_1, t_2) = \frac{1}{2\pi\sqrt{D_X(t_1)D_X(t_2)}(1-\rho_X^2(t_1, t_2))} \times$$

$$\exp\left\{-\frac{1}{2[1-\rho_X^2(t_1,t_2)]}\left[\frac{x_1^2}{D_X(t_1)}-2\rho_X(t_1,t_2)\frac{x_1x_2}{\sqrt{D_X(t_1)}\sqrt{D_X(t_2)}}+\frac{x_2^2}{D_X(t_2)}\right]\right\}$$

注意：其中

$$1-\rho_X^2(t_1,t_2)=1-\frac{(1+t_1t_2)^2}{(1+t_1^2)(1+t_2^2)}=\frac{(t_1-t_2)^2}{(1+t_1^2)(1+t_2^2)}$$

代入上式整理可得二维密度函数为

$$f_2(x_1,x_2,t_1,t_2)=\frac{1}{2\pi\sigma^2\,|\,t_1-t_2\,|}\exp\{-\frac{(x_1-x_2)^2+(x_1t_2-x_2t_1)^2}{2(t_1-t_2)^2\sigma^2}\}$$

由此得随机过程 $X(t)=X_1+tX_2$ 的二维分布函数为

$$F_2(x_1,x_2,t_1,t_2)=\int_{-\infty}^{x_1}\int_{-\infty}^{x_2}f_2(x_1,x_2,t_1,t_2)\mathrm{d}x_1\mathrm{d}x_2$$

2. 随机过程的特征函数

设随机过程 $\{X(t),t\in T\}$，对于每一个固定的 $t\in T$，$X(t)$ 为随机变量，依照随机变量的特征函数的定义，可知 $X(t)$ 的特征函数记为

$$\varphi_X(t,v)=\varphi_{X(t)}(v)=E[\mathrm{e}^{\mathrm{i}vX(t)}] \tag{2.2.15}$$

我们称式(2.2.15)为随机过程 $\{X(t),t\in T\}$ 的一维特征函数。若 $X(t)$ 为连续型随机变量，即具有一维概率密度 $f_1(x,t)$，则其一维特征函数为

$$\varphi_{X(t)}(v)=\int_{-\infty}^{+\infty}\mathrm{e}^{\mathrm{i}vx}f_1(x,t)\mathrm{d}x \tag{2.2.16}$$

[例 2.2.9]（续例 2.2.8） 试求随机过程 $X(t)=X_1+X_2t$ 的一维特征函数。

解：
$$\varphi_{X(t)}(v)=E[\mathrm{e}^{\mathrm{i}vX(t)}]=E[\mathrm{e}^{\mathrm{i}v(X_1+X_2t)}]=$$

$$E[\mathrm{e}^{\mathrm{i}vX_1}\times\mathrm{e}^{\mathrm{i}vX_2t}]=$$

因 X_1 与 X_2 相互独立，且均服从正态分布 $N(0,\sigma^2)$，故

$$\varphi_{X(t)}(v)=E[\mathrm{e}^{\mathrm{i}vX_1}]\ E[\mathrm{e}^{\mathrm{i}vX_2t}]=$$

$$\mathrm{e}^{-\frac{\sigma^2v^2}{2}}\cdot\mathrm{e}^{-\frac{\sigma^2(tv)^2}{2}}=\mathrm{e}^{-\frac{\sigma^2v^2(1+t^2)}{2}}$$

如同 n 维随机变量的特征函数一样，我们引入随机过程的 n 维特征函数：

$$\varphi_X(t_1, t_2, \cdots, t_n, v_1, v_2, \cdots, v_n) = E[\mathrm{e}^{\mathrm{i}[v_1 X(t_1) + v_2 X(t_2) + \cdots + v_n X(t_n)]}] \tag{2.2.17}$$

若 $\{X(t), t \in T\}$ 的 n 维概率密度为 $f_X(x_1, x_2, \cdots, x_n, t_1, t_2, \cdots, t_n)$，则

$$\varphi_X(t_1, t_2, \cdots, t_n, v_1, v_2, \cdots, v_n) =$$

$$\int_{-\infty}^{+\infty} \int_{-\infty}^{+\infty} \mathrm{e}^{\mathrm{i}(v_1 x_1 + v_2 x_2 + \cdots + v_n x_n)} f_X(x_1, \cdots, x_n, t_1, t_2, \cdots, t_n) \mathrm{d}x_1 \mathrm{d}x_2 \cdots \mathrm{d}x_n$$

随机过程 $\{X(t), t \in T\}$ 的一维，二维，$\cdots$，n 维特征函数的全体

$$\{\varphi_X(t_1, t_2, \cdots, t_n, \ v_1, v_2, \cdots, v_n), \ t_1, t_2, \cdots, t_n \in T, n \geqslant 1\}$$

称为随机过程 $\{X(t) \in T\}$ 的有限维特征函数族。由特征函数的唯一性定理可知，随机过程 $X(t)$ 的有限维分布函数族与有限维特征函数族是相互唯一决定的，并由特征函数的逆转公式，可得随机过程 $X(t)$ 的 n 维概率密度为

$$f(x_1, x_2, \cdots, x_n, t_1, t_2, \cdots, t_n) =$$

$$\frac{1}{(2\pi)^n} \int_{-\infty}^{+\infty} \cdots \int_{-\infty}^{+\infty} \mathrm{e}^{-\mathrm{i}(v_1 x_1 + v_2 x_2 + \cdots + v_n x_n)} \varphi_X(t_1, t_2, \cdots, t_n, v_1, v_2, \cdots, v_n) \mathrm{d}v_1 \mathrm{d}v_2 \cdots \mathrm{d}v_n$$

随机过程的特征函数也能较全面描述该过程的统计特性，并具有与随机变量的特征函数相类似的性质，读者可自行叙述。

三、复随机过程

为实际需要起见，下面引入复随机过程的定义：

定义 2.2.4 设 $\{X(t), \ t \in T\}$ 与 $\{Y(t), \ t \in T\}$ 为两个实随机过程。则称

$$\{Z(t) = X(t) + \mathrm{i}Y(t), t \in T\}$$

为一复随机过程，其中 $\mathrm{i} = \sqrt{-1}$ 为虚数单位。

复随机过程的分布函数与数字特征均借助于实随机过程加以定义。

1. 复随机过程的分布函数

定义 2.2.5 设 $\{Z(t) = X(t) + \mathrm{i}Y(t), t \in T\}$ 为复随机过程，称 $(X(t), Y(t))$ 的联合分布函数为 $Z(t)$ 的分布函数。

对于任意给定的 $t_1, t_2, \cdots, t_n \in T$，

$$F(x_1, x_2, \cdots, x_n, y_1, y_2, \cdots, y_n, t_1, t_2, \cdots, t_n) =$$

$$P(X(t_1) \leqslant x_1, \cdots, X(t_n) \leqslant x_n, Y(t_1) \leqslant y_1, \cdots, Y(t_n) \leqslant y_n)$$

为 $Z(t)$ 的 $2n$ 维分布函数，而

$$\{F(x_1, x_2, \cdots, x_n, y_1, y_2, \cdots, y_n, t_1, t_2, \cdots, t_n), \quad t_1, t_2, \cdots, t_n \in T, n \geqslant 1\}$$

称为 $Z(t)$ 的有限维分布族。

2. 复随机过程的数字特征

定义 2.2.6 复随机过程 $\{Z(t) = X(t) + \mathrm{i}Y(t), t \in T\}$ 的数字特征定义如下：

(1) 对于任意的 $t \in T, m_Z(t) = E[Z(t)] = E[X(t)] + \mathrm{i}E[Y(t)] = m_X(t) + \mathrm{i}m_Y(t)$ 为 $Z(t)$ 的均值函数；

(2) 对于任意的 $t \in T, \psi_Z^2(t) = E[Z(t)\overline{Z(t)}]$ 为 $Z(t)$ 的均方值函数；

(3) 对于任意的 $t \in T, D_Z(t) = D[Z(t)] = E[(Z(t) - m_Z(t))\overline{(Z(t) - m_Z(t))}]$ 为 $Z(t)$ 的方差函数；

(4) 对于任意的 $t_1, t_2 \in T, R_Z(t_1, t_2) = E[Z(t_1)\overline{Z(t_2)}]$ 为 $Z(t)$ 的自相关函数；

(5) 对于任意的 $t_1, t_2 \in T, C_Z(t_1, t_2) = E[(Z(t_1) - m_Z(t_1))\overline{(Z(t_2) - m_Z(t_2))}]$ 为 $Z(t)$ 的自协方差函数。

从以上定义可见，$Z(t)$ 的数字特征有如下关系：

$$\psi_Z^2(t) = E[Z(t)\overline{Z(t)}] = E[(X(t) + \mathrm{i}Y(t))\ \overline{(X(t) + \mathrm{i}Y(t))}] =$$

$$E[X^2(t) + Y^2(t)] = E[X^2(t)] + E[Y^2(t)] = \psi_X^2(t) + \psi_Y^2(t)$$

$$D_Z(t) = D[Z(t)] = E\{[(X(t) - m_X(t)) + \mathrm{i}(Y(t) - m_Y(t))] \times$$

$$\overline{[(X(t) - m_X(t)) + \mathrm{i}(Y(t) - m_Y(t))]}\} =$$

$$E\{(X(t) - m_X(t))^2 + (Y(t) - m_Y(t))^2\} =$$

$$D_X(t) + D_Y(t)$$

$$R_Z(t_1, t_2) = E[(X(t_1) + \mathrm{i}Y(t_1))\overline{(X(t_2) + \mathrm{i}Y(t_2))}] =$$

$$E[(X(t_1) + \mathrm{i}Y(t_1))(X(t_2) - \mathrm{i}Y(t_2))] =$$

$$E[X(t_1)X(t_2) + \mathrm{i}Y(t_1)X(t_2) - \mathrm{i}X(t_1)Y(t_2) + Y(t_1)Y(t_2)] =$$

$$R_X(t_1, t_2) + \mathrm{i}R_{YX}(t_1, t_2) - \mathrm{i}R_{XY}(t_1, t_2) + R_Y(t_1, t_2)$$

86

$$C_Z(t_1, t_2) = E[(Z(t_1) - m_Z(t_1))\overline{(Z(t_2) - m_Z(t_2))}] =$$

$$E[Z(t_1)\overline{Z(t_2)} - m_Z(t_1)\overline{Z(t_2)} - \overline{m_Z(t_2)}Z(t_1) + m_Z(t_1)\overline{m_Z(t_2)}] =$$

$$R_Z(t_1, t_2) - m_Z(t_1)\overline{m_Z(t_2)}$$

[例2.2.10] 设复随机过程 $Z(t) = \sum\limits_{k=1}^{n} A_k \mathrm{e}^{\mathrm{i}\omega_k t}$，$A_k, k = 1, 2, \cdots, n$ 为相互独立且服从

正态分布 $N(0, \sigma_k^2)$ 的实随机变量，ω_k 为常数，试求 $m_Z(t), R_Z(t_1, t_2)$ 及 $C_Z(t_1, t_2)$。

解：因为

$$Z(t) = \sum_{k=1}^{n} A_k \mathrm{e}^{\mathrm{i}\omega_k t} = \sum_{k=1}^{n} A_k(\cos\omega_k t + \mathrm{i}\sin\omega_k t) =$$

$$\sum_{k=1}^{n} A_k \cos\omega_k t + \mathrm{i}\sum_{k=1}^{n} \sin\omega_k t$$

令

$$X(t) = \sum_{k=1}^{n} A_k \cos\omega_k t \ \text{且} \ E(A_k) = 0, E(A_k^2) = \sigma_k^2 \qquad k = 1, 2, \cdots, n$$

则

$$E[X(t)] = E\left[\sum_{k=1}^{n} A_k \cos\omega_k t\right] = \sum_{k=1}^{n} E(A_k)\cos\omega_k t = 0$$

令

$$Y(t) = \sum_{k=1}^{n} A_k \sin\omega_k t$$

故

$$E[Y(t)] = E\left[\sum_{k=1}^{n} A_k \sin\omega_k t\right] = \sum_{k=1}^{n} E(A_k)\sin\omega_k t = 0$$

所以

$$m_Z(t) = E[Z(t)] = E[X(t)] + \mathrm{i}E[Y(t)] = 0$$

$$R_Z(t_1, t_2) = E[Z(t_1)\overline{Z(t_2)}] =$$

$$E\left[\left(\sum_{k=1}^{n} A_k \mathrm{e}^{\mathrm{i}\omega_k t_1}\right)\overline{\left(\sum_{k=1}^{n} A_k \mathrm{e}^{\mathrm{i}\omega_k t_2}\right)}\right] = E\left[\left(\sum_{k=1}^{n} A_k \mathrm{e}^{\mathrm{i}\omega_k t_1}\right)\left(\sum_{k=1}^{n} A_k \overline{\mathrm{e}^{\mathrm{i}\omega_k t_2}}\right)\right] =$$

$$E\left[\left(\sum_{k=1}^{n} A_k e^{i\omega_k t_1}\right)\left(\sum_{k=1}^{n} A_k e^{-i\omega_k t_2}\right)\right] = E\left[\sum_{k=1}^{n}\sum_{l=1}^{n} A_k A_l e^{i(\omega_k t_1 - \omega_l t_2)}\right] =$$

$$\sum_{k=1}^{n}\sum_{l=1}^{n} E(A_k A_l) e^{i(\omega_k t_1 - \omega_l t_2)}$$

由于 $A_1, A_2, \cdots, A_n$ 相互独立，且 $E(A_k)=0$，$D(A_k)=E(A_k^2)=\sigma_k^2$，$k=1,2,\cdots,n$ 故 $k \neq l$ 时，$E(A_k A_l) = E(A_k) E(A_l) = 0$，则有

$$R_Z(t_1, t_2) = \sum_{k=1}^{n} E(A_k^2) e^{i\omega_k(t_1 - t_2)} =$$

$$\sum_{k=1}^{n} \sigma_k^2 [\cos\omega_k(t_1 - t_2) + i\sin\omega_k(t_1 - t_2)]$$

$$C_Z(t_1, t_2) = R_Z(t_1, t_2) - m_Z(t_1)\overline{m_Z(t_2)} =$$

$$R_Z(t_1, t_2) = \sum_{k=1}^{n} \sigma_k^2 [\cos\omega_k(t_1 - t_2) + i\sin\omega_k(t_1 - t_2)]$$

四、二维随机过程

在实际中，有时仅讨论一维随机过程是不够的，如讨论某种信号的输入 $X(t)$ 与输出 $Y(t)$ 之间的概率特性，讨论儿童生长情况的身高 $Y(t)$ 与体重 $X(t)$ 之间的相关关系等等，都需借助二维随机过程加以讨论。二维随机过程的数学定义如下：

定义 2.2.7 设 $\{X(t), t \in T_1\}$ 与 $\{Y(s), s \in T_2\}$ 为两个实随机过程，称 $\{(X(t), Y(s)), \quad t \in T_1, s \in T_2\}$ 为二维随机过程，简记为 $(X(t), Y(s))$。对于任意给定的 $t_1, t_2, \cdots, t_n \in T_1$ 及 $t_1', t_2', \cdots, t_m' \in T_2$，称 $n+m$ 个随机变量 $(X(t_1), X(t_2), \cdots, \quad X(t_n), Y(t_1'), Y(t_2'), \cdots, Y(t_m'))$ 的联合分布函数

$$F_{n+m}(x_1, x_2, \cdots, x_n, t_1, t_2, \cdots, t_n, y_1, y_2, \cdots, y_m, t_1', t_2', \cdots, t_m')$$

为二维随机过程 $(X(t), Y(s))$ 的 $n+m$ 维分布函数。

两个随机过程的相互独立性如下定义：

定义 2.2.8 对于任意正整数 n 和 m，以及任意给定的 $t_1, t_2, \cdots, t_n, t_1', t_2', \cdots, t_m' \in T$，若分布函数

$$F_{n+m}(x_1, x_2, \cdots, x_n, t_1, t_2, \cdots, t_n, y_1, y_2, \cdots, y_m, t_1', t_2', \cdots, t_m') =$$

$$F_n(x_1, x_2, \cdots, x_n, t_1, t_2, \cdots, t_n) F_m(y_1, y_2, \cdots, y_m, t_1', t_2', \cdots, t_m') \tag{2.2.18}$$

恒成立，则称二随机过程 $X(t)$ 与 $Y(t)$ 是相互独立的。

二随机过程的相关性亦如概率论中定义：

定义 2.2.9 若 $\{(X(t),Y(t)),t \in T\}$ 为二维随机过程，则称

$$R_{XY}(t_1,t_2) = E[X(t_1)Y(t_2)] \tag{2.2.19}$$

为随机过程 $X(t)$ 与 $Y(t)$ 的互相关函数。

$$C_{XY}(t_1,t_2) = E\{[X(t_1) - m_X(t_1)][Y(t_2) - m_Y(t_2)]\} \tag{2.2.20}$$

为随机过程 $X(t)$ 与 $Y(t)$ 的互协方差函数。

特别，若 $C_{XY}(t_1,t_2) = 0$，则称二随机过程不相关。显然，由概率论知，当 $X(t)$ 与 $Y(t)$ 相互独立时，必有 $C_{XY}(t_1,t_2) = 0$，但反之不然。

读者可依据概率论知识类似定义多维随机过程的分布函数及其数字特征。

思 考 题

1. 为什么要讨论 n 维分布函数？

2. n 维分布函数有哪些基本性质，可参照概率论知识考虑。

3. 随机过程的 n 维概率密度函数应具备哪些基本性质？

4. 为什么说随机过程的均值函数与自相关函数在反映随机过程的概率特性方面是最重要的？

5. 复随机过程有无方差函数？

6. 若 $X(t)$ 与 $Y(t)$ 为复随机过程，它们的互相关函数与互协方差函数应如何定义？

2.2 基本练习题

1. 设随机过程 $\{Y_n = \sum_{k=1}^{n} X_k, n \geqslant 1\}$，其中 X_k，$k=1, 2, \cdots$ 相互独立，且 $P(X_k=1)=p$，$P(X_k=-1)=1-p$，试求 Y_n 的数学期望与方差及一维概率分布。

2. 设 $Y(t) = Xt + a, t \in T$，X 为随机变量，且 $E(X)=\mu, D(X)=\sigma^2$，试求随机过程 $\{Y(t), t \in T\}$ 的均值函数与协方差函数。

3. 试求随机过程 $\{X(t) = At, t \in R\}$ 的一维分布函数，其中 A 服从标准正态分布 $N(0,1)$。

4. 试求随机过程 $\{X(t) = A\cos\omega t, t \in R\}$ 的一维分布函数与概率密度，其中 A 服从标准正态分布 $N(0,1)$。

5. 设随机过程 $\{Y(t) = X(t) + \varphi(t), t \in T\}$，其中 $\varphi(t)$ 为普通实函数，$X(t)$ 为随机过程，且已知 $m_X(t), C_X(t_1, t_2)$。试求 $Y(t)$ 的均值函数 $m_Y(t)$，均方值函数 $\psi_Y^2(t)$，方差函数 $D_Y(t)$，自相关函数 $R_Y(t_1, t_2)$ 与自协方差函数 $C_Y(t_1, t_2)$。

6. 设 $\{Y(t) = tX(t), t \in T\}$，其中 $\{X(t), t \in T\}$ 为随机过程且 $m_X(t), R_X(t_1, t_2)$ 已知，试求随机过程 $Y(t)$ 的均值函数 $m_Y(t)$ 与协方差函数 $C_Y(t_1, t_2)$。

7. 已知随机过程 $\{X(t), t \in T\}$，对任意实数 x，定义一新随机过程 $\{Y(t), t \in T\}$，其中

$$Y(t) = \begin{cases} 1 & X(t) \leqslant x \\ 0 & X(t) > x \end{cases}$$

试证：随机过程 $Y(t)$ 的均值函数 $m_Y(t)$ 与自相关函数 $R_Y(t_1, t_2)$ 分别是 $X(t)$ 的一维分布函数与二维分布函数。

8. 设 $\{X(t) = \varphi(t, A), t \in T\}$，其中 $\varphi(t, A)$ 为给定的函数，A 是密度为 $f(x)$ 的随机变量。试求随机过程 $X(t)$ 的均值函数及协方差函数。

9. 利用抛掷硬币的试验定义一个随机过程：

$$X(t) = X(e, t) = \begin{cases} \cos \pi t & e = H \\ 2t & e = T \end{cases} \quad t \in (-\infty, +\infty)$$

其中 $P(H) = P(T) = \dfrac{1}{2}$，试求：

(1) $X(t)$ 的一维分布函数 $F_1\left(x; \dfrac{1}{2}\right)$，$F_1(x; 1)$；

(2) $X(t)$ 的二维分布函数 $F_2\left(x_1, x_2; \dfrac{1}{2}, 1\right)$。

10. 考虑一个正弦振荡器，由于器件的热噪声和分布参数变化的影响，振荡器输出正弦波，可看作一个随机过程 $X(t) = A\cos(\Omega t + \Theta)$，其中 A，Ω 和 Θ 是相互独立的随机变量，其概率密度函数分别为

$$f_A(a) = \begin{cases} \dfrac{2a}{A_0^2} & 0 < a < A_0 \\ 0 & \text{其它} \end{cases} \qquad f_\Omega(\omega) = \begin{cases} \dfrac{1}{100} & 250 < \omega < 350 \\ 0 & \text{其它} \end{cases}$$

$$f_\Theta(\theta) = \begin{cases} \dfrac{1}{2\pi} & 0 < \theta < 2\pi \\ 0 & \text{其它} \end{cases}$$

试求 $X(t)$ 的一维概率密度函数。

2.3 随机过程的分类

对一般随机过程进行研究是十分困难的，因为实际问题产生的随机过程总可以归结为一些特殊的随机过程，所以我们有必要对随机过程进行分类，以方便实际应用与研究需要。基于出发点的不同，可产生许多不同的分类方法，本节仅介绍两类典型的分类方法。

一、按参数集与状态集分类

随机过程的参数集或参数空间 T 可分为离散集与连续集，状态集或状态空间 E 亦可分为离散集与连续集，这样，我们将随机过程分为以下 4 类：

(1) 离散参数集，离散状态集随机过程；

(2) 离散参数集，连续状态集随机过程；

(3) 连续参数集，离散状态集随机过程；

(4) 连续参数集，连续状态集随机过程。

我们通常称状态空间离散的随机过程为链，参数空间离散的随机过程为随机（时间）序列。

这种分类法是按随机过程的物理架构来分类，是比较肤浅的，更重要，更深入的分类，是按随机过程的概率结构来分类。

读者可试将前述的种种随机过程按上述方法分类。

二、按随机过程的概率结构来分类

这种分类是按随机过程的概率特性来分类，实质上就是按随机过程的分布函数的特性分类。

1. 二阶矩过程

定义 2.3.1 设 $\{X(t), t \in T\}$ 为实随机过程，若其均方值函数 $\psi_X^2(t) = E[X^2(t)]$，对于任意的 $t \in T$ 都存在，则称 $X(t)$ 为实二阶矩过程；若 $\{X(t), t \in T\}$ 为复随机过程，其均方值函数 $\psi_X^2(t) = E(|X(t)|^2)$，对于任意的 $t \in T$ 都存在，则称 $X(t)$ 为复二阶矩过程。

注意，因为柯西—许瓦兹不等式

$$\{E[X(t_1)X(t_2)]\}^2 \leqslant E[X^2(t_1)]E[X^2(t_2)]$$

故知二阶矩过程的自相关函数 $R_X(t_1, t_2) = E[X(t_1)X(t_2)]$ 必然存在。

［例 2.3.1］ 试问随机过程 $\{X(t) = X\cos\omega t, t \in T\}$ 在下列两种情况下是否为二阶矩过程?

(1) $X \sim N(\mu, \sigma^2)$, ω 为常数;

(2) X 具有概率密度 $f(x) = \dfrac{1}{\pi(1+x^2)}$ 。

解:

(1) $\forall t, \psi_X^2(t) = E[X^2(t)] = E[X^2 \cos^2 \omega t] =$
$$E(X^2)\cos^2 \omega t = (\sigma^2 + \mu^2)\cos^2 \omega t < +\infty$$

所以 $X(t)$ 为二阶矩过程。

(2) $\forall t \in T, \psi_X^2 = E[X^2(t)] = \displaystyle\int_{-\infty}^{+\infty} \frac{x^2 \cos^2 \omega t}{\pi(1+x^2)} \mathrm{d}x = \infty$, 所以 $\{X(t)\}$ 不是二阶矩过程。

2. 独立随机过程

独立随机过程是随机过程之中一类最简单且应用较广的过程。其定义如下:

定义 2.3.2 设 $\{X(t), t \in T\}$ 为一随机过程。若对于任意的正整数 n , 任意的 $t_1, t_2, \cdots, t_n \in T, n$ 个随机变量 $X(t_1), X(t_2), \cdots, X(t_n)$ 相互独立, 则称 $X(t)$ 为独立过程。

［例 2.3.2］ 设 $X_n = \begin{cases} 1 & \text{第} n \text{次投掷硬币出现正面} \\ -1 & \text{第} n \text{次投掷硬币出现反面} \end{cases}$, 显然, $\{X_n, n \in T\}$ 为一独立过程。

若令 $Y_n = \displaystyle\sum_{k=1}^{n} X_k$, 易见 $\{Y_n, n = 1, 2, \cdots\}$ 则不是独立过程。

若 $\{X(t), t \in T\}$ 为独立过程, 则有

$$m_X(t) = E[X(t)]$$

$$R_X(t_1, t_2) = E[X(t_1)X(t_2)] = E[X(t_1)]E[X(t_2)] = m_X(t_1)m_X(t_2)$$

$$C_X(t_1, t_2) = R_X(t_1, t_2) - m_X(t_1)m_X(t_2) = 0$$

3. 独立增量随机过程

这一类过程中每个随机变量之间虽然不是相互独立的, 但其增量之间是相互独立的。

定义 2.3.3 设 $\{X(t), t \in T\}$ 为一随机过程, 对于任意的 n 及 $t_1 < t_2 < \cdots < t_n \in T$, 称 $X(t_i, t_j) = X(t_j) - X(t_i)(i < j)$ 为 $X(t)$ 在 t_i , t_j 处的增量。若增量

$X(t_1,t_2), X(t_2,t_3), \cdots, X(t_{n-1},t_n)$ 相互独立，则称 $X(t)$ 为独立增量随机过程（亦称为可加过程）。

[例 2.3.3] 设 $\{X_n, n=1,2,\cdots\}$ 为一独立过程，则 $\{Y_n = \sum\limits_{k=1}^{n} X_k, n=1,2,\cdots\}$ 为一独立增量过程。

证：令 $Y_0 = 0, Y(0,1) = X_1, Y(1,2) = X_2, Y(k,k+1) = X_{k+1}, k = 0, 1, 2, \cdots, n-1$，又 $X_1, X_2, \cdots$ 相互独立，故知 $Y(0,1), Y(1,2), \cdots, Y(n-1,n)$ 亦相互独立，则 $\{Y_n, n \geq 1\}$ 为独立增量过程。

独立增量过程 $\{X(t), t \in T = [a,b]\}$ 具有以下性质：

1° 令 $Y(t) = X(t) - X(a)$，则 $\{Y(t), t \in T = [a,b]\}$ 仍为一独立增量过程。

事实上，$Y(a) = X(a) - X(a) = 0$，对于 $a = t_0 < t_1 < \cdots < t_{n-1} \leq b$，增量

$Y(t_k, t_{k+1}) = Y(t_{k+1}) - Y(t_k) = [X(t_{k+1}) - X(a)] - [X(t_k) - X(a)] = X(t_{k+1}) - X(t_k)$，而 $X(t)$ 为独立增量过程，故 $X(t_k, t_{k+1}), k = 0,1,2,\cdots,n-1$ 是相互独立的，因而 $Y(t_k, t_{k+1}), k = 0,1,2,\cdots,n-1$ 亦相互独立，故 $Y(t)$ 亦为独立增量过程。

2° 设增量 $Y(t,s) = X(s) - X(t)(t < s)$ 的分布函数为 $F(x,t,s)$，则对于任意的 $t_1 < t_2 < t_3 \in T$，总有

$$F(x,t_1,t_3) = F(x,t_1,t_2) * F(x,t_2,t_3)$$

其中 "*" 表示卷积。

事实上，
$$Y(t_1,t_3) = X(t_3) - X(t_1) =$$
$$[X(t_3) - X(t_2)] + [X(t_2) - X(t_1)] =$$
$$Y(t_1,t_2) + Y(t_2,t_3)$$

由于 $Y(t_1,t_2)$ 与 $Y(t_2,t_3)$ 相互独立，故它们的和的分布函数等于它们各自边缘分布的卷积。

特别的，若对任意的 $t, t+\tau \in T$，增量 $X(t+\tau) - X(t)$ 的分布只依赖于 τ，而不依赖于 t，则称随机过程 $X(t)$ 为齐次的，即 $X(t)$ 为齐次随机过程，此时亦称随机过程 $X(t)$ 具有平稳增量。

4. 不相关增量过程与正交增量过程

定义 2.3.4 设 $\{X(t), t \in T\}$ 为一随机过程，若对于 $t \in T, E|X(t)|^2$ 存在，且对于任意的 $t_1 < t_2 \leq t_3 < t_4 \in T$，满足等式

$$E\{[X(t_2) - X(t_1)][\overline{X(t_4) - X(t_3)}]\} =$$

$$E[X(t_2) - X(t_1)]E[\overline{X(t_4) - X(t_3)}] \tag{2.3.1}$$

则称 $X(t)$ 为不相关增量过程。

若

$$E\{[X(t_2) - X(t_1)][\overline{X(t_4) - X(t_3)}]\} = 0 \tag{2.3.2}$$

则称 $X(t)$ 为正交增量过程。

易见，若 $m_X(t) = E[X(t)]$ 为常数，则不相关增量过程即为正交增量过程。

[例2.3.4]　设 $\{X(t), t \geq a\}$ 为一正交增量过程，且 $X(a) = 0, m_X(t) = 0, C_X(s,t)$ 和 $D_X(t)$ 分别为 $X(t)$ 的协方差函数与方差函数，试证：

$$C_X(s,t) = D_X[\min(s,t)]$$

证：令 $t_1 = a < t_2 = t_3 = s < t_4 = t$

由定义 2.3.4 知

$$E\{[X(s) - X(a)][\overline{X(t) - X(s)}]\} = E\{[X(s)][\overline{X(t) - X(s)}]\} = 0$$

$$C_X(s,t) = E[X(s)\overline{X(t)}] = E\{X(s)[\overline{X(t) - X(s) + X(s)}]\} =$$

$$E\{X(s)[\overline{X(t) - X(s)}]\} + E|X(s)|^2 = D_X(s)$$

同理，当 $t < s$ 时有 $C_X(s,t) = D_X(t)$，所以有

$$C_X(s,t) = D_X[\min(s,t)]$$

5. 正态随机过程

定义2.3.5　设 $\{X(t), t \in T\}$ 为随机过程，若对任意的 n 及任意的 $t_1, t_2, \cdots, t_n \in T$，$n$ 维随机变量 $(X(t_1), X(t_2), \cdots, X(t_n))$ 服从 n 维正态分布，即其概率密度为

$$f(x_1, x_2, \cdots, x_n, t_1, t_2, \cdots, t_n) = \frac{1}{(2\pi)^{\frac{n}{2}} |C|^{\frac{1}{2}}} e^{-\frac{1}{2}(x-\mu)'C^{-1}(x-\mu)}$$

其中

$$x = (x_1, x_2, \cdots, x_n)' \qquad \mu = (m_X(t_1), m_X(t_2), \cdots, m_X(t_n))'$$

$$C = (C_{ij})_{n \times n}, C_{ij} = C_X(t_i, t_j) = \text{Cov}(X(t_i), X(t_j)) \qquad i, j = 1, 2, \cdots, n$$

则称 $\{X(t), t \in T\}$ 为正态随机过程。

易见，正态过程 $\{X(t), t \in T\}$ 的有限维分布均为正态分布，n 维正态分布由其均值向量与协方差阵 C 唯一确定，故正态过程的有限维分布由 $\{X(t)\}$ 的协方差函数 $\{C_X(t_i, t_j), i, j = 1, 2, \cdots, n\}$ 唯一确定。

[例 2.3.5] 试证随机过程 $\{X(t) = X \cos \omega t, t \in T, X \sim N(0,1)\}$ 为一正态随机过程。

证：任取 $t_1, t_2, \cdots, t_n \in T, X(t_i) = X \cos \omega t_i, i = 1, 2, \cdots, n$，取任意常数 $a_1, a_2, \cdots, a_n$，因 $X(t_1), X(t_2), \cdots, X(t_n)$ 的线性组合

$$\sum_{i=1}^{n} a_i X(t_i) = \sum_{i=1}^{n} a_i X \cos \omega t_i = (\sum_{i=1}^{n} a_i \cos \omega t_i) X$$

中 X 服从标准正态分布，则由概率论知

$$\sum_{i=1}^{n} a_i X(t_i) \sim N(0, (\sum_{i=1}^{n} a_i \cos \omega t_i)^2)$$

再由第 1 章 n 维正态随机变量的性质知 $(X(t_1), X(t_2), \cdots, X(t_n))$ 服从 n 维正态分布，故 $\{X(t), t \in T\}$ 为正态随机过程。

定义 2.3.6 设 $\{X(t), t \in T\}$ 与 $\{Y(t), t \in T\}$ 为实正态随机过程，则称 $\{Z(t) = X(t) + iY(t), t \in T\}$ 为复正态随机过程。

[例 2.3.6] 试讨论复随机过程

$$\{Z(t) = \sum_{k=1}^{n} A_k e^{i\omega_k t}, t \in R\}$$

是否为复正态过程，其 $A_k, k = 1, 2, \cdots, n$ 相互独立，且均服从正态分布 $N(0, \sigma^2), \omega_k, k = 1, 2, \cdots, n$ 为常数。

解：因为

$$Z(t) = \sum_{k=1}^{n} A_k (\cos \omega_k t + i \sin \omega_k t) =$$

$$\sum_{k=1}^{n} A_k \cos \omega_k t + i \sum_{k=1}^{n} A_k \sin \omega_k t$$

其实部 $X(t) = \sum_{k=1}^{n} A_k \cos \omega_k t$ 与虚部 $Y(t) = \sum_{k=1}^{n} A_k \sin \omega_k t$ 均为正态变量 $A_k, k = 1, 2, \cdots, n$ 的线性组合，由正态分布性质知，$X(t)$ 与 $Y(t)$ 均服从正态分布，类似例 2.3.5 证明可知 $\{X(t), t \in T\}, \{Y(t), t \in R\}$ 均为正态过程，故由定义知 $\{Z(t),$

$t \in R$} 为复正态过程。

6. 维纳（Wiener）过程

维纳过程是英国植物学家罗伯特·布朗在观察漂浮于液面上的微小粒子运动——布朗运动规律时建立的一种数学模型，其数学定义如下：

定义 2.3.7 设 $\{X(t), t \geq 0\}$ 为一随机过程，若满足

(1) $P(X(0) = 0) = 1$；

(2) $\{X(t), t \geq 0\}$ 是一齐次独立增量过程；

(3) 对任意的 $0 \leq t_1 < t_2$

$$X(t_1, t_2) = X(t_2) - X(t_1) \sim N(0, \sigma^2(t_2 - t_1)), \quad \text{其中} \sigma > 0 \text{为常数。}$$

则称随机过程 $\{X(t), t \geq 0\}$ 是参数为 σ^2 的维纳过程或布朗运动过程，当 $\sigma = 1$ 时称为标准维纳过程。

若用 $X(t)$ 表示浮于液面的某微粒在 t 时刻的横坐标位置，则定义 2.3.7 中的(1)表示初始时刻该微粒依概率 1 处于"原点"位置，而微粒自时刻 t 到时刻 $t + \tau$ 的增量为微粒的位移

$$X(t, t + \tau) = X(t + \tau) - X(t) \quad \tau > 0$$

在这个时段 τ 内，应该只与时间间隔有关，而与起点无关，所以 $X(t)$ 应是齐次的，即定义 2.3.7 中(2)条；又在这个时段 τ 内，$X(t, t + \tau)$ 为许多近似独立的小位移之和，而每个小位移都是一个随机变量，由中心极限定理知，增量 $X(t, t + \tau)$ 应近似服从正态分布，此即(3)。这就是维纳过程的实际意义。

由定义可见维纳过程有以下性质：

1° 维纳过程的均值函数、方差函数、协方差函数与相关函数为

$$m_X(t) = EX(t) = 0$$

$$D_X(t) = D(X(t)) = \sigma^2 t \quad t > 0$$

$$C_X(t_1, t_2) = R_X(t_1, t_2) = E[X(t_1)X(t_2)] = \sigma^2 \min(t_1, t_2),$$

证：由维纳过程第(3)条，令 $t_2 = t > t_1 = 0$，则有 $X(t) \sim N(0, \sigma^2 t)$，即

$$m_X(t) = 0 \quad , \quad D_X(t) = \sigma^2 t$$

当 $t_1 < t_2$ 时，由 $X(t)$ 的独立增量性质可得

$$C_X(t_1, t_2) = R_X(t_1, t_2) = E[X(t_1)(X(t_2) - X(t_1) + X(t_1))] =$$

$$E\{[X(t_1) - X(0)][X(t_2) - X(t_1)]\} + EX^2(t_1) =$$

$$E[X(t_1) - X(0)]E[X(t_2) - X(t_1)] + D_X(t_1) + m_X^2(t_1) =$$

$$0 + \sigma^2 t_1 - 0 = \sigma^2 t_1$$

当 $t_2 < t_1$ 时，同理可得

$$R_X(t_1, t_2) = \sigma^2 t_2$$

综合可得

$$R_X(t_1, t_2) = \sigma^2 \min(t_1, t_2) = C_X(t_1, t_2)$$

2° 维纳过程是齐次独立增量的正态过程

证：对于任意的 $0 \leqslant t_1 < t_2 < t_3 < \cdots < t_n$，$X(t_1) - X(0)$，$X(t_2) - X(t_1)$，$X(t_3) - X(t_2)$，$\cdots$，$X(t_n) - X(t_{n-1})$，由定义知是相互独立的正态变量，而 $(X(t_1), X(t_2), \cdots, X(t_n))$，是由它们线性组合成的随机变量，因而由概率论知，$(X(t_1), X(t_2), \cdots, X(t_n))$ 也是正态变量，故由概率论知 $\{X(t), t \in T\}$ 为正态过程，由此可知维纳过程是齐次独立增量的正态过程。

维纳过程作为质点的布朗运动及电子电路线路中理论噪声（亦称白噪声）的一个很好的数学模型，它在电路理论、通信和控制理论中有着广泛的应用。

维纳过程是一个连续函数族，它的每一个样本函数 $X(t)$ 均为关于 t 连续函数。图 2.2 给出了一个样本函数的示意图。

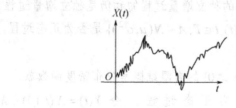

图 2.2 样本函数示意

思 考 题

1. 试举出各类熟知的随机过程。
2. 正态过程、独立过程、维纳过程是否为二阶矩过程？
3. 独立过程是否为一维分布族决定？
4. 正态过程的有限维分布的特征函数是什么？
5. 不相关增量过程是否为独立过程、二阶矩过程？
6. 维纳过程的物理意义是什么？

2.3 基本练习题

1. 设 $Z(t) = X(t) + \mathrm{i} Y(t)$ 是一复随机过程，且 $EX(t), EY(t)$ 存在，则定义其均

值与协方差函数为

$$EZ(t) = EX(t) + iEY(t)$$

$$C_Z(s,t) = E[(Z(s) - EZ(s))\overline{(Z(t) - E(Z(t))}]$$

若 $E|Z(t)|^2 < +\infty$ 时，则称 $Z(t)$ 是一复二阶矩过程。

试证若 $Z(t) = X(t) + iY(t)$ 为一复二阶矩过程时，则

(1) $Z(t)$ 的数学期望 $EZ(t)$ 与协方差函数必定存在；

(2) 其协方差函数 $C_Z(s,t) = \overline{C_Z(t,s)}$，且有非负定性，即对于任意正整数 $n, t_1, t_2, \cdots, t_n \in T$ 及任意复数 $\theta(t_j)$ $j = 1, 2, \cdots, n$ 均有

$$\sum_{j=1}^{n} \sum_{k=1}^{n} C_Z(t_j, t_k) \theta(t_j) \overline{\theta(t_k)} \geqslant 0$$

2. 试证相互独立的正态过程 $X(t)$ 与 $Y(t)$ 的和 $Z(t) = X(t) + Y(t)$ 仍为正态过程，若已知

$$EX(t) = m_X(t), EY(t) = m_Y(t), D(X(t)) = D_X(t), D(Y(t)) = D_Y(t)$$

试求 $E[Z(t)]$ 及 $D[Z(t)]$。

3. 试证明两个相互独立的独立增量过程的和仍是独立增量过程。

4. 随机过程 $\{X(t) = A\varphi(t), t \in T, A \sim N(\mu, \sigma^2)\}$ 是否为正态过程，试求其有限维分布的协方差阵。

5. 试求维纳过程 $\{X(t), t \geqslant 0\}$ 的有限维概率分布密度函数族。

6. 设 $\{X(t), t \in [0, +\infty)\}$ 为正态过程，令 $Y(t) = X(t+1) - X(t)$，试证 $\{Y(t), t \in [0, +\infty)\}$ 为正态过程。

7. 设正态过程 $X(t)$ 的均值函数 $m_X(t) = 0$，自相关函数 $R_X(t_1, t_2) = R_X(\tau)$ $(\tau = t_2 - t_1)$ 为

(1) $R_X(\tau) = 6\exp\left(-\dfrac{|\tau|}{2}\right)$；

(2) $R_X(\tau) = (6\sin\pi\,\tau)/\pi\,\tau$。

试写出此过程中随机变量 $X(t), X(t+1), X(t+2)$ 和 $X(t+3)$ 的协方差矩阵 C。

8. 设 $\{X(t), t \in (-\infty, +\infty)\}$ 是均值函数为 0，自相关函数 $R_X(t_1, t_2) = (|t_1| + |t_2| - |t_2 - t_1|)/2$ 的正态过程，证明 $Y_1(t) = X(t)$ $t > 0$，$Y_2(t) = X(-t)$, $t \geqslant 0$ 是相互独立的正态过程。

本章基本要求

1. 理解随机过程的定义，理解状态集参数集的概念。

2. 理解随机过程的有限维分布族，掌握随机过程的数字特征：均值函数，均方值函数，方差函数，自相关函数，自协方差函数与特征函数概念。

3. 了解复随机过程与二维随机过程，掌握互相关函数，互协方差函数。

4. 了解常见随机过程：二阶矩过程，独立过程，独立增量过程，不相关过程，正交增量过程，正态过程与维纳过程的概念。

综合练习

1. 设随机过程 $X(t) = X\cos\omega_0 t, -\infty < t < +\infty$，其中 ω_0 为常数，而 X 为标准正态随机变量。试求 $m_X(t), \psi_X^2(t), D_X(t), R_X(t_1, t_2), C_X(t_1, t_2)$。

2. 设随机过程 $\{X(t), -\infty < t < +\infty\}$ 共有 3 条样本曲线：
$$X(t, e_1) = 1 \qquad X(t, e_2) = \sin t \qquad X(t, e_3) = \cos t$$
且 $P(\{e_1\}) = P(\{e_2\}) = P(\{e_3\}) = \dfrac{1}{3}$，试求 $X(t)$ 的均值函数。

3. 试求下列随机过程的均值函数：

(1) $X(t) = Xt^2 + 2t + 1$；

(2) $X(t) = X\sin 4t + Y\cos 4t$。

其中 X、Y 为不相关的随机变量，且 $E(X) = E(Y) = \mu$，$D(X) = D(Y) = \sigma^2$。

4. 已知随机过程 $X(t)$ 的自相关函数 $R(t_1, t_2)$，试求下列随机过程的自相关函数：

(1) $Y(t) = (t+1)X(t)$；

(2) $Z(t) = cX(t)$，c 为常数。

5. 设随机过程 $X(t) = U\cos 2t$，其中 U 为随机变量，且 $E(U) = 5, D(U) = 6$，试求：

(1) $X(t)$ 的均值函数；

(2) $X(t)$ 的自协方差函数；

(3) $X(t)$ 的方差函数。

6. 给定一随机过程 $X(t)$ 及其自相关函数 $R_X(t_1, t_2)$，a 为常数，试确定随机过程

$Y(t) = X(t+a) - X(t)$ 的自相关函数 $R_Y(t_1, t_2)$。

7. 设 $\{X_n, n \geq 1\}$ 为随机过程，$X_n, n \geq 1$ 为相互独立且同分布的随机变量，它们和随机变量 X 有相同的分布：

(1) X 服从正态分布 $N(0, \sigma^2)$；

(2) X 服从均值为 λ 的泊松分布；

(3) X 服从均值为 $\frac{1}{\lambda}$ 的指数分布。

设 $S_n = X_1 + X_2 + \cdots + X_n$，对于任意正整数 n，试求：

① $X_1, X_2, \cdots, X_n$ 的特征函数；

② $S_1, S_2, \cdots, S_n$ 的特征函数；

③ $Y_k = X_k - X_{k-1}, k = 1, 2, \cdots, n$ 且 $X_0 = 0$ 时，$Y_1, Y_2, \cdots, Y_n$ 的特征函数。

8. 已知复随机过程 $\{X(t) = X\mathrm{e}^{i\omega t}\}, t \in R$，其中 $X \sim N(0,1)$，ω 为给定常数，试求 $X(t)$ 的均值函数，均方值函数，方差函数，自相关函数与自协方差函数。

9. 设随机过程 $X(t) = \sum\limits_{k=1}^{n} A_k \mathrm{e}^{i(\omega t + \Theta_k)}$，其中 ω 为常数，A_k 为第 k 个信号的随机振幅，Θ_k 是在 $(0, 2\pi)$ 上均匀分布的随机相位，所有随机变量 A_k，Θ_k，$k=1,2,\cdots,n$ 以及它们之间都是相互独立的。试求 $X(t)$ 的均值函数与自协方差函数。

10. 设 $\{W(t), t \geq 0\}$ 是参数为 σ^2 的维纳过程，令 $X(t) = \mathrm{e}^{-\alpha t} W(\mathrm{e}^{2\alpha t}), t \geq 0, \alpha > 0$ 为常数，试求 $X(t)$ 的均值函数，方差函数与自协方差函数。

11. 设随机过程 $Y(t) = X\cos(\omega t + \Theta)$，其中 ω 为常数，随机变量 X 服从瑞利分布

$$f_X(x) = \begin{cases} \dfrac{x}{\sigma^2} \mathrm{e}^{-\frac{x^2}{2\sigma^2}} & x > 0 \\ 0 & x \leq 0 \end{cases} \quad (\sigma > 0)$$

随机变量 $\Theta \sim U(0, 2\pi)$，且 X 与 Θ 相互独立，试求随机过程 $Y(t)$ 的均值函数与自协方差函数。

12. 设 $\{X(t), t \geq 0\}$ 是 Wiener 过程，试证：

(1) 对于任意的 $t \geq 0$，$s \geq 0$，$Y(t) = X(t) - X(s)$ 的协方差函数是对称的；

(2) $m_X(t) = m_X(t + \tau), C_X(s + \tau, t + \tau) = C_X(s, t)$ 的充要条件是：对于任意的 n 及 $t_1, t_2, \cdots, t_n \in T, (X(t_1), X(t_2), \cdots, X(t_n))$ 与 $(X(t_1 + \tau), X(t_2 + \tau), \cdots, X(t_n + \tau))$ 具有相

同的分布。

13. 设随机过程 $X(t) = A\cos 2t + B\sin t + t$，其中 A、B 是互不相关的随机变量，且有 $E(A) = 1$，$E(B) = 2$，$D(A) = 3$，$D(B) = 4$，试求随机过程 $X(t)$ 的均值函数，方差函数，自相关函数与自协方差函数。

14. 设 $\{W(t), t \geq 0\}$ 是参数 $\sigma^2 = 1$ 的标准维纳过程，令

$$X = W(2) \quad Y = W(3)$$

(1) 试求 $E(XY)$ 和 $E[(X-Y)^2]$；

(2) 随机变量 (X, Y) 的协方差矩阵 C；

(3) 随机变量 (X, Y) 的概率密度函数 $f(x, y)$ 和特征函数 $\varphi(u, v)$。

15. 设随机过程

$$X(t) = e^{-Xt} \quad t > 0$$

其中 X 是在 $(2,5)$ 上均匀分布的随机变量。试求

(1) $X(t)$ 的一维概率密度；

(2) $X(t)$ 的均值函数与自相关函数。

自 测 题

1. 已知随机过程 $\{X(t), t \in T = [-1,1]\}$，$X(t) = U + t, U$ 为随机变量，服从 $[0, 2\pi]$ 上的均匀分布。试求：

(1) 任意两个样本函数，并绘出草图；

(2) 随机过程 $X(t)$ 的特征函数；

(3) 随机过程 $X(t)$ 的均值函数，自协方差函数。

2. 已知随机过程 $\{X(t) = X\sin\omega t, t \in T = (-\infty, +\infty)\}$ 其中 X 为随机变量，服从正态分布 $N(\mu, \sigma^2)$，试问：

(1) 按物理结构分，$X(t)$ 属于哪一类随机过程；

(2) 按概率结构分，$X(t)$ 又属哪一类随机过程。

3. 已知相互独立的零均值随机过程 $X(t)$ 和 $Y(t)(t \in T)$ 的自相关函数分别为

$$R_X(s,t) = e^{-|s-t|}, R_Y(s,t) = \cos 2\pi(s-t)$$

试求差过程 $Z(t) = X(t) - Y(t)$ 的自相关函数。

第 3 章　均方微积分

为了深入地研究随机过程，如要讨论随机信号的线性变换，就必须借助于随机过程的微分与积分知识，因此，有必要将高等数学中有关连续、微分和积分等概念进行推广，根据本书需要，这里引入建立在随机极限上的均方连续、均方可微和均方可积等概念。

由于讨论的是均方极限，所以假定本章讨论的随机过程的一阶矩、二阶矩均存在，即以下讨论的均是二阶矩过程。

3.1　随机变量序列的均方极限

定义 3.1.1　设实随机变量序列 $\{X_n, n=1,2,\cdots\}$ 和实随机变量 X 的二阶矩有限，即

$$E\,|\,X_n\,|^2 < \infty,\, E\,|\,X\,|^2 < \infty,\ 若有 \lim_{n\to\infty} E\,|\,X_n - X\,|^2 = 0 \tag{3.1.1}$$

则称 X_n 均方收敛于 X，称 X 为 X_n 的均方极限，记

$$\underset{n\to\infty}{\mathrm{l.i.m}}\,X_n = X \quad 或 \quad X_n \xrightarrow{\text{m.s.}} X \tag{3.1.2}$$

其中记号 l.i.m 是英文 Limit in mean square 的缩写。

若 X_n，X 为复随机变量时，上述定义中绝对值符号应理解为复数的模，则式（3.1.2）定义依然成立。

由概率论与函数极限的知识，容易得到均方极限所具有的以下性质：

1° 若随机变量序列 $\{X_n\}$ 依均方收敛于随机变量 X，则它必定也依概率收敛于 X。由切比雪夫不等式可知

$$\forall \varepsilon > 0,\ P(|\,X_n - X\,| > \varepsilon) \leqslant \frac{E[|\,X_n - X\,|^2]}{\varepsilon^2}$$

当 $E\,|\,X_n - X\,|^2 \xrightarrow{n\to\infty} 0$，则有 $P(|\,X_n - X\,| > \varepsilon) \xrightarrow{n\to\infty} 0$

2° 若 $\underset{n\to\infty}{\mathrm{l.i.m}}\,X_n = X$，则 $\lim_{n\to\infty} E(X_n) = E(X)$

即
$$\lim_{n\to\infty} E(X_n) = E(\text{l.i.m}_{n\to\infty} X_n) \tag{3.1.3}$$

此性质表明极限与数学期望运算可以交换次序，但前者为普通极限，后者为均方极限。

证：因为 $D(Y) = E|Y|^2 - |E(Y)|^2$，$|E(Y)|^2 = E|Y|^2 - D(Y) \leqslant E|Y|^2$

故
$$|E(X_n) - E(X)| = |E(X_n - X)| \leqslant \sqrt{E|X_n - X|^2}$$

当 $n\to\infty$ 时，由假定得 $E|X_n - X|^2 \to 0$，所以有 $|E(X_n) - E(X)| \xrightarrow{n\to\infty} 0$

$3°$ 如果 $\text{l.i.m}_{m\to\infty} X_m = X$，且 $\text{l.i.m}_{n\to\infty} Y_n = Y$，则
$$\lim_{\substack{m\to\infty \\ n\to\infty}} E(X_m Y_n) = E(XY) = E[(\text{l.i.m}_{m\to\infty} X_m)(\text{l.i.m}_{n\to\infty} Y_n)] \tag{3.1.4}$$

特别地，若
$$\text{l.i.m}_{n\to\infty} X_n = X$$

则
$$\text{l.i.m}_{n\to\infty} E(|X_n|^2) = E(|X|^2) \tag{3.1.5}$$

证：因为
$$|E(X_m Y_n) - E(XY)| = E(X_m Y_n - XY)| =$$

$$|E[(X_m - X)(Y_n - Y) + X(Y_n - Y) + (X_m - X)Y]| \leqslant$$

$$E|(X_m - X)(Y_n - Y)| + E|X(Y_n - Y)| + E|(X_m - X)Y|$$

再利用柯西—许瓦兹不等式 $|E(XY)| \leqslant \sqrt{E(|X|^2)}\sqrt{E(|Y|^2)}$，有

$$|E(X_m Y_n) - E(XY)| \leqslant \sqrt{E|X_m - X|^2}\sqrt{E|Y_n - Y|^2} + \sqrt{E|X|^2}\sqrt{E|Y_n - Y|^2} + \sqrt{E|X_m - X|^2}\sqrt{E|Y|^2}$$

由条件
$$E|X_m - X|^2 \xrightarrow{m\to\infty} 0, \quad E|Y_n - Y|^2 \xrightarrow{n\to\infty} 0$$

得
$$|E(X_m Y_n) - E(XY)| \to 0 \qquad m\to\infty, n\to\infty$$

4° 若 $\mathop{\mathrm{l.i.m}}\limits_{n\to\infty} X_n = X$ ，$\mathop{\mathrm{l.i.m}}\limits_{n\to\infty} Y_n = Y$ ，则对任意常数 a, b，有

$$\mathop{\mathrm{l.i.m}}\limits_{n\to\infty}(aX_n + bY_n) = aX + bY \tag{3.1.6}$$

证：由柯西—许瓦兹不等式可得

$$E|(aX_n + bY_n) - (aX + bY)|^2 = E|a(X_n - X) + b(Y_n - Y)|^2 \leqslant$$

$$E|a(X_n - X)|^2 + 2|ab|E|(X_n - X)(Y_n - Y)| + E|b(Y_n - Y)|^2 \leqslant$$

$$|a|^2 E|X_n - X|^2 + 2|ab|\sqrt{E|X_n - X|^2}\sqrt{E|Y_n - Y|^2} + b^2 E|Y_n - Y|^2$$

由条件 $E|X_n - X|^2 \to 0$ ，$E|Y_n - Y|^2 \to 0$ ，得

$$E|(aX_n + bY_n) - (aX + bY)|^2 \to 0 \qquad n\to\infty$$

5° 若数列 $\{a_n, n = 1,2,\cdots\}$ 有极限 $\mathop{\lim}\limits_{n\to\infty} a_n = 0$ ，又 X 是随机变量，则

$$\mathop{\mathrm{l.i.m}}\limits_{n\to\infty}(a_n X) = 0$$

事实上，当 $n\to\infty$ 时，$E|a_n X|^2 = |a_n|^2 E|X|^2 \xrightarrow{n\to\infty} 0$

6° 若 $\mathop{\mathrm{l.i.m}}\limits_{n\to\infty} X_n = X$ ，且 $\mathop{\mathrm{l.i.m}}\limits_{n\to\infty} X_n = Y$ ，则 $P(X = Y) = 1$ ，即均方极限在概率为

1 相等的意义下是唯一的。

证：因为

$$E|X - Y|^2 = E|(X_n - X) - (X_n - Y)|^2 \leqslant$$

$$E|X_n - X|^2 - 2E|(X_n - X)(Y_n - Y)| + E|X_n - Y|^2$$

利用柯西—许瓦兹不等式得

$$E|X - Y|^2 \leqslant E|X_n - X|^2 + 2\sqrt{E|X_n - X|^2}\sqrt{E|X_n - Y|^2} + E|X_n - Y|^2$$

当 $E|X_n - X|^2 \to 0$ ，$E|X_n - Y|^2 \to 0$ 时，有

$E|X - Y|^2 \to 0$ ，即有 $P(X - Y = 0) = 1$ 或 $P(X = Y) = 1$

7° （Cauchy 判别准则）均方极限 $\mathop{\mathrm{l.i.m}}\limits_{n\to\infty} X_n$ 存在的充要条件为

$$\mathop{\mathrm{l.i.m}}\limits_{\substack{m\to\infty \\ n\to\infty}}(X_m - X_n) = 0$$

即

$$\mathop{\lim}\limits_{\substack{m\to\infty \\ n\to\infty}} E|X_m - X_n|^2 = 0 \tag{3.1.7}$$

104

证略。

8° 如果 X_n 与 X 是实随机变量，X_n 均方收敛到 X，则

$$\lim_{n\to\infty} E(e^{ivX_n}) = E(e^{ivX})。$$

证略。

9° (收敛准则) 二阶矩 $E(|X_n|^2)$ 有限的序列 $\{X_n\}$ 均方收敛的充要条件是

$$\lim_{\substack{n\to\infty \\ m\to\infty}} E(X_n X_m) = c \quad (常数)$$

证略。

上述均方极限的性质给出了均方极限的基本运算关系与判别准则，与普通极限有类似的运算关系与判别准则。

3.2 随机过程的均方连续性

定义 3.2.1 如果随机过程 $\{X(t), t\in T\}$ 满足下式，对于 $t_0, t_0+\Delta t \in T$，有

$$\lim_{\Delta t\to 0} E|X(t_0+\Delta t)-X(t_0)|^2 = 0$$

即

$$\underset{\Delta t\to 0}{\mathrm{l.i.m}}\, X(t_0+\Delta t) = X(t_0) \tag{3.2.1}$$

则称 $X(t)$ 在 t_0 处均方连续。

若 $X(t)$ 在每一点 $t\in T$ 处都是均方连续，则称 $X(t)$ 在 T 上均方连续。

由于依均方收敛必有依概率收敛，故得 $\lim_{\Delta t\to 0} X(t_0+\Delta t) \overset{P}{=} X(t_0)$，即当 $\Delta t\to 0$ 时，有 $P(|X(t_0+\Delta t)-X(t_0)|>\varepsilon)<\eta$，其中 ε, η 为任意小正数。这说明，当时间 t 作微小变动时，$X(t_0+\Delta t)$ 与 $X(t_0)$ 的偏差大于 ε 的事件几乎不可能出现。这也可视为随机过程连续性的统计物理意义。

随机过程的均方连续性具有下述准则。

定理 3.2.1 随机过程 $\{X(t), t\in T\}$ 在 t_0 处均方连续的充要条件是，其自相关函数 $R_X(s,t)$ 在点 (t_0, t_0) 处连续。

证：充分性：设 $R_X(s,t)$ 在点 (t_0, t_0) 处连续，则

$$E|X(t_0+\Delta t)-X(t_0)|^2 =$$

$$E|X(t_0+\Delta t)|^2 - 2E[X(t_0+\Delta t)X(t_0)] + E|X(t_0)|^2 =$$

$$R_X(t_0 + \Delta t, t_0 + \Delta t) - 2R(t_0 + \Delta t, t_0) + R(t_0, t_0)$$

当 $\Delta t \to 0$ 时，$R_X(s,t)$ 在 (t_0, t_0) 处连续，则上式右端趋于 0，故得

$$E \,|\, X(t_0 + \Delta t) - X(t_0) \,|^2 \xrightarrow{\Delta t \to 0} 0,$$

即

$$\mathop{\mathrm{l.i.m}}\limits_{\Delta t \to 0} X(t_0 + \Delta t) = X(t_0)$$

必要性：设当 $\Delta t \to 0$ 时，$E \,|\, X(t_0 + \Delta t) - X(t_0) \,|^2 \to 0$

由均方极限性质 3°，知

$$\lim_{\substack{\Delta t \to 0 \\ \Delta s \to 0}} E[X(t_0 + \Delta t)X(t_0 + \Delta s)] = E[X(t_0)X(t_0)]$$

此即 $\lim\limits_{\substack{\Delta t \to 0 \\ \Delta s \to 0}} R_X(t_0 + \Delta t, t_0 + \Delta s) = R_X(t_0, t_0)$ 为所证结果。

推论 3.2.1 随机过程 $\{X(t), t \in T\}$ 在 t_0 处均方连续的充要条件，是其自协方差函数 $C_X(s,t)$ 在点 (t_0, t_0) 处连续。

推论 3.2.2 若 $\{X(t), t \in T\}$ 的自相关函数 $R_X(s,t)$ 在对角线 $s = t$ 上连续，则它在整个平面上每一点 (s, t) 处都是均方连续的。

证：设 $R(s,t)$ 在任意点 (t_0, t_0)、(s_0, s_0) 处连续，由定理 3.2.1 知，$X(t)$ 在点 s_0，$t_0 \in T$ 处均方连续，故有

$$\lim_{\Delta t \to 0} X(t_0 + \Delta t) = X(t_0) , \quad \lim_{\Delta s \to 0} X(s_0 + \Delta s_0) = X(s_0)$$

再由均方连续性质 3 可知

$$\lim_{\substack{\Delta t \to 0 \\ \Delta s \to 0}} R_X(t_0 + \Delta t, s_0 + \Delta s) = \lim_{\substack{\Delta t \to 0 \\ \Delta s \to 0}} E[X(t_0 + \Delta t)X(s_0 + \Delta s)] =$$

$$E[X(t_0)X(s_0)] = R_X(t_0, s_0)$$

反之亦然。此推论说明，只要相关函数或协方差函数在对角线上连续，则这个相关函数或协方差函数就在整个 T^2 上连续。

[**例 3.2.1**] 设随机过程 $X(t)$ 的相关函数为 $R_X(t,s) = \mathrm{e}^{-\alpha(s-t)^2}$，试问随机过程 $X(t)$ 是否均方连续？

解：因为 $R_X(t,s) = \mathrm{e}^{-\alpha(s-t)^2}$ 是初等函数，在其有定义的地方均连续，故在 $t = s$ 处亦连续。故由定理 3.2.1 知随机过程 $X(t)$ 是均方连续的。

对照均方极限性质，可得到均方连续的相应性质，此处不再赘述。

3.3 随机过程的均方导数

定义 3.3.1 随机过程 $\{X(t), t \in T\}$ 在 t_0 处下述均方极限

$$\underset{\Delta t \to 0}{\text{l.i.m}} \frac{X(t_0 + \Delta t) - X(t_0)}{\Delta t} \tag{3.3.1}$$

存在, 则称此极限为 $X(t)$ 在 t_0 处的均方导数, 记为 $X'(t_0)$ 或 $\dfrac{\mathrm{d}X(t)}{\mathrm{d}t}\bigg|_{t=t_0}$, 此时称 $X(t)$ 在 t_0 处均方可导。

若 $X(t)$ 在 T 的每一点 t 处均方可导, 即 $\underset{h \to 0}{\text{l.i.m}} \dfrac{X(t+h) - X(t)}{h}$ 存在, 则称 $X(t)$ 在 T 上均方可导或可微, 此时均方导数记为 $X'(t)$ 或 $\dfrac{\mathrm{d}X(t)}{\mathrm{d}t}$, 是一个新的随机过程。

[例 3.3.1] 试求随机过程 $X(t) = At + B$ 的均方导数, 其中 A, B 为相互独立的随机变量。

解:
$$X'(t) = \underset{\Delta t \to 0}{\text{l.i.m}} \frac{X(t + \Delta t) - X(t)}{\Delta t} =$$

$$\underset{\Delta t \to 0}{\text{l.i.m}} \frac{A(t + \Delta t) + B - (At + B)}{\Delta t} = \underset{\Delta t \to 0}{\text{l.i.m}} A$$

而

$$E \left| \frac{X(t + \Delta t) - X(t)}{\Delta t} - A \right|^2 = E \left| A - A \right|^2 = 0$$

故由定义知

$$X'(t) = A$$

类似地, 可以定义 $\{X(t), t \in T\}$ 的二阶均方导数为

$$X''(t) = \underset{h \to 0}{\text{l.i.m}} \frac{X'(t+h) - X'(t)}{h}$$

n 阶均方导数为

$$X^{(n)}(t) = \underset{h \to 0}{\text{l.i.m}} \frac{X^{(n-1)}(t+h) - X^{(n-1)}(t)}{h} \qquad n = 1, 2, \cdots \tag{3.3.2}$$

为便于推导得出均方可微准则, 我们先介绍广义二阶导数定义。

定义 3.3.2 设 $f(s, t)$ 为普通二元函数, 若

$$\lim_{\substack{h\to 0\\h'\to 0}}\frac{1}{hh'}[f(s+h,t+h')-f(s+h,t)-f(s,t+h')+f(s,t)] \tag{3.3.3}$$

存在，则称 $f(s,t)$ 在 (s,t) 处广义二阶可导或可微，此极限称为 $f(s,t)$ 在 (s,t) 处的广义二阶导数，记为

$$\frac{\partial^2 f(s,t)}{\partial s \partial t}$$

定理 3.3.1（均方可微准则） 随机过程 $\{X(t),t\in T\}$ 在 t 处均方可微的充要条件是其自相关函数 $R_X(s,t)$ 在 (t,t) 处广义二阶可微。

证： 充分性：设 $R_X(s,t)$ 在 (t,t) 处广义二阶可微，即

$$\left.\frac{\partial^2 R_X(s,t)}{\partial s \partial t}\right|_{(t,t)} = \lim_{\substack{h\to 0\\h'\to 0}}\frac{1}{hh'}[R_X(t+h,t+h')-R_X(t+h,t)-R_X(t,t+h')+R_X(t,t)]$$

$$\tag{3.3.4}$$

存在，而

$$E\left|\frac{X(t+h)-X(t)}{h}-\frac{X(t+h')-X(t)}{h'}\right|^2 =$$

$$E\left|\frac{X(t+h)-X(t)}{h}\right|^2 + E\left|\frac{X(t+h')-X(t)}{h'}\right|^2 - 2E\left[\frac{X(t+h)-X(t)}{h}\frac{X(t+h')-X(t)}{h'}\right]$$

其中

$$E\left[\frac{X(t+h)-X(t)}{h}\cdot\frac{X(t+h')-X(t)}{h'}\right] =$$

$$\frac{1}{hh'}[R_X(t+h,t+h')-R_X(t+h,t)-R_X(t,t+h')+R_X(t,t)]\xrightarrow{h\to 0,h'\to 0}\left.\frac{\partial^2 R_X(s,t)}{\partial s \partial t}\right|_{(t,t)}$$

且

$$E\left|\frac{X(t+h)-X(t)}{h}\right|^2 = \frac{1}{h^2}[R_X(t+h,t+h)-2R_X(t+h,t)+R_X(t,t)]\xrightarrow{h\to 0}\left.\frac{\partial^2 R_X(s,t)}{\partial s \partial t}\right|_{(t,t)}$$

同理

$$E\left|\frac{X(t+h')-X(t)}{h'}\right|^2 \xrightarrow{h'\to 0}\left.\frac{\partial^2 R_X(s,t)}{\partial s \partial t}\right|_{(t,t)}$$

故得

$$\lim_{\substack{h \to 0 \\ h' \to 0}} E \left| \frac{X(t+h)-X(t)}{h} - \frac{X(t+h')-X(t)}{h'} \right|^2 = 0$$

由 Cauchy 判别准则知此式等价于 $\mathop{\text{l.i.m}}\limits_{h \to 0} \dfrac{X(t+h)-X(t)}{h}$ 存在，即充分性得证。

必要性：设 $X'(t) = \mathop{\text{l.i.m}}\limits_{h \to 0} \dfrac{X(t+h)-X(t)}{h}$ 存在，则由式(3.1.4)及上述证明知

$$E[X'(t)X'(t)] = \lim_{\substack{h \to 0 \\ h' \to 0}} E\left[\frac{X(t+h)-X(t)}{h} \frac{X(t+h')-X(t)}{h'} \right] = \left. \frac{\partial^2 R_X(s,t)}{\partial s \partial t} \right|_{(t,t)}$$

即式（3.3.4）极限存在，故此得证。

推论 3.3.1 若 $R_X(s,t)$ 的广义二阶导数 $\dfrac{\partial^2 R_X(s,t)}{\partial s \partial t}$ 在对角线$(t,\,t)$处存在，则在任意点(s,t)处$\dfrac{\partial^2 R_X(s,t)}{\partial s \partial t}$ 亦存在，且有

$$\frac{\partial^2 R_X(s,t)}{\partial s \partial t} = E[X'(s)X'(t)] \tag{3.3.5}$$

证：由均方导数定义知，若 $\dfrac{\partial^2 R_X(s,t)}{\partial s \partial t}$ 在任意点(t,t)处存在，则$\{X(t), t \in T\}$ 在任意点 t 处均方可导，故有

$$\mathop{\text{l.i.m}}\limits_{h \to 0} \frac{X(s+h)-X(s)}{h} = X'(s)$$

$$\mathop{\text{l.i.m}}\limits_{h' \to 0} \frac{X(t+h')-X(t)}{h'} = X'(t)$$

由式（3.1.4）得

$$\frac{\partial^2 R_X(s,t)}{\partial s \partial t} = \lim_{\substack{h \to 0 \\ h' \to 0}} E\left[\frac{X(s+h)-X(s)}{h} \frac{X(t+h')-X(t)}{h'} \right] =$$

$$E\left[\mathop{\text{l.i.m}}\limits_{h \to 0} \frac{X(s+h)-X(s)}{h} \ \mathop{\text{l.i.m}}\limits_{h' \to 0} \frac{X(t+h')-X(t)}{h'} \right] =$$

$$E[X'(s)X'(t)]$$

类似上述可证明，若二阶矩过程$\{X(t), t \in T\}$是均值为 $m_X(t)$，相关函数为 $R_X(s,t)$ 的均方可导过程，则

$\dfrac{\partial}{\partial s}R_X(s,t), \dfrac{\partial}{\partial t}R_X(s,t), \dfrac{\partial^2}{\partial s\partial t}R_X(s,t), \dfrac{\partial^2}{\partial t\partial s}R_X(s,t)$ 都存在，且有

$$\begin{cases} E[X'(s)X(t)] = \dfrac{\partial}{\partial s}R_X(s,t) \\[3mm] E[X(s)X'(t)] = \dfrac{\partial}{\partial t}R_X(s,t) \\[3mm] E[X'(s)X'(t)] = \dfrac{\partial^2}{\partial s\partial t}R_X(s,t) \\[3mm] E[X'(t)X'(s)] = \dfrac{\partial^2}{\partial t\partial s}R_X(s,t) \end{cases} \tag{3.3.6}$$

易见，均方导数具有与普通函数类似的性质，对于它们的证明，只需要用均方导数的定义与均方极限的性质即可。

容易证明均方导数的下述性质：

1° 若 $X(t)$ 在 t 处均方可导，则 $X(t)$ 在 t 处均方连续。

2° 若 $X(t), Y(t)$ 在 $t \in T$ 均方可导，对于任意常数 a, b，有

$$[aX(t) + bY(t)]' = aX'(t) + bY'(t) \tag{3.3.7}$$

3° $X(t)$ 的均方导数 $X'(t)$ 的均值函数是

$$m_{X'}(t) = E[X'(t)] = \dfrac{\mathrm{d}}{\mathrm{d}t}E[X(t)] = m'_X(t) \tag{3.3.8}$$

此式表明求导运算与求数学期望运算可以交换顺序，但是前者是对随机过程求导，后者是对普通函数求导。

4° $X(t)$ 的均方导数 $X'(t)$ 的相关函数为

$$R_{X'}(s,t) = E[X'(s)X'(t)] = \dfrac{\partial^2}{\partial s\partial t}R_X(s,t) = \dfrac{\partial^2}{\partial s\partial t}R_X(t,s) \tag{3.3.9}$$

5° 若 X 是随机变量，则 $X' = 0$，故有 $[X(t) + X]' = X'(t)$。此式说明，若两个随机过程的均方导数相等，则它们只相差一个随机变量（也可是常数）。

[例 3.3.2] 设随机过程 $X(t)$ 的均值与相关函数为

$$m_X(t) = 5\sin t \qquad R_X(t,s) = 3\mathrm{e}^{-0.5(s-t)^2}$$

试求 $Y(t) = X'(t)$ 的均值与协方差函数。

解：
$$m_Y(t) = m'_X(t) = [5\sin t]' = 5\cos t$$

$$R_Y(t,s) = R_{X'}(t,s) = \dfrac{\partial^2}{\partial t\partial s}R_X(t,s) = \dfrac{\partial^2}{\partial t\partial s}\left[3\mathrm{e}^{-0.5(s-t)^2}\right] =$$

$$\frac{\partial}{\partial t}\left[3(-0.5)\mathrm{e}^{-0.5(s-t)^2}2(s-t)\right] = \frac{\partial}{\partial t}\left[3\mathrm{e}^{-0.5(s-t)^2}(t-s)\right] =$$

$$3(-0.5)\mathrm{e}^{-0.5(s-t)^2}(-1)(-2)(s-t)^2 + 3\mathrm{e}^{-0.5(s-t)^2} =$$

$$3\mathrm{e}^{-0.5(s-t)^2}[1-(s-t)^2]$$

故

$$C_Y(t,s) = R_Y(t,s) - m_Y(t)m_Y(s) =$$

$$3\mathrm{e}^{-0.5(s-t)^2}[1-(s-t)^2] - 25\cos t\cos s$$

[例 3.3.3]　设随机过程 $\{X(t), t \in T\}$ 的均值函数与协方差函数为

$$m_X(t) = c\sin\omega_0 t$$

$$R_X(t,s) = b\mathrm{e}^{-\alpha(s-t)}[\cos\omega_0(s-t) + \frac{\alpha}{\omega_0}\sin\omega_0(s-t)] \quad t < s$$

试求 $Y(t) = X'(t)$ 的均值与协方差函数。

解：由（式 3.3.8）知，

$$m_X(t) = m_X'(t) = [c\sin\omega_0 t]' = c\omega_0\cos\omega_0 t$$

再由（式 3.3.9）得，当 $t < s$ 时，

$$R_Y(t,s) = R_X(t,s) = \frac{\partial^2}{\partial t\partial s}R_X(t,s) =$$

$$\frac{\partial^2}{\partial t\partial s}\left\{b\mathrm{e}^{-\alpha(s-t)}\left[\cos\omega_0(s-t) + \frac{\alpha}{\omega_0}\sin\omega_0(s-t)\right]\right\} =$$

$$\frac{\partial}{\partial t}\left\{-\alpha b\mathrm{e}^{-\alpha(s-t)}\left[\cos\omega_0(s-t) + \frac{\alpha}{\omega_0}\sin\omega_0(s-t)\right] + \right.$$

$$\left. b\mathrm{e}^{-\alpha(s-t)}\left[-\omega_0\sin\omega_0(s-t) + \alpha\cos\omega_0(s-t)\right]\right\} =$$

$$\frac{\partial}{\partial t}\left\{-b\mathrm{e}^{-\alpha(s-t)}\left(\omega_0 + \frac{\alpha^2}{\omega_0}\right)\sin\omega_0(s-t)\right\} =$$

$$-\alpha b\mathrm{e}^{-\alpha(s-t)}(\omega_0 + \frac{\alpha^2}{\omega_0})\sin\omega_0(s-t) + b\mathrm{e}^{-\alpha(s-t)}(\omega_0 + \frac{\alpha^2}{\omega_0})\omega_0\cos\omega_0(s-t) =$$

$$b(\omega_0^2 + \alpha^2)\mathrm{e}^{-\alpha(s-t)}\left[\cos\omega_0(s-t) - \frac{\alpha}{\omega_0}\sin\omega_0(s-t)\right]$$

3.4　随机过程的均方积分

我们可按照定义普通定积分方式定义均方积分：

定义 3.4.1　设随机过程 $\{X(t), t \in T = [a,b]\}$，$f(t), t \in T$ 为任意普通函数：

(1) 分割 $T=[a, b]$。将 $[a, b]$ 分成 n 个子区间，分点为 $a = t_0 < t_1 < \cdots < t_n = b$，而

$$\Delta_n = \max_{1 \leq k \leq n}(t_k - t_{k-1}) = \max_{1 \leq k \leq n} \Delta t_k$$

(2) 作和式

$$Y_n = \sum_{k=1}^{n} f(\xi_k)X(\xi_k)(t_k - t_{k-1}) = \sum_{k=1}^{n} f(\xi_k)X(\xi_k)\Delta t_k$$

其中

$$t_{k-1} \leqslant \xi_k \leqslant t_k \quad 1 \leqslant k \leqslant n$$

(3) 如果在 $\Delta_n \to 0$ 时，Y_n 均方收敛于 Y（此极限不依赖于分点与 ξ_k 的取法），

则称 $f(t)X(t)$ 在 $T=[a, b]$ 上均方可积，并称 Y_n 的极限 Y 为 $f(t)X(t)$ 在 $[a, b]$ 上的均方积分，记为

$$Y = \int_a^b f(t)X(t)\mathrm{d}t = \underset{\Delta_n \to 0}{\mathrm{l.i.m}} \sum_{k=1}^{n} f(\xi_k)X(\xi_k)\Delta t_k \tag{3.4.1}$$

特别的，若 $f(t) \equiv 1$ 时，即有

$$\int_a^b X(t)\mathrm{d}t = \underset{\Delta_n \to 0}{\mathrm{l.i.m}} \sum_{k=1}^{n} X(\xi_k)\Delta t_k$$

定理 3.4.1（均方可积准则）　设 $f(t)$ 为普通函数，随机过程 $\{X(t), t \in T = [a,b]\}$，$f(t)X(t)$ 在 $[a, b]$ 上均方可积的充要条件是下面的普通二重积分

$$\int_a^b \int_a^b f(s)f(t)R_X(s,t)\mathrm{d}s\mathrm{d}t \tag{3.4.2}$$

存在。且有

$$E\left| \int_a^b f(t)X(t)\mathrm{d}t \right|^2 = \int_a^b \int_a^b f(s)f(t)R_X(s,t)\mathrm{d}s\mathrm{d}t \tag{3.4.3}$$

证略。

定理 3.4.2　如果随机过程 $\{X(t), t \in T\}$ 在 $[a, b]$ 上均方连续，则 $X(t)$ 在 $[a, b]$ 上

112

均方可积。

证：由均方连续准则可知，$R_X(s,t)$ 在 $[a,b] \times [a,b]$ 上连续，又由普通连续函数的可积性知，$R_X(s,t)$ 在 $[a,b] \times [a,b]$ 上的二重积分存在，再由定理 3.4.1 即知 $X(t)$ 在 $[a,b]$ 上均方可积。

均方积分具有与普通积分类似的性质：

1° (唯一性)若

$$Y_1 = \int_a^b f(t) X(t) \mathrm{d}t, Y_2 = \int_a^b f(t) X(t) \mathrm{d}t$$

则在概率为 1 的意义下有

$$Y_1 = Y_2$$

此说明均方积分是唯一的。

2° (线性性) $\int_a^b [c_1 X(t) + c_2 Y(t)] \mathrm{d}t = c_1 \int_a^b X(t) \mathrm{d}t + c_2 \int_a^b Y(t) \mathrm{d}t$

3° (可加性)对于任意的 $c \in [a,b]$ 有

$$\int_a^b X(t) \mathrm{d}t = \int_a^c X(t) \mathrm{d}t + \int_c^b X(t) \mathrm{d}t \tag{3.4.4}$$

4° 若 $Y(t) = \int_a^t X(t) \mathrm{d}t \quad t \in [a,b]$

则 $Y'(t) = X(t)$，即

$$\left[\int_a^t X(t) \mathrm{d}t \right]' = X(t) \tag{3.4.5}$$

5° (牛顿—莱布尼兹公式)设 $X(t)$ 在 $[a,b]$ 上均方可导，且 $X'(t)$ 在 $[a,b]$ 上均方连续，则有

$$\int_a^b X'(t) \mathrm{d}t = X(b) - X(a) \tag{3.4.6}$$

6° 设 $X(t)$ 在 $[a,b]$ 上均方可积，则有

$$E\left[\int_a^b X(t) \mathrm{d}t \right] = \int_a^b EX(t) \mathrm{d}t \tag{3.4.7}$$

上式说明若 $X(t)$ 在 $[a,b]$ 上均方可积，则求均值与求积分可以交换顺序。

7° 设 $X(t)$ 在 $[a,b]$ 上均方连续，则

$$E\left[\int_a^b X(t) \mathrm{d}t \right]^2 \leqslant M(b-a)^2 \tag{3.4.8}$$

其中 $\quad M = \max\limits_{a \leqslant t \leqslant b} EX^2(t)$

[例 3.4.1]　设随机过程 $\{X(t), t \in T\}$ 的均值函数为

$$m_X(t) = t^2 + 1$$

试求 $Y(s) = \int_0^s X(t)\mathrm{d}t$ 的均值函数。

解：由性质 6° 知

$$E[Y(s)] = \int_0^s E[X(t)]\mathrm{d}t = \int_0^s (t^2+1)\mathrm{d}t = \frac{s^3}{3} + s$$

[例 3.4.2]　设随机过程 $\{X(t), t \in T\}$ 的协方差函数为

$$C_X(t_1, t_2) = (1 + t_1 t_2)\sigma^2$$

试求 $Y(s) = \int_0^s X(t)\mathrm{d}t$ 的协方差函数与方差函数。

解：$C_Y(s_1, s_2) = E\{[Y(s_1) - EY(s_1)][Y(s_2) - EY(s_2)]\} =$

$$E\{[\int_0^{s_1}[X(t_1) - EX(t_1)]\mathrm{d}t_1][\int_0^{s_2}[X(t_2) - EX(t_2)]\mathrm{d}t_2]\} =$$

$$\int_0^{s_1}\int_0^{s_2} E[(X(t_1) - EX(t_1))(X(t_2) - EX(t_2))]\mathrm{d}t_1\mathrm{d}t_2 =$$

$$\int_0^{s_1}\int_0^{s_2} C_X(t_1, t_2)\mathrm{d}t_1\mathrm{d}t_2 =$$

$$\int_0^{s_1}\int_0^{s_2} (1 + t_1 t_2)\sigma^2 \mathrm{d}t_1\mathrm{d}t_2 =$$

$$\int_0^{s_1}\int_0^{s_2} \sigma^2 \mathrm{d}t_1\mathrm{d}t_2 + \int_0^{s_1}\int_0^{s_2} t_1 t_2 \sigma^2 \mathrm{d}t_1\mathrm{d}t_2 =$$

$$\sigma^2 s_1 s_2 + \sigma^2 \frac{s_1^2}{2}\frac{s_2^2}{2} = \sigma^2 s_1 s_2 (1 + \frac{1}{4} s_1 s_2)$$

$$D_Y(s) = C_Y(s_1, s_2)|_{s_1 = s_2 = s} = \sigma^2 s^2 (1 + \frac{s^2}{4})$$

[例 3.4.3]　设随机过程 $\{X(t), t \geqslant 0\}$ 的相关函数为

$$R(s, t) = Me^{-\alpha|s-t|}$$

试求 $X(t)$ 的积分 $Y(s) = \int_0^s X(t)\mathrm{d}t$ 的相关函数。

解：$\qquad R_Y(s_1, s_2) = E[Y(s_1)Y(s_2)] =$

$$E[\int_0^{s_1} X(t_1)\mathrm{d}t_1 \int_0^{s_2} X(t_2)\mathrm{d}t_2] =$$

114

$$E\left[\int_0^{s_1}\int_0^{s_2}X(t_1)X(t_2)\mathrm{d}t_1\mathrm{d}t_2\right]=$$

$$\int_0^{s_1}\int_0^{s_2}EX(t_1)X(t_2)\mathrm{d}t_1\mathrm{d}t_2=$$

$$\int_0^{s_1}\int_0^{s_2}R(t_1,t_2)\mathrm{d}t_1\mathrm{d}t_2=$$

$$M\int_0^{s_1}\int_0^{s_2}\mathrm{e}^{-\alpha|t_1-t_2|}\mathrm{d}t_1\mathrm{d}t_2$$

当 $s_1 < s_2$ 时，

$$R_Y(s_1,s_2)=M\int_0^{s_1}\left[\int_0^{t_1}\mathrm{e}^{-\alpha(t_1-t_2)}\mathrm{d}t_2+\int_{t_1}^{s_2}\mathrm{e}^{-\alpha(t_2-t_1)}\mathrm{d}t_2\right]\mathrm{d}t_1=$$

$$M\left[\int_0^{s_1}\mathrm{e}^{-\alpha t_1}\frac{1}{\alpha}(\mathrm{e}^{\alpha t_1}-1)\mathrm{d}t_1+\int_0^{s_1}\mathrm{e}^{\alpha t_1}(-\frac{1}{\alpha})(\mathrm{e}^{-\alpha s_2}-\mathrm{e}^{-\alpha t_1})\mathrm{d}t_1\right]=$$

$$M\left[\frac{1}{\alpha}s_1+\frac{1}{\alpha^2}(\mathrm{e}^{-\alpha s_1}-1)+\frac{s_1}{\alpha}-\frac{1}{\alpha^2}(\mathrm{e}^{-\alpha(s_2-s_1)}-\mathrm{e}^{-\alpha s_2})\right]=$$

$$\frac{2Ms_1}{\alpha}+\frac{M}{\alpha^2}\left[\mathrm{e}^{-\alpha s_1}+\mathrm{e}^{-\alpha s_2}-\mathrm{e}^{-\alpha(s_2-s_1)}-1\right]$$

类似地，当 $s_2 < s_1$ 时，有

$$R_Y(s_1,s_2)=\frac{2Ms_2}{\alpha}+\frac{M}{\alpha^2}\left[\mathrm{e}^{-\alpha s_1}+\mathrm{e}^{-\alpha s_2}-\mathrm{e}^{-\alpha(s_1-s_2)}-1\right]$$

故得

$$R_Y(s_1,s_2)=\frac{2M}{\alpha}\min(s_1,s_2)+\frac{M}{\alpha^2}\left[\mathrm{e}^{-\alpha s_1}+\mathrm{e}^{-\alpha s_2}-\mathrm{e}^{-\alpha|s_2-s_1|}-1\right]$$

3.5 正态过程的均方微积分

正态过程是实际问题中常见的随机过程，有时还需要考虑正态过程的均方导数和均方积分过程。设 $\{X(t),t\in T\}$ 为正态随机过程，则有以下结果：

(1) 设 $X^{(n)}=(X_1^{(n)},X_2^{(n)},\cdots,X_k^{(n)})$ 为 k 维正态随机变量，且 $X^{(n)}$ 均方收敛于 $X=(X_1,X_2,\cdots,X_k)$，即对每个 i 有

$$\mathop{\mathrm{l.i.m}}_{n\to\infty}X_i^{(n)}=X_i$$

即

$$\lim_{n\to\infty} E\,|\,X_i^{(n)} - X_i\,|^2 = 0 \qquad 1\leqslant i\leqslant k$$

则 X 亦为 k 维正态随机变量。

(2) 设 $X(t)$ 在 T 上均方可导，则 $\{X'(t),t\in T\}$ 亦为正态过程。

证：由于多维正态随机变量经过线性变换后，仍为正态随机变量，所以，对任意 $t_1,t_2,\cdots,t_n \in T$

$$\left(\frac{X(t_1+h)-X(t_1)}{h}, \frac{X(t_2+h)-X(t_2)}{h}, \cdots, \frac{X(t_k+h)-X(t_k)}{h}\right)$$

也是 k 维正态随机变量。

又由于 $X(t)$ 在 T 上均方可导，所以对每个 i 均有

$$\mathop{\text{l.i.m}}_{h\to 0} \frac{X(t_i+h)-X(t_i)}{h} = X'(t_i) \qquad 1\leqslant i\leqslant k$$

由上述 (1) 的结果知 $(X'(t_1),X'(t_2),\cdots,X'(t_k))$ 为 k 维正态随机变量，即 $\{X'(t),t\in T\}$ 亦为正态随机过程。

(3) 若 $\{X(t),t\in T\}$ 在 T 上均方可积，则

$$Y(s) = \int_a^s X(t)\mathrm{d}t \qquad a,s\in T$$

亦为正态过程。

证：对任意的 $s_j\in T, j=1,2,\cdots,k$，$X(t)$ 的均方积分变量为

$$Y(s_j) = \int_a^{s_j} X(t)\mathrm{d}t \qquad a,s\in T$$

再按均方可积的定义，在区间 $[a,s_j]$ 上取一列分点

$$a=t_{j0}<t_{j1}<t_{j2}<\cdots<t_{jn_j}=s_j, \quad \lambda_{jn_j}=\max_{1\leqslant i\leqslant n_j}\{\Delta t_{ji}\}$$

则

$$Y(s_j) = \int_a^{s_j} X(t)\mathrm{d}t = \lim_{\lambda_{jn_j}\to 0} \sum_{i=1}^{n_j} X(t_{ji})\Delta t_{ji} = \lim_{n_j\to\infty} Y^{(n_j)}(s_j) \quad j=1,2,\cdots,k$$

而由于 $X(t)$ 为正态过程，$Y^{(n_j)}(s_j)=\sum_{i=1}^{n_j}X(t_{ji})\Delta t_{ji}$ 是 $X(t_{j0}),X(t_{j1}),\cdots,$

$X(t_{jn_j})$ 的线性组合，故它服从正态分布，即 $Y^{(n_j)}(s_j)$，$j=1,2,\cdots,k$ 均服从正态分

116

布，由(1)的结果知 k 维正态随机变量

$$(Y^{(n_1)}(s_1), Y^{(n_2)}(s_2), \cdots, Y^{(n_k)}(s_k))$$

的均方极限

$$(Y(s_1), Y(s_2), \cdots, Y(s_k))$$

也是 k 维正态随机变量。由正态过程定义知，正态过程的积分过程 $\{Y(s), s \in T\}$ 亦为正态过程。

正态过程还有许多良好性质，将在以后的章节中叙述。

3.6 随机微分方程

如同在高等数学中讨论的含有未知函数的导数（或微分）的方程——微分方程一样，在均方可导的意义下，同样具有所谓的随机微分方程的求解问题，其定义性质基本上类似于普通函数的微分方程。

随机线性微分方程的定义：

定义 3.6.1 设 $\{X(t), t \in T\}$ 与 $\{Y(t), t \in T\}$ 为随机过程，$Y(t)$ 的 n 阶均方导数 $Y^{(n)}(t)$ 存在，$a_k (1 \leqslant k \leqslant n)$ 为随机变量或常数，则称

$$a_n Y^{(n)}(t) + a_{n-1} Y^{(n-1)}(t) + \cdots + a_1 Y'(t) + a_0 Y(t) = X(t) \qquad (3.6.1)$$

为 n 阶随机线性微分方程。

特别地，当 $a_k (1 \leqslant k \leqslant n), X(t), Y(t)$ 均为普通函数或常数时，式(3.6.1)即为通常意义下的微分方程。

下面考虑两类简单随机微分方程的解法：

(1) 缺 $Y(t)$ 项的一阶微分方程为

$$\begin{cases} Y'(t) = X(t) & t \in T \\ Y(t_0) = Y_0 \end{cases} \qquad (3.6.2)$$

其中 $X(t)$ 为二阶矩过程，X_0 是二阶矩随机变量。利用均方积分性质可得式（3.6.2）的解为

$$Y(t) = \int_{t_0}^{t} X(s)\mathrm{d}s + Y_0 \qquad (3.6.3)$$

易验证其解是唯一的。

$Y(t)$ 的均值函数为

$$m_Y(t) = EY(t) = E\left[\int_{t_0}^t X(s)\mathrm{d}s\right] + E(Y_0) =$$

$$\int_{t_0}^t EX(s)\mathrm{d}s + E(Y_0) =$$

$$\int_{t_0}^t m_X(s)\mathrm{d}s + E(Y_0)$$

特别当 $m_X(s) = 0$ 时，有 $EY(t) = E(Y_0)$ ，$Y(t)$ 的相关函数为

$$R_Y(s,t) = E[Y(s)Y(t)] = E\left\{\left[\int_{t_0}^s X(u)\mathrm{d}u + Y_0\right]\left[\int_{t_0}^t X(u)\mathrm{d}u + Y_0\right]\right\} =$$

$$E\left[\int_{t_0}^s X(u)\mathrm{d}u\int_{t_0}^t X(u)\mathrm{d}u + Y_0\int_{t_0}^t X(u)\mathrm{d}u + Y_0\int_{t_0}^s X(u)\mathrm{d}u + Y_0^2\right]$$

若 $X(t)$ 与 Y_0 相互独立，且 $E[X(t)] = 0$ 时，有

$$R_Y(s,t) = E\left[\int_{t_0}^s\int_{t_0}^t X(u)X(v)\mathrm{d}u\mathrm{d}v\right] + E[Y_0^2] =$$

$$= \int_{t_0}^s\int_{t_0}^t E[X(u)X(v)]\mathrm{d}u\mathrm{d}v + E[Y_0^2] =$$

$$\int_{t_0}^s\int_{t_0}^t R_X(u,v)\mathrm{d}u\mathrm{d}v + E[Y_0^2]$$

由此可见，$Y(t)$ 的自相关函数由 Y_0 与 $X(t)$ 的自相关函数所决定。

(2) 一阶线性微分方程

$$\begin{cases} Y'(t) = a(t)Y(t) + X(t) \\ Y(t_0) = Y_0 \end{cases} \tag{3.6.4}$$

其中，$a(t)$ 是普通函数；$X(t)$ 为二阶矩过程；Y_0 是二阶矩随机变量。则式(3.6.4)的解为

$$Y(t) = Y_0\exp\left\{\int_{t_0}^t a(u)\mathrm{d}u\right\} + \int_{t_0}^t X(s)\exp\left\{\int_s^t a(u)\mathrm{d}u\right\}\mathrm{d}s \tag{3.6.5}$$

下面我们验证式（3.6.5）为式（3.6.4）的解。

显然，有边界值 $Y(t_0) = Y_0$ 。又若对式（3.6.5）两边求均方导数，即得

$$Y'(t) = \frac{\mathrm{d}}{\mathrm{d}t}\left[Y_0\exp\left\{\int_{t_0}^t a(u)\mathrm{d}u\right\}\right] + \frac{\mathrm{d}}{\mathrm{d}t}\left[\int_{t_0}^t X(s)\exp\left\{\int_s^t a(u)\mathrm{d}u\right\}\mathrm{d}s\right] =$$

$$Y_0 a(t)\exp\left\{\int_{t_0}^t a(u)\mathrm{d}u\right\} + X(t)\exp\left\{\int_t^t a(u)\mathrm{d}u\right\} + \int_{t_0}^t X(s)a(t)\exp\left\{\int_s^t a(u)\mathrm{d}u\right\}\mathrm{d}s =$$

118

$$Y_0 a(t) \exp\left\{\int_{t_0}^{t} a(u)\mathrm{d}u\right\} + X(t) + \int_{t_0}^{t} X(s)a(t)\exp\left\{\int_{s}^{t} a(u)\mathrm{d}u\right\}\mathrm{d}s =$$

$$a(t)\left[Y_0 \exp\left\{\int_{t_0}^{t} a(u)\mathrm{d}u\right\} + \int_{t_0}^{t} X(s)\exp\left\{\int_{s}^{t} a(u)\mathrm{d}u\right\}\mathrm{d}s\right] + X(t) =$$

$$a(t)Y(t) + X(t)$$

此即式（3.6.5）。

$Y(t)$ 的均值函数为

$$m_Y(t) = E[Y(t)] = E(Y_0)\exp\left\{\int_{t_0}^{t} a(u)\mathrm{d}u\right\} + \int_{t_0}^{t} E[X(s)]\exp\left\{\int_{s}^{t} a(u)\mathrm{d}u\right\}\mathrm{d}s =$$

$$E(Y_0)\exp\left\{\int_{t_0}^{t} a(u)\mathrm{d}u\right\} + \int_{t_0}^{t} m_X(s)\exp\left\{\int_{s}^{t} a(u)\mathrm{d}u\right\}\mathrm{d}s$$

$Y(t)$ 的自相关函数为

$$R_Y(t_1,t_2) = E[Y(t_1)Y(t_2)]$$

$$E[Y_0^2]\exp\left\{\int_{t_0}^{t_1} a(u)\mathrm{d}u\right\}\exp\left\{\int_{t_0}^{t_2} a(u)\mathrm{d}u\right\} + \exp\left\{\int_{t_0}^{t_1} a(u)\mathrm{d}u\right\}$$

$$\int_{t_0}^{t_2} E[Y_0 X(s)]\exp\left\{\int_{s}^{t_2} a(u)\mathrm{d}u\right\}\mathrm{d}s + \exp\left\{\int_{t_0}^{t_2} a(u)\mathrm{d}u\right\}$$

$$\int_{t_0}^{t_1} E[Y_0 X(s)]\exp\left\{\int_{s}^{t_1} a(u)\mathrm{d}u\right\}\mathrm{d}s + \int_{t_0}^{t_1}\int_{t_0}^{t_2} E[X(s)X(t)]$$

$$\exp\left\{\int_{s}^{t_1} a(u)\mathrm{d}u\right\}\exp\left\{\int_{t}^{t_2} a(u)\mathrm{d}u\right\}\mathrm{d}s\mathrm{d}t$$

思 考 题

1. 均方极限与普通函数极限有何相似之处？

2. 是否均方微积分都具备普通函数的微积分性质，为什么？

3. 已知随机过程 $X(t)$ 的相关函数为 $R_X(t) = \mathrm{e}^{-at^2}$，试问随机过程 $X(t)$ 是否均方连续，均方可导？

4. 为什么随机过程 $X(t)$ 均方收敛必定是依概率收敛的？

5. 若 $\underset{n\to\infty}{\mathrm{l.i.m}} X(n) = X$，是否 $\lim_{n\to\infty} E[X(n)Y] = E(XY)$ 对一切 Y 都成立？其逆问题是否成立？

6. (1) 设 $\underset{n\to\infty}{\mathrm{l.i.m}} X(n) = X, \lim_{n\to\infty} E[|X(n)|^2] = E|X|^2$ 是否一定成立？

(2) 设 $\lim\limits_{n \to \infty} E[X(n)Y] = E(XY)$ 对一切 Y 成立时，$\lim\limits_{n \to \infty} E[|X(n)|^2] = E|X|^2$ 是否一定成立？

3.6 基本练习题

1. 试讨论下列随机过程的均方连续性，均方可微性与均方可积性：

(1) $X(t) = At + B$，A、B 为常数；

(2) $X(t) = At^2 + Bt + C$，A、B、C 为常数；

(3) $X(t)$ 的均值函数为 0，自相关函数 $R_X(s,t) = \mathrm{e}^{-\alpha|s-t|}$，其中 α 为正的常数；

(4) $X(t)$ 的均值函数为 0，自相关函数 $R_X(s,t)$ 是

$$R_X(s,t) = \frac{1}{\alpha^2 + (s-t)^2}$$

2. 续 1 题，试求：

$Y(t) = \dfrac{1}{t} \displaystyle\int_0^t X(s)\mathrm{d}s$，$Z(t) = \dfrac{1}{b} \displaystyle\int_t^{t+b} X(s)\mathrm{d}s$ 的均值函数和协方差函数，其中 b 是一个正的常数。

3. 续 1 题，试对(1)，(3)，(4) 3 种过程，求 $X'(t)$ 的均值函数与协方差函数。

4. 设二阶矩过程 $\{X(t), t \in [a,b]\}$ 的自相关函数 $R_X(s,t)$ 在 $[a,b] \times [a,b]$ 上连续，若 $f(t)$ 是 $[a,b]$ 上的连续函数，试证：

$$E\left(X(s) \overline{\int_a^b f(t)X(t)\mathrm{d}t} \right) = \int_a^b R_X(s,t)\overline{f(t)}\mathrm{d}t$$

5. 随机初相信号 $X(t) = A\cos(\omega_0 t + \phi)$，其中 A 和 ω_0 均为常量，ϕ 为服从 $[0,2\pi]$ 上均匀分布的随机变量。已知 $m_X(t) = 0$，$R_X(\tau) = A^2 \cos(\omega_0 \tau / 2), \tau = t_1 - t_2$。信号 $X(t)$ 在时间 T 内的积分值为 $Y(T) = \displaystyle\int_0^T X(t)\mathrm{d}t$，试求 $Y(T)$ 的均值与方差。

6. 设散粒噪声过程的过渡历程用下列微分方程描述：

$$\begin{cases} Y'(t) + aY(t) = X(t) \\ Y(0) = 0 \end{cases}$$

其中二阶矩过程 $X(t)$ 的均值与自相关函数为

$$EX(t) = \lambda, R_X(t_1, t_2) = \lambda^2 + \lambda\delta(t_1 - t_2)$$

试求 $Y(t)$ 的均值与自相关函数及 $X(t)$ 与 $Y(t)$ 的互相关函数。

7. 设 $X(t)$ 为二阶矩过程，$R_X(t_1, t_2) = \mathrm{e}^{-(t_1 - t_2)^2}$，若

$$Y(t) = X(t) + \frac{\mathrm{d}}{\mathrm{d}t}X(t)$$

试求 $R_Y(t_1, t_2)$。

本章基本要求

1. 了解随机过程的均方收敛性, 连续性, 试求随机过程的均方导数与均方积分, 以及求一阶随机线性微分方程的解。

2. 了解正态过程的简单均方微积分性质。

综合练习

1. 设随机过程 $X(t) = X\cos\omega_0 t$, $-\infty < t < +\infty$, 其中 ω_0 为常数, 而 X 为标准正态变量。试求:

(1) $X(t)$ 的均方导数 $X'(t)$;

(2) $X(t)$ 的均方积分 $Y(t) = \int_0^t X(s)\mathrm{d}s$。

2. 设随机过程

$$X(t) = \mathrm{e}^{-Xt} \quad t > 0$$

其中 X 是具有概率密度 $f(x)$ 的随机变量, 试求:

(1) $X(t)$ 的均方导数 $X'(t)$;

(2) $X(t)$ 的均方积分 $Y(t) = \int_0^t X(s)\mathrm{d}s$。

3. 设 $\{X(t), t \in T\}$ 为二阶矩过程, 且均值函数 $m_X(t)$ 为常数, 自相关函数满足条件

$$\forall t_1, t_2 \in T \quad R_X(t_1, t_2) = R_X(\tau) = 2\mathrm{e}^{-0.5\tau^2} \quad \tau = t_2 - t_1$$

(1) 试求 $Y(t) = X'(t)$ 的自相关函数与方差函数;

(2) 试求 $X(t)$ 的方差函数与 $Y(t)$ 的方差函数的比值。

4. 设 $\{X(t), t \in T\}$ 为二阶矩过程, 且均值函数 $m_X(t)$ 为常数, 自相关函数满足条件

$$\forall t_1, t_2 \quad R_X(t_1, t_2) = R_X(\tau) = A\mathrm{e}^{-a|\tau|}(1 + \alpha|\tau|) \quad \alpha > 0, \tau = t_2 - t_1$$

(1) 试求 $Y(t) = X'(t)$ 的自相关函数;

(2) 证明导数的方差和参数 A，及参数 α 的平方成比例。

提示: 由 $R_Y(\tau) = R_Y(-\tau)$，分别对 $\tau \geqslant 0$ 及 $\tau < 0$ 考虑。

5. 设 $\{X(t), t \in T\}$ 为正态过程，且均值函数 $m_X(t) = 2$，自相关函数

$$R_X(t_1, t_2) = R_X(t_2 - t_1) = R_X(\tau) = 5e^{-|\tau|}[\cos 2\tau + 0.5\sin 2|\tau|] \quad \forall t_1, t_2 \in T, \tau = t_2 - t_1$$

则其导数过程 $Y(t) = X'(t)$ 也是一正态过程，试求

$$P(0 \leqslant Y(t) \leqslant 10)$$

6. 设 $\{X(t), t \in T = (-\infty, +\infty)\}$ 为二阶矩过程，$m_X(t) = 1$，

$$\forall t_1, t_2 \in T \quad R_X(t_1, t_2) = R_X(\tau) = 1 + e^{-2|\tau|} \quad \tau = t_2 - t_1$$

试求随机变量 $X = \int_0^1 X(t)\mathrm{d}t$ 的均值与方差。

7. 试证明均方导数的下列性质:

(1) $E\left[\dfrac{\mathrm{d}X(t)}{\mathrm{d}t}\right] = \dfrac{\mathrm{d}EX(t)}{\mathrm{d}t}$

(2) 若 a, b 为常数，则

$$[aX(t) + bY(t)]' = aX'(t) + bY'(t)$$

(3) 若 $f(t)$ 是可微函数，则

$$[f(t)X(t)]' = f'(t)X(t) + f(t)X'(t)$$

8. 试证均方积分的下列性质:

(1) $E[\int_a^b f(t)X(t)\mathrm{d}t] = \int_a^b f(t)EX(t)\mathrm{d}t$

(2) 若 a, b 为常数，则

$$\int_a^b [aX(t) + bY(t)]\mathrm{d}t = a\int_a^b X(t)\mathrm{d}t + b\int_a^b Y(t)\mathrm{d}t$$

9. 设 $\{X(t), t \in T = [a, b]\}$ 是均方可导的随机过程，试证:

$$\lim_{t \to t_0} g(t)X(t) = g(t_0)X(t_0)$$

其中 $g(t)$ 是在区间 $[a, b]$ 上的连续函数。

自测题

1. 设 (X, Y) 是相互独立，且服从相同正态分布 $N(0, \sigma^2)$ 的随机变量，作随

机过程 $X(t) = Xt + Y$，试求下列随机变量的数学期望：

$$Z_1 = \int_0^1 X(t)\mathrm{d}t, \ Z_2 = \int_0^1 X^2(t)\mathrm{d}t$$

2. 二阶矩过程 $\{X(t), 0 \leqslant t < 1\}$ 的相关函数为

$$R_X(t_1, t_2) = \frac{\sigma^2}{1 - t_1 t_2} \qquad 0 \leqslant t_1, \ t_2 < 1$$

此过程是否均方连续，均方可微，若可微，试求 $R'_X(t_1, t_2)$ 和 $R_{XX'}(t_1, t_2)$。

第4章 泊松过程

泊松过程是一类重要的随机过程，它是研究随机质点流的基本的数学模型之一，其直观意义明确，应用范围宽广。在生物学、物理学、通信工程、公用事业等许多方面的问题，都可用泊松过程来描述。

4.1 泊松过程概念

在实际问题中，我们常常会遇到这样一类随机现象，它们发生的地点、时间以及相联系的某种属性，常归结为某一空间 E 中的点的随机发生或随机到达。例如某电话交换台在一天内收到用户的呼唤情况，若令 $X(n)$ 为第 n 次呼唤发生的时间，则 $X(n)$ 是一随机变量，$X(n) = x \in [0, 24)$ 是一随机点。而 $\{X(n), n = 1, 2, \cdots\}$ 构成一随机过程，这样的随机过程称之为随机点过程，或称为随机质点流。一般说来，随机质点 $X(n)$ 的出现或到达情况形成一个随机质点流 $\{X(n), n = 1, 2, \cdots\}$，它是一个随机点过程，通常称在单位时间内平均出现的质点的个数为随机流的强度，记为 λ，即称此随机点过程 $\{X(n), n = 1, 2, \cdots\}$ 是强度为 λ 的随机流。类似地，如商店接待的顾客流，等候公共汽车的乘客流，要求在机场降落的飞机流，经过天空等区域的流星流，纺纱机上纱线断头形成的断头流，放射性物质不断放射出的质点形成的质点流，数字通信中已编码信号的误码流等等均为随机点过程，即随机质点流。可见，随机质点流描述的随机现象十分广泛。而泊松过程正是描述随机质点流的计数性质的数学模型之一。

一、泊松过程的定义

对于一随机质点流 $\{X(n), n = 1, 2, \cdots\}$，令 $N(t)$ 表示在时间段 $[0, t)(t \in T = [0, +\infty))$ 内随机质点出现（或到达）的个数，则 $\{N(t), t \in [0, +\infty)\}$ 也是一个随机过程，我们常称之为伴随随机点过程 $\{X(n), n = 1, 2, \cdots\}$ 的计数过程。显然，计数过程应满足如下条件：

1° $N(t) \geqslant 0$，并取非负整数值；

2° 对于任意两个时刻 $0 \leqslant t_1 < t_2$，应有 $N(t_1) \leqslant N(t_2)$；

3° 对于任意两个时刻 $0 \leqslant t_1 < t_2$，$N(t_1, t_2) = N(t_2) - N(t_1)$ 等于在时间间隔$[t_1,$ $t_2)$内随机点出现（或到达）的个数，称为增量。

计数过程之中最重要的一类是泊松过程，其定义如下：

定义 4.1.1 设 $\{N(t), t \in [0, +\infty)\}$ 为一计数过程，若满足条件：

(1) $N(0) = 0$ （零初值性）；

(2) 对任意的 $s \geqslant t \geqslant 0,\ \Delta t > 0$，增量 $N(s + \Delta t) - N(t + \Delta t)$ 与 $N(s) - N(t)$ 具有相同的分布函数（增量平稳性或齐次性）；

(3) 对任意的正整数 n，任意的非负实数 $0 < t_0 < t_1 < \cdots < t_n$，增量 $N(t_1) - N(t_0)$，$N(t_2) - N(t_1)$，$\cdots$，$N(t_n) - N(t_{n-1})$ 相互独立（增量独立性）；

(4) 对于足够小的时间 Δt，

$$P(N(\Delta t) = 1) = \lambda \Delta t + o(\Delta t)$$

$$P(N(\Delta t) = 0) = 1 - \lambda \Delta t + o(\Delta t)$$

$$P(N(\Delta t) \geqslant 2) = o(\Delta t)$$

则称 $\{N(t), t \in T = [0, +\infty)\}$ 是强度为λ的泊松过程。

从定义 4.1.1 可见，若 $\{N(t), t \in T\}$ 为一泊松过程，$N(t)$表示$[0, t)$时段内出现的质点数，则定义 4.1.1 中条件（1）表明在初始时刻无质点出现。实际上从概率计算意义来说，只需满足 $P(N(0) = 0) = 1$ 条件即可。条件（2）表明在$[t + \Delta t, s + \Delta t)$ 时段出现的质点数的分布只与时间间隔 $(s + \Delta t) - (t + \Delta t) = s - t$ 有关，而与时间起点无关。条件（3）说明 $\{N(t), t \in T\}$ 为一独立增量过程，即任意多个不相重叠的时间间隔内出现的质点数相互独立。条件（4）则表明在足够小的时间 Δt 内出现一个质点的概率与时间 Δt 成正比，而在很短的时间 Δt 内出现的质点数不少于 2 的概率是关于时间 Δt 的高阶无穷小 $o(\Delta t)$，这与实际情况是相吻合的，即在足够短的时间 Δt 内，同时出现两个以上质点的事件为小概率事件。

［例4.1.1］ 设 $N(t)$ 为$[0, t)$ 时段内某电话交换台收到的呼叫次数，$t \in [0, +\infty)$，$N(t)$ 的状态空间为$\{0, 1, 2, \cdots\}$，且具有如下性质：

1° $N(0) = 0$，即初始时刻未收到任何呼叫；

2° 在$[t, s)$这段时间内收到的呼叫次数只与时间间隔 $s - t$ 有关，而与起点时间 t 无关；

3° 在任意多个不相重叠的时间间隔内收到的呼叫次数相互独立；

4° 在足够小的时间间隔内：

$P(\Delta t\ 时间间隔内无呼叫) = P(N(\Delta t) = 0) = 1 - \lambda \Delta t + o(\Delta t)$

$P(\Delta t\ 时间间隔内有一呼叫) = P(N(\Delta t) = 1) = \lambda \Delta t + o(\Delta t)$

$P(\Delta t$ 时间间隔内收到 2 次以上呼叫$) = P(N(\Delta t) \geqslant 2) = o(\Delta t)$

易见此计数过程$\{N(t), t \geqslant 0\}$是强度为λ的泊松过程。

[例 4.1.2] 在数字通信中，误码率是一个重要指标。所谓误码率是指在任一时刻 t 发生误码的概率。形式上讲，当平均收到 m 个码元发现一个误码，则误码率就是 $\lambda = \dfrac{1}{m}$ 。现设 $N(a,t)$ 表示在时间段 $[a,t)$ 内发生误码的个数，则 $\{N(a,t), t \in [0,+\infty)\}$ 为一个计数过程，且满足条件：

(1) 最初时刻 $t = a$ 时不出现误码的事件为必然事件，即
$$P(N(a,a) = 0) = 1$$

(2) 在相同的区间长度内出现 k 个误码的概率应相同，$k = 0, 1, 2, \cdots$；

(3) 在互不相交的区间 $[a,t_1), [t_1,t_2), \cdots, [t_{n-1},t_n)$，$a < t_1 < t_2 < \cdots < t_n$ 内，出现的误码数互不影响，所以 $N(a,t)$ 具有独立增量性，是一独立增量过程；

(4) 在 Δt 时间内，出现一个误码的概率为 $\lambda \Delta t + o(\Delta t)$，即出现一个误码与时间长度 Δt 成正比，一般来说，这是合乎实际的。

在很短的时间 Δt 内，出现两个以上误码的概率应是 Δt 的高阶无穷小，即 $o(\Delta t)$。

经以上分析说明可知，在$[a, t)$内出现误码的个数 $N(a,t)$ 是一个强度为λ的泊松过程。

[例 4.1.3] 设 $N(t)$ 表示在$[0, t)$时段内放射性轴放射出的α粒子数。显然，在不相交的时段内放射出的α粒子的个数，是互不影响的，在长度相同的区间内放射α粒子数有相同的概率分布，而与时间的起点无关；若单位时间平均放射λ个α粒子，则$\{N(t), t \in [0,+\infty)\}$是一个强度为$\lambda$的泊松过程。

定理 4.1.1 设 $\{N(t), t \in T = [0,+\infty)\}$ 是一强度为λ的泊松过程，则对任意固定的 t，$N(t)$服从泊松分布$\pi(\lambda t)$，即
$$P(N(t) = k) = \frac{(\lambda t)^k}{k!} \mathrm{e}^{-\lambda t} \qquad k = 0, 1, 2, \cdots \tag{4.1.1}$$

证：令 $p_k(t) = P(N(t) = k)$，$k = 0, 1, 2, \cdots$，且 $N(t, t+\Delta t) = N(t+\Delta t) - N(t)$，$N(t)$ 表示$[0, t]$内出现的质点个数，则 $p_0(t) = P(N(t) = 0)$。对任意 $\Delta t > 0$，由泊松过程定义有

$$p_0(t + \Delta t) = P(N(t+\Delta t) = 0) =$$
$$P(N(t) = 0, N(t, t+\Delta t) = 0) =$$
$$P(N(t) = 0)P(N(t, t+\Delta t) = 0 \mid N(t) = 0) =$$

$$P(N(t) = 0)P(N(t, t + \Delta t) = 0) =$$

$$p_0(t)[1 - \lambda \Delta t + o(\Delta t)] = p_0(t) - \lambda p_0(t)\Delta t + p_0(t)o(\Delta t)$$

故 $\qquad p_0(t + \Delta t) - p_0(t) = -\lambda p_0(t)\Delta t + p_0(t)o(\Delta t)$

两端同除以 Δt，并令 $\Delta t \to 0$，即得

$$\begin{cases} \dfrac{\mathrm{d}p_0(t)}{\mathrm{d}t} = -\lambda p_0(t) \\ p_0(0) = P(N(0) = 0) = 1 \end{cases}$$

解此微分方程，即得

$$p_0(t) = \mathrm{e}^{-\lambda t} \qquad t \in [0, +\infty) \tag{4.1.2}$$

类似地，对于 $k > 0$ 时，由

$$p_k(t + \Delta t) = P(N(t + \Delta t) = k) =$$

$$P(N(t) = k, N(t, t + \Delta t) = 0) + P(N(t) = k - 1, N(t, t + \Delta t) = 1) +$$

$$\sum_{i=2}^{k} P(N(t) = k - i, N(t, t + \Delta t) = i) =$$

$$P(N(t) = k)P(N(t, t + \Delta t) = 0) + P(N(t) = k - 1)P(N(t, t + \Delta t) = 1) +$$

$$\sum_{i=2}^{k} P(N(t) = k - i)P(N(t, t + \Delta t) = i) =$$

$$p_k(t)[1 - \lambda \Delta t + o(\Delta t)] + p_{k-1}(t)[\lambda \Delta t + o(\Delta t)] +$$

$$\left[\sum_{i=2}^{k} p_{k-i}(t) \right] o(\Delta t) =$$

$$p_k(t) - \lambda p_k(t)\Delta t + \lambda p_{k-1}(t)\Delta t + o(\Delta t)$$

故有

$$p_k(t + \Delta t) - p_k(t) = -\lambda p_k(t)\Delta t + \lambda p_{k-1}(t)\Delta t + o(\Delta t)$$

两边同除以 Δt，再令 $\Delta t \to 0$，可得

$$\frac{\mathrm{d}p_k(t)}{\mathrm{d}t} = -\lambda p_k(t) + \lambda p_{k-1}(t) \tag{4.1.3}$$

特别地，当 $k = 1$ 时，

$$\frac{\mathrm{d}p_1(t)}{\mathrm{d}t} = -\lambda p_1(t) + \lambda p_0(t)$$

将式(4.1.2)代入，且注意初始条件 $p_1(0) = P(N(0) = 1) = 0$，得微分方程

$$\begin{cases} \dfrac{\mathrm{d}p_1(t)}{\mathrm{d}t} + \lambda p_1(t) = \lambda \mathrm{e}^{-\lambda t} \\ p_1(0) = 0 \end{cases}$$

解之可得

$$p_1(t) = \lambda t \mathrm{e}^{-\lambda t} = \frac{(\lambda t)^1}{1!} \mathrm{e}^{-\lambda t}$$

假设

$$p_{k-1}(t) = \frac{(\lambda t)^{k-1}}{(k-1)!} \mathrm{e}^{-\lambda t} \qquad k = 3,\ 4,\ \cdots$$

则由式(4.1.3)，得

$$p_k'(t) = -\lambda p_k(t) + \lambda p_{k-1}(t) = -\lambda p_k(t) + \frac{\lambda (\lambda t)^{k-1}}{(k-1)!} \mathrm{e}^{-\lambda t}$$

两边同乘以 $\mathrm{e}^{\lambda t}$，得

$$\mathrm{e}^{\lambda t} p_k'(t) + \lambda \mathrm{e}^{\lambda t} p_k(t) = \frac{\lambda (\lambda t)^{k-1}}{(k-1)!}$$

即

$$\left[\mathrm{e}^{\lambda t} p_k(t)\right]' = \frac{\lambda (\lambda t)^{k-1}}{(k-1)!},\quad p_k(0) = 0 \qquad k=1,\ 2,\ \cdots$$

故

$$\mathrm{e}^{\lambda t} p_k(t) = \int_0^t \frac{\lambda (\lambda t)^{k-1}}{(k-1)!} \mathrm{d}t = \frac{(\lambda t)^k}{k!}$$

故得

$$p_k(t) = \frac{(\lambda t)^k}{k!} \mathrm{e}^{-\lambda t} \qquad k = 0,\ 1,\ 2,\ \cdots$$

上面仅讨论了在时间段$[0, t]$内出现的质点数 $N(t)$ 服从泊松分布，一般地，在时间段 $[t_1, t_2](0 \leqslant t_1 < t_2)$ 内出现的质点数 $N(t_1, t_2) = N(t_2) - N(t_1)$ 依然服从泊松分布。实际上，由泊松过程定义 4.1.1 中的第（2）条与第（3）条可知，$N(t_1, t_2) = N(t_2) - N(t_1)$ 与 $N(0, t_2 - t_1) = N(t_2 - t_1) - N(0) = N(t_2 - t_1)$ 具有相同的

分布，直接由式(4.1.1)可得

$$P(N(t_1,t_2)=k)=P(N(t_2-t_1)=k)=\frac{[\lambda[t_2-t_1]]^k}{k!}\mathrm{e}^{-\lambda(t_2-t_1)},k=0,1,2,\cdots,\lambda>0$$

(4.1.4)

如在例 4.1.2 中，在时段$[a,t]$内发生误码的个数 $N(a,t)$的概率分布为

$$P(N(a,t)=k)=\frac{[\lambda(t-a)]^k}{k!}\mathrm{e}^{-\lambda(t-a)}\qquad t>a,\ k=0,1,2,\cdots$$

定义 4.1.2　设 $\{N(t),t\in[0,+\infty)\}$ 为一计数过程，满足条件：

(1) $N(0)=0$；

(2) $N(t)$是独立增量过程；

(3) 对任意的 $t_1<t_2\in[0,+\infty)$，对应的增量 $N(t_1,t_2)=N(t_2)-N(t_1)$ 服从参数为 $\lambda(t_2-t_1)$ 的泊松分布，即

$$P(N(t_1,t_2)=k)=\frac{[\lambda(t_2-t_1)]^k}{k!}\mathrm{e}^{-\lambda(t_2-t_1)}\qquad k=0,1,2,\cdots,\lambda>0$$

则称 $\{N(t),t\in[0,+\infty)\}$ 是强度为λ的泊松过程。

易见，利用定理 4.1.1 能说明定义 4.1.1 与定义 4.1.2 的等价性。

泊松过程的样本函数是一条阶梯曲线（见图 4.1），若用时刻 t_i表示第 i 个质点（如到达的顾客，出现的呼叫，误码，到达计数器的α粒子等）出现的时间，那么在时刻 t_i，阶梯曲线上跳一个单位；而在任何一个有限的区间$[0,t)$内这种跳跃的次数是有限的。

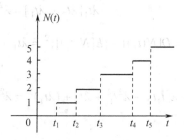

图 4.1　泊松过程波形图

二、泊松过程的数字特征与特征函数

设 $\{N(t),t\in T=[0,+\infty)\}$ 是强度为λ的泊松过程，则对任意固定的 t，$N(t)$服从参数为 λt 的泊松分布，即

$$P(N(t)=k)=\frac{(\lambda t)^k}{k!}\mathrm{e}^{-\lambda t}\quad k=0,1,2,\cdots\quad\lambda>0$$

1. 泊松过程的均值函数

$$m_N(t) = E[N(t)] = \lambda t$$

由此可以看到，$E[N(t)]$ 表示在 $[0,t)$ 时段内平均到达的质点个数，因而 $\lambda = \dfrac{E[N(t)]}{t} =$ 单位时间内平均到达的质点个数。

2. 泊松过程的方差函数

$$D_N(t) = D[N(t)] = \lambda t$$

3. 泊松过程的均方值函数

$$\psi_N^2(t) = E[N^2(t)] = D_N(t) + m_N^2(t) = \lambda t + (\lambda t)^2$$

4. 泊松过程的自相关函数

$$R_N(t_1, t_2) = E[N(t_1)N(t_2)] = \lambda \min(t_1, t_2) + \lambda^2 t_1 t_2$$

因为当 $t_1 < t_2$ 时，

$$R_N(t_1, t_2) = EN(t_1)[N(t_2) - N(t_1)] + EN^2(t_1)$$

而增量 $N(t_1) = N(t_1) - N(0)$ 与 $N(t_2) - N(t_1)$ 相互独立，故

$$EN(t_1)[N(t_2) - N(t_1)] = EN(t_1)E[N(t_2) - N(t_1)] =$$

$$\lambda t_1[\lambda t_2 - \lambda t_1] = \lambda^2 (t_1 t_2 - t_1^2)$$

$$EN^2(t_1) = D[N(t_1)] + \{E[N(t_1)]\}^2 = \lambda t_1 + (\lambda t_1)^2$$

所以

$$R_N(t_1, t_2) = \lambda^2 t_1 t_2 - \lambda^2 t_1^2 + \lambda t_1 + (\lambda t_1)^2 = \lambda^2 t_1 t_2 + \lambda t_1$$

同理，当 $t_1 > t_2$ 时，

$$R_N(t_1, t_2) = \lambda^2 t_1 t_2 + \lambda t_2$$

故

$$R_N(t_1, t_2) = \lambda \min(t_1, t_2) + \lambda^2 t_1 t_2$$

5. 泊松过程的自协方差函数

$$C_N(t_1, t_2) = \lambda \min(t_1, t_2)$$

这是因为
$$C_N(t_1,t_2) = R_N(t_1,t_2) - m_N(t_1)m_N(t_2) =$$
$$\lambda\min(t_1,t_2) + \lambda^2 t_1 t_2 - (\lambda t_1)(\lambda t_2) = \lambda\min(t_1,t_2)$$

［例4.1.4］ 设粒子按平均率为 4 个/min 的泊松过程到达某记数器，$N(t)$ 表示在 $[0,t)$ 内到达计数器的粒子个数，试求：

(1) $N(t)$ 的均值、方差、自相关函数与自协方差函数；

(2) 在第 3min 到第 5min 之间到达计数器的粒子个数的概率分布。

解：（1）依题意 $\{N(t),t\in T=[0,+\infty)\}$ 为一泊松过程，固定 t，$N(t)$ 服从参数为 λt 的泊松分布，且知平均每分钟到达 4 个粒子，即强度 $\lambda=4$。故
$$N(t)\sim\pi(4t)$$
所以
$$m_N(t) = 4t = D_N(t)$$
$$R_N(t_1,t_2) = 4\min(t_1,t_2) + 16 t_1 t_2 \qquad t_1,t_2\in T$$
$$C_N(t_1,t_2) = 4\min(t_1,t_2) \qquad t_1,t_2\in T$$

(2) 第 3min 到第 5min 之间到达计数器的粒子个数为 $N(3,5) = N(5) - N(3)$ 的分布律为
$$P(N(3,5)=k) = P(N(5)-N(3)=k) =$$
$$P(N(5-3)=k) = P(N(2)=k) = \frac{(4\times 2)^k \mathrm{e}^{-4\times 2}}{k!} = \frac{8^k \mathrm{e}^{-8}}{k!} \qquad k=0,1,2,\cdots$$

［例4.1.5］ 设顾客到达某汽车站的顾客数为一泊松过程，平均每 10min 到达 5 位顾客，试求在 20min 内到达汽车站至少有 10 位顾客的概率。

解：设 $N(t)$ 表示在 $[0,t)$ 时段内到达汽车站的人数，则 $\{N(t),t\in T=[0,+\infty)\}$ 为泊松过程，由题设可知，强度 $\lambda=\dfrac{5}{10}=0.5$（人/min），故固定 t 时，
$$N(t)\sim\pi(0.5t)$$
即
$$P(N(t)=k) = \frac{(0.5t)^k \mathrm{e}^{-0.5t}}{k!} \qquad k=0,1,2,\cdots$$
则

$$P（20\text{min 内至少到达 10 位顾客}）$$
$$P(N(20)\geqslant 10) = \sum_{k=10}^{\infty} \frac{(0.5\times 20)^k \mathrm{e}^{-0.5\times 20}}{k!} =$$

$$\sum_{k=10}^{\infty} \frac{10^k e^{-10}}{k!} = 1 - \sum_{k=0}^{9} \frac{10^k e^{-10}}{k!} =$$

$$1 - e^{-10}\left[1 + 10 + \frac{10^2}{2!} + \frac{10^3}{3!} + \cdots + \frac{10^9}{9!}\right] =$$

$$1 - e^{-10} \times [1 + 10 + 50 + 167 + 417 + 833 + 1389 + 1984 + 2480 + 2756] =$$

$$1 - e^{-10} \times 10087 = 1 - 0.45795 = 0.54205$$

6. 泊松过程的特征函数

设 $\{N(t), t \geq 0\}$ 为一泊松过程，则 $N(t) \sim \pi(\lambda t)$，对于任意的 $t \in T$，其特征函数

$$\varphi_N(t, v) = \varphi_{N(t)}(v) = E[e^{ivN(t)}] = \sum_{k=0}^{\infty} e^{ivk} \frac{(\lambda t)^k e^{-\lambda t}}{k!} =$$

$$\sum_{k=0}^{\infty} \frac{(\lambda t e^{iv})^k}{k!} e^{-\lambda t} = e^{\lambda t e^{iv}} e^{-\lambda t} = e^{\lambda t(e^{iv}-1)}$$

为泊松过程的特征函数。

[例 4.1.6]（续例 4.1.4） 当 $\{N(t), t \in [0, +\infty)\}$ 服从强度为 $\lambda = 4$ 的泊松过程时，其特征函数为

$$\varphi_N(t, v) = e^{4t(e^{iv}-1)}$$

三、复合（广义）泊松过程

在实际应用中，存在一类由泊松过程与独立随机变量列复合产生的随机过程，这就是下面要讨论的复合泊松过程。

1. 复合泊松过程定义

定义 4.1.3 设 $\{N(t), t \in [0, +\infty)\}$ 是一强度为λ的泊松过程，$\{X(0) = 0, X(n), n = 1, 2, \cdots\}$ 是独立同分布随机变量列，且 $\{X(n), n \geq 1\}$ 与 $\{N(t), t \in [0, +\infty)\}$ 相互独立。若令

$$Y(t) = \sum_{n=1}^{N(t)} X(n) \qquad t \geq 0 \tag{4.1.5}$$

则称 $\{Y(t), \ t \in [0, +\infty)\}$ 是一由 $\{N(t), t \in [0, +\infty)\}$ 复合而成的复合泊松过程。

[例 4.1.7] 保险公司保险金储备问题：

设某保险公司人寿保险者在时刻 t_1, t_2, …时死亡，其中 $0 < t_1 < t_2 < \cdots t_n < \cdots$

是随机变量（因投保者在何时死亡，预先是不得而知的），在 t_n 时刻死亡者的家属持保险单可索取保险金 $X(n)$。设 $\{X(n),n=1,2,\cdots\}$ 是一独立同分布随机变量列，令 $N(t)$ 表示在$[0,t)$ 内死亡的个数，$\{N(t),t\geqslant0\}$ 是一强度为λ的泊松过程，则保险公司在$[0,t)$，时间内应准备支付的保险总金额即为

$$Y(t) = \sum_{n=1}^{N(t)} X(n) \qquad t\geqslant0$$

显然 $\{Y(t),t\geqslant0\}$ 为一复合泊松过程。

[例 4.1.8] 设在$[0,t)$ 时段内到达机场的飞机数 $N(t),t\geqslant0$ 是一泊松过程，而每架飞机的乘客数 $X(n),n\geqslant1$ 是一随机变量，若 $X(n),n\geqslant1$ 相互独立且同分布，各架飞机乘客数 $X(n)$ 与飞机数 $N(t)$ 又是相互独立的，则到达机场的总人数 $Y(t)$ 是一复合泊松过程，且为

$$Y(t) = \sum_{n=1}^{N(t)} X(n) \qquad t\geqslant0$$

2. 复合泊松过程的性质

设 $\{Y(t),t\geqslant0\}$ 为如上定义的复合泊松过程，可以证明它具备如下性质：

1° $\{Y(t),t\geqslant0\}$ 是一独立增量过程；

2° $\{Y(t),t\geqslant0\}$ 的增量具有平稳性，即增量的分布只与时间间隔有关，而与时间起点无关；

3° 若 $E[|X(1)|^2]<+\infty$ ，则 $\{Y(t),t\geqslant0\}$ 的均值函数为

$$m_Y(t) = E[Y(t)] = \lambda t E[X(1)] \tag{4.1.6}$$

4° 若 $E[|X(1)|^2]<+\infty$ ，则 $\{Y(t),t\geqslant0\}$ 的方差函数为

$$D_Y(t) = \lambda t E[X^2(1)] \tag{4.1.7}$$

证：由定义易知上述 1°，2° 是显然的。下证 3°，4° 成立：

设 $X(n)$ 的特征函数为 $\varphi_{X(n)}(v)$， $n=1,2,\cdots$，因 $X(1)$，$X(2)$，$\cdots$，$X(k)$ 相互独立且同分布，故其特征函数均相等，即

$$\varphi_{X(1)}(v) = \varphi_{X(2)}(v) = \cdots = \varphi_{X(k)}(v)$$

再令 $Y(t) = \sum_{n=1}^{N(t)} X(n)$ 的特征函数为 $\varphi_{Y(t)}(v)$，则

$$\varphi_{Y(t)}(v) = E[e^{ivY(t)}] = E[e^{iv\sum\limits_{n=1}^{N(t)}X(n)}]$$

由全期望公式性质可知

$$\varphi_{Y(t)}(v) = \sum_{k=0}^{\infty} E[e^{iv\sum\limits_{n=1}^{N(t)}X(n)} \mid N(t) = k] P(N(t) = k) =$$

$$\sum_{k=0}^{\infty} E[e^{iv\sum\limits_{n=1}^{k}X(n)}] P(N(t) = k) =$$

$$\sum_{k=0}^{\infty} \prod_{n=1}^{k} E[e^{ivX(n)}] P(N(t) = k) =$$

$$\sum_{k=0}^{\infty} [\varphi_{X(1)}(v)]^k \frac{(\lambda t)^k e^{-\lambda t}}{k!} =$$

$$e^{-\lambda t} \sum_{k=0}^{\infty} \frac{[\lambda t \varphi_{X(1)}(v)]^k}{k!} =$$

$$e^{-\lambda t} e^{\lambda t \varphi_{X(1)}(v)} = e^{\lambda t [\varphi_{X(1)}(v)-1]}$$

再由特征函数的性质可知

$$m_Y(t) = E[Y(t)] = \frac{\varphi'_{Y(t)}(0)}{i} = (-i)[\lambda t \varphi'_{X(1)}(v) \, e^{\lambda t[\varphi_{X(1)}(v)-1]}]\big|_{v=0}$$

将 $(-i)\varphi'_{X(1)}(v)\big|_{v=0} = E[X(1)]$，且 $\varphi_{X(1)}(v)\big|_{v=0} = 1$ 代入上式即得

$$m_Y(t) = \lambda t E[X(1)]$$

又因

$$D_Y(t) = D[Y(t)] = E[Y^2(t)] - m_Y^2(t)$$

$$E[Y^2(t)] = (-i)^2 \varphi''_{Y(t)}(v)\big|_{v=0} =$$

$$-\left\{ \left[\lambda t \varphi'_{X(1)}(v)\right]^2 e^{\lambda t[\varphi_{X(1)}(v)-1]} + \lambda t \varphi''_{X(1)}(v) e^{\lambda t[\varphi_{X(1)}(v)-1]} \right\}\Big|_{v=0}$$

将 $(-i)^2 \varphi''_{X(1)}(v)\big|_{v=0} = E[X^2(1)], \varphi_{X(1)}(v)\big|_{v=0} = 1, \ (-i)\varphi'_{X(1)}(v)\big|_{v=0} = E[X(1)]$ 代入上

式，即得

$$E[Y^2(t)] = [\lambda t E[X(1)]]^2 + \lambda t E[X^2(1)]$$

故

$$D_Y(t) = \lambda t E[X^2(1)]$$

[例 4.1.9] 设某种脉冲到达计数器的过程是一强度为 λ 的泊松过程，若计数器记录每个脉冲的概率为 p，未记录的概率为 $1-p$，令 $Y(t)$ 是 $[0, t)$ 内被记录的脉冲数。试求：

(1) $\{Y(t), t \geq 0\}$ 是否为泊松过程；

(2) $P(Y(t) = k)$；

(3) $E[Y(t)]$ 与 $D[Y(t)]$。

解：（1）令 $X(n) = \begin{cases} 1 & \text{第} n \text{个脉冲被记录} \\ 0 & \text{第} n \text{个脉冲未被记录} \end{cases}$ $n = 1, 2, \cdots$

若令 $N(t)$ 为 $[0, t)$ 内到达计数器的脉冲数，则

$$Y(t) = \sum_{n=1}^{N(t)} X(n)$$

由定义可知 $\{Y(t), t \geq 0\}$ 为复合泊松过程。

再由题设知 $P(X(n) = 1) = p$，$P(X(n) = 0) = 1 - p$，$X(n)$ 的特征函数为

$$\varphi_{X(n)}(v) = p e^{iv} + (1-p)$$

再由性质 4° 的证明可知 $\{Y(t), t \geq 0\}$ 的特征函数为

$$\varphi_{Y(t)}(v) = e^{\lambda t [\varphi_{X(1)}(v) - 1]} \tag{4.1.8}$$

故得

$$\varphi_{Y(t)}(v) = e^{\lambda t [p e^{iv} - p]} = e^{\lambda p t [e^{iv} - 1]}$$

由分布与特征函数的唯一性定理知，$\{Y(t), t \geq 0\}$ 是一强度为 λp 的泊松过程。

(2) 由（1）可知 $Y(t) \sim \pi(\lambda p t)$

故

$$P(Y(t) = k) = \frac{(\lambda p t)^k e^{-\lambda p t}}{k!} \quad k = 0, 1, 2, \cdots$$

135

(3)
$$E[Y(t)] = \lambda t E[X(1)] = \lambda t p$$

$$D[Y(t)] = \lambda t E[X^2(1)] = \lambda t p$$

[**例 4.1.10**] 保险公司的赔偿金储备问题。设寿命投保人的死亡数是一个强度为λ的泊松过程，$X(n)$，$n = 1, 2, \cdots$ 表示第 n 个死亡者的死亡赔偿金额，它们是相互独立且具有相同分布的随机变量，其概率密度

$$f(x) = \begin{cases} \alpha e^{-\alpha x} & x > 0 \\ 0 & x \leqslant 0 \end{cases} \qquad \alpha > 0$$

令 $Y(t)$ 表示在$[0, t]$ 时段内，保险公司支付的全部赔偿费。试求：

(1) 在$[0, t)$ 内保险公司平均支付的赔偿费；

(2) $D[Y(t)]$。

解：设 $N(t)$ 表示$[0, t]$时段内死亡人数，则

$$Y(t) = \sum_{n=1}^{N(t)} X(n)$$

是一复合泊松过程，由复合泊松过程性质知：

(1)
$$E[Y(t)] = \lambda t E[X(1)]$$

而

$$E[X(1)] = \int_0^{+\infty} x f(x) \mathrm{d}x = \int_0^{+\infty} x \alpha e^{-\alpha x} \mathrm{d}x = \frac{1}{\alpha}$$

故在$[0, t)$时段内保险公司平均支付的赔偿费为

$$E[Y(t)] = \lambda t \frac{1}{\alpha} = \frac{\lambda t}{\alpha}$$

(2) 因为

$$E[X^2(1)] = \int_0^{+\infty} x^2 \, \alpha e^{-\alpha x} \mathrm{d}x = \frac{2}{\alpha^2}$$

故

$$D[Y(t)] = \lambda t E[X^2(1)] = \frac{2\lambda t}{\alpha^2}$$

四、泊松过程的叠加与分解

1. 泊松过程的叠加

定理 4.1.2 设 $\{N_1(t), t \geqslant 0\}$ 与 $\{N_2(t), t \geqslant 0\}$ 为相互独立且强度分别为 λ_1, λ_2

的泊松过程，对于任意给定的 $t \in T$，$\{N(t) = N_1(t) + N_2(t), t \in T\}$ 仍为泊松过程。即两个相互独立的泊松过程的叠加仍为泊松过程，且其强度为两泊松过程的强度之和 $\lambda = \lambda_1 + \lambda_2$。

证：因为 $N_1(t)$、$N_2(t)$ 分别是强度为 λ_1、λ_2 的泊松过程，故由定义 4.1.2 知：

(1) $N(0) = N_1(0) + N_2(0) = 0$；

(2) $N_1(t)$、$N_2(t)$ 为独立增量过程，其和亦为独立增量过程，即 $N(t)$ 亦为独立增量过程；

(3) 对任意的 $t_1 < t_2 \in [0, +\infty)$，增量 $N(t_1, t_2) = N(t_2) - N(t_1)$ 的概率分布为

$$P(N(t_1, t_2) = m) = P(N_1(t_1, t_2) + N_2(t_1, t_2) = m) =$$

$$\sum_{k=0}^{m} P(N_1(t_1, t_2) = k, N_2(t_1, t_2) = m - k) =$$

$$\sum_{k=0}^{m} P(N_1(t_1, t_2) = k) P(N_2(t_1, t_2) = m - k) =$$

$$\sum_{k=0}^{m} \frac{[\lambda_1(t_2 - t_1)]^k \, e^{-\lambda_1(t_2 - t_1)}}{k!} \cdot \frac{[\lambda_2(t_2 - t_1)]^{m-k} \, e^{-\lambda_2(t_2 - t_1)}}{(m-k)!} =$$

$$e^{-(\lambda_1 + \lambda_2)(t_2 - t_1)} \sum_{k=0}^{m} \frac{m!}{k!(m-k)!} [\lambda_1(t_2 - t_1)]^k [\lambda_2(t_2 - t_1)]^{m-k} \frac{1}{m!} =$$

$$\frac{[(\lambda_1 + \lambda_2)(t_2 - t_1)]^m}{m!} e^{-(\lambda_1 + \lambda_2)(t_2 - t_1)} \qquad m = 0, 1, 2, \cdots$$

再由定义 4.1.2 知 $\{N(t) = N_1(t) + N_2(t), t \geq 0\}$ 是强度为 $\lambda = \lambda_1 + \lambda_2$ 的泊松过程。读者亦可用特征函数方法证明。

类似可证：若 $\{N_k(t), t \geq 0\}$，$k = 1, 2, \cdots, n$ 为 n 个相互独立其强度分别为 $\lambda_1, \lambda_2, \cdots, \lambda_n$ 的泊松过程，则

$$N(t) = \sum_{k=1}^{n} N_k(t) \quad t \geq 0$$

是强度为 $\lambda = \sum_{k=1}^{n} \lambda_k$ 的泊松过程。

[**例 4.1.11**] 设乘客从南北两个方向在$[0, t)$时段内到达同一飞机场的人数$N_1(t)$和$N_2(t)$分别服从强度为λ_1与λ_2的泊松过程，试求在$[0, t)$时段内到达机场的人数的平均值。

解：依题意$N_i(t) \sim \pi(\lambda_i t)$，$i = 1, 2$且相互独立，到达机场的总人数$N(t) = N_1(t) + N_2(t)$，$t \geq 0$，服从强度为$\lambda = \lambda_1 + \lambda_2$的泊松过程，故在$[0, t)$时段内到达机场的人数均值为

$$E[N(t)] = (\lambda_1 + \lambda_2)t$$

2. 泊松过程的分解

与泊松过程的叠加相反的问题是泊松过程的分解。设到达某系统L的质点数服从强度为λ的泊松过程，而该系统含有A、B两子系统，且每个到达系统L的质点以概率p，$0 < p < 1$进入系统A，以概率$1 - p$进入系统B，每个质点进入系统A或B是相互独立的。通常称p为A的分解概率，$1 - p$为B的分解概率。

定理 4.1.3 设$\{N(t), t \geq 0\}$是强度为λ的泊松过程，$N_1(t)$为进入子系统A的质点数，$N_2(t)$为进入子系统B的质点数，则$N(t)$的分解过程$N_1(t)$、$N_2(t)$相互独立，分别服从强度为λp与$\lambda(1 - p)$的泊松过程。

证：设$\{N(t), t \geq 0\}$是强度为λ的泊松过程，由$N(t)$表示在$[0, t)$时段内进入仅含两个子系统A、B的系统L的质点数，$N_1(t)$、$N_2(t)$分别表示$[0, t)$时段内分别以概率p、$(1-p)$进入子子系统A、B的质点数，且每个质点进入子系统A或B是相互独立的，故由定义 4.1.2 知：

(1) 由$0 = N(0) = N_1(0) + N_2(0)$，可得$N_1(0) = N_2(0) = 0$；

(2) 由$\{N(t), t \geq 0\}$的独立增量性及$N(t) = N_1(t) + N_2(t)$，以及$N_1(t)$与$N_2(t)$的相互独立性（见后），易知$N_1(t)$、$N_2(t)$亦具备独立增量性；

(3) 对任意的$t_1 < t_2 \in [0, +\infty)$ $N_1(t_1, t_2)$的概率分布为

$$P(N_1(t_1, t_2) = k_1) =$$

$$\sum_{m=0}^{\infty} P(N(t_1, t_2) = m) P(N_1(t_1, t_2) = k_1 \mid N(t_1, t_2) = m) =$$

$$\sum_{m=k_1}^{\infty} P(N(t_1, t_2) = m) P(N_1(t_1, t_2) = k_1 \mid N(t_1, t_2) = m) =$$

$$\sum_{m=k_1}^{\infty} \frac{[\lambda(t_2 - t_1)]^m}{m!} e^{-\lambda(t_2 - t_1)} C_m^{k_1} p^{k_1} (1 - p)^{m - k_1} =$$

138

$$\sum_{m=k_1}^{\infty} \frac{[\lambda(t_2 - t_1)]^m}{m!} e^{-\lambda(t_2 - t_1)} \cdot \frac{m!}{k_1!(m - k_1)!} p^{k_1}(1 - p)^{m - k_1} =$$

$$\frac{[\lambda p(t_2 - t_1)]^{k_1}}{k_1!} e^{-\lambda(t_2 - t_1)} \sum_{m=k_1}^{\infty} \frac{[\lambda(1 - p)(t_2 - t_1)]^{m - k_1}}{(m - k_1)!} =$$

$$\frac{[\lambda p(t_2 - t_1)]^{k_1}}{k_1!} e^{-\lambda(t_2 - t_1)} e^{\lambda(1 - p)(t_2 - t_1)} =$$

$$\frac{[\lambda p(t_2 - t_1)]^{k_1}}{k_1!} e^{-\lambda p(t_2 - t_1)} \quad k_1 = 0, 1, 2, \cdots$$

故 $\{N_1(t), t \geqslant 0\}$ 是强度为 λp 的泊松过程, 亦可用特征函数方法证明之。

同理可得 $\{N_2(t), t \geqslant 0\}$ 是强度为 $\lambda(1 - p)$ 的泊松过程。

(4) 证明 $N_1(t)$ 与 $N_2(t)$ 的独立性。

因为

$$P(N_1(t) = k_1, N_2(t) = k_2) =$$

$$P(N_1(t) = k_1, N(t) = k_1 + k_2) =$$

$$P(N(t) = k_1 + k_2)P(N_1(t) = k_1 \mid N(t) = k_1 + k_2)$$

其中, $\{N_1(t) = k_1 \mid N(t) = k_1 + k_2\}$ 表示独立到达泊松系统 L 的 $k_1 + k_2$ 个质点中恰好到达系统 A 有 k_1 个, 由二项分布知:

$$P(N_1(t) = k_1 \mid N(t) = k_1 + k_2) = C_{k_1 + k_2}^{k_1} p^{k_1}(1 - p)^{k_2}$$

代入上式, 再注意定理条件, 即得

$$P(N_1(t) = k_1, N_2(t) = k_2) =$$

$$\frac{(\lambda t)^{k_1 + k_2}}{(k_1 + k_2)!} e^{-\lambda t} \cdot \frac{(k_1 + k_2)!}{k_1! k_2!} p^{k_1}(1 - p)^{k_2} =$$

$$\frac{(\lambda t)^{k_1 + k_2}}{k_1! k_2!} e^{-\lambda t} p^{k_1}(1 - p)^{k_2} =$$

$$\frac{(\lambda p t)^{k_1}}{k_1!} e^{-\lambda p t} \frac{[\lambda(1-p)t]^{k_2}}{k_2!} e^{-\lambda(1-p)t} =$$

$$P(N_1(t)=k_1)P(N_2(t)=k_2)$$

由随机变量的独立性定义知此 $N_1(t)$ 与 $N_2(t)$ 相互独立，进一步，借助特征函数性质可证得两随机过程 $\{N_1(t),t\geq 0\}$ 与 $\{N_2(t),t\geq 0\}$ 相互独立。定理得证。

类似地，设 $N(t)$ 表示在$[0,t]$时段内进入含有 n 个子系统的系统 L 的随机质点个数，每个质点独立地以概率 $p_k, k=1,2,\cdots,n, \sum_{i=1}^{n} p_i =1$ 进入 L 的第 k 个子系统，用 $N_k(t)$ 表示在$[0,t]$时段内进入第 k 个子系统的随机质点个数，若 $N(t)$ 服从强度为λ的泊松过程，则 $N(t)=\sum_{k=1}^{n} N_k(t)$，$\{N_k(t)\}, k=1,2,\cdots,n$ 相互独立，且固定 t，$N_k(t) \sim \pi(\lambda p_k t)$，即 $\{N_k(t)\}$ 是强度为 λp_k 的泊松过程。

[例 4.1.12] 设某个汽车站有 A，B 两辆跑同一路线的长途汽车。设到达该站的旅客数是一泊松过程，平均每 10min 到达 15 位旅客，而每个旅客进入 A 车或 B 车的概率分别为 $\frac{2}{3}$ 与 $\frac{1}{3}$。试求进入 A 车与进入 B 车的旅客数的概率分布。

解：由平均 10min 内到达车站 15 位旅客知，到达旅客的强度 $\lambda = \frac{15}{10} = 1.5$（人/min)，故在$[0,t]$时段内进入该汽车站的旅客数 $N(t)$，$t\geq 0$ 的分布为

$$P(N(t)=k) = \frac{(\lambda t)^k}{k!} e^{-\lambda t} = \frac{(1.5t)^k}{k!} e^{-1.5t} \qquad k=0,1,2,\cdots$$

由定理 4.1.3 知，在$[0,t]$时段内进入 A 车的旅客数 $N_A(t)$，$t\geq 0$ 也是一个泊松过程，且其强度为

$$\lambda p = 1.5 \times \frac{2}{3} = 1 \quad（人/min)$$

故

$$P(N_A(t)=k_1) = \frac{(\lambda p t)^{k_1}}{k_1!} e^{-\lambda p t} = \frac{t^{k_1}}{k_1!} e^{-t} \qquad k_1 = 0,1,2,\cdots$$

同理，进入 B 车的旅客数 $N_B(t)$，$t\geq 0$ 也是一个泊松过程，且

$$P(N_2(t)=k_2)=\frac{[\lambda(1-p)t]^{k_2}}{k_2!}\mathrm{e}^{-\lambda(1-p)}=$$

$$\frac{\left(\dfrac{t}{2}\right)^{k_2}}{k_2!}\mathrm{e}^{-\frac{t}{2}}\quad k_2=0,1,2,\cdots$$

思 考 题

1. 泊松过程是描述哪一类随机现象的随机过程?
2. 能否举出泊松过程例子?
3. 是否存在别的计数过程,试举一例。
4. 泊松过程、复合泊松过程的数字特征与特征函数有何异同?
5. 如何理解泊松过程的叠加与分解,试配以实例分析。

4.1 基本练习题

1. 设 $\{N(t),t\geqslant 0\}$ 是一强度为 λ 的泊松过程,对任意的 $t_2>t_1>0$ 及整数 m 和

n,试证: $P\{N(t_1)=m,N(t_2)=m+n\}=\mathrm{e}^{-\lambda t_2}\lambda^{m+n}\dfrac{(t_2-t_1)^n t_1^m}{m!n!}$

2. 设 $\{N_1(t),t\geqslant 0\}$ 与 $\{N_2(t),t\geqslant 0\}$ 是相互独立的泊松过程,其强度分别为 λ_1 与 λ_2,试证:

(1) $\{N_1(t)+N_2(t),t\geqslant 0\}$ 是强度为 $\lambda_1+\lambda_2$ 的泊松过程;

(2) $\{N_1(t)-N_2(t),t\geqslant 0\}$ 不是泊松过程。

3. 设 $\{N(t),t\geqslant 0\}$ 是一强度为 λ 的泊松过程,试证对任意的 $0<s<t$,均有

$$P(N(s)=k\mid N(t)=n)=C_n^k\left(\frac{s}{t}\right)^k\left(1-\frac{s}{t}\right)^{n-k}\quad 0\leqslant k\leqslant n$$

4. 设 $N(t)$ 表示 $[0,t)$ 时段内到达某电话总机的呼唤次数,$\{N(t),t\geqslant 0\}$ 是一强度为 λ 的泊松过程。又设每次呼唤能打通电话的概率为 $p(0<p<1)$,且每次呼唤是否打通电话是相互独立的,它们与 $N(t)$ 也相互独立,令 $Y(t)$ 表示 $[0,t)$ 时段内打通电话的次数,试证:$\{Y(t),t\geqslant 0\}$ 是一以 λp 为强度的泊松过程。

5. 一书亭用邮寄、订阅、销售杂志,订阅的顾客数是强度为 6 的一个泊松过程,每位顾客订阅 1 年、2 年、3 年的概率分别为 $\dfrac{1}{2}$、$\dfrac{1}{3}$、$\dfrac{1}{6}$,彼此如何订阅是相互

独立的，每订阅 1 年，店主即获利 5 元，设 $Y(t)$ 是 $[0, t)$ 时段内，店主从订阅中所获得总收入。试求：

(1) $E[Y(t)]$（即 $[0, t)$ 时段内总收入的平均收入）；

(2) $D[Y(t)]$。

4.2 随机质点的到达时间与时间间隔

我们不仅要研究在 $[0, t)$ 时段内随机质点出现（或到达）的个数的概率分布，也有必要研究每个质点到达的时间服从的分布与相继到达的两个质点间的时间间隔服从的分布，这些研究对讨论随机服务系统方面的问题具有重要的意义。

一、到达时间分布

设 $\{N(t), t \geqslant 0\}$ 是一泊松过程，不妨设 $N(t)$ 表示在 $[0, t)$ 时段内到达某"服务台"的"质点"数，以 $\tau_n, n = 1, 2, \cdots$ 表示第 n 个质点到达服务台的时刻。显然，到达时间是随机发生的，如第 n 位顾客在某时刻 τ_n 到达服务台，或第 n 位旅客在时刻 τ_n 到达飞机场，即 $\tau_n, n = 1, 2, \cdots$ 为随机变量。由于此处涉及的是连续参数计数过程，故此得出的到达时间为连续型随机变量，它具有确定的概率密度（见下面推导）。

设 $\{N(t), t \geqslant 0\}$ 是一泊松过程，$N(t)$ 表示 $[0, t)$ 时段内质点出现个数，τ_n 表示第 n 个质点到达服务点的时刻，$n = 1, 2, \cdots$，按定义，其分布函数为

$$F_{\tau_n}(t) = P(\tau_n \leqslant t) \tag{4.2.1}$$

注意到事件 $\{\tau_n \leqslant t\}$ 表示第 n 个质点在时刻 t 之前出现，这意味着在 $[0, t)$ 内至少到达了 n 个质点，于是有

$$\{\tau_n \leqslant t\} = \{N(t) \geqslant n\} \quad t \geqslant 0$$

故

$$F_{\tau_n}(t) = P(\tau_n \leqslant t) = P(N(t) \geqslant n) = \sum_{k=n}^{\infty} \frac{(\lambda t)^k}{k!} \mathrm{e}^{-\lambda t} \quad t \geqslant 0$$

即

142

$$F_{\tau_n}(t) = \begin{cases} 1 - \displaystyle\sum_{k=0}^{n-1} \frac{(\lambda t)^k}{k!} e^{-\lambda t} & t > 0 \\ 0 & t \leqslant 0 \end{cases} \tag{4.2.2}$$

为 τ_n 的分布函数，而第 n 个质点到达时间 τ_n 的概率密度为

$$f_{\tau_n}(t) = -\frac{d}{dt}\left[e^{-\lambda t} \sum_{k=0}^{n-1} \frac{(\lambda t)^k}{k!} \right] =$$

$$-\frac{d}{dt}\left[e^{-\lambda t}\left(1 + \lambda t + \frac{(\lambda t)^2}{2!} + \cdots + \frac{(\lambda t)^{n-1}}{(n-1)!} \right) \right] =$$

$$\lambda e^{-\lambda t}\left[1 + \lambda t + \frac{(\lambda t)^2}{2!} + \cdots + \frac{(\lambda t)^{n-1}}{(n-1)!} \right] -$$

$$e^{-\lambda t}\left[\lambda + \frac{\lambda^2 t}{1!} + \cdots + \frac{\lambda^{n-1} t^{n-2}}{(n-2)!} \right] =$$

$$\lambda e^{-\lambda t} \frac{(\lambda t)^{n-1}}{(n-1)!} \quad t \geqslant 0$$

即

$$f_{\tau_n}(t) = \begin{cases} \dfrac{\lambda(\lambda t)^{n-1}}{(n-1)!} e^{-\lambda t} & t > 0 \\ 0 & t \leqslant 0 \end{cases} \tag{4.2.3}$$

到达时间 τ_n 的这种分布通常称为参数为 n、λ 的 Γ 分布 $\Gamma(n,\lambda)$，或称为埃尔朗分布。

在实际问题中，如运输公司规定，只要到达 20 位旅客就马上开车，这是讨论的就是第 20 位旅客到达时间 τ_{20} 的分布，故有时亦称 τ_n 为等待时间，τ_n 的分布称为等待时间分布。

根据 τ_n 的概率密度，容易求得 τ_n 的数学期望，即当第 n 个质点到达的平均等待时间，同理可求 τ_n 的方差。即

$$E[\tau_n] = \int_0^{+\infty} t\, f_{\tau_n}(t)dt = \int_0^{+\infty} t \frac{\lambda(\lambda t)^{n-1}}{(n-1)!} e^{-\lambda t}dt =$$

$$-\frac{(\lambda t)^{n-1} t}{(n-1)!} e^{-\lambda t} \Big|_0^{+\infty} + n\int_0^{+\infty} \frac{(\lambda t)^{n-1}}{(n-1)!} e^{-\lambda t}dt$$

143

$$\frac{n}{\lambda}\int_0^{+\infty}\frac{\lambda(\lambda t)^{n-1}}{(n-1)!}e^{-\lambda t}dt=\frac{n}{\lambda}\qquad(4.2.4)$$

而

$$E[\tau_n^2]=\int_0^{+\infty}t^2 f_{\tau_n}(t)dt=\int_0^{+\infty}t^2\frac{\lambda(\lambda t)^{n-1}}{(n-1)!}e^{-\lambda t}dt=$$

$$-\frac{(\lambda t)^{n-1}t^2}{(n-1)!}e^{-\lambda t}\Big|_0^{+\infty}+\frac{(n+1)}{\lambda}\int_0^{+\infty}\frac{\lambda(\lambda t)^{n-1}t}{(n-1)!}e^{-\lambda t}dt=$$

$$\frac{(n+1)}{\lambda}E(\tau_n)=\frac{n(n+1)}{\lambda^2}$$

故

$$D[\tau_n]=E[\tau_n^2]-[E(\tau_n)]^2=\frac{n(n+1)}{\lambda^2}-\frac{n^2}{\lambda^2}=\frac{n}{\lambda^2}\qquad(4.2.5)$$

可见，若已知质点到达过程是强度为 λ 的泊松过程时，则知到达 n 个质点平均需等待的时间为 $\frac{n}{\lambda}$，相应的波动值为 $\sqrt{\frac{n}{\lambda^2}}$，等待的质点越多，波动值也越大。

[**例 4.2.1**]（续例 4.1.12） 再设 A 车旅客数达到 10 位即开车，B 车旅客数达到 15 位即开车，试求：

(1) A 车与 B 车的等候时间分布；

(2) A 车、B 车的平均等候时间。

解：（1）由例 4.1.12 结果知，进入 A 车的旅客都是强度 $\lambda_A=\lambda p=1.5\times\frac{2}{3}=1$ 的泊松过程，其等待时间 τ_{An} 服从参数为 n，$\lambda_A=1$ 的 $\Gamma(n,1)$ 分布，其分布函数为

$$F_{\tau_{An}}(t)=\begin{cases}1-\sum_{k=0}^{n-1}\dfrac{t^k}{k!}e^{-t} & t>0\\[2mm]0 & t\geqslant 0\end{cases}$$

密度函数为

$$f_{\tau_{An}}(t)=\begin{cases}\dfrac{t^{n-1}}{(n-1)!}e^{-t} & t\geqslant 0\\[2mm]0 & t<0\end{cases}$$

类似可得 B 车的等候时间 τ_{Bn} 的分布函数为（$\lambda_B=0.5$）

$$F_{\tau_{Bn}}(t) = \begin{cases} 1 - \displaystyle\sum_{k=0}^{n-1} \dfrac{(0.5t)^k}{k!} e^{-0.5t} & t > 0 \\ 0 & t \leqslant 0 \end{cases}$$

其密度函数为

$$f_{\tau_{Bn}}(t) = \begin{cases} 0.5 \dfrac{(0.5t)^{n-1}}{(n-1)!} e^{-0.5t} & t > 0 \\ 0 & t \leqslant 0 \end{cases}$$

(2) 由式（4.2.4）可得，A 车到达 $n = 10$ 位旅客就开车的平均等候时间为

$$E(\tau_{An}) = \frac{n}{\lambda_A} = \frac{10}{1} = 10 \quad (\text{min})$$

B 车到达 $n = 15$ 位旅客就开车的平均等候时间为

$$E(\tau_{Bn}) = \frac{n}{\lambda_B} = \frac{15}{0.5} = 30 \quad (\text{min})$$

［例 4.2.2］ 乘客按强度为 λ_A 的泊松过程到达飞机 A（从 $t = 0$ 开始），当飞机 A 有 N_A 个乘客时就起飞，与此独立的事件为乘客以强度为 λ_B 的泊松过程登上飞机 B（从 $t = 0$ 开始），当飞机 B 有 N_B 个乘客时就起飞。

(1) 试写出飞机 A 在飞机 B 之后离开的概率表示式；

(2) 对于 $N_A = N_B$ 和 $\lambda_A = \lambda_B$ 的情况下，计算飞机 A 在飞机 B 之后离开的概率。

解：(1) 令 τ_A 表示乘飞机 A 的第 N_A 个乘客的到达时间，τ_B 表示乘飞机 B 的第 N_B 个乘客的到达时间。按题意，所求概率为 $P(\tau_A > \tau_B)$，而 τ_A 与 τ_B 的概率密度为

$$f_{\tau_A}(t) = \begin{cases} \dfrac{\lambda_A (\lambda_A t)^{N_A - 1}}{(N_A - 1)!} e^{-\lambda_A t} & t > 0 \\ 0 & t \leqslant 0 \end{cases} \tag{4.2.6}$$

$$f_{\tau_B}(t) = \begin{cases} \dfrac{\lambda_B (\lambda_B t)^{N_B - 1}}{(N_B - 1)!} e^{-\lambda_B t} & t > 0 \\ 0 & t \leqslant 0 \end{cases} \tag{4.2.7}$$

且 τ_A 与 τ_B 相互独立，故

$$P(\tau_A > \tau_B) = \int_0^{+\infty} f_{\tau_B}(t_B) \mathrm{d}t_B \int_{t_B}^{+\infty} f_{\tau_A}(t_A) \, \mathrm{d}t_A \tag{4.2.8}$$

将 $f_{\tau_A}(t)$ 与 $f_{\tau_B}(t)$ 代入式（4.2.8）即可求出概率表示式。

(2) 当 $N_A = N_B$，$\lambda_A = \lambda_B$ 时，$f_{\tau_A}(t) = f_{\tau_B}(t)$，此时 $P(\tau_A > \tau_B) = P(\tau_B > \tau_A) = \dfrac{1}{2}$。

二、到达时间间隔分布

设随机质点以强度为 λ 的泊松过程到达，$N(t)$ 表示在 $[0, t)(t \in [0, +\infty))$ 时段内随机质点到达"服务台"的个数，$\tau_i, i = 1, 2, \cdots$ 表示第 i 个质点到达服务台的时刻，则 $T_i = \tau_i - \tau_{i-1}$，$i = 1, 2, \cdots$ 表示第 $i-1$ 个质点与第 i 个质点到达的时间间隔，特别令 $\tau_0 = 0$，则 $T_1 = \tau_1$，表示第一个质点到达的时间，显然，$T_i, i = 1, 2, \cdots$ 都是随机变量。

下面给出泊松过程与质点到达时间间隔的关系：

定理 4.2.1 计数过程 $\{N(t), t \geq 0\}$ 为泊松过程的充要条件，是其质点到达时间间隔相互独立且服从相同的指数分布。

即若

$$P(N(t) = k) = \frac{(\lambda t)^k}{k!} e^{-\lambda t} \qquad \lambda > 0$$

则每两个相邻质点到达的时间间隔为

$$T_1 = \tau_1, T_2 = \tau_2 - \tau_1, \cdots, T_n = \tau_n - \tau_{n-1}, \cdots$$

相互独立且均服从参数为 λ 的指数分布，其密度为

$$f(t) = \begin{cases} \lambda e^{-\lambda t} & t > 0 \\ 0 & t \leq 0 \end{cases} \qquad \lambda > 0$$

反之亦然。

证： 设 $\{N(t), t \geq 0\}$ 为一泊松过程，$N(t)$ 表示在 $[0, t)$ 时段内到达的质点数，对任意的 $t > 0$，$\tau_i, i = 1, 2, \cdots$，为第 i 个质点到达时间，$T_i = \tau_i - \tau_{i-1}$，$i = 1, 2, \cdots$ 为时间间隔。

(1) 先求 $T_1 = \tau_1$ 的分布。由定义可知，事件 $\{T_1 > t\}$ 表示第一个质点在 t 时刻尚未到达，故应有 $\{T_1 > t\} = \{N(t) = 0\}$，其概率为

$$P(T_1 > t) = P(N(t) = 0) = e^{-\lambda t} \qquad t > 0$$

故 T_1 的分布函数为

$$P(T_1 \leq t) = \begin{cases} 1 - e^{-\lambda t} & t > 0 \\ 0 & t \geq 0 \end{cases} \qquad \lambda > 0$$

即

$$T_1 \sim Z(\lambda)$$

(2) $T_2 = \tau_2 - \tau_1$ 的分布。设第一个质点到达时间为 s_1，对于任意的 $t>0$，条件概率为

$$P(T_2 > t \mid T_1 = s_1) = P(N(s_1 + t) - N(s_1) = 0) =$$

$$P(N(t) = 0) = e^{-\lambda t} \qquad t > 0$$

类似地亦有

$$f_{T_2}(t) = \begin{cases} \lambda e^{-\lambda t} & t > 0 \\ 0 & t \leqslant 0 \end{cases}$$

且因

$$P(T_2 > t \mid T_1 = s_1) = P(T_2 > t) = P(N(t) = 0)$$

故表示 T_1 与 T_2 相互独立（条件分布与无条件分布相等）。

(3) $T_n = \tau_n - \tau_{n-1}$ 的分布

$$\forall t > 0, \{T_n > t\} = \{\tau_n - \tau_{n-1} > t\} = \{\tau_n > \tau_{n-1} + t\}$$

现假定 τ_{n-1} 的观测值为 s_{n-1}，于是当且仅当计数过程 $N(t)$ 在时间间隔 $(s_{n-1}, s_{n-1} + t)$ 计数不变时，下事件发生，即

$$\{\tau_n > \tau_{n-1} + t \mid \tau_{n-1} = s_{n-1}\}$$

即

$$\{\tau_n > \tau_{n-1} + t \mid \tau_{n-1} = s_{n-1}\} = \{N(s_{n-1} + t) - N(s_{n-1}) = 0\}$$

而 $N(t)$ 为泊松过程，具有平稳独立增量性，故有

$$P(T_n > t \mid \tau_{n-1} = s_{n-1}) = P(N(s_{n-1} + t) - N(s_{n-1}) = 0)$$

$$P(N(t) = 0) = e^{-\lambda t} \qquad t > 0, \ \lambda > 0$$

$$F_{T_n}(t \mid \tau_{n-1} = s_{n-1}) = 1 - P(N(t) = 0) = 1 - e^{-\lambda t} \qquad t > 0, n = 1,2,3,\cdots$$

易见上式左边的条件分布函数与 n 无关，因此可得

$$F_{T_n}(t) = \begin{cases} 1 - e^{-\lambda t} & t > 0 \\ 0 & t \leqslant 0 \end{cases}$$

求导可得

$$f_{T_n}(t) = \frac{\mathrm{d}}{\mathrm{d}t}\left[F_{T_n}(t)\right] = \begin{cases} \lambda \mathrm{e}^{-\lambda t} & t > 0 \\ 0 & t \leqslant 0 \end{cases} \qquad n = 1,2,\cdots$$

上式表明，泊松计数过程相邻两质点到达时间间隔都服从参数为λ的指数分布 $Z(\lambda)$。

(4) 再证 $T_1 = \tau_1, T_2 = \tau_2 - \tau_1, \cdots, T_n = \tau_n - \tau_{n-1}, \cdots$ 的独立性；

因为对任意时刻 $t_1 < t_2 < \cdots < t_n$，取充分小的 $h > 0$，使

$$t_1 - \frac{h}{2} < t_1 < t_1 + \frac{h}{2} < t_2 - \frac{h}{2} < t_2 < t_2 + \frac{h}{2} < \cdots < t_{n-1} + \frac{h}{2} < t_n - \frac{h}{2} < t_n < t_n + \frac{h}{2}$$

$$\left\{ t_1 - \frac{h}{2} < \tau_1 \leqslant t_1 + \frac{h}{2} < t_2 - \frac{h}{2} < \tau_2 \leqslant t_2 + \frac{h}{2} < \cdots \leqslant t_{n-1} + \frac{h}{2} < t_n - \frac{h}{2} < \tau_n \leqslant t_n + \frac{h}{2} \right\} =$$

$$\left\{ N\left(t_1 - \frac{h}{2}\right) = 0, N\left(t_1 + \frac{h}{2}\right) - N\left(t_1 - \frac{h}{2}\right) = 1, N\left(t_2 - \frac{h}{2}\right) - N\left(t_1 + \frac{h}{2}\right) = 0, \cdots, \right.$$

$$\left. N\left(t_n + \frac{h}{2}\right) - N\left(t_n - \frac{h}{2}\right) = 1 \right\} \bigcup H_n$$

其中 $H_n = \left\{ N\left(t_1 - \frac{h}{2}\right) = 0, N\left(t_1 + \frac{h}{2}\right) - N\left(t_1 - \frac{h}{2}\right) = 1, \cdots, N\left(t_n + \frac{h}{2}\right) - N\left(t_n - \frac{h}{2}\right) \geqslant 2 \right\}$

故得概率为

$$P\left\{ t_1 - \frac{h}{2} < \tau_1 \leqslant t_1 + \frac{h}{2} < t_2 - \frac{h}{2} < \tau_2 \leqslant t_2 + \frac{h}{2} < \cdots \leqslant t_{n-1} + \frac{h}{2} < t_n - \frac{h}{2} < \tau_n \leqslant t_n + \frac{h}{2} \right\} =$$

$$(\lambda h)^n \mathrm{e}^{-\lambda\left(t_n + \frac{h}{2}\right)} + o(h^n) = \lambda^n \mathrm{e}^{-\lambda t_n} h^n + o(h^n)$$

所以 $(\tau_1, \tau_2, \cdots, \tau_n)$ 的联合概率密度函数为

$$g(t_1, t_2, \cdots, t_n) = \begin{cases} \lambda^n \mathrm{e}^{-\lambda t_n} & t_1 < t_2 < \cdots < t_n \\ 0 & \text{其它} \end{cases}$$

因为 $T_i = \tau_i - \tau_{i-1}, i = 1, 2, \cdots$，令 $s_i = t_i - t_{i-1}$，则变换的雅可比行列式为：

$$J = \frac{\partial(t_1, t_2, \cdots, t_n)}{\partial(s_1, s_2, \cdots, s_n)} = \begin{vmatrix} 1 & 0 & 0 & \cdots & 0 \\ 1 & 1 & 0 & \cdots & 0 \\ 1 & 1 & 1 & \cdots & 0 \\ \vdots & \vdots & \vdots & & \vdots \\ 1 & 1 & 1 & \cdots & 1 \end{vmatrix} = 1$$

于是 $(T_1, T_2, \cdots, T_n)$ 的联合概率密度函数为

$$f(s_1, s_2, \cdots, s_n) = \begin{cases} \lambda^n e^{-\lambda(s_1 + s_2 + \cdots + s_n)} & s_i \geq 0 (1 \leq i \leq n) \\ 0 & \text{其它} \end{cases}$$

$$= \begin{cases} \lambda e^{-\lambda s_1} \cdot \lambda e^{-\lambda s_2} \cdots \lambda e^{-\lambda s_n} & s_i \geq 0 (1 \leq i \leq n) \\ 0 & \text{其它} \end{cases}$$

$$= f_{T_1}(s_1) f_{T_2}(s_2) \cdots f_{T_n}(s_n)$$

此即证明了 $T_i = \tau_i - \tau_{i-1}, i = 1, 2, \cdots$ 相互独立且服从相同的指数分布。

反之，设 $T_1, T_2, \cdots, T_n, \cdots$ 相互独立且均服从参数为 $\lambda > 0$ 的指数分布，由 $T_n = \tau_n - \tau_{n-1}$ 及 $\tau_0 = 0$ 得

$$\tau_n = (\tau_n - \tau_{n-1}) + (\tau_{n-1} - \tau_{n-2}) + \cdots + (\tau_2 - \tau_1) + (\tau_1 - \tau_0) =$$

$$T_n + T_{n-1} + \cdots + T_2 + T_1 = \sum_{i=1}^{n} T_i$$

即 τ_n 为相互独立且同指数分布的随机变量 $T_1, T_2, \cdots, T_n$ 之和，由概率论知识得 $T_1 + T_2$ 的密度为

$$t > 0 \text{ 时，} \quad f_{T_1 + T_2}(t) = \int_{-\infty}^{+\infty} f_{T_1}(x) f_{T_2}(t - x) \mathrm{d}x =$$

$$\int_0^t \lambda e^{-\lambda x} \lambda e^{-\lambda(t-x)} \mathrm{d}x =$$

$$\lambda^2 \int_0^t e^{-\lambda t} \mathrm{d}x = \lambda^2 t e^{-\lambda t}$$

即

$$f_{T_1 + T_2}(t) = \begin{cases} \lambda \dfrac{(\lambda t)^1}{1!} e^{-\lambda t} & t > 0 \\ 0 & t \leq 0 \end{cases}$$

假设 $T_1 + T_2 + \cdots + T_{n-1}$ 的概率密度为

$$f_{\sum_{i=1}^{n-1} T_i}(t) = \begin{cases} \dfrac{\lambda(\lambda t)^{n-2}}{(n-2)!} e^{-\lambda t} & t > 0 \\ 0 & t \leq 0 \end{cases}$$

则 $T_1 + T_2 + \cdots + T_n = \tau_n$ 的概率密度为

$t > 0$ 时，

$$f_{\sum_{i=1}^{n} T_i}(t) = \int_{-\infty}^{+\infty} f_{\sum_{i=1}^{n-1} T_i}(x) f_{T_n}(t-x)\mathrm{d}x =$$

$$\int_0^t \frac{\lambda(\lambda x)^{n-2}}{(n-2)!} e^{-\lambda x} \lambda e^{-\lambda(t-x)} \mathrm{d}x =$$

$$\int_0^t \frac{\lambda^n \cdot x^{n-2}}{(n-2)!} e^{-\lambda t} \mathrm{d}x =$$

$$\frac{\lambda(\lambda t)^{n-1}}{(n-1)!} e^{-\lambda t}$$

即

$$f_{\sum_{i=1}^{n} T_i}(t) = \begin{cases} \dfrac{\lambda(\lambda t)^{n-1}}{(n-1)!} e^{-\lambda t} & t > 0 \\ 0 & t \leq 0 \end{cases}$$

由归纳法知，一般地 τ_n 服从参数为 n, λ 的埃尔朗分布，其概率密度为式（4.2.3），分布函数为式（4.2.2）。

又因事件 $\{\tau_n \leq t\}$ 表示第 n 个质点在时刻 t 之前到达，这意味着[0, t)时段内至少到达 n 个质点，于是有

$$P(\tau_n \leq t) = P(N(t) \geq n)$$

故得 $N(t)$ 的概率分布为

$$P(N(t) = k) = P(N(t) \geq k) - P(N(t) \geq k+1) =$$

$$P(\tau_k \leq t) - P(\tau_{k+1} \leq t) =$$

$$\sum_{i=k}^{\infty} \frac{(\lambda t)^i}{i!} e^{-\lambda t} - \sum_{i=k+1}^{\infty} \frac{(\lambda t)^i}{i!} e^{-\lambda t} =$$

$$\frac{(\lambda t)^k}{k!} e^{-\lambda t} \qquad k = 0,1,2,\cdots$$

$\{N(t), t \geq 0\}$ 的增量独立性与平稳性请见参考文献[11]、定理 2.2.1。

由定义可知 $\{N(t), t \in T = [0, +\infty)\}$ 是一强度为 λ 的泊松过程。

这个定理表明，若已知随机质点流在某段时间内到达某服务台的个数是一个

150

强度为λ的泊松过程,那么,任何两质点到达服务台的时间间隔定服从参数为λ的指数分布;反之,若已知某质点流中任两质点到达服务台的时间间隔相互独立且同服从参数为λ的指数分布,则该质点流在一定时间内到达服务台的质点个数定是一个强度为λ的泊松过程。因此,该定理提供了一个查验计数过程是否泊松过程的方法:

(1) 用统计方法检验质点到达的时间间隔,是否相互独立;

(2) 用假设检验方法检验假设 $H_0:T_i=\tau_i-\tau_{i-1}$ 的密度(参考数理统计)

$$f(x)=\begin{cases}\lambda e^{-\lambda t} & t>0 \\ 0 & t\leqslant 0\end{cases}$$

只要上述(1)、(2)条成立,则可认定与时间 t 有关的质点流到达服务台的质点个数是一强度为λ的泊松过程。

[例4.2.3]   研究一机械装置,设它在[0, t)内发生的"震动"次数 $N(t)$ 是强度为5次/h的泊松过程,并且当第100次"震动"发生时,此机械装置发生故障,试求:

(1) 这一装置寿命的概率密度;

(2) 这一装置的平均寿命;

(3) 相邻两次"震动"时间间隔的概率密度;

(4) 相邻两次"震动"的平均时间间隔。

解: (1) 依题意,这一装置的寿命为 τ_{100},即第100次"震动"的等候时间,它服从参数为100,$\lambda=5$ 的埃尔朗分布,即寿命 τ_{100} 的概率密度为

$$f_{\tau_{100}}(t)=\begin{cases}\dfrac{5(5t)^{99}e^{-5t}}{99!} & t>0 \\ 0 & t\leqslant 0\end{cases}$$

(2) $E[\tau_{100}]=\dfrac{100}{5}=20$(h)为其平均寿命。

(3) 由定理4.2.1知,任意两次"震动"的时间间隔

$T_n=\tau_n-\tau_{n-1}$,$n=1,2,\cdots$ 服从参数为 $\lambda=5$ 的指数分布,其密度为

$$f_{T_n}(t)=\begin{cases}5e^{-5t} & t>0 \\ 0 & t\leqslant 0\end{cases}$$

(4) $E[T_n]=\displaystyle\int_0^{+\infty}t\,5e^{-5t}\,\mathrm{d}t=\dfrac{1}{5}$(h)

为相邻两次"震动"的平均时间间隔。

思 考 题

1. 泊松过程与指数分布有何关系?

2. 如果通过观察,可以测量一个随机质点流在一定时间内到达的质点数与质点到达的间隔时间,此时如何识别计数过程 $\{N(t), t \geq 0\}$ 为泊松过程?

3. 埃尔朗分布与泊松过程有何关系?

4. 随机质点到达时间 τ_n 的数学期望与方差的实际意义是什么?

5. 相邻随机质点到达时间间隔 T_n 的数学期望的实际意义是什么?

4.2 基本练习题

1. 设在 $[0, t)$ 时段内乘客到达某售票处的数目为一强度是 $\lambda = 2.5$ 人/min 的泊松过程, 试求:

(1) 在 5 分钟内有 10 位乘客到达售票处的概率;

(2) 第 10 位乘客在 5 分钟内到达售票处的概率;

(3) 相邻两乘客到达售票处的平均时间间隔。

2. 设顾客在 $[0, t)$ 时段内进入百货大楼的人数是一泊松过程, 平均每 10min 进入 25 人。再设每位顾客购物的概率为 0.2, 而每位顾客是否购物相互独立, 且与进入大楼的顾客数相互独立。令 $Y(t)$ 表示 $[0, t)$ 时段内顾客购物的人数。

(1) $\{Y(t), t \geq 0\}$ 是否为泊松过程, 为什么?

(2) 试求第 20 位购物顾客的等待时间分布;

(3) 试求相邻两购物顾客的购物时间间隔的分布。

3. 假设脉冲到达计数器的规律符合强度为 λ 的泊松过程, 记录每个脉冲的概率为 p, 记录不同脉冲的概率是相互独立的。令 $X(t)$ 表示已被计数的脉冲数。

(1) 试求 $P(X(t) = k)$, $k = 0, 1, 2, \cdots$

(2) $\{X(t), t \geq 0\}$ 是泊松过程吗? 为什么?

4. 令 $\{N_1(t), t \geq 0\}$ 和 $\{N_2(t), t \geq 0\}$ 是分别具有强度为 λ_1、λ_2 的独立泊松过程, 试证明泊松过程 $N_1(t)$ 的任意两个相邻事件之间的时间间隔内, 泊松过程 $N_2(t)$ 恰好有 k 个事件发生的概率 p_k 由下式给出, 即

$$p_k = \frac{\lambda_1}{\lambda_1 + \lambda_2} \left(\frac{\lambda_2}{\lambda_1 + \lambda_2} \right)^k \quad k = 0, 1, 2, \cdots$$

4.3 其它计数过程

泊松计数过程中相邻质点到达的时间间隔服从参数值λ为常数的指数分布，而在实际问题与理论问题中，常见会遇到参数值λ是与 t 有关的情况，或时间间隔并非指数分布情形，这些就是下面要介绍的非平稳（非齐次）泊松过程，及更新计数过程等内容。这些是比泊松过程更为普遍的计数过程。

一、非平稳（非齐次）泊松过程

定义 4.3.1 设计数过程 $\{N(t), t \geq 0\}$ 满足下述条件：

(1) $N(0) = 0$（零初值性）；

(2) $\{N(t), t \geq 0\}$ 为独立增量过程；

(3) 对于足够小的时间 $\Delta t \geq 0$，有

$$\begin{cases} P(N(t+\Delta t) - N(t) = 1) = \lambda(t)\Delta t + o(\Delta t) \\ P(N(t+\Delta t) - N(t) \geq 2) = o(\Delta t) \\ P(N(t+\Delta t) - N(t) = 0) = 1 - \lambda(t)\Delta t + o(\Delta t) \end{cases} \quad (4.3.1)$$

则称 $\{N(t), t \in T\}$ 是非平稳（非齐次）泊松过程。

注意：定义 4.3.1 中增量仅具有相互独立性，而不具备增量平稳性，故谓之非平稳，或非齐次。即此处 $\lambda = \lambda(t)$ 与时间 t 有关，意味着计数过程一定与时间起点有关，或者说在等长的时间间隔里，由于时间起点不同，计数过程的概率特性也有所不同，因此这种计数过程不再具有增量平稳性。

易见在定义 4.3.1 中令 $\lambda = \lambda(t) = $ 常数，且增加计数过程 $\{N(t), t \geq 0\}$ 的增量平稳性，则化为泊松过程（或称齐次泊松过程）定义。

对应的，前述的泊松过程被称为平稳（或齐次）泊松过程。

定理 4.3.1 若 $\{N(t), t \geq 0\}$ 为非平稳泊松过程，则在时间间隔 $[t, t+\Delta t)$ 内出现 k 个质点的概率为

$$P(N(t+\Delta t) - N(t) = k) = \frac{[m(t+\Delta t) - m(t)]^k}{k!} \mathrm{e}^{-[m(t+\Delta t)-m(t)]} \quad k = 0, 1, 2, \cdots \quad (4.3.2)$$

其中

$$m(t) = \int_0^t \lambda(s)\mathrm{d}s$$

$\lambda(t)(t > 0)$ 为非平稳泊松过程的强度函数。

式(4.3.2)表明，概率 $P(N(t+\Delta t) - N(t) = k)$ 不仅是时间间隔 Δt 的函数，也是时间起点 t 的函数。

证明类似于齐次泊松过程情况。

[例 4.3.1]　现考虑一个非齐次泊松过程 $\{N(t), t \geq 0\}$，其中

$$\lambda(t) = \frac{1}{2}(1 + \cos \omega t) \quad t \geq 0$$

试求：

(1) 增量 $N(t + \Delta t) - N(t)$ 的概率分布；

(2) $E[N(t)]$ 和 $D[N(t)]$。

解：（1）由式（4.3.2）知，增量 $N(t, t + \Delta t) = N(t + \Delta t) - N(t)$ 的概率分布为

$$P(N(t + \Delta t) - N(t) = k) = \frac{[m(t + \Delta t) - m(t)]^k}{k!} e^{-[m(t+\Delta t) - m(t)]} \quad k = 0, 1, 2, \cdots$$

而

$$m(t) = \int_0^t \lambda(s) ds = \int_0^t \frac{1}{2}(1 + \cos \omega s) ds = \frac{1}{2}\left(t + \frac{1}{\omega}\sin \omega t\right)$$

$$m(t + \Delta t) - m(t) = \frac{1}{2}\left(t + \Delta t + \frac{1}{\omega}\sin \omega(t + \Delta t)\right) - \frac{1}{2}\left(t + \frac{1}{\omega}\sin \omega t\right) =$$

$$\frac{1}{2}\Delta t + \frac{1}{2\omega}[\sin \omega(t + \Delta t) - \sin \omega t] =$$

$$\frac{1}{2}\Delta t + \frac{1}{\omega}\cos \omega\left(t + \frac{\Delta t}{2}\right)\sin \frac{\omega \Delta t}{2}$$

(2) 因为 $N(t) - N(0) = N(t), t \geq 0$，故由式(4.3.2)可得

$$P(N(t) = k) = \frac{[(m(t)]^k}{k!} e^{-m(t)} (t \geq 0) \quad k = 0, 1, 2, \cdots$$

即 $N(t)$ 服从参数为 $m(t) = \int_0^t \lambda(s) ds$ 的泊松分布。故有

$$E[N(t)] = m(t) = D[N(t)]$$

故称 $m(t)$ 为非齐次泊松过程的均值函数。

二、更新过程

1. 更新过程概念

定义 4.3.2　设 $\{N(t), t \geq 0\}$ 是一计数过程，$\{T_n, n \geq 1\}$ 是一独立同分布随机过程，令

154

$$\tau_1 = T_1, \tau_2 = T_1 + T_2, \cdots, \tau_n = \sum_{i=1}^{n} T_i, \cdots \tag{4.3.3}$$

且满足条件

$$\{N(t) < n\} = \{\tau_n > t\} \qquad t > 0, n = 1, 2 \cdots \tag{4.3.4}$$

即有

$$\{N(t) = n\} = \{\tau_{n+1} \geq t > \tau_n\} \tag{4.3.5}$$

则称 $\{N(t), t \geq 0\}$ 是一更新过程，称 τ_n 为第 n 个更新时刻，T_n 为第 n 个更新间距。

显然，若 $\{N(t), t \geq 0\}$ 为更新过程，且更新间距 $T_n, n \geq 1$ 相互独立且同一指数分布时，$\{N(t), t \geq 0\}$ 即为前述的泊松过程，此时 τ_n 即为前述的第 n 个质点的到达时间或等候时间，T_n 则为前述中的第 $n-1$ 个质点与第 n 个质点到达时间间隔。

从定义 4.3.2 可见，此处突出了讨论更新间距 T_n 的重要性，泊松过程仅是一类特殊的更新过程，因而更新过程是一类比泊松过程应用更广的随机过程，它在研究随机服务系统与系统可靠性理论方面起着非常重要的作用。

[例 4.3.2] 考虑一个设备更新问题。假定从某一时刻（不妨设 $t = 0$ 开始）安装了某种设备，它一直使用到失效，并被另一个同类设备所替换，第 i 个设备的使用寿命为 $T_i, i = 1, 2, \cdots$，同类设备意味着 $T_i, i \geq 1$ 同分布，再设任意设备的寿命不受任何其它设备的影响，此即意味着 $T_i, i \geq 1$ 相互独立，令 $\tau_n = \sum_{i=1}^{n} T_i$，$n = 1, 2, \cdots$，显然 τ_n 表示被更换的 n 个设备的寿命总和，若用 $N(t)(t \geq 0)$ 表示在 $[0, t)$ 时段内被更换的设备个数，显见 $\{N(t) < n\} = \{\tau_n > t\}$ 成立，则此随机过程 $\{N(t), t \geq 0\}$ 即为一个更新过程。

事实上，若 $\{N(t)(t \geq 0)\}$ 是一个更新过程，其更新间距 $T_n, n \geq 1$ 相互独立，且具有同一分布函数

$$F_{T_n}(t) = F(t) \qquad n = 1, 2, \cdots \tag{4.3.6}$$

则

$$\tau_n = \sum_{i=1}^{n} T_i = T_1 + T_2 + \cdots + T_n$$

为相互独立且同分布随机变量 $T_1, T_2, \cdots, T_n$ 之和，由概率论中和的分布知识，可求得 τ_n 的分布函数为

$$F_{\tau_n}(t) = P(\tau_n \leqslant t) \tag{4.3.7}$$

或利用特征函数及逆转公式可得，再由式（4.3.4）可得 $N(t)$ 的分布函数为

$$P(N(t) < n) = P(\tau_n > t) = 1 - P(\tau_n \leqslant t) = 1 - F_{\tau_n}(t) \tag{4.3.8}$$

也就是说知道更新过程的更新间距的分布，就可了解更新计数随机变量 $N(t)$ 的分布情况。

2. 更新过程的均值函数

设 $\{N(t), t \geqslant 0\}$ 为更新过程，T_n 为更新间距，τ_n 为更新时刻，$n \geqslant 1$，则 $N(t)$ 的均值函数为

$$m_N(t) = E[N(t)] = \sum_{k=0}^{\infty} k P(N(t) = k) \qquad t \geqslant 0 \tag{4.3.9}$$

因为

$$P(N(t) = k) = P(N(t) \geqslant k) - P(N(t) \geqslant k+1) =$$
$$P(\tau_k \leqslant t) - P(\tau_{k+1} \leqslant t) = F_{\tau_k}(t) - F_{\tau_{k+1}}(t)$$

故

$$m_N(t) = \sum_{k=0}^{\infty} k \left[F_{\tau_k}(t) - F_{\tau_{k+1}}(t) \right] =$$
$$0 \times [F_{\tau_0}(t) - F_{\tau_1}(t)] + 1 \times [F_{\tau_1}(t) - F_{\tau_2}(t)] + 2 \times [F_{\tau_2}(t) - F_{\tau_3}(t)] + \cdots$$

即

$$m_N(t) = \sum_{k=1}^{\infty} F_{\tau_k}(t) \tag{4.3.10}$$

为更新过程的均值函数。

如果 $F_{\tau_k}(t)$ 一阶导数存在，即 $\tau_k(t)$ 为连续型随机变量，其概率密度为 $f_{\tau_k}(t), k = 1, 2, \cdots$，则得

$$\lambda(t) = \frac{\mathrm{d}}{\mathrm{d}t} m_N(t) = \sum_{k=1}^{\infty} f_{\tau_k}(t) \quad t \geqslant 0 \tag{4.3.11}$$

称 $\lambda(t)$ 为更新过程的更新强度函数。

［例 4.3.3］ 设 $\{N(t), t \geqslant 0\}$ 为一更新过程，更新间距 $T_k (k \geqslant 1)$ 相互独立，且均服从同一 $\Gamma(\alpha, \beta)$ 分布，即其概率密度为

$$f_{T_k}(t) = \begin{cases} \dfrac{\beta}{\Gamma(\alpha)} (\beta t)^{\alpha-1} \mathrm{e}^{-\beta t} & t > 0 \\ 0 & t \leqslant 0 \end{cases} \tag{4.3.12}$$

156

试求 $N(t)$ 的概率分布与均值函数。

解：由题设条件，更新时刻 $\tau_n = \sum_{k=1}^{n} T_k$ 的分布由概率论知识确定，$T_1, T_2, \cdots, T_n$ 的和仍为 Γ 分布，即

$$\tau_n \sim \Gamma(n\alpha, \beta)$$

其概率密度为

$$f_{\tau_n}(t) = \begin{cases} \dfrac{\beta}{\Gamma(n\alpha)}(\beta t)^{n\alpha-1} e^{-\beta t} & t > 0 \\ 0 & t \leqslant 0 \end{cases} \tag{4.3.13}$$

故其分布函数为

$$F_{\tau_n}(t) = P(\tau_n \leqslant t) = \begin{cases} \displaystyle\int_0^t \dfrac{\beta}{\Gamma(n\alpha)}(\beta t)^{n\alpha-1} e^{-\beta t} \mathrm{d}t & t > 0 \\ 0 & t \leqslant 0 \end{cases} \tag{4.3.14}$$

因为

$$P(N(t) = n) = P(N(t) \geqslant n) - P(N(t) \geqslant n+1) =$$

$$P(\tau_n \leqslant t) - P(\tau_{n+1} \leqslant t) = F_{\tau_n}(t) - F_{\tau_{n+1}}(t)$$

均值函数 $m(t) = E[N(t)] = \sum_{k=1}^{\infty} F_{\tau_k}(t)$，更新强度 $\lambda(t) = \sum_{k=1}^{\infty} f_{\tau_k}(t)$，将式（4.3.13）、式（4.3.12）代入上式即得所求。

特别地，当 $\alpha = 1$，$\beta = \lambda$ 时，

$$T_n \sim f(t) = \begin{cases} \lambda e^{-\lambda t} & t > 0 \\ 0 & t \leqslant 0 \end{cases}$$

$$\tau_n \sim f_{\tau_n}(t) = \begin{cases} \dfrac{\lambda(\lambda t)^{n-1}}{(n-1)!} e^{-\lambda t} & t > 0 \\ 0 & t \leqslant 0 \end{cases}$$

此时 $P(N(t) = k) = \dfrac{(\lambda t)^k}{k!} e^{-\lambda t}$，$t \geqslant 0$，即 $\{N(t), t \geqslant 0\}$ 为泊松过程。

思 考 题

1. 齐次泊松过程与非齐次泊松过程有何异同？
2. 非齐次泊松过程与更新过程有何异同？
3. 更新过程与泊松过程有何异同？

4.3 基本练习题

1. 设 $\{N(t), t \geq 0\}$ 为非齐次泊松过程，强度为

$$\lambda(t) = \frac{1}{2}(1 - \cos \omega t) \qquad t \geq 0$$

(1) 试求 $N(t)$ 的概率分布；

(2) $N(t)$ 的均值函数与方差函数；

(3) 试求在时刻 $t = 2$，时间间隔 $\Delta t = 1$ 时增量 $N(t, t + \Delta t)$ 的概率分布。

2. 设 $\{N(t), t \geq 0\}$ 为非齐次泊松过程，其强度为

$$\lambda(t) = \frac{1}{1 + t^2} \qquad t \geq 0$$

(1) 试求 $N(1)$ 的概率分布；

(2) 试求 $N(2,4) = N(4) - N(2)$ 的概率分布；

(3) 试求 $N(t)$ 的均值函数与方差函数。

3. 设 $\{N(t), t \geq 0\}$ 为一更新过程，更新间距 T_k，$k \geq 1$ 相互独立，且均服从同一分布 $\Gamma(2,1)$，试求 $N(t)$ 的概率分布与均值函数。

4. 设 $\{N(t), t \geq 0\}$ 为一更新过程，更新间距 T_k，$k \geq 1$ 相互独立，且均服从同一正态分布 $N(0, \sigma^2)$，试求 $N(t)$ 的概率分布与均值函数。

5. 设某设备的使用期限为 10 年，在前 5 年平均 2.5 年需要维修一次，后 5 年平均 2 年维修一次，试求在使用期限内只维修过一次的概率。

6. 某小商店上午 8 时开始营业，从 8 时到 11 时平均顾客到达率线性增加，从 8 时开始平均顾客到达率为 5 人/h，11 时到达率达到高峰，为 20 人/h，从 11 时至下午 1 时到达率不变，从下午 1 时至 5 时到达率线性下降，到下午 5 时顾客到达率为 12 人/h。假设在不相交的时间间隔内到达商店的顾客数是相互独立的。试求在上午 8 时半至 9 时半无顾客到达商店的概率和该段时间内到达商店的顾客数的数学期望。

本章基本要求

1. 了解泊松过程的概念，掌握泊松过程的概率分布，均值函数与方差函数，了解泊松过程的特征函数；

2. 了解复合泊松过程，会求复合泊松过程的均值函数与方差函数；

3. 掌握随机质点的到达时间分布与时间间隔分布；

4. 了解非齐次泊松过程与更新过程概念。

综合练习

1. 设 $\{X(t), t \geq 0\}$ 为具有增量平稳性的独立增量过程，且 $X(0) = 0$，对于任意的 $s, t \in [0, +\infty)$，试证：

(1) $D[X(s) - X(t)] = \sigma^2 |t - s|$

(2) $CX(s, t) = \sigma^2 \min(s, t)$

其中 $\sigma^2 = D[X(s)]/s$。

2. 设电话总机在 $[0, t)$ 内接到电话呼叫次数 $N(t)$ 是强度(每分钟)为 λ 的泊松过程，试求：

(1) "2min 内接到 3 次呼叫"的概率；

(2) "第 3 次呼叫是在第 2 分钟内接到"的概率。

3. 设移民到某地区定居的户数是一泊松过程，平均每周有 2 户定居，即 $\lambda = 2$。若每户的人口数是随机变量，一户 4 人的概率是 1/6，一户 3 人的概率是 1/3，一户 2 人的概率是 1/3，一户一人的概率是 1/6，且每户的人口数是相互独立的，试求在 5 周内移民到该地区定居的人口数的数学期望与方差。

4. 设 $\{N(t), t \geq 0\}$ 是泊松过程，τ_n 和 T_n 分别是第 n 个随机点到达时间与时间间隔，试证：

(1) $E(\tau_n) = nE(T_n)$ \quad $n = 1, 2, \cdots$

(2) $D(\tau_n) = nD(T_n)$ \quad $n = 1, 2, \cdots$

若 $\{N(t), t \geq 0\}$ 为更新过程，有无上述结果？

5. 设进入中国上空流星的个数是一泊松过程，平均每年为 10000 个。每个流星能以陨石落于地面的概率为 0.0001，试求一个月内落于中国地面陨石数 W 的数学期望 $E(W)$，方差 $D(W)$ 与概率 $P\{W \geq 2\}$。

6. 设 $\{N_1(t), t \geq 0\}$ 和 $\{N_2(t), t \geq 0\}$ 分别是强度为 λ_1 和 λ_2 的独立泊松过程，令 $X(t) = N_1(t) - N_2(t), t \geq 0$，试求 $\{X(t), t \geq 0\}$ 的均值函数与自相关函数。

7. 设 $\{N(t), t \geq 0\}$ 是强度为 λ 的泊松过程，T 是服从参数为 γ 的指数分布的随机变量，且与 $N(t)$ 相互独立，试求 $[0, T)$ 内事件数 $N(T)$ 的分布律。

8. 设 $\{N(t), t \geq 0\}$ 是强度为 λ 的泊松过程，令

$$M(T) = \frac{1}{T} \int_0^T N(t) \mathrm{d}t$$

试求 $E[M(T)]$ 及 $D[M(T)]$。

9. 到达一交换台（具有无数的通道）的呼叫电话数是强度为 λ 的泊松过程，每次对话时间服从平均值为 $\frac{1}{\mu}$ 的指数分布，令 $X(t)$ 是 t 时刻对话的数目。试求：

(1) $E[X(t)]$ 和 $\lim_{t \to \infty} E[X(t)]$；

(2) $D[X(t)]$ 和 $\lim_{t \to \infty} D[X(t)]$；

(3) 在过程中没有呼叫的概率。

10. 有红、绿、蓝 3 种颜色汽车，分别以强度 $\lambda_1, \lambda_2, \lambda_3$ 的泊松流到达某哨卡，设它们是相互独立的，把汽车流合并成单个输出过程（假设汽车没有长度，没有延时）。

(1) 试求两辆汽车之间的时间间隔的概率密度函数；

(2) 试求在 t_0 时刻观察到一辆红色汽车，下一辆汽车将是 ①红的；② 蓝的；③ 非红的概率；

(3) 试求在 t_0 时刻观察到一辆红色汽车，下 3 辆汽车是红的，然后又是一辆非红色汽车将到达的概率。

11. 设到达电影院的观众组成强度为 λ 的泊松流，如果电影在时刻 t 开演，试计算在 $[0, t)$ 时段内到达电影院的观众等待时间总和的期望。

（利用到达时间的条件分布性质：设 $\{N(t), t \geq 0\}$ 是一泊松过程，在 $N(t) = k$ 条件下，$[0, t)$ 时段内 k 个事件发生的时刻 $\tau_1, \tau_2, \cdots, \tau_k$ 的联合密度函数与在 $[0, t]$ 上均匀分布的 k 个相互独立的随机变量 $\{U_j, 1 \leq j \leq k\}$ 的顺序统计量 $\{U_{(j)}, 1 \leq j \leq k\}$ 的联合密度函数相同）。

12. 设某仪器受到震动而引起损伤，若震动按强度 λ 的泊松过程 $\{N(t), t \geq 0\}$ 发生，第 k 次震动引起的损伤为 D_k，D_1，D_2… 是相互独立同分布的随机变量列，且和 $\{N(t), t \geq 0\}$ 相互独立。假设仪器受到震动引起的损伤按时间随指数减小，即如果震动的初始损伤为 D，则震动之后经过时间 t 减小为 $De^{-\alpha t}$，$\alpha > 0$ 为常数。假设损伤是可叠加的，即从开始到时刻 t 为止的损伤可表示为

$$D(t) = \sum_{k=1}^{N(t)} D_k e^{-\alpha(t-\tau_k)}$$

其中 τ_k 为机器受到第 k 次震动的时刻，试求 $E[D(t)]$。

13. 设 $\{N(t), t \geq 0\}$ 为泊松过程，$N(0) = 0$，试求它的有限维分布函数族。

14. 设复合泊松过程 $\{Y(t) = \sum_{k=1}^{N(t)} X_k, t \geq 0\}$，$N(t)$ 的强度 $\lambda = 5$，$X_k (k \geq 1)$ 具有概率密度

$$f(x) = \begin{cases} \dfrac{1}{1000} & 1000 < x < 2000 \\ 0 & \text{其它} \end{cases}$$

试求：

(1) $E[Y(t)]$；

(2) $D[Y(t)]$；

(3) $Y(t)$ 的特征函数。

又若 X_k 具有下述分布函数：

$$P(X_k \leq x) = \begin{cases} 1 - e^{-\mu x} & x > 0 \\ 0 & x \leq 0 \end{cases}$$

试再求上述 3 个问题的解。

15. 设 $\{N(t), t \geq 0\}$ 是强度为 λ 的泊松过程，令 $Y(0) = 0$，且

$$Y(t) = \sum_{k=1}^{N(t)} X_k$$

其中 $X_k (k \geq 1)$ 独立且同分布 $N(0, \sigma^2)$，试求：

(1) $E[Y(t)]$；

(2) $D[Y(t)]$；

(3) $Y(t)$ 的特征函数。

16. 设 $\{N(t), t \geq 0\}$ 为一更新计数过程，更新间距 T_k 具有概率密度

$$f(t) = \begin{cases} \dfrac{1}{\sqrt{2\pi}} t^{\frac{1}{2}} e^{-\frac{t}{2}} & t > 0 \\ 0 & t \leq 0 \end{cases}$$

试求：

(1) $N(t)$ 的概率分布；

(2) $E[N(t)]$ 及 $D[N(t)]$。

17. 设 $\{N(t), t \geq 0\}$ 为更新过程，更新间距 T_k 具有概率密度

$$f(t) = \begin{cases} \mu e^{-\mu(t-\delta)} & t > \delta \\ 0 & t \leq \delta \end{cases}$$

δ 为固定常数，试求 $P(N(t) \geq k)$。

自 测 题

1. 设到达某图书馆的读者组成一泊松流，平均每 30min 到达 10 位。假定每位读者借书的概率为 $\dfrac{1}{3}$，且与其它读者是否借书相互独立，若令 $\{Y(t), t \geq 0\}$ 是借书读者流，试求：

(1) 在 $[0, t)$ 内到达图书馆的读者数 $N(t), t \geq 0$ 的概率分布；

(2) 平均到达图书馆的读者人数；

(3) 借书读者数 $Y(t)$ 的概率分布。

2. 设 $\{N_1(t), t \geq 0\}$ 与 $\{N_2(t), t \geq 0\}$ 为强度分别是 2.5 与 3 的独立泊松流，试求：

(1) $N_1(t) + N_2(t)$ 的概率分布；

(2) $N_2(t) - N_1(t)$ 的数学期望与方差；

(3) 在 $\{N_1(t), t \geq 0\}$ 的任一到达时间间隔内，$\{N_2(t), t \geq 0\}$ 恰有两个随机点到达的概率。

3. 设某医院收到的急诊病人数 $N(t)$ 组成泊松流，平均每小时接到两个急诊病人，试求：

(1) 上午 10：00~12：00 没有急诊病人到来的概率；

(2) 下午 2：00 以后第二位病人到达时间的分布。

4. 设更新过程 $\{N(t), t \geq 0\}$ 的更新间距的概率密度为

$$f(t) = \lambda^2 t e^{-\lambda t} \qquad t \geq 0$$

试证均值函数

$$m(t) = \frac{1}{2}\lambda t - \frac{1}{4}(1 - e^{-2\lambda t})$$

并求其更新强度 $\lambda(t)$。

第5章 平稳过程

平稳过程是一类其概率特征不随时间推移而变化的随机过程，应用非常广泛，特别在雷达、通信等随机信号分析中起着极其重要的作用。本章只介绍平稳过程的基本概念，数字特征及谱分析等基本理论知识。

5.1 平稳过程的基本概念

一、平稳过程

平稳过程一般分为严平稳过程与宽平稳过程两类，它们具有类似的概率特性。

1. 严平稳过程定义

定义 5.1.1 设 $\{X(t), t \in T\}$ 为一随机过程，若对任意整数 n，任意 $t_1, t_2, \cdots, t_n \in T$ 及 $t_1 + \varepsilon, t_2 + \varepsilon, \cdots, t_n + \varepsilon \in T$，其 n 维分布函数相等，即

$$F_n(x_1, x_2, \cdots, x_n, t_1, t_2, \cdots, t_n) = F_n(x_1, x_2, \cdots, x_n, t_1 + \varepsilon, t_2 + \varepsilon, \cdots, t_n + \varepsilon) \quad (5.1.1)$$

则称此随机过程为严平稳过程，或称强（狭义）平稳过程。式（5.1.1）称之平移不变性或严平稳性。

从定义 5.1.1 可见，严平稳过程的概率特性不随时间的平移而改变，式（5.1.1）表明，当时间平移之后，其分布函数保持不变。

［例 5.1.1］ 设 $\{X(n), n \geq 1\}$ 为一随机过程，其中 $X(n)$, $n = 1, 2, \cdots$ 相互独立且同分布，则此随机过程为严平稳过程。

这是因为 $X(n), n \geq 1$ 相互独立且同分布，故 $X(n+k), n \geq 1$，固定 $k \geq 1$，相互独立且与 $X(n)$ 同分布，故

$$(X(n_1), X(n_2), \cdots, X(n_m)) \text{ 与 } (X(n_1 + k), X(n_2 + k), \cdots, X(n_m + k))$$

同分布，即 $\{X(n), n \geq 1\}$ 具有平移不变性，即为严平稳过程。

一般来说，严格用定义去判断某个随机过程是否具有严平稳性是很困难的。但在实际问题中，若产生随机过程的主要物理条件在时间进行中保持不变，则此

过程就可认为是严平稳的。在无线电子学的实际应用所遇到的随机过程，有很多是可以近似认为是严平稳的随机过程。例如，一个工作在稳定状态下的接收机，其输出噪声就可以认为是严平稳的随机过程。在自动控制和电子学中分析电路中的电流与电压变化时，自由电子的不规则运动（热运动）引起电路中的电压或电流的随机波动—物理上称之热扰动，它的概率特性可视为不随时间推移而变化，故此波动过程就是严平稳随机过程。又如在考虑船舶受海浪冲击而产生摇摆和其它适航性问题中，就把海浪看为随机过程，一般认为在某个地理位置上海浪的波高就是一个严平稳随机过程，它的概率特性也不随时间推移而改变。另外，如照明用的电网中电压的波动过程，以及各种噪声和干扰的变化过程等，在工程上都近似认为是严平稳的。

严平稳性反映在观测记录上，其样本曲线方面的特点是随机过程的所有样本曲线都在某一水平直线上下随机波动。

当参数集 T 为离散时，严平稳过程 $\{X(t), t \in T\}$ 称为严平稳序列，如例 5.1.1。

2. 严平稳过程的数字特征

不妨设严平稳过程 $\{X(t), t \in T\}$ 的有限维概率密度存在，则有

(1) 均值函数

由式（5.1.1）可知

$$F(x,t) = F(x, t+\varepsilon)$$

令 $\varepsilon = -t$ ，代入可得

$$F(x,t) = F(x,0) = F(x) \tag{5.1.2}$$

即严平稳过程的一维分布与时间 t 无关，此时有

$$f(x,t) = f(x)$$

故均值函数

$$m_X(t) = E[X(t)] = \int_{-\infty}^{+\infty} xf(x,t)\mathrm{d}x = \int_{-\infty}^{+\infty} xf(x)\mathrm{d}x = 常数，记为 m_X。$$

(2) 均方值函数

$$\psi_X^2(t) = E[X^2(t)] = \int_{-\infty}^{+\infty} x^2 f(x,t)\mathrm{d}x = \int_{-\infty}^{+\infty} x^2 f(x)\mathrm{d}x = 常数$$

(3) 方差函数

$$D_X(t) = D[X(t)] = \int_{-\infty}^{+\infty} (x - m_X)^2 f(x,t)\mathrm{d}x$$

因为 $m_X, f(x,t)$ 与 t 无关，故 $D_X(t)$ 为与 t 无关常数。

(4) 自相关函数

$$\forall t_1, t_2 \in T, R_X(t_1, t_2) = E[X(t_1)X(t_2)] =$$

$$\int_{-\infty}^{+\infty} \int_{-\infty}^{+\infty} x_1 x_2 f(x_1, x_2, t_1, t_2) \mathrm{d}x_1 \mathrm{d}x_2$$

而由式（5.1.1）可得二维分布函数

$$F(x_1, x_2, t_1, t_2) = F(x_1, x_2, t_1 + \varepsilon, t_2 + \varepsilon)$$

令 $\varepsilon = -t_1$，则得

$$F(x_1, x_2, t_1, t_2) = F(x_1, x_2, 0, t_2 - t_1) = F(x_1, x_2, t_2 - t_1) \tag{5.1.3}$$

即严平稳过程的二维分布与时间起点无关，只与时间间隔有关。因而其二维密度函数有

$$f(x_1, x_2, t_1, t_2) = f(x_1, x_2, t_2 - t_1) \tag{5.1.4}$$

故 $X(t)$ 的自相关函数

$$R_X(t_1, t_2) = \int_{-\infty}^{+\infty} \int_{-\infty}^{+\infty} x_1 x_2 f(x_1, x_2, t_2 - t_1) \mathrm{d}x_1 \mathrm{d}x_2 = R_X(t_2 - t_1) \tag{5.1.5}$$

与时间起点 t_1 无关，只与时间间隔 $t_2 - t_1$ 有关。

(5) 自协方差函数

$$C_X(t_1, t_2) = \mathrm{Cov}(X(t), X(t_2)) = R_X(t_1, t_2) - m_X(t_1) m_X(t_2)$$

而 $m_X(t_1) m_X(t_2)$ 为与 t 无关常数，$R_X(t_1, t_2) = R_X(t_2 - t_1)$ 只与时间间隔有关，与起点无关，故 $C_X(t_1, t_2)$ 为只与时间间隔有关，而与时间起点无关的函数。

由于严平稳过程要求其有限维分布函数满足式（5.1.1），在研究和讨论中常感到困难，故常常只在二阶矩存在范围内讨论平稳过程，因此引入宽平稳过程，或称弱（广义）平稳过程概念。

二、宽平稳过程

1. 宽平稳过程定义

定义 5.1.2　设 $\{X(t), t \in T\}$ 为复（或实）随机过程，若满足条件：

(1) $E[|X(t)|^2] < +\infty$

(2) $m_X(t) = E[X(t)] = $ 常数

(3) $R_X(t_1, t_2) = E[X(t_1)\overline{X(t_2)}] = R_X(t_2 - t_1) \tag{5.1.6}$

则称该过程为宽（或弱，广义）平稳过程。

易见，宽平稳过程是二阶矩过程，且其均值函数与 t 无关，自相关函数仅与时间间隔有关，而与时间起点无关。

［例5.1.2］ 设随机过程 $\{X(n), n = 0, \pm 1, \pm 2, \cdots\}$ 为实的互不相关随机变量序列，且 $E[X(n)] = 0$，$D[X(n)] = \sigma^2$，其自相关函数为

$$E[X(n)X(m)] = \begin{cases} \sigma^2 & n = m \\ 0 & n \neq m \end{cases}$$

易见此过程 $\{X(n), n = 0, \pm 1, \pm 2, \cdots\}$ 为一宽平稳过程。这个平稳序列称为离散白噪声，若独立序列 $X(n) \sim N(0, \sigma^2)$，则 $\{X(n), n = 0, \pm 1, \pm 2, \cdots\}$ 称为正态白噪声。

［例5.1.3］ 设随机过程 $\{X(t), t \in T\}$，则

$$X(t) = \sum_{k=1}^{n}(A_k \cos \omega_k t + B_k \sin \omega_k t) \quad t \in T$$

其中，A_k, B_k，$1 \leqslant k \leqslant n$ 是均值为 0，方差为 σ_k^2 的互不相关的实随机变量；ω_k 为任意正实数。求证 $X(t)$ 是宽平稳过程。

证：因为

$$E[A_k] = E[B_k] = 0 \qquad 1 \leqslant k \leqslant n$$

$$E[A_k A_l] = \begin{cases} \sigma_k^2 & k = l \\ 0 & k \neq l \end{cases}, \qquad E[B_k B_l] = \begin{cases} \sigma_k^2 & k = l \\ 0 & k \neq l \end{cases}$$

$$E(A_k B_l) = E(A_k)E(B_l) = 0, k, l = 1, 2, \cdots, n$$

故得：

$$(1) \quad E[|X(t)|^2] = E\left[\left|\sum_{k=1}^{n}(A_k \cos \omega_k t + B_k \sin \omega_k t)\right|^2\right] =$$

$$E\left[\sum_{k=1}^{n}\sum_{l=1}^{n}(A_k \cos \omega_k t + B_k \sin \omega_k t)(A_l \cos \omega_l t + B_l \sin \omega_l t)\right] =$$

$$E\left[\sum_{k=1}^{n}\sum_{l=1}^{n}(A_k A_l \cos \omega_k t \cos \omega_l t + A_k B_l \cos \omega_k t \sin \omega_l t + \right.$$

$$\left. B_k A_l \sin \omega_k t \cos \omega_l t + B_k B_l \sin \omega_k t \sin \omega_l t)\right] =$$

$$\sum_{k=1}^{n}\left[E(A_k^2)\cos^2 \omega_k t + E(B_k^2)\sin^2 \omega_k t\right] =$$

$$\sum_{k=1}^{n} \sigma_k^2 < +\infty$$

(2) $m_X(t) = E[X(t)] = \sum_{k=1}^{n}[E(A_k)\cos\omega_k t + E(B_k)\sin\omega_k t] = 0$

(3) $R_X(t_1, t_2) = E[X(t_1)X(t_2)] =$

$$E\left[\sum_{k=1}^{n}(A_k\cos\omega_k t_1 + B_k\sin\omega_k t_1)\sum_{l=1}^{n}(A_l\cos\omega_l t_2 + B_l\sin\omega_l t_2)\right]$$

$$\sum_{k=1}^{n}\sum_{l=1}^{n}\left[E(A_k A_l)\cos\omega_k t_1\cos\omega_l t_2 + E(A_k B_l)\cos\omega_k t_1\sin\omega_l t_2 +\right.$$

$$\left. E(B_k A_l)\sin\omega_k t_1\cos\omega_l t_2 + E(B_k B_l)\sin\omega_k t_1\sin\omega_l t_2\right] =$$

$$\sum_{k=1}^{n}E(A_k^2)[\cos\omega_k t_1\cos\omega_k t_2 + \sin\omega_k t_1\sin\omega_k t_2] =$$

$$\sum_{k=1}^{n}\sigma_k^2\cos\omega_k(t_2 - t_1) = R_X(t_2 - t_1)$$

故知此随机过程 $\{X(t), t \in T\}$ 为宽平稳过程。

[例 5.1.4] 一个具有随机相位的余弦波由如下过程描述:

$$X(t) = \cos(\lambda t + Y) \qquad t \in T = R$$

其中 λ 为常数, $Y \sim U(-\pi, \pi)$,则 $X(t)$ 为实宽平稳过程。

证:(1) $E\left[|X(t)|^2\right] = E\left[\cos^2(\lambda t + Y)\right] =$

$$\int_{-\pi}^{\pi}\cos^2(\lambda t + y)\frac{1}{2\pi}\,\mathrm{d}y =$$

$$\frac{1}{2\pi}\int_{-\pi}^{\pi}\frac{1}{2}[1 + \cos 2(\lambda t + y)]\mathrm{d}y =$$

$$\frac{1}{4\pi}\left[2\pi + \frac{1}{2}\sin 2(\lambda t + y)\big|_{-\pi}^{\pi}\right] =$$

$$\frac{1}{2} + \frac{1}{8\pi}[\sin(2\lambda t + 2\pi) - \sin(2\lambda t - 2\pi)] =$$

$$\frac{1}{2} < +\infty$$

(2) $E[X(t)] = E[\cos(\lambda t + Y)] = E[\cos \lambda t \cos Y - \sin \lambda t \sin Y] =$

$$\cos \lambda t E[\cos Y] - \sin \lambda t E[\sin Y]$$

而

$$E[\sin Y] = \int_{-\pi}^{\pi} \sin y \frac{1}{2\pi} \mathrm{d}y = 0$$

$$E[\cos Y] = \int_{-\pi}^{\pi} \cos y \frac{1}{2\pi} \mathrm{d}y = 0$$

故

$$m_X(t) = E[X(t)] = 0 = 常数$$

(3) $\qquad R_X(t_1, t_2) = E[X(t_1)X(t_2)] =$

$$E[\cos(\lambda t_1 + Y)\cos(\lambda t_2 + Y)] =$$

$$E\left[\frac{1}{2}\cos \lambda(t_2 - t_1) + \frac{1}{2}\cos(\lambda t_1 + \lambda t_2 + 2Y)\right] =$$

$$\frac{1}{2}\cos \lambda(t_2 - t_1) + \frac{1}{2}\left[\cos \lambda(t_1 + t_2)E(\cos 2Y) - \sin \lambda(t_1 + t_2)E(\sin 2Y)\right]$$

而

$$E[\cos 2Y] = E[\sin 2Y] = 0$$

故得

$$R_X(t_1, t_2) = \frac{1}{2}\cos \lambda(t_2 - t_1) = R_X(t_2 - t_1)$$

所以 $\{X(t), t \in T\}$ 为一实宽平稳过程。

[**例 5.1.5**]（随机电报信号过程）　设随机过程 $\{X(t), t \in [0, +\infty)\}$，有

$$X(t) = X(0)(-1)^{N(t)}$$

其中 $P(X(0) = 1) = P(X(0) = -1) = \frac{1}{2}, \{N(t), t \in [0, +\infty)\}$ 为泊松过程，且 $N(t)$ 和 $X(0)$ 相互独立，试讨论 $\{X(t), t \geqslant 0\}$ 的平稳性。

解：由 $X(0)$ 与 $N(t)$ 的独立性知

$$P(X(t) = 1) = P\{X(0)(-1)^{N(t)} = 1\} =$$

$$P\{X(0) = 1, N(t) = 偶数\} + P\{X(0) = -1, N(t) = 奇数\} =$$

$$P\{X(0) = 1\}P\{N(t) = 偶数\} + P\{X(0) = -1\}P\{N(t) = 奇数\} =$$

$$\frac{1}{2} \times P\{N(t) = 偶数\} + \frac{1}{2} \times P\{N(t) = 奇数\} = \frac{1}{2}$$

$$P(X(t)=-1)=1-P(X(t)=1)=1-\frac{1}{2}=\frac{1}{2}$$

故

（1） $E[|X(t)|^2]=E[X^2(0)]=1^2\times\frac{1}{2}+(-1)^2\times\frac{1}{2}=1<+\infty$

（2） $m_X(t)=E[X(t)]=1\times\frac{1}{2}+(-1)\times\frac{1}{2}=0$

（3）设 $t_1<t_2$ $R_X(t_1,t_2)=E[X(t_1)X(t_2)]=E[X^2(0)(-1)^{N(t_1)+N(t_2)}]=$

$$E[(-1)^{N(t_2)-N(t_1)}]=$$

$$P(N(t_2-t_1)=偶数)-P(N(t_2-t_1)=奇数)=$$

$$\sum_{k=0}^{\infty}\frac{[\lambda(t_2-t_1)]^{2k}}{(2k)!}e^{-\lambda(t_2-t_1)}-\sum_{k=0}^{\infty}\frac{[\lambda(t_2-t_1)]^{2k+1}}{(2k+1)!}e^{-\lambda(t_2-t_1)}=$$

$$e^{-\lambda(t_2-t_1)}\sum_{k=0}^{\infty}\frac{[-\lambda(t_2-t_1)]^k}{k!}=e^{-2\lambda(t_2-t_1)}$$

当 $t_2<t_1$ 时，亦有

$$R_X(t_1,t_2)=e^{-2\lambda(t_1-t_2)}$$

故

$$R_X(t_1,t_2)=e^{-2\lambda|t_1-t_2|}=R_X(t_2-t_1)$$

故

$$\{X(t),t\in[0,+\infty)\}\text{为宽平稳过程。}$$

[例5.1.6] 设 $\{X(t),t\in T\}$ 为一个均方可微的实宽平稳过程，令

$$Y(t)=\frac{\mathrm{d}X(t)}{\mathrm{d}t}\qquad t\in T$$

试证 $\{Y(t),t\in T\}$ 亦为实宽平稳过程。

证：（1）由于二阶矩过程 $\{X(t),t\in T\}$ 的导数过程 $\{X'(t),t\in T\}$ 仍为二阶矩过程，故有

$$E[Y^2(t)]=E[|X'(t)|^2]<+\infty$$

（2） $E[Y(t)]=E[X'(t)]=\frac{\mathrm{d}EX(t)}{\mathrm{d}t}=0$

（3） $R_Y(t_1,t_2)=E[Y(t_1)Y(t_2)]=E[X'(t_1)X'(t_2)]=$

$$\frac{\partial^2}{\partial t_1\partial t_2}R_X(t_2-t_1)=$$

$$\frac{\partial}{\partial t_1} R_X'(t_2 - t_1) = -R_X''(t_2 - t_1) = R_Y(t_2 - t_1)$$

故得 $\{Y(t) = X(t), t \in T\}$ 为实宽平稳过程。

2. 宽平稳过程的数字特征

设 $\{X(t), t \in T\}$ 为一宽平稳过程，则

(1) 均值函数

$$m_X(t) = m_X = 常数 ， 与时间 t 无关$$

(2) 均方值函数

$$\psi_X^2(t) = E[|X(t)|^2] < +\infty$$

(3) 方差函数

$$D_X(t) = D[X(t)] = \psi_X^2(t) - |m_X(t)|^2 < +\infty$$

(4) 自相关函数

$$R_X(t_1, t_2) = E\left[X(t_1)\overline{X(t_2)}\right] = R_X(t_2 - t_1) = R_X(\tau) \quad (\tau = t_2 - t_1)$$

具有下述性质：

1°	$R_X(0) \geqslant 0$	(5.1.7)
2°	$R_X(-\tau) = \overline{R_X(\tau)}$	(5.1.8)
3°	$|R_X(\tau)| \leqslant R_X(0)$	(5.1.9)
4°	$R_X(\tau)$ 非负定	(5.1.10)
5°	$|m_X(t)|^2 \leqslant R_X(0)$	(5.1.11)

6° $R_X(\tau)$ 在 $(-\infty, +\infty)$ 连续的充要条件是 $R_X(\tau)$ 在 $\tau = 0$ 点连续。

证：

1° $$R_X(0) = E\left[X(t)\overline{X(t)}\right] = E\left[|X(t)|^2\right] \geqslant 0$$

2° $$\overline{R_X(\tau)} = \overline{E\left[X(t)\overline{X(t+\tau)}\right]} = E\left[\overline{X(t)}X(t+\tau)\right] =$$

$$E\left[X(t+\tau)\overline{X(t)}\right] = E\left[X(s)\overline{X(s-\tau)}\right] = R_X(-\tau)$$

170

3° 由 Cauchy - Schwarz 不等式知

$$|R_X(\tau)|^2 = |R_X(t, t+\tau)|^2 = |E(X(t)\overline{X(t+\tau)})|^2 \leqslant$$

$$E[|X(t)|^2]E[|X(t+\tau)|^2] = R_X^2(0)$$

即有

$$|R_X(\tau)| \leqslant R_X(0)$$

4° 对于任意的自然数 n，任意的 $t_1, t_2, \cdots, t_n \in T$ 及任意复数 $\alpha_1, \alpha_2, \cdots, \alpha_n$，有

$$\sum_{k=1}^{n}\sum_{l=1}^{n}\alpha_k\overline{\alpha_l}R_X(t_k - t_l) = \sum_{k=1}^{n}\sum_{l=1}^{n}\alpha_k\overline{\alpha_l}E\left[X(t_k)\overline{X(t_l)}\right] =$$

$$E\left[\sum_{k=1}^{n}\sum_{l=1}^{n}\alpha_k\overline{\alpha_l}X(t_k)\overline{X(t_l)}\right] = E\left[|\sum_{k=1}^{n}\alpha_k X(t_k)|^2\right] \geqslant 0$$

即 $R_X(\tau)$ 具有非负定性，实际上由二阶矩过程的自相关函数具有非负定性立得。

5° $R_X(0) = E\left[X(t)\overline{X(t)}\right] =$

$$E\left[(X(t) - m_X(t))(\overline{X(t) - m_X(t)})\right] + |m_X(t)|^2 =$$

$$D[X(t)] + |m_X(t)|^2 \geqslant |m_X(t)|^2$$

6° 必要性显然，现证充分性。

设 $R_X(\tau)$ 在 $\tau = 0$ 处连续，则 $\lim\limits_{\Delta\tau\to 0} R_X(\Delta\tau) = R_X(0)$，而对任意的 τ，

$$\left|R_X(\tau + \Delta\tau) - R_X(\tau)\right|^2 = \left|E[X(t)\overline{X(t+\tau+\Delta\tau)}] - E[X(t)\overline{X(t+\tau)}]\right|^2 =$$

$$\left|E\{X(t)[\overline{X(t+\tau+\Delta\tau)} - \overline{X(t+\tau)}]\}\right|^2 \leqslant$$

$$E|X(t)|^2 E\left|\overline{X(t+\tau+\Delta\tau)} - \overline{X(t+\tau)}\right|^2 =$$

$$R_X(0)[R_X(0) - 2R_X(\Delta\tau) + R_X(0)] =$$

$$2R_X(0)[R_X(0) - R_X(\Delta\tau)]\xrightarrow{\Delta\tau\to 0} 0$$

故 $\lim\limits_{\Delta\tau\to 0} R_X(\tau + \Delta\tau) = R_X(\tau)$

即 $R_X(\tau)$ 在任意点 $\tau \in (-\infty, +\infty)$ 处连续。

(5) 自协方差函数

$$C_X(t_1, t_2) = E\left[(X(t_1) - m_X(t_1))(\overline{X(t_2) - m_X(t_2)})\right] =$$

$$C_X(\tau) \quad (\tau = t_2 - t_1)$$

具有与 $R_X(t_1, t_2)$ 类似的性质：

1° $$C_X(0) \geqslant 0 \tag{5.1.12}$$

2° $$C_X(-\tau) = \overline{C_X(\tau)} \tag{5.1.13}$$

3° $$|C_X(\tau)| \leqslant C_X(0) \tag{5.1.14}$$

4° $$C_X(\tau) \text{ 是非负定的} \tag{5.1.15}$$

其证明方法与 $R_X(\tau)$ 的性质证明类似。

3. 宽平稳过程的简单性质

(1) 设 $\{X(t), t \in (-\infty, +\infty)\}$ 为零均值的宽平稳过程，$R_X(\tau)$ 为其自相关函数，则 $\{X(t), t \in (-\infty, +\infty)\}$ 为 k（正整数）次均方可导的充分条件是 $R_X(\tau)$ 在 $\tau = 0$ 处 $2k$ 次可导且连续，此时 $R_X(\tau)$ $2k$ 次可微，且

$$E\left[X^{(l)}(t_1) \overline{X^{(m)}(t_2)} \right] = (-1)^l R_X^{(l+m)}(\tau) \quad 1 \leqslant l, m \leqslant k$$

其中 $\tau = t_2 - t_1$。证略（参见第 3.3 节）。

(2) 设 $\{X(t), t \in T\}$ 为均方可微的实宽平稳过程，则有

$$R_{XX'}(0) = E[X(t)X'(t)] = 0$$

即 $X(t)$ 与 $X'(t)$ 互不相关。

证： $E[X(t_1)X'(t_2)] = \dfrac{\partial}{\partial t_2} EX(t_1)X(t_2) = \dfrac{\partial}{\partial t_2} R_X(t_2 - t_1) =$

$$R'_X(t_2 - t_1) = R'_X(\tau) \qquad \tau = t_2 - t_1$$

而实平稳过程的自相关函数有

$$R_X(\tau) = R_X(-\tau)$$

故有

$$R'_X(\tau) = -R'_X(-\tau)$$

令 $\tau = 0$，则得 $R'_X(0) = -R'_X(0)$，故得 $R'_X(0) = 0$。

(3) 如果宽平稳过程 $\{X(t), t \in T\}$ 满足条件 $X(t) = X(t+L)$，则称它为周期平稳过程，L 为过程的周期。周期平稳过程的自相关函数必为周期函数，且其周期与平稳过程的周期相同。即

$$R_X(\tau) = R_X(\tau + L)$$

证： $R_X(\tau + L) = E\left[X(t)\overline{X(t + \tau + L)}\right] =$

$$E\left[X(t)\overline{X(t + \tau)}\right] = R_X(\tau)$$

(4) 如果宽平稳过程 $\{X(t), t \in (-\infty, +\infty)\}$，当 $|\tau| \to \infty$ 时，$X(t)$ 与 $X(t + \tau)$ 相互独立，则有

$$\lim_{|\tau| \to \infty} C_X(\tau) = 0$$

证： $$\lim_{|\tau| \to \infty} R_X(\tau) = \lim_{|\tau| \to \infty} E\left[X(t)\overline{X(t + \tau)}\right] = |m_X(t)|^2$$

故有

$$\lim_{|\tau| \to \infty} C_X(\tau) = \lim_{|\tau| \to \infty} R_X(\tau) - |m_X(t)|^2 = 0$$

[例 5.1.7] 设实宽平稳过程 $\{X(t), t \in T\}$ 的自相关函数 $R_X(\tau) = 25 + \dfrac{4}{1 + 6\tau^2}$，且当 $|\tau| \to \infty$，$X(t)$ 与 $X(t + \tau)$ 相互独立，试求 $X(t)$ 的均值与方差。

解： 由 $\lim\limits_{|\tau| \to \infty} R_X(\tau) = 25 = |m_X(t)|^2$，得 $|m_X(t)| = 5$

即实宽平稳过程的均值 $m_X(t) = \pm 5$，故

$$D_X(t) = D[X(t)] = \psi_X^2(t) - m_X^2(t) =$$

$$R_X(0) - m_X^2(t) = 29 - 25 = 4$$

4. 严平稳过程与宽平稳过程的关系

由严平稳过程与宽平稳过程的定义可知：

(1) 若 $\{X(t), t \in T\}$ 是严平稳过程，若其二阶绝对原点矩有限，即 $E[|X(t)|^2] < +\infty$，则 $\{X(t), t \in T\}$ 必为宽平稳过程。

(2) 若 $\{X(t), t \in T\}$ 为宽平稳过程，它不一定是严平稳过程，但若 $\{X(t), t \in T\}$ 为宽平稳的正态过程，则它必为严平稳过程。

这是因为正态过程的有限维分布完全由其自协方差函数决定，而自协方差只与时间间隔有关，而与时间起点无关，故宽平稳正态过程的有限维分布亦只与时间间隔有关，与时间起点无关，此即严平稳性，故宽平稳正态过程为严平稳过程。

在实际应用与理论研究中，宽平稳概念用得更广一些，所以我们以后若无特别说明，书中所指的平稳过程即对宽平稳过程而言。

三、联合平稳过程

对于两个平稳过程，或两个以上的平稳随机过程，需要同时研究它们的联合概率特性，最重要的是它们是否具有平稳相关或联合平稳的性质。

定义 5.1.3 设 $\{X(t), t \in T\}$ 与 $\{Y(t), t \in T\}$ 为两个平稳过程，若对于任意的 t，$t+\tau \in T$，满足条件：

$$R_{XY}(t, t+\tau) = E\left[X(t)\overline{Y(t+\tau)}\right] = R_{XY}(\tau) \qquad (5.1.16)$$

则称 $X(t)$ 与 $Y(t)$ 平稳相关。或称 $X(t)$、$Y(t)$ 为联合平稳过程。

易见，只当两个平稳过程的互相关函数只依赖于时间间隔 τ，不依赖于时间起点 t 时，它们才是平稳相关的。

联合平稳过程 $X(t)$、$Y(t)$，$t \in T$ 的互相关函数 $R_{XY}(\tau)$ 具有如下性质：

$1°$ $\qquad\qquad\qquad R_{XY}(0) = \overline{R_{YX}(0)}$

$2°$ $\qquad\qquad\qquad R_{XY}(-\tau) = \overline{R_{YX}(\tau)}$

$3°$ $\qquad\quad |R_{XY}(\tau)|^2 \leqslant R_X(0)R_Y(0)$，$|R_{YX}(\tau)|^2 \leqslant R_X(0)R_Y(0)$

$4°$ $\qquad\qquad\qquad 2|R_{XY}(\tau)| \leqslant R_X(0) + R_Y(0)$

其中 $R_X(\tau)$、$R_Y(\tau)$ 分别为 $X(t)$、$Y(t)$ 的自相关函数。

读者可利用 Cauchy-Schwarz 不等式自行给出有关证明。

[例 5.1.8] 设有两个实随机过程

$$\{X(t) = A\cos\omega t + B\sin\omega t \qquad t \in (-\infty, +\infty)\}$$
$$\{Y(t) = -A\sin\omega t + B\cos\omega t \qquad t \in (-\infty, +\infty)\}$$

其中 A、B 为实不相关随机变量，且 $E(A) = E(B) = 0, D(A) = D(B) = \sigma^2$，试讨论它们的平稳性，并求自相关函数与互相关函数。

解： 由题设条件可知

$$m_X(t) = E[X(t)] = E[A\cos\omega t + B\sin\omega t] =$$

$$E(A)\cos\omega t + E(B)\sin\omega t = 0$$

$$R_X(\tau) = E[X(t)X(t+\tau)] = E[(A\cos\omega t + B\sin\omega t)(A\cos\omega(t+\tau)\sin\omega(t+\tau))] =$$

$$E(A^2)\cos\omega t\cos\omega(t+\tau) + E(B^2)\sin\omega t\sin\omega(t+\tau) =$$

$$\sigma^2\cos\omega\tau$$

同理，有

$$m_Y(t) = 0$$

$$R_Y(\tau) = \sigma^2 \cos \omega \tau$$

易见，$X(t)$，$Y(t)$均为平稳过程。它们的互相关函数为

$$R_{XY}(t, t+\tau) = E\big[X(t)Y(t+\tau)\big] =$$

$$E\big[(A\cos\omega t + B\sin\omega t)(-A\sin\omega(t+\tau) + B\cos\omega(t+\tau))\big] =$$

$$-E(A^2)\cos\omega t\sin\omega(t+\tau) + E(B^2)\sin\omega t\cos\omega(t+\tau) =$$

$$-\sigma^2\sin\omega\tau = R_{XY}(\tau)$$

即$\{X(t)\}$与$\{Y(t)\}$是平稳相关的。

除研究两个平稳过程的联合平稳性之外，平稳过程的和与积是否仍为平稳过程也是值得探讨的。

定义 5.1.4 设$\{X(t), t \in T\}$与$\{Y(t), t \in T\}$为平稳过程。

(1) 若$X(t)$与$Y(t)$平稳相关，则对于任意的复常数α、β，$\alpha X(t) + \beta Y(t)$亦为平稳过程，其相关函数满足

$$R_{\alpha X(t) + \beta Y(t)}(\tau) = |\alpha|^2 R_X(\tau) + \alpha\overline{\beta}R_{XY}(\tau) + \overline{\alpha}\beta R_{YX}(\tau) + |\beta|^2 R_Y(\tau)$$

(2) 若$X(t)$与$Y(t)$相互独立，则$X(t)$与$Y(t)$之积$W(t) = X(t)Y(t)$亦为平稳过程，其相关函数满足

$$R_W(\tau) = R_X(\tau)R_Y(\tau)$$

由平稳过程定义易证。

思 考 题

1. 严平稳性与宽平稳性的实际意义是什么？
2. 弱平稳过程的条件是否一定比严平稳条件弱？
3. 独立增量过程是否平稳过程？
4. 泊松过程是否平稳过程？
5. 维纳过程是否平稳过程？
6. 联合平稳过程的意义是什么？

5.1 基本练习题

1. 设随机序列$\{X(t) = \sin(2\pi tX), t \in T\}$，其中$T = \{0, +1, +2, \cdots\}$，$X \sim U(0, 1)$，

试讨论此随机序列的平稳性。

2. 设 $\{N(t)\ t\geqslant 0\}$ 为强度 $\lambda(>0)$ 的泊松过程，令
$$X(t) = N(t+1) - N(t)\quad t\geqslant 0$$
试证 $X(t)$ 是一宽平稳过程。

3. 试证明随机过程 $\{X(t) = A\cos\omega t + B\sin\omega t\quad t\in(-\infty,+\infty)\}$，$\omega$ 为常数，是宽平稳过程的充要条件：A 与 B 是互不相关随机变量，即 $\mathrm{Cov}(A,B)=0$，且具有零均值与等方差。

4. 在电报信号传输中，信号是由不同的电流符号 $C,-C$ 给出，且对于任意的 t，电路中电流 $X(t) = X(0)\cdot(-1)^{N(t)}$，其中

$X(0)$	C	$-C$
p_i	$\dfrac{1}{2}$	$\dfrac{1}{2}$

因电流的发送有一个任意的持续时间，电流变换符号的时间是随机的，设 $X(t)$ 在 $[0,t)$ 内变换的次数 $N(t)$ 为强度 λ 的泊松过程，试讨论 $\{X(t),t\geqslant 0\}$ 的平稳性。

5. 设 $\{W(t),t\geqslant 0\}$ 为参数 σ^2 的维纳过程，a 为正实数，令
$$X(t) = W(t+a) - W(t)\quad t\geqslant 0$$
试证 $\{X(t),t\geqslant 0\}$ 是严平稳的正态过程。

6. 已知一个随机变量 X 和一个常数 a，X 的特征函数为
$$\varphi(t) = E(\mathrm{e}^{itX}) = E(\cos tX) + iE(\sin tX)$$
令
$$X(t) = \cos(at + X)\quad t\in(-\infty,+\infty)$$
试证 $\{X(t),t\in(-\infty,+\infty)\}$ 为平稳过程的充要条件是 $\varphi(1)=0$，且 $\varphi(2)=0$。

7. 设二阶矩过程 $\{X(t),t\in(-\infty,+\infty)\}$ 的均值函数为 $m_X(t) = \alpha + \beta t$，自相关函数 $R_X(t,t+\tau) = \mathrm{e}^{-\lambda|\tau|}$。试证 $\{Y(t) = X(t+1) - X(t)\}$ 为平稳过程，并求它的均值函数与自相关函数。

8. 设 $X(t)$ 是雷达发射信号，遇目标后返回接收机的弱信号为 $\alpha X(t-\tau_1)$ $(\alpha\ll 1)$，τ_1 是信号返回时间，由于接收到信号总是伴有噪声，记噪声为 $N(t)$，于是接收机收到的全信号为 $Y(t) = \alpha X(t-\tau_1) + N(t)$，试求：

(1) 若 $X(t)$ 与 $Y(t)$ 是联合平稳过程，试求互相关函数 $R_{XY}(\tau)$；

(2) 在（1）条件下，假如 $N(t)$ 的均值为 0，且与 $X(t)$ 独立，试求 $R_{XY}(\tau)$。

9. 设 $\{X(t),t\in(-\infty,+\infty)\}$ 是实正态平稳过程，均值为 0，自相关函数为 $R_X(\tau)$，试证 $\{X^2(t),t\in(-\infty,+\infty)\}$ 也是平稳过程，并求它的均值与自相关函数。

5.2　平稳过程的遍历性

从 5.1 节可知，平稳过程的均值与自相关函数是反映平稳性的重要的数字特征。为了获得平稳过程的均值与自相关函数，通常是借助于平稳过程的一维及二维分布函数。本节介绍一个更简便的讨论均值与自相关函数的方法，这就是下面要提到的遍历性方法。

一、时平均与时相关函数

设随机过程 $\{X(t),t\in(-\infty,+\infty)\}$，考虑两个时间平均概念。

定义 5.2.1　设 $\{X(t),t\in(-\infty,+\infty)\}$ 是一均方连续平稳过程。

(1) 若均方极限 $\underset{T\to+\infty}{\mathrm{l.i.m}}\dfrac{1}{2T}\displaystyle\int_{-T}^{T}X(t)\mathrm{d}t$ 存在，则称它为 $X(t)$ 在 $(-\infty,+\infty)$ 上的时平均，记为 $<X(t)>$，即

$$<X(t)>=\underset{T\to+\infty}{\mathrm{l.i.m}}\frac{1}{2T}\int_{-T}^{T}X(t)\mathrm{d}t \tag{5.2.1}$$

(2) 若均方极限 $\underset{T\to+\infty}{\mathrm{l.i.m}}\dfrac{1}{2T}\displaystyle\int_{-T}^{T}X(t)\overline{X(t+\tau)}\mathrm{d}t$ 存在，则称它为 $X(t)$ 在 $(-\infty,+\infty)$ 上的时相关函数，记为 $<X(t)X(t+\tau)>$，即

$$<X(t)X(t+\tau)>=\underset{T\to+\infty}{\mathrm{l.i.m}}\frac{1}{2T}\int_{-T}^{T}X(t)\overline{X(t+\tau)}\mathrm{d}t \tag{5.2.2}$$

相应地称 $m_X(t)=E[X(t)]$ 与 $R_X(\tau)$ 分别为 $X(t)$ 的集平均与集相关函数。

[**例 5.2.1**]　设随机相位过程为

$$\{X(t)=a\cos(\omega t+X),\ t\in(-\infty,\ +\infty)\}$$

其中，a、ω 为常数，$X\sim U(0,2\pi)$。试求其时平均与时相关函数。

解： $<X(t)>=\underset{T\to+\infty}{\mathrm{l.i.m}}\dfrac{1}{2T}\displaystyle\int_{-T}^{T}X(t)\mathrm{d}t=$

$$\underset{T\to+\infty}{\mathrm{l.i.m}}\frac{1}{2T}\int_{-T}^{T}a\cos(\omega t+X)\mathrm{d}t=$$

$$\underset{T\to+\infty}{\text{l.i.m}}\frac{a}{2T}\int_{-T}^{T}(\cos\omega t\cos X-\sin\omega t\sin X)\mathrm{d}t=$$

$$\underset{T\to+\infty}{\text{l.i.m}}\frac{a}{2T}\cos X\int_{-T}^{T}\cos\omega t\mathrm{d}t=$$

$$\underset{T\to+\infty}{\text{l.i.m}}\frac{a\cos X}{2T\cdot\omega}2\sin\omega T=0$$

$$<X(t)X(t+\tau)>=\underset{T\to+\infty}{\text{l.i.m}}\frac{1}{2T}\int_{-T}^{T}X(t)\overline{X(t+\tau)}\mathrm{d}t=$$

$$\underset{T\to+\infty}{\text{l.i.m}}\frac{1}{2T}\int_{-T}^{T}a\cos(\omega t+X)a\cos(\omega(t+\tau)+X)\mathrm{d}t=$$

$$\underset{T\to+\infty}{\text{l.i.m}}\frac{a^2}{2T}\frac{1}{2}\int_{-T}^{T}[\cos(2\omega t+\omega\tau+2X)+\cos\omega\tau]\mathrm{d}t=$$

$$\frac{a^2}{2}\cos\omega\tau$$

[例 5.2.2] 设 $X(t)=Y$，Y 为非单点分布的随机变量，且 $E(Y^2)<+\infty$，显然 $\{X(t),t\in(-\infty,+\infty)\}$ 是一平稳随机过程。试求 $X(t)$ 的时平均与时相关函数。

解：$<X(t)>=\underset{T\to+\infty}{\text{l.i.m}}\frac{1}{2T}\int_{-T}^{T}X(t)\mathrm{d}t=\underset{T\to+\infty}{\text{l.i.m}}\frac{1}{2T}\int_{-T}^{T}Y\mathrm{d}t=Y$

$<X(t)X(t+\tau)>=\underset{T\to+\infty}{\text{l.i.m}}\frac{1}{2T}\int_{-T}^{T}X(t)X(t+\tau)\mathrm{d}t=\underset{T\to+\infty}{\text{l.i.m}}\frac{1}{2T}\int_{-T}^{T}Y\,Y\mathrm{d}t=Y^2$

二、遍历性（各态历经性）

定义 5.2.2 设 $\{X(t),t\in(-\infty,+\infty)\}$ 为一均方连续的平稳过程。

(1) 若 $<X(t)>=E[X(t)]=m_X$ 依概率 1 成立，即

$$P\{<X(t)>=m_X\}=1 \qquad (5.2.3)$$

则称 $X(t)$ 的均值具有遍历性；

(2) 若 $<X(t)X(t+\tau)>=R_X(\tau)=E[X(t)\overline{X(t+\tau)}]$，依概率 1 成立，即有

$$P\{<X(t)X(t+\tau)>=R_X(\tau)\}=1 \qquad (5.2.4)$$

则称 $X(t)$ 的自相关函数具有遍历性。

[例 5.2.3] （续例 5.2.1） 讨论 $X(t)=a\cos(\omega t+X)$ 的遍历性。

178

解：因为 $E[X(t)] = \int_0^{2\pi} a\cos(\omega t + x)\dfrac{1}{2\pi}\mathrm{d}x = 0 = <X(t)>$，所以 $X(t)$ 的均值具有遍历性。

又因为

$$E[X(t)X(t+\tau)] = \int_0^{2\pi} a\cos(\omega t + x)a\cos(\omega(t+\tau) + x)\frac{1}{2\pi}\mathrm{d}x =$$

$$\frac{a^2}{2}\cos\omega\tau = <X(t)X(t+\tau)>$$

故 $X(t)$ 的自相关函数亦具有遍历性。

[**例 5.2.4**] 续例 5.2.2，讨论 $X(t) = Y$（Y 为非单点分布且 $E(Y^2)$ 有限的随机变量）的遍历性。

解：因为 $m_X(t) = E[X(t)] = E(Y)$，而 Y 为非单点分布随机变量，故 $Y \neq E(Y)$，所以 $X(t)$ 的均值不具备遍历性。

又

$$R_X(\tau) = E[X(t)X(t+\tau)] = E(Y^2) \neq Y^2$$

所以 $X(t)$ 的自相关函数也不具备遍历性。

从上述例子可见，遍历性并非平稳过程的本质属性，一些平稳过程具备遍历性，而一些平稳过程不具备遍历性，哪些平稳过程具有遍历性呢？请看下面遍历性定理：

定理 5.2.1（均值遍历性） 平稳过程 $\{X(t), t \in (-\infty, +\infty)\}$ 的均值具有遍历性的充要条件是

$$\lim_{T\to+\infty}\frac{1}{2T}\int_{-2T}^{2T}\left(1 - \frac{|\tau|}{2T}\right)C_X(\tau)\mathrm{d}\tau = 0 \tag{5.2.5}$$

其中 $C_X(\tau) = R_X(\tau) - m_X^2$ 是 $X(t)$ 的自协方差函数。

证：欲证 $X(t)$ 具有遍历性，只须证明以下两点：

(1) $E[<X(t)>] = E[X(t)] = m_X$

(2) $D[<X(t)>] = 0$

再利用方差性质 $D[<X(t)>] = 0 \Leftrightarrow <X(t)> = m_X$，依概率 1 成立即可。

(1)的证明： $E[<X(t)>] = E\left[\underset{T\to+\infty}{\mathrm{l.i.m}}\frac{1}{2T}\int_{-T}^{T}X(t)\mathrm{d}t\right] =$

179

$$\lim_{T \to +\infty} \frac{1}{2T} \int_{-T}^{T} E[X(t)]\mathrm{d}t =$$

$$\lim_{T \to +\infty} \frac{1}{2T} \int_{-T}^{T} m_X \mathrm{d}t = m_X$$

(2)的证明：$D[<X(t)>] = D\left[\mathop{\mathrm{l.i.m}}\limits_{T \to +\infty} \frac{1}{2T} \int_{-T}^{T} X(t)\mathrm{d}t\right] =$

$$\lim_{T \to +\infty} \frac{1}{4T^2} D\left[\int_{-T}^{T} X(t)\mathrm{d}t\right]$$

而

$$D\left[\int_{-T}^{T} X(t)\mathrm{d}t\right] = E\left[\left| \int_{-T}^{T}(X(t) - m_X)\mathrm{d}t \right|^2\right] =$$

$$E\left[\int_{-T}^{T}(X(t_1) - m_X)\mathrm{d}t_1 \int_{-T}^{T} \overline{(X(t_2) - m_X)}\mathrm{d}t_2\right] =$$

$$E\left[\int_{-T}^{T}\int_{-T}^{T}(X(t_1) - m_X)\overline{(X(t_2) - m_X)}\mathrm{d}t_1\mathrm{d}t_2\right] =$$

$$\int_{-T}^{T}\int_{-T}^{T} C_X(t_2 - t_1)\mathrm{d}t_1\mathrm{d}t_2$$

再作换元

$$\begin{cases} u = t_2 - t_1 \\ v = t_2 + t_1 \end{cases}$$

则

$$\begin{cases} t_1 = \dfrac{v - u}{2} = \dfrac{-u + v}{2} \\ t_2 = \dfrac{v + u}{2} = \dfrac{u + v}{2} \end{cases}$$

其雅可比行列式

$$\frac{\partial(t_1, t_2)}{\partial(u, v)} = \begin{vmatrix} -\dfrac{1}{2} & \dfrac{1}{2} \\ \dfrac{1}{2} & \dfrac{1}{2} \end{vmatrix} = \frac{-1}{2}$$

故

$$D\left[\int_{-T}^{T} X(t)\mathrm{d}t\right] = \iint\limits_{\substack{-2T \leqslant v-u \leqslant 2T \\ -2T \leqslant v+u \leqslant 2T}} C_X(u)\left|-\frac{1}{2}\right|\mathrm{d}u\mathrm{d}v =$$

180

$$\frac{1}{2}\left[\int_{-2T}^{0}\mathrm{d}u\int_{-2T-u}^{2T+u}C_X(u)\mathrm{d}v+\int_{0}^{2T}\mathrm{d}u\int_{-2T+u}^{2T-u}C_X(u)\mathrm{d}v\right]=$$

$$\frac{1}{2}\left[\int_{-2T}^{0}(4T+2u)C_X(u)\mathrm{d}u+\int_{0}^{2T}(4T-2u)C_X(u)\mathrm{d}u\right]=$$

$$2T\left[\int_{-2T}^{2T}\left(1-\frac{|u|}{2T}\right)C_X(u)\mathrm{d}u\right]$$

故

$$D[<X(t)>]=\lim_{T\to+\infty}\frac{1}{4T^2}D\left[\int_{-T}^{T}X(t)\mathrm{d}t\right]=$$

$$\lim_{T\to+\infty}\frac{1}{2T}\int_{-2T}^{2T}\left(1-\frac{|u|}{2T}\right)C_X(u)\mathrm{d}u$$

即知 $<X(t)>=m_X$ 的充要条件为式（5.2.5）成立。

推论 5.2.1 实平稳过程 $\{X(t),t\in(-\infty,+\infty)\}$ 的均值具有遍历性的充要条件是

$$\lim_{T\to+\infty}\frac{1}{T}\int_{0}^{2T}\left(1-\frac{\tau}{2T}\right)C_X(\tau)\mathrm{d}\tau=0 \tag{5.2.6}$$

事实上由此时 $R_X(-\tau)=R_X(\tau)$，再据式(5.2.5)立得。

推论 5.2.2 若 $\int_{-\infty}^{+\infty}|C_X(\tau)|\mathrm{d}\tau<+\infty$，则实平稳过程 $X(t)$ 的均值具有遍历性。

因为 $\left|\frac{1}{T}\int_{0}^{2T}(1-\frac{\tau}{2T})C_X(\tau)\right|<\frac{1}{T}\int_{0}^{2T}|C_X(\tau)|\mathrm{d}\tau \xrightarrow{T\to+\infty}0$，则式(5.2.6)满足。

推论 5.2.3 若 $\lim_{\tau\to\infty}C_X(\tau)=0$，即 $\lim_{\tau\to\infty}R_X(\tau)=m_X^2$。则实平稳过程 $X(t)$ 的均值具有遍历性。

证：若 $\lim_{\tau\to\infty}C_X(\tau)=0$，则 $\forall\varepsilon>0$，$\exists T_1>0$，$\exists\tau\geqslant T_1$ 时，有

$$|C_X(\tau)|=|R_X(\tau)-m_X^2|<\varepsilon$$

故

$$\left|\frac{1}{T}\int_{0}^{2T}\left(1-\frac{\tau}{2T}\right)C_X(\tau)\mathrm{d}\tau\right|\leqslant$$

$$\frac{1}{T}\int_{0}^{2T}\left|\left(1-\frac{\tau}{2T}\right)C_X(\tau)\right|\mathrm{d}\tau\leqslant$$

$$\frac{1}{T}\int_0^{T_1}|C_X(\tau)|\,\mathrm{d}\tau + \frac{1}{T}\int_{T_1}^{2T}|C_X(\tau)|\,\mathrm{d}\tau \leqslant$$

$$\frac{T_1}{T}C_X(0) + \frac{1}{T}\varepsilon(2T-T_1) < \frac{T_1}{T}C_X(0) + 2\varepsilon$$

若令 $\dfrac{T_1}{T}C_X(0) < \varepsilon$，即当 $T > \dfrac{T_1 C_X(0)}{\varepsilon}$ 时，有

$$\left|\frac{1}{T}\int_0^{2T}\left(1-\frac{\tau}{2T}\right)C_X(\tau)\mathrm{d}\tau\right| < 3\varepsilon$$

由 ε 的任意性知式（5.2.6）成立。

[例 5.2.5] 设 $\{X(t) = A\cos\omega t + B\sin\omega t,\ t\in(-\infty,+\infty)\}$，其中 ω 为常数，A,B 为相互独立的随机变量，且 $E(A) = E(B) = 0$，$D(A) = D(B) = \sigma^2 > 0$，讨论 $X(t)$ 的均值遍历性。

解：易知 $X(t)$ 是一均方连续的平稳随机过程，且 $m_X = 0$。则

$$R_X(\tau) = \sigma^2\cos\omega\tau$$

且

$$\lim_{T\to\infty}\frac{1}{2T}\int_{-2T}^{2T}\left(1-\frac{|\tau|}{2T}\right)C_X(\tau)\mathrm{d}\tau =$$

$$\lim_{T\to\infty}\frac{1}{2T}\int_{-2T}^{2T}\left(1-\frac{|\tau|}{2T}\right)\sigma^2\cos\omega\tau\mathrm{d}\tau =$$

$$\lim_{T\to\infty}\frac{\sigma^2(1-\cos2\omega T)}{2T^2\omega^2} = 0$$

满足式（5.2.5），故 $X(t)$ 的均值具有遍历性。

[例 5.2.6] 随机电报信号过程

$$X(t) = X(0)(-1)^{N(t)}$$

其中，$P(X(0)=1) = P(X(0)=-1) = \dfrac{1}{2}$，$N(t)$ 与 $X(0)$ 相互独立，且 $N(t)$ 为泊松过程，讨论 $\{X(t), t\geqslant 0\}$ 的均值遍历性。

解：由例 5.1.5 知

$$R_X(\tau) = \mathrm{e}^{-2\lambda|\tau|}$$

182

显然，当 $\tau \to \infty$ 时 $R_X(\tau) \to 0$，且 $m_X = 0$，故当 $\tau \to \infty$ 时 $C_X(\tau) \to 0$。所以由推论 5.2.3 知 $\{X(t), t \geqslant 0\}$ 的均值具有遍历性。

定理 5.2.2（相关函数遍历性） 设 $\{X(t), t \in (-\infty, +\infty)\}$ 是均方连续的平稳过程，且对固定的 τ，$Z(t) = X(t)\overline{X(t+\tau)}$ 也是均方连续的平稳过程，则 $X(t)$ 的自相关函数 $R_X(\tau)$ 具有遍历性的充要条件为

$$\lim_{T \to +\infty} \frac{1}{2T} \int_{-2T}^{2T} \left(1 - \frac{|\tau_1|}{2T}\right) \left(R_Z(\tau_1) - |R_X(\tau)|^2\right) \mathrm{d}\tau_1 = 0 \tag{5.2.7}$$

其中

$$R_Z(\tau_1) = E\left[X(t)\overline{X(t+\tau)X(t+\tau_1)}X(t+\tau_1+\tau)\right]$$

证：令 $Z(t) = X(t)\overline{X(t+\tau)}$，则 $X(t)$ 的自相关函数即是 $Z(t)$ 的均值函数，根据定理 5.2.1，$Z(t)$ 具备均值遍历性的充要条件为

$$0 = \lim_{T \to +\infty} \frac{1}{2T} \int_{-2T}^{2T} \left(1 - \frac{|\tau_1|}{2T}\right) C_Z(\tau_1) \mathrm{d}\tau_1 =$$

$$\lim_{T \to +\infty} \frac{1}{2T} \int_{-2T}^{2T} \left(1 - \frac{|\tau_1|}{2T}\right) \left(R_Z(\tau_1) - |m_Z|^2\right) \mathrm{d}\tau_1 =$$

$$\lim_{T \to +\infty} \frac{1}{2T} \int_{-2T}^{2T} \left(1 - \frac{|\tau_1|}{2T}\right) \left(R_Z(\tau_1) - |R_X(\tau)|^2\right) \mathrm{d}\tau_1$$

推论 5.2.4 设 $\{X(t), t \in (-\infty, +\infty)\}$ 为实均方连续的平稳过程，且对固定的 τ，$Z(t) = X(t)X(t+\tau)$ 也是均方连续的平稳过程，则 $X(t)$ 的自相关函数 $R_X(\tau)$ 具有遍历性的充要条件为

$$\lim_{T \to +\infty} \frac{1}{T} \int_0^{2T} \left(1 - \frac{\tau_1}{2T}\right) (R_Z(\tau_1) - |R_X(\tau)|^2) \mathrm{d}\tau_1 = 0 \tag{5.2.8}$$

其中

$$R_Z(\tau_1) = E\left[X(t) \overline{X(t+\tau)X(t+\tau_1)} X(t+\tau_1+\tau)\right]$$

这由 $R_Z(-\tau_1) = R_Z(\tau_1)$ 及定理 5.2.2 可得。

推论 5.2.5 设 $\{X(t), t \in (0, +\infty)\}$ 是均方连续的平稳过程，且对固定的 τ，$X(t)\overline{X(t+\tau)}$ 也是均方连续平稳过程，则 $X(t)$ 的自相关函数的遍历性定义可改写为

$$<X(t)\overline{X(t+\tau)}> \triangleq \underset{T \to +\infty}{\text{l.i.m}} \frac{1}{T} \int_0^T X(t)\overline{X(t+\tau)}\mathrm{d}t \qquad (5.2.9)$$

且 $X(t)$ 的自相关函数具备遍历性的充要条件为

$$\lim_{T \to \infty} \frac{1}{T} \int_0^T \left(1 - \frac{\tau_1}{T}\right)\left(R_Z(\tau_1) - |R_X(\tau)|^2\right)\mathrm{d}\tau_1 = 0$$

其中

$$R_Z(\tau_1) = E\left[X(t)\overline{X(t+\tau)X(t+\tau_1)}X(t+\tau_1+\tau)\right]$$

读者自证。

从上述定理可知，如果平稳过程具备遍历性，则求其均值与自相关函数，不必利用平稳过程的一维及二维分布，只需利用样本函数求其时平均与时相关函数即可得到，这在实际应用中是非常有效的。例如，设 $X(t)$ 为某电阻两端的噪声电压，在固定的条件下，每隔一定时间（如 Δt）测量一次，若在 $[0,T]$ 时段内测量了 n 次，获得 n 个观测值 $x_1, x_2, \cdots, x_n$，则时平均近似值 $\frac{1}{n}\sum_{k=1}^{n} x_k$ 可作为集平均的估计值，即

$$E[X(t)] = <X(t)> \approx \frac{1}{n}\sum_{k=1}^{n} x_k \qquad (5.2.10)$$

类似有

$$D[X(t)] = <X^2(t)> - <X(t)>^2 \approx$$

$$\frac{1}{n}\sum_{k=1}^{n} x_k^2 - \left(\frac{1}{n}\sum_{k=1}^{n} x_k\right)^2$$

$$R_Z(r) = <X(t)X(t+r)> \approx \frac{1}{n}\sum_{k=1}^{n-r} x_k x_{k+r}$$

其中 r 是在 $[t, t+r]$ 时段内测量的次数。而上式右端的近似值可利用计算机进行数值计算，也可用相关分析仪得到。

思 考 题

1. 时平均、时相关函数的意义是什么？

2. 为什么遍历性要求随机过程具备均方连续性？

3. 均值的遍历性与自相关函数的遍历性有无必然联系？

4. 如何识别平稳过程的遍历性？

5.2 基本练习题

1. 设随机过程 $\{X(t) = A\cos(\omega t + \Theta),\ t \in (-\infty, +\infty)\}$，其中 A, ω, Θ 为相互独立的随机变量，其中 A 的均值为 2，方差为 4，且 $\Theta \sim U(-\pi, \pi)$，$\omega \sim U(-5, 5)$，试问 $X(t)$ 是否平稳过程，并讨论 $X(t)$ 的均值与自相关函数的遍历性。

2. 设平稳过程 $\{X(t), t \in (-\infty, +\infty)\}$ 的均值 $m_X = 0$，自相关函数 $R_X(\tau) = A\mathrm{e}^{-\alpha|\tau|}$ $(1 + \alpha|\tau|)(\alpha > 0)$，其中 A, α 为常数，试问 X 的均值是否具有遍历性？

3. 设 $X(t)$ 是以 L 为周期的周期函数，Θ 是在 $(0, L)$ 上均匀分布的随机变量，试证随机相位周期过程 $\{X(t + \Theta), t \in T\}$ 的均值和自相关函数具有遍历性。

4. 设随机过程 $\{X(t) = A\sin t + B\cos t, t \in (-\infty, +\infty)\}$，其中 A, β 是均值为 0 且不相关的随机变量 $E(A^2) = E(B^2)$，试证 $X(t)$ 有均值的遍历性而无自相关函数的遍历性。

5. 设随机过程 $\{X(t) = A\sin(2\pi Bt + \Theta), t \in (-\infty, +\infty)\}$，其中 A 为常数，B 和 Θ 为相互独立的随机变量。且已知 B 的概率密度为偶函数，$\Theta \sim U(-\pi, \pi)$。试证：

(1) $X(t)$ 为一平稳过程；

(2) $X(t)$ 的均值具有遍历性。

5.3 平稳过程的功率谱密度与谱分解

由 5.1 节中例 5.1.3 指出，随机过程

$$X(t) = \sum_{k=1}^{n} (A_k \cos \omega_k t + B_k \sin \omega_k t) \qquad t \in T$$

为一平稳随机过程，其中 A_k，B_k，$1 \leq k \leq n$ 是均值为 0、方差为 σ_k^2 的互不相关的实随机变量，ω_k 为正实数，由三角函数关系可得

$$A_k \cos \omega_k t + B_k \sin \omega_k t = C_k \sin(\omega_k t + \varphi_k)$$

其中

$$C_k = \sqrt{A_k^2 + B_k^2} \qquad \varphi_k = \arctan \frac{A_k}{B_k}$$

即 $A_k \cos \omega_k t + B_k \sin \omega_k t$ 实际上是一个频率为 ω_k、随机振幅为 C_k、相位角为 φ_k 的简谐波，这样，平稳过程 $X(t)$ 即可视为有限个具有随机振幅的简谐波的叠加。

再由高等数学知识可知，若 $X(t)$ 为实的或复的周期函数，其周期为 $2T$，且 $X(t)$ 在一个周期内绝对可积，即 $\int_{-T}^{T} |X(t)| \, dt < +\infty$，则 $X(t)$ 可用下列傅里叶级数的复数形式展开成

$$X(t) = \sum_{m=-\infty}^{\infty} C_m e^{i\frac{m\pi t}{T}} \tag{5.3.1}$$

其中

$$C_m = \frac{1}{2T} \int_{-T}^{T} X(t) \, e^{-i\frac{m\pi t}{T}} \, dt \quad m = 0, \ \pm 1, \ \pm 2, \ \cdots \tag{5.3.2}$$

因此，可以推测，是否任意一个平稳过程都可表示成一些具有随机振幅的简谐振动的叠加呢？这个问题称为平稳过程的谱密度分解问题。由于式（5.3.1）与式（5.3.2），可借助傅里叶变换性质来研究平稳过程的特征结构问题，为此，先介绍谱密度的概念。

一、平稳过程的谱密度定义

设 $\{X(t), t \in T\}$ 为实或复随机过程，如无特别说明，本节所述平稳过程均指复值平稳过程，其中参数集 T 均指连续参数集，平稳过程的自相关函数 $R_X(\tau) = EX(t)\overline{X(t+\tau)}$ 一般亦为复值函数，当 $\{X(t)\}$ 为实平稳过程时，$R(\tau)$ 亦为实值函数。

在傅里叶变换中，任一个时间函数（周期或非周期）都可以看成为无数个（有限或无限）简谐波的叠加，这就是说任何周期或非周期的时间函数均可用一系列正、余弦函数的叠加构成，对于随机过程来说，平稳过程的自相关函数 $R_X(\tau)$ 是一个在时间域上描述随机过程统计特征的确定的函数，具有许多良好的性质，可以看到，$R_X(\tau)$ 通过傅里叶变换后，在频域上保留了平稳过程的频率成分，这就启发我们从自相关函数入手去对平稳过程进行谱分析。为此，先从数学角度引入

谱密度。

定义 5.3.1 设平稳过程 $\{X(t), t \in T\}$ 的自相关函数为 $R_X(\tau)$，若积分

$$\int_{-\infty}^{+\infty} R_X(\tau) \mathrm{e}^{-\mathrm{i}\omega\tau} \mathrm{d}\tau \qquad \omega \in (-\infty, +\infty)$$

存在，则称它为 $\{X(t), t \in T\}$ 的功率谱密度，简称为谱密度，记为 $S_X(\omega)$。即

$$S_X(\omega) = \int_{-\infty}^{+\infty} R_X(\tau) \mathrm{e}^{-\mathrm{i}\omega\tau} \mathrm{d}\tau \qquad \omega \in (-\infty, +\infty) \tag{5.3.3}$$

对于平稳序列 $\{X(n), n \geqslant 1\}$，若级数 $\displaystyle\sum_{m=-\infty}^{\infty} R_X(m) \mathrm{e}^{-\mathrm{i}m\omega}$ 存在，谱密度为

$$S_X(\omega) = \sum_{m=-\infty}^{\infty} R_X(m) \mathrm{e}^{-\mathrm{i}m\omega} \tag{5.3.4}$$

[**例 5.3.1**] 设随机过程 $\{X(t), t \in T\}$ 的自相关函数为

$$R_X(\tau) = \mathrm{e}^{-2\lambda|\tau|}$$

试求 $X(t)$ 的谱密度。

解： $\quad S_X(\omega) = \displaystyle\int_{-\infty}^{+\infty} \mathrm{e}^{-2\lambda|\tau|} \cdot \mathrm{e}^{-\mathrm{i}\omega\tau} \mathrm{d}\tau =$

$$\int_{-\infty}^{+\infty} \mathrm{e}^{-2\lambda|\tau|}(\cos\omega\tau - \mathrm{i}\sin\omega\tau)\mathrm{d}\tau = \int_{-\infty}^{+\infty} \mathrm{e}^{-2\lambda|\tau|} \cos\omega\tau \mathrm{d}\tau$$

令

$$I = \int_{0}^{+\infty} \mathrm{e}^{-2\lambda\tau} \cos\omega\tau \mathrm{d}\tau =$$

$$\frac{1}{\omega} \sin\omega\tau \mathrm{e}^{-2\lambda\tau} \bigg|_{0}^{+\infty} - \frac{1}{\omega} \int_{0}^{+\infty} (-2\lambda) \mathrm{e}^{-2\lambda\tau} \sin\omega\tau \mathrm{d}\tau =$$

$$\frac{2\lambda}{\omega} \int_{0}^{+\infty} \mathrm{e}^{-2\lambda\tau} \sin\omega\tau \mathrm{d}\tau =$$

$$\frac{2\lambda}{\omega} \left(-\frac{\cos\omega\tau}{\omega}\right) \mathrm{e}^{-2\lambda\tau} \bigg|_{0}^{+\infty} + \frac{2\lambda}{\omega} \frac{1}{\omega} \int_{0}^{+\infty} (-2\lambda) \mathrm{e}^{-2\lambda\tau} \cos\omega\tau \mathrm{d}\tau =$$

$$\frac{2\lambda}{\omega^2} - \frac{4\lambda^2}{\omega^2} \int_{0}^{+\infty} \mathrm{e}^{-2\lambda\tau} \cos\omega\tau \mathrm{d}\tau = \frac{2\lambda}{\omega^2} - \frac{4\lambda^2}{\omega^2} I$$

故

$$I = \frac{2\lambda}{4\lambda^2 + \omega^2}$$

所以

$$S_X(\omega) = 2I = \frac{4\lambda}{4\lambda^2 + \omega^2}$$

[例5.3.2] 已知平稳过程 $R_X(\tau)$ 的自相关函数为

$$R_X(\tau) = a^2 e^{-(\omega_0\tau)^2}$$

其中，a^2 与 ω_0 均为常数，试求其谱密度 $S_X(\omega)$。

解： $S_X(\omega) = \int_{-\infty}^{+\infty} R_X(\tau)\, e^{-i\tau\omega} d\tau =$

$$a^2 \int_{-\infty}^{+\infty} e^{-\omega_0^2\tau^2} e^{-\tau\omega i} d\tau =$$

$$\frac{a^2}{\omega_0} e^{-\left(\frac{\omega}{2\omega_0}\right)^2} 2\int_0^{+\infty} e^{-\left(\omega_0\tau + \frac{i\omega}{2\omega_0}\right)^2} d(\omega_0\tau) =$$

$$\frac{a^2}{\omega_0} e^{-\left(\frac{\omega}{2\omega_0}\right)^2} 2\int_0^{+\infty} e^{-\frac{t^2}{2}} d(\frac{t}{\sqrt{2}}) =$$

$$\frac{a^2}{\omega_0} e^{-\left(\frac{\omega}{2\omega_0}\right)^2} 2\frac{\sqrt{\pi}}{2} = \frac{a^2\sqrt{\pi}}{\omega_0} e^{-\left(\frac{\omega}{2\omega_0}\right)^2}$$

其中，令 $\omega_0\tau + \frac{i\omega}{2\omega_0} = \frac{t}{\sqrt{2}}$。

[例5.3.3] 已知平稳过程 $X(t)$ 的自相关函数 $R_X(\tau)$ 为

$$R_X(\tau) = \begin{cases} 1 - |\tau| & |\tau| \leqslant 1 \\ 0 & 其它 \end{cases}$$

试求其谱密度 $S_X(\omega)$。

解：$S_X(\omega) = \int_{-\infty}^{+\infty} R_X(\tau) e^{-i\omega\tau} d\tau =$

$$2\int_0^1 (1-\tau)\cos\omega\tau d\tau$$

188

而

$$\int_0^1 \cos\omega\tau \, \mathrm{d}\tau = \frac{\sin\omega\tau}{\omega}\bigg|_0^1 = \frac{\sin\omega}{\omega}$$

$$\int_0^1 \tau\cos\omega\tau \, \mathrm{d}\tau = \frac{\tau\sin\omega\tau}{\omega}\bigg|_0^1 - \frac{1}{\omega}\int_0^1 \sin\omega\tau \, \mathrm{d}\tau =$$

$$\frac{\sin\omega}{\omega} + \frac{\cos\omega\tau}{\omega^2}\bigg|_0^1 = \frac{\sin\omega}{\omega} + \frac{\cos\omega - 1}{\omega^2}$$

故

$$S_X(\omega) = \frac{2(1-\cos\omega)}{\omega^2} = \frac{4\sin^2\frac{\omega}{2}}{\omega^2}$$

［例 5.3.4］ 设 $\{X(n),\ n=0,\ \pm1,\ \pm2,\ \cdots\}$ 为互不相关的随机变量序列，且 $EX(n)=0$，$DX(n)=\sigma^2$，试求它的谱密度。

解：由相关函数定义知

$$R_X(m) = EX(n)X(n+m) = \begin{cases} \sigma^2 & m=0 \\ 0 & m\neq 0 \end{cases}$$

显然有

$$\sum_{-\infty}^{+\infty} |R_X(m)| = \sigma^2 < +\infty$$

故 $X(n)$ 的谱密度存在，且为

$$S_X(\omega) = \sum_{m=-\infty}^{+\infty} R_X(m)\mathrm{e}^{-im\omega} = \sigma^2$$

［例 5.3.5］ 设 $\{X(n), n=0,\pm1,\pm2,\cdots\}$ 为实的互不相关随机变量序列，且 $EX(n)=0$，$D(X(n))=\sigma^2$，若令

$$Y(n) = \sum_{k=-\infty}^{+\infty} C_k X(n-k)$$

其中 C_k 为满足条件

$$\sum_{n=-\infty}^{+\infty} |C_n|^2 < +\infty$$

的复数序列, 试求 $\{Y(n), n = 0, \pm1, \pm2, \cdots\}$ 的谱密度。

解: 由例 5.3.4 知, $X(n)$ 的自相关函数为

$$EX(n)X(n+m) = \begin{cases} \sigma^2 & m = 0 \\ 0 & m \neq 0 \end{cases}$$

由均方收敛性与平稳性定义可证 $Y(n)$ 亦为平稳序列, 此 $Y(n)$ 称为离散参数的滑动和。其自相关函数为

$$R_Y(m) = EY(n)\overline{Y(n+m)} =$$

$$E\left[\sum_{k=-\infty}^{+\infty} C_k X(n-k) \overline{\sum_{l=-\infty}^{+\infty} C_l X(n+m-l)}\right] =$$

$$\sum_{k=-\infty}^{+\infty}\sum_{l=-\infty}^{+\infty} C_k \overline{C_l} E\left[X(n-k)\overline{X(n+m-l)}\right] =$$

$$\sum_{k=-\infty}^{+\infty} C_k \overline{C_{m+k}} \sigma^2$$

而

$$\sum_{m=-\infty}^{+\infty} |R_Y(m)| = \sigma^2 \sum_{m=-\infty}^{+\infty} \left|\sum_{k=-\infty}^{+\infty} C_k \overline{C_{m+k}}\right| \leqslant$$

$$\sigma^2 \sum_{k=-\infty}^{+\infty} |C_k| \sum_{m=-\infty}^{+\infty} |\overline{C_{m+k}}| \leqslant$$

$$\sigma^2 \left(\sum_{k=-\infty}^{+\infty} |C_k|\right)^2 < +\infty$$

因此 $Y(n)$ 存在谱密度, 且为

$$S_Y(\omega) = \sum_{m=-\infty}^{+\infty} R_Y(m) \mathrm{e}^{-im\omega} =$$

$$\sigma^2 \sum_{m=-\infty}^{+\infty}\sum_{k=-\infty}^{+\infty} C_k \overline{C_{m+k}} \mathrm{e}^{-im\omega} =$$

$$\sigma^2 \sum_{k=-\infty}^{+\infty}\sum_{l=-\infty}^{+\infty} C_k \overline{C_l} \mathrm{e}^{-i(l-k)\omega} =$$

$$\sigma^2 \sum_{k=-\infty}^{+\infty} C_k e^{ik\omega} \sum_{l=-\infty}^{+\infty} \overline{C_l e^{il\omega}} =$$

$$\sigma^2 \left| \sum_{k=-\infty}^{+\infty} C_k e^{ik\omega} \right|^2$$

常见的相关函数与对应的谱密度函数如表 5.1。

表 5.1　相关函数与其谱密度函数

$R_X(\tau)$	$S_X(\omega)$
$e^{-2\lambda|\tau|}$	$\dfrac{4\lambda}{4\lambda^2 + \omega^2}$
$e^{-(\omega_0\tau)^2} \quad (\omega_0 \neq 0)$	$\dfrac{\sqrt{\pi}}{\omega_0} e^{-\left(\frac{\omega}{2\omega_0}\right)^2}$
$1 - |\tau| \quad (|\tau| \leqslant 1)$	$\dfrac{4\sin^2\left(\dfrac{\omega}{2}\right)}{\omega^2}$
$\begin{cases} \sigma^2 & \tau = 0 \quad \tau \text{ 为整数} \\ 0 & \tau \neq 0 \end{cases}$	σ^2
$\displaystyle\sum_{k=-\infty}^{+\infty} C_k \overline{C_{m+k}} \sigma^2$	$\sigma^2 \left| \displaystyle\sum_{k=-\infty}^{+\infty} C_k e^{ik\omega} \right|^2$
$s_0 \delta(\tau)$	$s_0 \quad (-\infty < \omega < +\infty)$
$1/2\pi$	$\delta(\omega)$
$\dfrac{\omega_0 s_0}{\pi}\left(\dfrac{\sin(\omega_0\tau)}{\omega_0\tau}\right)$	$\begin{cases} s_0 & |\omega| \leqslant \omega_0 \\ 0 & |\omega| > \omega_0 \end{cases}$

二、谱密度的物理意义

谱密度的概念来自无线电技术，在物理学中，它表示为功率谱密度。若将一个样本函数 $x(t)$ 看成为一个纯电阻电路的电压，由电学理论可知，如果电阻值为 1Ω，那么瞬时功率即为

$$P(t) = x^2(t)$$

这时 $P(t)$ 在 $(-\infty, +\infty)$ 上的积分为

$$\int_{-\infty}^{+\infty} P(t)\mathrm{d}t = \int_{-\infty}^{+\infty} x^2(t)\mathrm{d}t \tag{5.3.5}$$

191

即表示 $x(t)$ 在 $(+\infty, -\infty)$ 区间上的总能量。

但在工程技术中，常遇到的许多重要的时间函数 $x(t)$，其总能量是无限的，且 $x(t)$ 在无穷区间亦非绝对可积，即条件

$$\int_{-\infty}^{+\infty} |x(t)| \, dt < +\infty \tag{5.3.6}$$

并不满足，如 $x(t) = A\sin(\omega t + \varphi)$ 就是一例。一般来说，平稳过程的样本函数 $x(t)$ 亦是如此，这时，我们通常转而去研究 $x(t)$ 在无穷区间 $(-\infty, +\infty)$ 上的平均功率，即

$$\lim_{T \to +\infty} \frac{1}{2T} \int_{-T}^{T} x^2(t) \, dt \tag{5.3.7}$$

在以后的讨论中，我们均假定式（5.3.7）中极限存在，即平均功率存在。

为了能利用傅里叶变换给出"平均功率的谱表示式"，首先由给定的样本函数 $x(t)$ 构造一个截尾函数

$$x_T(t) = \begin{cases} x(t) & |t| \leqslant T \\ 0 & |t| > T \end{cases} \tag{5.3.8}$$

则易见 $x_T(t)$ 满足条件（5.3.6），现记 $x_T(t)$ 的傅里叶原变换，即频谱函数为

$$F_X(\omega, T) = \int_{-\infty}^{+\infty} x_T(t) e^{-i\omega t} \, dt = \int_{-T}^{T} x(t) e^{-i\omega t} \, dt \tag{5.3.9}$$

则

$$x_T(t) = \frac{1}{2\pi} \int_{-\infty}^{+\infty} F_X(\omega, T) e^{i\omega t} \, d\omega$$

为 $F_X(\omega, T)$ 的傅里叶逆变换，故

$$\int_{-\infty}^{+\infty} x_T^2(t) \, dt = \int_{-\infty}^{+\infty} x_T(t) \overline{x_T(t)} \, dt =$$

$$\int_{-\infty}^{+\infty} x_T(t) \overline{\int_{-\infty}^{+\infty} \frac{1}{2\pi} F_X(\omega, T) e^{i\omega t} \, d\omega} \, dt =$$

$$\frac{1}{2\pi} \int_{-\infty}^{+\infty} \overline{F_X(\omega, T)} \left[\int_{-\infty}^{+\infty} x_T(t) e^{-i\omega t} \, dt \right] d\omega =$$

$$\frac{1}{2\pi} \int_{-\infty}^{+\infty} \overline{F_X(\omega, T)} F_X(\omega, T) \, d\omega =$$

$$\frac{1}{2\pi} \int_{-\infty}^{+\infty} \left| F_X(\omega, T) \right|^2 \, d\omega$$

此式即为著名的巴塞伐等式。

对此等式两端同除以 $2T$，再令 $T \to +\infty$，即得

$$\lim_{T\to\infty}\frac{1}{2T}\int_{-T}^{T}x^2(t)\mathrm{d}\,t = \frac{1}{2\pi}\int_{-\infty}^{+\infty}\lim_{T\to\infty}\frac{1}{2T}\left|F_X(\omega,T)\right|^2\mathrm{d}\,\omega \qquad (5.3.10)$$

即式(5.3.10)表示平均功率 W 为

$$W = \frac{1}{2\pi}\int_{-\infty}^{+\infty}\lim_{T\to\infty}\frac{1}{2T}\left|F_X(\omega,T)\right|^2\mathrm{d}\,\omega$$

若把 $\frac{1}{2T}\left|F_X(\omega,T)\right|^2$ 看作一条曲线，则平均功率就等于此曲线下的面积的极限，而

$$\lim_{T\to\infty}\frac{\left|F_X(\omega,T)\right|^2}{2T} = \lim_{T\to\infty}\frac{1}{2T}F_X(\omega,T)\cdot\overline{F_X(\omega,T)}$$

恰好就是面积的线密度函数，故称为功率谱密度。

在以上的讨论，若以随机过程 $X(t)$ 代替上述中样本函数 $x(t)$，则对平稳过程 $\{X(t),t\in(-\infty,+\infty)\}$ 来说式（5.3.10）即为

$$\underset{T\to\infty}{\mathrm{l.i.m}}\frac{1}{2T}\int_{-T}^{T}X^2(t)\mathrm{d}\,t = \frac{1}{2\pi}\int_{-\infty}^{+\infty}\lim_{T\to\infty}\frac{1}{2T}\left|F_X(\omega,T)\right|^2\mathrm{d}\omega \qquad (5.3.11)$$

此时，式（5.3.11）中积分成为均方积分。对式（5.3.11）两端取数学期望，再注意到宽平稳过程的均方值函数为常数，即

$$\psi_X^2 = E\,|\,X(t)\,|^2 = 常数$$

故有

$$\psi_X^2 = \frac{1}{2\pi}\int_{-\infty}^{+\infty}\lim_{T\to\infty}\frac{1}{2T}E\,|\,F_X(\omega,T)\,|^2\,\mathrm{d}\omega =$$

$$\frac{1}{2\pi}\int_{-\infty}^{+\infty}S_X(\omega)\mathrm{d}\omega \qquad (5.3.12)$$

其中

$$S_X(\omega) = \lim_{T\to\infty}\frac{1}{2T}E\,|\,F_X(\omega,T)\,|^2 =$$

$$\lim_{T\to\infty}\frac{1}{2T}E\left[F_X(\omega,T)\overline{F_X(\omega,T)}\right] =$$

$$\lim_{T\to\infty}\frac{1}{2T}E\left[\int_{-T}^{T}X(t_2)\,\mathrm{e}^{-i\omega\,t_2}\mathrm{d}\,t_2\int_{-T}^{T}\overline{X(t_1)}\,\mathrm{e}^{i\omega\,t_1}\mathrm{d}\,t_1\right] =$$

193

$$\lim_{T \to \infty} \frac{1}{2T} \int_{-T}^{T} \int_{-T}^{T} E[X(t_2)\overline{X(t_1)}] \ \mathrm{e}^{-i\omega(t_2-t_1)} \mathrm{d}t_1 \mathrm{d}t_2 =$$

$$\lim_{T \to \infty} \frac{1}{2T} \int_{-T}^{T} \int_{-T}^{T} R_X(t_2,t_1) \mathrm{e}^{-i\omega(t_2-t_1)} \mathrm{d}t_1 \mathrm{d}t_2 =$$

$$\lim_{T \to \infty} \frac{1}{2T} \int_{-T}^{T} \int_{-T}^{T} R_X(t_2-t_1) \mathrm{e}^{-i\omega(t_2-t_1)} \mathrm{d}t_1 \mathrm{d}t_2$$

令 $\tau_1 = t_1 + t_2$，$\tau_2 = t_2 - t_1$，参见图 5.1。则雅可比行列式为

$$|J| = \left| \frac{\partial(t_1,t_2)}{\partial(\tau_1,\tau_2)} \right| = \frac{1}{2}$$

$$\mathrm{d}t_1 \mathrm{d}t_2 = \frac{1}{2} \mathrm{d}\tau_1 \mathrm{d}\tau_2$$

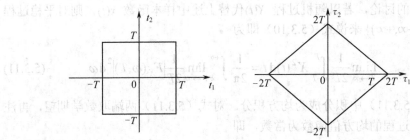

图 5.1

由上述换元立得

$$S_X(\omega) = \lim_{T \to \infty} \frac{1}{4T} \left[\int_{-2T}^{0} \mathrm{d}\tau_2 \int_{-2T-\tau_2}^{2T+\tau_2} R_X(\tau_2) \ \mathrm{e}^{-i\omega\tau_2} \mathrm{d}\tau_1 + \right.$$

$$\left. \int_{0}^{2T} \mathrm{d}\tau_2 \int_{-2T+\tau_2}^{2T-\tau_2} R_X(\tau_2)\mathrm{e}^{-i\omega\tau_2} \mathrm{d}\tau_1 \right] =$$

$$\lim_{T \to \infty} \left[\int_{-2T}^{0} \left(1 + \frac{\tau_2}{2T}\right) R_X(\tau_2)\mathrm{e}^{-i\omega\tau_2} \mathrm{d}\tau_2 + \int_{0}^{2T} \left(1 - \frac{\tau_2}{2T}\right) R_X(\tau_2)\mathrm{e}^{-i\omega\tau_2} \mathrm{d}\tau_2 \right] =$$

$$\lim_{T \to \infty} \int_{-2T}^{2T} \left(1 - \frac{|\tau_2|}{2T}\right) R_X(\tau_2)\mathrm{e}^{-i\omega\tau_2} \mathrm{d}\tau_2 =$$

$$\int_{-\infty}^{+\infty} R_X(\tau)\mathrm{e}^{-i\omega\tau} \mathrm{d}\tau$$

194

此即定义 5.3.1 中式（5.3.3），这里要求 $\int_{-\infty}^{+\infty}|R_X(\tau)|\mathrm{d}\tau<+\infty$。

由于上式中的 $S_X(\omega)$ 在整个频率轴 (ω) 上都有定义，因此被称为双边谱密度。若 $S_X(\omega)$ 只在区间 (ω_1,ω_2) 上有定义，此时

$$\psi_X^2=\frac{1}{2\pi}\int_{\omega_1}^{\omega_2}S_X(\omega)\mathrm{d}\omega$$

若已知 $\omega\geqslant0$ 时的 $S_X(\omega)$，则由 $S_X(\omega)$ 的偶函数特性，可定义单边谱密度。

定义 5.3.2　设 $S_X(\omega)$ 为定义 5.3.1 中定义的双边谱密度，则称

$$G_X(\omega)=\begin{cases}2S_X(\omega)&\omega\geqslant0\\0&\omega<0\end{cases}$$

为 $X(t)$ 的单边谱密度，见图 5.2。

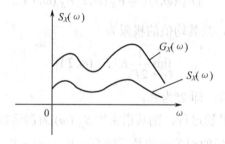

图 5.2　单边谱密度

三、谱密度的性质

设平稳过程 $\{X(t),t\in(-\infty,+\infty)\}$ 的谱密度 $S_X(\omega)$ 存在，则 $S_X(\omega)$ 具有以下特征性质：

1°　$X(t)$ 的自相关函数 $R_X(\tau)$ 与谱密度是一傅里叶变换对，即

$$S_X(\omega)=\int_{-\infty}^{+\infty}R_X(\tau)\mathrm{e}^{-\mathrm{i}\omega\tau}\mathrm{d}\tau\qquad(5.3.13)$$

$$R_X(\tau)=\frac{1}{2\pi}\int_{-\infty}^{+\infty}S_X(\omega)\mathrm{e}^{\mathrm{i}\omega\tau}\mathrm{d}\omega\qquad(5.3.14)$$

式（5.3.13）与式（5.3.14）即为著名的维纳—辛钦公式，它说明了平稳过程的自相关函数和功率谱密度之间的密切关系，揭示了从时间角度描述平稳过程 $X(t)$

的统计规律和从频率角度描述 $X(t)$ 的统计规律之间的联系。这样，在应用中可根据实际情形选择适当的时间域方法或频率域方法去解决实际问题。

式(5.3.13)与式(5.3.14)成立的条件是 $R_X(\tau)$ 与 $S_X(\omega)$ 绝对可积，即

$$\int_{-\infty}^{+\infty}|R_X(\tau)|\,d\tau<+\infty \tag{5.3.15}$$

$$\int_{-\infty}^{+\infty}|S_X(\omega)|\,d\omega<+\infty \tag{5.3.16}$$

在式(5.3.14)中，令 $\tau=0$，再次得到表达式（5.3.12），即

$$\Psi_X^2=\frac{1}{2\pi}\int_{-\infty}^{+\infty}S_X(\omega)d\omega$$

2° $S_X(\omega)$ 是 ω 的实值非负函数。

事实上，频谱函数的模的平方

$$|F_X(\omega,t)|^2=F_X(\omega,T)\overline{F_X(\omega,T)}$$

为 ω 的实值非负函数，故其均值的极限为

$$\lim_{T\to\infty}\frac{1}{2T}E|F_X(\omega,T)|^2$$

亦为 ω 的实值非负函数，即 2° 为真。

3°   若 $X(t)$ 为实平稳过程，则其谱密度 $S_X(\omega)$ 为偶函数。

这由于实平稳过程的相关函数是偶函数：$R_X(-\tau)=R_X(\tau)$，故由傅里叶变换的性质立得

$$S_X(-\omega)=\overline{S_X(\omega)}=S_X(\omega)$$

此时有 $|F_X(\omega,T)|^2=F_X(\omega,T)F_X(-\omega,T)$。故当 $X(t)$ 为实平稳过程时，维纳—辛钦公式可写为

$$S_X(\omega)=2\int_0^{+\infty}R_X(\tau)\cos\omega\tau d\tau \tag{5.3.17}$$

$$R_X(\tau)=\frac{1}{\pi}\int_0^{+\infty}S_X(\omega)\cos\omega\tau d\omega \tag{5.3.18}$$

4° $R_X(0)=\frac{1}{2\pi}\int_{-\infty}^{\infty}S_X(\omega)d\omega$

$$S_X(0)=\int_{-\infty}^{+\infty}R_X(\tau)d\tau$$

196

证明是显然的。第 1 式表明了谱密度曲线下的总面积（即平均功率）等于平稳过程的均方值；第 2 式表明了谱密度的零频率分量等于相关函数曲线下的总面积。

5° 设 $\{X(t), t \in T\}$ 与 $\{Y(t), t \in T\}$ 为两个正交的平稳过程（即 $R_{XY}(s,t) = 0$），则 $\{Z(t) = X(t) + Y(t), t \in T\}$ 的谱密度为两过程的谱密度之和，即

$$S_Z(\omega) = S_X(\omega) + S_Y(\omega)$$

事实上，由于 $X(t)$ 与 $Y(t)$ 正交，即互相关函数 $R_{XY}(s,t) = 0$，则 $Z(t)$ 的相关函数为

$$\forall \tau > 0, \quad R_Z(\tau) = EZ(t)\overline{Z(t+\tau)} =$$

$$E\left[(X(t)+Y(t))\overline{\left(X(t+\tau)+Y(t+\tau)\right)}\right] =$$

$$E\left[(X(t)+Y(t))(\overline{X(t+\tau)}+\overline{Y(t+\tau)})\right] =$$

$$E[X(t)\overline{X(t+\tau)} + X(t)\overline{Y(t+\tau)} +$$

$$Y(t)\overline{X(t+\tau)} + Y(t)\overline{Y(t+\tau)}] =$$

$$R_X(\tau) + R_{XY}(t,t+\tau) + R_{YX}(t,t+\tau) + R_Y(\tau) =$$

$$R_X(\tau) + R_Y(\tau)$$

当 $\tau = 0$ 时，

$$R_Z(0) = EZ(t)\overline{Z(t)} = E|Z(t)|^2 = R_X(0) + R_Y(0)$$

从而 $Z(t)$ 亦为平稳过程，其谱密度为

$$S_Z(\omega) = \int_{-\infty}^{+\infty} R_Z(\tau)\mathrm{e}^{-\mathrm{i}\omega\tau}\mathrm{d}\tau =$$

$$\int_{-\infty}^{+\infty} [R_X(\tau)+R_Y(\tau)]\mathrm{e}^{-\mathrm{i}\omega\tau}\mathrm{d}\tau =$$

$$S_X(\omega) + S_Y(\omega)$$

6° 记 $\dfrac{\mathrm{d}X(t)}{\mathrm{d}t} = X'(t)$，$\dfrac{\mathrm{d}^2 X(t)}{\mathrm{d}t^2} = X''(t)$，则

$$S_{X'}(\omega) = \omega^2 S_X(\omega) \tag{5.3.19}$$

$$S_{X''}(\omega) = \omega^4 S_X(\omega) \qquad (5.3.20)$$

证：由相关函数的性质可知

$$R_{X'}(\tau) = -\frac{\mathrm{d}^2 R_X(\tau)}{\mathrm{d}\tau^2}$$

由

$$R_X(\tau) = \frac{1}{2\pi} \int_{-\infty}^{+\infty} S_X(\omega) \mathrm{e}^{\mathrm{i}\omega\tau} \mathrm{d}\omega$$

两端对 τ 求二阶导数，得

$$\frac{\mathrm{d}^2 R_X(\tau)}{\mathrm{d}\tau^2} = \frac{1}{2\pi} \int_{-\infty}^{+\infty} S_X(\omega) (i\omega)^2 \mathrm{e}^{\mathrm{i}\omega\tau} \mathrm{d}\omega =$$

$$-\frac{1}{2\pi} \int_{-\infty}^{+\infty} \omega^2 S_X(\omega) \mathrm{e}^{\mathrm{i}\omega\tau} \mathrm{d}\omega$$

即得

$$R_{X'}(\tau) = \frac{1}{2\pi} \int_{-\infty}^{+\infty} \omega^2 S_X(\omega) \mathrm{e}^{\mathrm{i}\omega\tau} \mathrm{d}\omega$$

由定义即得

$$S_{X'}(\omega) = \omega^2 S_X(\omega)$$

同理可得

$$S_{X''}(\omega) = \omega^4 S_X(\omega)$$

[例 5.3.6]　已知 $S_X(\omega) = s_0 \mathrm{e}^{-c|\omega|}$，其中 s_0，c 为大于零的常数，试求 $R_X(\tau)$。

解：$R_X(\tau) = \dfrac{1}{2\pi} \displaystyle\int_{-\infty}^{+\infty} S_X(\omega) \mathrm{e}^{\mathrm{i}\omega\tau} \mathrm{d}\omega =$

$$\frac{1}{2\pi} \int_{-\infty}^{+\infty} s_0 \mathrm{e}^{-c|\omega|} \mathrm{e}^{\mathrm{i}\omega\tau} \mathrm{d}\omega =$$

$$\frac{s_0}{2\pi} \left[\int_{-\infty}^{0} \mathrm{e}^{c\omega} \mathrm{e}^{\mathrm{i}\omega\tau} \mathrm{d}\omega + \int_{0}^{+\infty} \mathrm{e}^{-c\omega} \mathrm{e}^{\mathrm{i}\omega\tau} \mathrm{d}\omega \right] =$$

$$\frac{s_0}{2\pi} \left[\int_{-\infty}^{0} \mathrm{e}^{(c+\mathrm{i}\tau)\omega} \mathrm{d}\omega + \int_{0}^{+\infty} \mathrm{e}^{-(c-\mathrm{i}\tau)\omega} \mathrm{d}\omega \right] =$$

$$\frac{s_0}{2\pi} \left[\frac{1}{c+\mathrm{i}\tau} + \frac{1}{c-\mathrm{i}\tau} \right] = \frac{c s_0}{\pi(c^2 + \tau^2)}$$

注意上式中利用到复函数的广义积分性质。

[例 5.3.7]　已知平稳随机过程的功率谱密度为

198

$$S_X(\omega) = \frac{\omega^2 + 2}{\omega^4 + 3\omega^2 + 2}$$

试求自相关函数 $R(\tau)$ 和平均功率 W。

解：
$$R_X(\tau) = \frac{1}{2\pi} \int_{-\infty}^{+\infty} S_X(\omega)\, \mathrm{e}^{\mathrm{i}\omega\tau} \mathrm{d}\omega =$$

$$\frac{1}{2\pi} \int_{-\infty}^{+\infty} \frac{\omega^2 + 2}{\omega^4 + 3\omega^2 + 2}\, \mathrm{e}^{\mathrm{i}\omega\tau} \mathrm{d}\omega =$$

$$\frac{1}{2\pi} \int_{-\infty}^{+\infty} \frac{1}{\omega^2 + 1}\, \mathrm{e}^{\mathrm{i}\omega\tau} \mathrm{d}\omega$$

由傅里叶变换表查得 $S_X(\omega) = \dfrac{1}{1+\omega^2}$ 的逆变换为

$$R_X(\tau) = \frac{1}{2} \mathrm{e}^{-|\tau|}$$

平均功率为

$$W = R(0) = \frac{1}{2}$$

[例 5.3.8]　设平稳过程 $\{X(t), t \in T\}$ 的谱密度为

$$S_X(\omega) = \frac{\omega^2 + 4}{\omega^4 + 10\omega^2 + 9}$$

试求 X 的相关函数，单边谱密度与平均功率。

解：由于

$$S_X(\omega) = \frac{\omega^2 + 4}{\omega^4 + 10\omega^2 + 9} = \frac{3}{8(\omega^2 + 1)} + \frac{5}{8(\omega^2 + 9)} \hat{=} S_1(\omega) + S_2(\omega)$$

而 $\mathrm{e}^{-\alpha|\tau|}$ 的傅里叶变换为 $\dfrac{2\alpha}{\alpha^2 + \omega^2}$，故

$$S_1(\omega) = \frac{3}{16} \cdot \frac{2}{1+\omega^2} \text{ 的逆变换为 } \frac{3}{16} \mathrm{e}^{-|\tau|}$$

$$S_2(\omega) = \frac{5}{8 \times 6} \cdot \frac{2 \times 3}{9 + \omega^2} \text{ 的逆变换为 } \frac{5}{48} \mathrm{e}^{-3|\tau|}$$

再由性质 5°可知，$S_X(\omega)$ 的逆变换为

$$R_X(\tau) = \frac{3}{16} \mathrm{e}^{-|\tau|} + \frac{5}{48} \mathrm{e}^{-3|\tau|}$$

单边谱密度为

$$G_X(\omega) = \begin{cases} 2S_X(\omega) = \dfrac{2(\omega^2 + 4)}{\omega^4 + 10\omega^2 + 9} & \omega \geqslant 0 \\ 0 & \omega < 0 \end{cases}$$

平均功率为

$$R_X(0) = \frac{3}{16} + \frac{5}{48} = \frac{7}{24}$$

形如例 5.3.7、例 5.3.8 的谱密度称为有理谱密度,这是实用中最常见的一类谱密度。但在实际问题中常常碰到这样一些平稳过程,它们的自相关函数的傅里叶变换或功率谱密度的逆变换在常义情形下是不存在的(例如随机相位正弦波的自相关函数),在这种情况下,若允许自相关函数和谱密度含有 δ - 函数,则在新的意义下利用 δ - 函数的傅里叶变换性质,则有关实际问题仍能得到圆满解决。在工程中遇到的平稳过程 $X(t)$ 的自相关函数一般有以下 3 种情况:

(1) 当 $\tau \to \infty$ 时,$R_X(\tau) \to 0$,满足式(5.3.15),傅里叶变换存在;

(2) 当 $\tau \to \infty$ 时,$R_X(\tau) \to m_X^2$,不满足式(5.3.15),此时在 $\omega = 0$ 处引入 δ - 函数,可求出 $R_X(\tau)$ 的傅里叶变换;

(3) 当 $\tau \to \infty$ 时,$R_X(\tau)$ 呈振荡形式,引入 δ - 函数,也可求出 $R_X(\tau)$ 的傅里叶变换。

其中 δ - 函数的概念如下:

定义 5.3.3 若函数 $\delta(t) = \begin{cases} \infty & t = 0 \\ 0 & t \neq 0 \end{cases}$ 且 $\displaystyle\int_{-\infty}^{+\infty} \delta(t)\mathrm{d}t = 1$,则称 $\delta(t)$ 为 δ - 函数。

易见,若令

$$\delta_a(t) = \begin{cases} \dfrac{1}{a} & -\dfrac{a}{2} \leqslant t \leqslant \dfrac{a}{2} \\ 0 & \text{其它} \end{cases}$$

则有 $\displaystyle\lim_{a \to 0} \delta_a(t) = \delta(t)$,为 δ - 函数。

δ - 函数常用来表示作用在一点的冲击力或脉冲信号,当冲击力或脉冲发生在 t_0 时刻,这时定义 δ - 函数为

$$\delta(t - t_0) = \begin{cases} \infty & t = t_0 \\ 0 & t \neq t_0 \end{cases} \qquad \text{且} \int_{-\infty}^{+\infty} \delta(t - t_0)\mathrm{d}t = 1$$

δ – 函数的基本性质：对于任意一个在 $\tau = 0$ 处连续的函数 $f(\tau)$，均有下式成立：

$$\int_{-\infty}^{+\infty} \delta(\tau) f(\tau) \mathrm{d}\tau = f(0) \tag{5.3.21}$$

据此，可得 δ – 函数的傅里叶变换对为

$$\int_{-\infty}^{+\infty} \frac{1}{2\pi} \mathrm{e}^{-\mathrm{i}\omega\tau} \mathrm{d}\tau = \delta(\omega) \leftrightarrow \frac{1}{2\pi} = \frac{1}{2\pi} \int_{-\infty}^{+\infty} \delta(\omega) \mathrm{e}^{\mathrm{i}\omega\tau} \mathrm{d}\omega \tag{5.3.22}$$

$$\int_{-\infty}^{+\infty} \delta(\tau) \mathrm{e}^{-\mathrm{i}\omega\tau} \mathrm{d}\tau = 1 \leftrightarrow \delta(\tau) = \frac{1}{2\pi} \int_{-\infty}^{+\infty} \mathrm{e}^{\mathrm{i}\omega\tau} \mathrm{d}\omega \tag{5.3.23}$$

从式（5.3.22）可看出，当自相关函数 $R_X(\tau) = 1$ 时，其谱密度 $S_X(\omega)$ 为 $2\pi \delta(\omega)$。再由式（5.3.23）可看出，当自相关函数 $R_X(\tau) = \delta(\tau)$ 时，其谱密度 $S_X(\omega) = 1$。根据式（5.3.22）与式（5.3.23）及谱密度的性质，可以顺利求出上述 3 种自相关函数形式下的谱密度。

[例 5.3.9]　白噪声过程。通常称谱密度在整个频率轴 ω 上为非零常数，且均值为零的平稳过程为白噪声过程，简称白噪声（由于白色光的光谱成分大体上是均匀的，白噪声因此而得名），其功率谱密度为

$$S_X(\omega) = s_0 = 常数 \qquad -\infty < \omega < +\infty$$

试求 $R_X(\omega)$。

解：由式（5.3.23）得

$$R_X(\tau) = \frac{1}{2\pi} \int_{-\infty}^{+\infty} S_X(\omega) \mathrm{e}^{\mathrm{i}\omega\tau} \mathrm{d}\omega =$$

$$\frac{1}{2\pi} \int_{-\infty}^{+\infty} s_0 \mathrm{e}^{\mathrm{i}\omega\tau} \mathrm{d}\omega =$$

$$s_0 \frac{1}{2\pi} \int_{-\infty}^{+\infty} 1 \mathrm{e}^{\mathrm{i}\omega\tau} \mathrm{d}\omega = s_0 \delta(\tau)$$

注意到

$$\delta(\tau) = \begin{cases} \infty & \tau = 0 \\ 0 & \tau \neq 0 \end{cases}$$

因此，白噪声的平均功率是无限的，即

$$\psi_X^2 = R_X(0) = \infty$$

这与实际不符，因为现实中的平稳过程，其平均功率总是有限的，所以白噪声只是一个理想的数学模型，是一个相对的概念。

在现实问题中，若某种噪声在足够宽的范围内有较平稳的谱密度时，就可以把它当作白噪声来处理。若平稳过程 $X(t)$ 在有限频率带上的功率谱密度为常数，在此频率带之外为零，即

$$S_X(\omega) = \begin{cases} s_0 & |\omega| \leqslant \omega_0 \\ 0 & |\omega| > \omega_0 \end{cases}$$

称此过程为限带白噪声，此时对应的相关函数为

$$R_X(\tau) = \frac{1}{2\pi} \int_{-\infty}^{+\infty} S_X(\omega) \mathrm{e}^{\mathrm{i}\omega\tau} \mathrm{d}\omega =$$

$$\frac{1}{2\pi} \int_{-\omega_0}^{\omega_0} s_0 \mathrm{e}^{\mathrm{i}\omega\tau} \mathrm{d}\omega = \frac{\omega_0 s_0}{\pi} \left(\frac{\sin\omega_0\tau}{\omega_0\tau} \right)$$

特别地，当 $\tau = \dfrac{k\pi}{\omega_0}$，$k = \pm 1, \pm 2, \cdots$ 时，有 $R_X(\tau) = 0$，这表明当 $\tau = \dfrac{k\pi}{\omega_0}$ 时，$X(t)$ 与 $X(t+\tau)$ 不相关。

[例 5.3.10]　已知随机电报信号过程的自相关函数为

$$R_X(\tau) = \frac{1}{4} \left(1 + \frac{1}{4} \mathrm{e}^{-2\lambda|\tau|} \right)$$

试求其功率谱密度。

解： 由于自相关函数存在直流分量，故在 $\omega = 0$ 处引入 δ-函数，即可求出功率谱密度，即

$$R_X(\tau) = \frac{1}{4} + \frac{1}{16} \mathrm{e}^{-2\lambda|\tau|} = R_1(\tau) + R_2(\tau)$$

$$R_1(\tau) = \frac{1}{4}, \quad R_2(\tau) = \frac{1}{16} \mathrm{e}^{-2\lambda|\tau|}$$

由式（5.3.21）知

$$S_1(\omega) = \frac{\pi}{2} \int_{-\infty}^{+\infty} \frac{1}{2\pi} \mathrm{e}^{-\mathrm{i}\omega\tau} \mathrm{d}\tau = \frac{\pi}{2} \delta(\omega)$$

$$S_2(\omega) = \frac{1}{16} \frac{4\lambda}{4\lambda^2 + \omega^2} = \frac{\lambda}{4(4\lambda^2 + \omega^2)}$$

故可得功率谱密度为

$$S_X(\omega) = \frac{\pi}{2} \delta(\omega) + \frac{\lambda}{4(4\lambda^2 + \omega^2)}$$

202

［例 5.3.11］　已知随机过程的自相关函数

$$R_X(\tau) = \frac{1}{2}(1 + \cos\omega_0\tau)$$

试求功率谱密度。

解: 由于此自相关函数既包括直流分量，又包括一个频率为 ω_0 的正弦分量，因此，分别在 $\omega = 0$ 和 $\omega = \pm\omega_0$ 处引入 δ-函数，可得功率谱密度为

$$S_X(\omega) = \int_{-\infty}^{+\infty} \frac{1}{2}(1 + \cos\omega_0\tau)\mathrm{e}^{-\mathrm{i}\omega\tau}\mathrm{d}\tau =$$

$$\int_{-\infty}^{+\infty} \frac{1}{2}\mathrm{e}^{-\mathrm{i}\omega\tau}\mathrm{d}\tau + \int_{-\infty}^{+\infty} \frac{1}{2}\cos\omega_0\tau\,\mathrm{e}^{-\mathrm{i}\omega\tau}\mathrm{d}\tau =$$

$$\pi\int_{-\infty}^{+\infty} \frac{1}{2\pi}\mathrm{e}^{-\mathrm{i}\omega\tau}\mathrm{d}\tau + \frac{1}{4}\int_{-\infty}^{+\infty}(\mathrm{e}^{\mathrm{i}\omega_0\tau} + \mathrm{e}^{-\mathrm{i}\omega_0\tau})\mathrm{e}^{-\mathrm{i}\omega\tau}\mathrm{d}\tau =$$

$$\pi\delta(\omega) + \frac{1}{4}\int_{-\infty}^{+\infty} \mathrm{e}^{-\mathrm{i}(\omega-\omega_0)\tau}\mathrm{d}\tau + \frac{1}{4}\int_{-\infty}^{+\infty} \mathrm{e}^{-\mathrm{i}(\omega+\omega_0)\tau}\mathrm{d}\tau =$$

$$\pi\delta(\omega) + \frac{\pi}{2}\int_{-\infty}^{+\infty} \frac{1}{2\pi}\mathrm{e}^{-\mathrm{i}(\omega-\omega_0)\tau}\mathrm{d}\tau + \frac{\pi}{2}\int_{-\infty}^{+\infty} \frac{1}{2\pi}\mathrm{e}^{-\mathrm{i}(\omega+\omega_0)\tau}\mathrm{d}\tau =$$

$$\pi\delta(\omega) + \frac{\pi}{2}\delta(\omega - \omega_0) + \frac{\pi}{2}\delta(\omega + \omega_0) =$$

$$\frac{\pi}{2}\big[2\delta(\omega) + \delta(\omega - \omega_0) + \delta(\omega + \omega_0)\big]$$

上述这些例子包括了自相关函数的 3 种情况，读者可参照上述例子，给出常见自相关函数 $R_X(\tau)$ 与相应谱密度的对照表。

四、联合平稳过程的互谱密度及性质

类似式（5.3.3），可定义联合平稳过程 $X(t)$ 与 $Y(t)$ 的互功率谱密度，简称互谱密度如下。

定义 5.3.4　设 $R_{XY}(\tau)$ 为联合平稳的两个平稳过程 $\{X(t), t \in T\}$ 与 $\{Y(t), t \in T\}$ 的互相关函数，若 $\int_{-\infty}^{+\infty}|R_{XY}(\tau)|\mathrm{d}\tau < +\infty$，则其傅里叶变换为

$$S_{XY}(\omega) = \int_{-\infty}^{+\infty} R_{XY}(\tau)\mathrm{e}^{-\mathrm{i}\omega\tau}\mathrm{d}\tau \tag{5.3.24}$$

称为 $X(t)$ 与 $Y(t)$ 的互谱密度。

显然，互相关函数 $R_{XY}(\tau)$ 是在时域上描述平稳过程 $X(t)$ 与 $Y(t)$ 之间的相互关系，互谱密度 $S_{XY}(\omega)$ 则是在频率域上描述它们的相互关系。

[例 5.3.12]　设随机振动过程

$$X(t) = A\sin(\omega_0 t + \Theta)$$
$$Y(t) = B\sin(\omega_0 t - \varphi + \Theta)$$

$t \geqslant 0$

其中 A、B、ω_0、φ 为常数，Θ 在 $[0, 2\pi]$ 上均匀分布。试求：

(1) 互相关函数，并说明 $X(t)$ 与 $Y(t)$ 是否联合平稳；

(2) 互谱密度函数 $S_{XY}(\omega)$。

解：$R_{XY}(t, t+\tau) = E[X(t)Y(t+\tau)]$

$$\int_0^{2\pi} A\sin(\omega_0 t + \theta) B\sin(\omega_0(t+\tau) - \varphi + \theta)\frac{1}{2\pi}\mathrm{d}\theta =$$

$$\frac{AB}{2\pi}\int_0^{2\pi}\frac{1}{2}[-\cos(2\omega_0 t + \omega_0\tau + 2\theta - \varphi) + \cos(\omega_0\tau - \varphi)]\mathrm{d}\theta =$$

$$\frac{1}{2}AB\cos(\omega_0\tau - \varphi) = R_{XY}(\tau)$$

且 $X(t)$、$Y(t)$ 均为平稳过程，故 $X(t)$ 与 $Y(t)$ 是联合平稳的。其互谱密度为

$$S_{XY}(\omega) = \int_{-\infty}^{+\infty} R_{XY}(\tau)\mathrm{e}^{-\mathrm{i}\omega\tau}\mathrm{d}\tau =$$

$$\frac{1}{2}\int_{-\infty}^{+\infty} AB\cos(\omega_0\tau - \varphi)\mathrm{e}^{-\mathrm{i}\omega\tau}\mathrm{d}\tau =$$

$$\frac{1}{2}AB\int_{-\infty}^{+\infty}\frac{1}{2}(\mathrm{e}^{\mathrm{i}(\omega_0\tau - \varphi)} + \mathrm{e}^{-\mathrm{i}(\omega_0\tau - \varphi)})\mathrm{e}^{-\mathrm{i}\omega\tau}\mathrm{d}\tau =$$

$$\frac{1}{4}AB\int_{-\infty}^{+\infty}[\mathrm{e}^{-\mathrm{i}\varphi}\mathrm{e}^{-\mathrm{i}(\omega - \omega_0)\tau} + \mathrm{e}^{\mathrm{i}\varphi}\mathrm{e}^{-\mathrm{i}(\omega + \omega_0)\tau}]\mathrm{d}\tau =$$

$$\frac{1}{4}AB\left[\mathrm{e}^{-\mathrm{i}\varphi}\int_{-\infty}^{+\infty}\mathrm{e}^{-\mathrm{i}(\omega - \omega_0)\tau}\mathrm{d}\tau + \mathrm{e}^{\mathrm{i}\varphi}\int_{-\infty}^{+\infty}\mathrm{e}^{-\mathrm{i}(\omega + \omega_0)\tau}\mathrm{d}\tau\right] =$$

$$\frac{1}{4}AB\left[\mathrm{e}^{-\mathrm{i}\varphi}2\pi\delta(\omega - \omega_0) + \mathrm{e}^{\mathrm{i}\varphi}2\pi\delta(\omega + \omega_0)\right] =$$

$$\frac{\pi}{2}AB\left[\mathrm{e}^{-\mathrm{i}\varphi}\delta(\omega - \omega_0) + \mathrm{e}^{\mathrm{i}\varphi}\delta(\omega + \omega_0)\right]$$

互谱密度一般用于研究两个联合平稳的随机过程之和的情形，有时也用于研究系统输入和输出之间的关系。由互谱密度与互相关函数之间的傅里叶变换关系，容易证明互谱密度有如下性质：

1° $S_{XY}(\omega)$ 与 $R_{XY}(\tau)$ 构成傅里叶变换对，即

$$S_{XY}(\omega) = \int_{-\infty}^{+\infty} R_{XY}(\tau) e^{-i\omega\tau} d\tau$$

$$R_{XY}(\tau) = \frac{1}{2\pi} \int_{-\infty}^{+\infty} S_{XY}(\omega) e^{i\omega\tau} d\omega$$
(5.3.25)

2° $S_{XY}(\omega)$ 与 $S_{YX}(\omega)$ 互为共轭函数，即

$$S_{XY}(\omega) = \overline{S_{YX}(\omega)}$$
(5.3.26)

3° $\qquad S_{XY}(\omega) = \lim_{T \to \infty} \frac{1}{2T} E[F_X(\omega,T)\overline{F_Y(\omega,T)}]$
(5.3.27)

其中 $F_X(\omega,T) = \int_{-T}^{T} X(t) e^{-i\omega t} dt, \qquad F_Y(\omega,T) = \int_{-T}^{T} Y(t) e^{-i\omega t} dt$ 。

4° 互谱不等式

$$|S_{XY}(\omega)|^2 \leqslant S_X(\omega) S_Y(\omega)$$

这是因为由 3°可知

$$|S_{XY}(\omega)|^2 = \left| \lim_{T \to \infty} \frac{1}{2T} E\left[F_X(\omega,T)\overline{F_Y(\omega,T)} \right] \right|^2 \leqslant$$

$$\lim_{T \to \infty} \frac{1}{4T^2} \left\{ E\left[F_X(\omega,T)\overline{F_Y(\omega,T)} \right] \right\}^2 \leqslant$$

$$\lim_{T \to \infty} \frac{1}{4T^2} E\left| F_X(\omega,T) \right|^2 E\left| F_Y(\omega,T) \right|^2 \text{（柯西—许瓦兹不等式）}$$

$$\lim_{T \to \infty} \frac{1}{2T} E\left| F_X(\omega,T) \right|^2 \lim_{T \to \infty} \frac{1}{2T} E\left| F_Y(\omega,T) \right|^2 =$$

$$S_X(\omega) S_Y(\omega)$$

5° 若 $X(t)$ 与 $Y(t)$ 为实随机过程，则互谱密度的实部为偶函数，虚部为奇函数。
事实上，因为

$$S_{XY}(\omega) = \int_{-\infty}^{+\infty} R_{XY}(\tau) e^{-i\omega\tau} d\tau =$$

$$\int_{-\infty}^{+\infty} R_{XY}(\tau) \cos\omega\tau d\tau + i \int_{-\infty}^{+\infty} [-R_{XY}(\tau)] \sin\omega\tau d\tau$$

而 $\cos\omega\tau$ 为偶函数，$\sin\omega\tau$ 为奇函数，故有

实部

$$R_e[S_{XY}(\omega)] = \int_{-\infty}^{+\infty} R_{XY}(\tau)\cos(-\omega)\tau\mathrm{d}\tau = R_e[S_{XY}(-\omega)]$$

虚部

$$I_m[S_{XY}(\omega)] = \int_{-\infty}^{+\infty} R_{XY}(\tau)\sin\omega\tau\mathrm{d}\tau = -\int_{-\infty}^{+\infty} R_{XY}(\tau)\sin(-\omega)\tau\mathrm{d}\tau =$$

$$-I_m[S_{XY}(-\omega)]$$

五、平稳过程的谱分解

利用平稳过程相关函数的谱分解概念，可引入对平稳过程本身的谱分解问题：一般地，两两互不相关的复谐波的有限叠加而成的随机过程

$$X(t) = \sum_{k=1}^{n} X_k \mathrm{e}^{i\omega_k t} \qquad -\infty < t < +\infty$$

是平稳过程，反之，在很一般条件下，平稳过程$\{X(t), -\infty < t < +\infty\}$也可以表示为无穷多个复谐波的叠加，这就是下面要讨论的平稳过程的谱分解定理。

为说明简单起见，不失一般性地，我们设下述定理中随机过程的均值函数均为零。

定理 5.3.1 设$\{X(t), -\infty < t < +\infty\}$是零均值，均方连续的复平稳过程，其谱密度为$S_X(\omega)$，则$X(t)$可表示为

$$X(t) = \int_{-\infty}^{\infty} \mathrm{e}^{i\omega t}\mathrm{d}Z(\omega) \qquad -\infty < t < +\infty \tag{5.3.28}$$

其中

$$Z(\omega) = \lim_{T\to\infty} \frac{1}{2\pi} \int_{-T}^{T} \frac{\mathrm{e}^{-i\omega t}-1}{-it} X(t)\mathrm{d}t \qquad -\infty < \omega < +\infty \tag{5.3.29}$$

称为$X(t)$的随机谱函数，它具有以下性质：

1° $EZ(\omega) = 0$；

2° $\{Z(\omega), -\infty < \omega < +\infty\}$是右连续正交增量过程；

3° 对于任意的$\omega_1 < \omega_2$，有

$$E\left[|Z(\omega_2) - Z(\omega_1)|^2\right] = \frac{1}{2\pi}\left[F_X(\omega_2) - F_X(\omega_1)\right] \tag{5.3.30}$$

其中，$F_X(\omega) = \int_{-\infty}^{\omega} S_X(\omega)\mathrm{d}\omega$称为$\{X(t), t \in T\}$的谱函数，或称功率谱函数，简称谱函数。

[例 5.3.13] 设 $\{X(t), t \in T\}$ 是平稳过程，相关函数 $R_X(\tau) = \alpha \, \mathrm{e}^{-\beta|\tau|}$ ，其中 α、β 是正数，试求 $X(t)$ 的谱密度、谱函数。

解： 因为 $X(t)$ 的自相关函数 $R_X(\tau) = \alpha \, \mathrm{e}^{-\beta|\tau|}$ ，则由傅里叶变换可得，其谱密度为

$$S_X(\omega) = \int_{-\infty}^{+\infty} \alpha \, \mathrm{e}^{-\beta|\tau|} \mathrm{e}^{-\mathrm{i}\omega\tau} \mathrm{d}\tau = \frac{2\alpha\beta}{\beta^2 + \omega^2}$$

故其谱函数为

$$F_X(\omega) = \int_{-\infty}^{\omega} S_X(\omega) \mathrm{d}\omega = 2\alpha\beta \int_{-\infty}^{\omega} \frac{1}{\beta^2 + \omega^2} \mathrm{d}\omega =$$

$$2\alpha \int_{-\infty}^{\omega} \frac{1}{1 + \left(\dfrac{\omega}{\beta}\right)^2} \mathrm{d}\left(\frac{\omega}{\beta}\right) = 2\alpha \arctan\left(\frac{\omega}{\beta}\right)\bigg|_{-\infty}^{\omega} =$$

$$2\alpha\left[\arctan\left(\frac{\omega}{\beta}\right) + \frac{\pi}{2}\right] \qquad -\infty < \omega < +\infty$$

对于实平稳过程，有相应的谱分解定理：

定理 5.3.2 设 $\{X(t), t \in (-\infty, +\infty)\}$ 是零均值，均方连续的实平稳过程，其谱函数为 $F_X(\omega)$ ，则 $X(t)$ 可表示为

$$X(t) = \int_0^{+\infty} \cos\omega t \mathrm{d}Z_1(\omega) + \int_0^{+\infty} \sin\omega t \mathrm{d}Z_2(\omega) \qquad -\infty < t < +\infty \qquad (5.3.31)$$

其中

$$Z_1(\omega) = \mathop{\mathrm{l.i.m}}_{T \to \infty} \frac{1}{\pi} \int_{-T}^{T} \frac{\sin\omega t}{t} X(t) \mathrm{d}t \qquad (5.3.32)$$

$$Z_2(\omega) = \mathop{\mathrm{l.i.m}}_{T \to \infty} \frac{1}{\pi} \int_{-T}^{T} \frac{1 - \cos\omega t}{t} X(t) \mathrm{d}t \qquad (5.3.33)$$

它们有以下性质：

1° $E[Z_1(\omega)] = E[Z_2(\omega_1)] = 0$

2° 对于任意不相重叠的区间 $(\omega_1, \omega_2]$ ， $(\omega_3, \omega_4]$ ，有

$$E\left\{\left[Z_i(\omega_2) - Z_i(\omega_1)\right]\left[Z_j(\omega_4) - Z_j(\omega_3)\right]\right\} = 0 \qquad i, j = 1, 2$$

3° 对于任意的 $\omega_1 < \omega_2$ ，有

$$E[Z_1(\omega_2) - Z_1(\omega)]^2 = E[Z_2(\omega_2) - Z_2(\omega_1)]^2 = \frac{1}{\pi}[F(\omega_2) - F(\omega_1)]$$

对于平稳序列也有类似的谱分解定理：

定理 5.3.3 设 $\{X(n),\ n = 0,\ \pm 1,\ \pm 2,\ \cdots\}$ 是零均值的平稳序列，其谱函数为 $F_X(\omega)$，则 $X(n)$ 可表示为

$$X(n) = \int_{-\pi}^{\pi} e^{in\omega} dZ(\omega) \tag{5.3.34}$$

其中

$$Z(\omega) = \frac{1}{2\pi}[\omega X(0) - \sum_{n \neq 0} \frac{1}{ni}(e^{-in\omega} - 1)X(n)] \qquad -\pi < \omega < \pi \tag{5.3.35}$$

为 $X(t)$ 的随机谱函数，并满足以下性质：

1° $E[Z(\omega)] = 0$

2° $\{Z(\omega),\ -\infty < \omega < +\infty\}$ 为右连续正交增量过程；

3° 对于任意的 $\omega_1 < \omega_2$，有

$$E\left[|Z(\omega_2) - Z(\omega_1)|^2\right] = \frac{1}{2\pi}[F_X(\omega_2) - F_X(\omega_1)]$$

对于实平稳序列的相应谱分解定理如下：

定理 5.3.4 设 $\{X(n),\ n = 0,\ \pm 1,\ \pm 2,\ \cdots\}$ 是零均值的实平稳序列，其谱函数为 $F_X(\omega)$，则 $X(n)$ 可表示为

$$X(n) = \int_0^{\pi} \cos n\omega dZ_1(\omega) + \int_0^{\pi} \sin n\omega dZ_2(\omega) \quad n = 0,\ \pm 1,\ \pm 2,\ \cdots \tag{5.3.36}$$

其中

$$Z_1(\omega) = \frac{1}{\pi}\left[\omega X(0) + \sum_{n \neq 0} \frac{\sin n\omega}{n} X(n)\right] \qquad -\pi \leqslant \omega \leqslant \pi$$

$$Z_2(\omega) = \frac{1}{\pi} \sum_{n \neq 0} \frac{1 - \cos n\omega}{n} X(n) \qquad -\pi \leqslant \omega \leqslant \pi$$

称为 $X(n)$ 的随机谱函数，具有以下性质：

1° $E[Z_1(\omega)] = E[Z_2(\omega)] = 0$

2° 对于不相重叠的区间 $(\omega_1, \omega_2]$，$(\omega_3, \omega_4]$，有

$$E\left\{[Z_i(\omega_2) - Z_i(\omega_1)][Z_j(\omega_4) - Z_j(\omega_3)]\right\} = 0 \quad i,\ j = 1,\ 2$$

3° 对于任意的 $\omega_1 < \omega_2$，有

$$E[Z_1(\omega_2) - Z_1(\omega_1)]^2 = E[Z_2(\omega_2) - Z_2(\omega_1)]^2 = \frac{1}{\pi}[F_X(\omega_2) - F_X(\omega_1)]$$

由以上定理可得关于正态平稳过程的推论：

推论 5.3.1 设 $\{X(t), t \in (-\infty, +\infty)\}$ 为零均值的均方连续正态平稳过程的充要条件是它的谱分解式

$$X(t) = \int_{-\infty}^{+\infty} e^{i\omega t} dZ(\omega)$$

中的随机谱函数 $Z(\omega)$ 为正态独立增量过程。

从上述 4 个定理可看到，平稳过程本身的谱分解实际上都是把平稳过程表示为对正交增量过程的随机积分，其表达式

$$X(t) = \int_{-\infty}^{+\infty} e^{i\omega t} dZ(\omega)$$

$$X(t) = \int_{0}^{+\infty} \cos\omega t\, dZ_1(\omega) + \int_{0}^{+\infty} \sin\omega t\, dZ_2(\omega)$$

$$X(n) = \int_{-\pi}^{\pi} e^{in\omega} dZ(\omega)$$

$$X(n) = \int_{0}^{\pi} \cos n\omega dZ_1(\omega) + \int_{0}^{\pi} \sin n\omega dZ_2(\omega)$$

均称为平稳过程 $X(t)$ 或平稳序列的谱分解，其中 $Z(\omega)$、$Z_1(\omega)$、$Z_2(\omega)$ 均称为 $X(t)$ 或 $X(n)$ 的随机谱函数或谱过程。

定理的意义是明显的，由 $X(t)$ 的谱分解

$$X(t) = \int_{-\infty}^{+\infty} e^{i\omega t} dZ(\omega)$$

可知，$X(t)$ 实际上是下述和式

$$X_n(t) = \sum_{j=1}^{n} e^{i\omega_j t} \left[Z(\omega_{j+1}) - Z(\omega_j) \right]$$

均方收敛的极限，换言之，我们可用 $X_n(t)$ 来逼近 $X(t)$，而 $X_n(t)$ 的表达式表明，它就是频率为 ω_j 的具有随机振幅 $Z(\omega_{j+1}) - Z(\omega_j)$ 的随机简谐振动的叠加，而 $Z(\omega)$ 是正交增量过程，故 $X_n(t)$ 中的各随机振幅 $Z(\omega_{j+1}) - Z(\omega_j)$ 是互不相关的，如果对 ω 的分割加密，再取极限，得

$$X(t) = \lim_{\|\Delta\omega\| \to 0} X_n(t)$$

即平稳过程 $X(t)$ 或其随机积分就是无限个各种不同频率随机振动的叠加的一种数

学描述。

[例5.3.14] 设 $\{X(n), n = 0, \pm 1, \pm 2, \cdots\}$ 为实平稳过程，$E[X(n)] = 0$，其对应的随机谱函数为 $\{Z_X(\omega), \omega \in (-\pi, +\pi)\}$，又设 $\{a_n, n = 0, \pm 1, \pm 2, \cdots\}$ 是实数列，满足 $\sum\limits_{n=-\infty}^{\infty} a_n^2 < +\infty$，令

$$Y(n) = \sum_{m=-\infty}^{\infty} a_m X(n-m) \qquad n = 0, \pm 1, \pm 2, \cdots$$

试证明 $\{Y(n), n = 0, \pm 1, \pm 2, \cdots\}$ 亦为平稳过程，并求其随机谱函数。

解： 由条件 $\sum\limits_{n=-\infty}^{\infty} a_n^2 < +\infty$，则 $\sum\limits_{m=-\infty}^{\infty} a_m X(n-m)$ 作为均方极限是存在的，且有

$$E(Y(n)) = E\left[\sum_{m=-\infty}^{\infty} a_m X(n-m)\right] = \sum_{m=-\infty}^{\infty} a_m E[X(n-m)] = 0$$

$$n = 0, \pm 1, \pm 2, \cdots \quad \text{为常数，与 } n \text{ 无关}$$

$$R_Y(n+k, n) = E[Y(n)Y(n+k)] = E\left[\sum_{m=-\infty}^{\infty} a_m X(n-m) \sum_{l=-\infty}^{\infty} a_l X(n+k-l)\right] =$$

$$E\left[\sum_{m=-\infty}^{\infty} \sum_{l=-\infty}^{\infty} a_m a_l X(n-m) X(n+k-l)\right] =$$

$$\sum_{m=-\infty}^{\infty} \sum_{l=-\infty}^{\infty} a_m a_l E[X(n-m) X(n+k-l)] =$$

$$\sum_{m=-\infty}^{\infty} \sum_{l=-\infty}^{\infty} a_m a_l R_X(k-l+m) = R_Y(k)$$

故由定义知 $\{(Y(n), n = 0, \pm 1, \pm 2, \cdots\}$ 为平稳过程。再由定理 5.3.3 中式 (5.3.34)，知

$$X(n) = \int_{-\pi}^{\pi} e^{in\omega} dZ_X(\omega)$$

故 $Y(n)$ 的谱分解式为

210

$$Y(n) = \sum_{m=-\infty}^{\infty} a_m X(n-m) = \sum_{m=-\infty}^{\infty} a_m \int_{-\pi}^{\pi} e^{i(n-m)\omega} dZ_X(\omega) =$$

$$\int_{-\pi}^{\pi} e^{in\omega} \left(\sum_{m=-\infty}^{\infty} a_m e^{-im\omega} \right) dZ_X(\omega)$$

设 $Y(n)$ 的随机谱函数为 $Z_Y(\omega)$ ，$-\pi \leqslant \omega \leqslant \pi$ ，则由式（5.3.32），应有

$$Y(n) = \int_{-\pi}^{\pi} e^{in\omega} dZ_Y(\omega)$$

比较上两式可得

$$dZ_Y(\omega) = \sum_{m=-\infty}^{\infty} a_m e^{-im\omega} dZ_X(\omega)$$

即

$$Z_Y(\omega) = \int_{-\pi}^{\omega} \left(\sum_{m=-\infty}^{\infty} a_m e^{-im\omega} \right) dZ_X(\omega) \qquad -\pi \leqslant \omega \leqslant \pi$$

为所求 $Y(n)$ 的随机谱函数。

思 考 题

1. 讨论功率谱密度的意义是什么？

2. 什么是相关函数，平稳过程的谱分解？

3. 谱函数 $F_X(\omega)$ 是否为谱密度 $S_X(\omega)$ 的分布函数？

4. 随机谱函数 $Z(\omega)$ 是否随机过程，它与谱函数 $F_X(\omega)$ 有何关系？

5. 相关函数 $R_X(\tau)$ 与谱密度 $S_X(\omega)$ 的关系是什么？

6. 使用 δ-函数的意义是什么？

5.3 基本练习题

1. （1）下列函数哪个是实平稳过程的功率谱密度，哪个不是，为什么？

$$S_1(\omega) = \frac{\omega^2 + 9}{(\omega^2 + 4)(\omega + 1)^2} \qquad\qquad S_2(\omega) = \frac{\omega^2 + 1}{\omega^4 + 5\omega^2 + 6}$$

$$S_3(\omega) = \frac{\omega^2 + 4}{\omega^4 - 4\omega^2 + 3} \qquad\qquad S_4(\omega) = \frac{e^{-i\omega^2}}{\omega^2 + 2}$$

(2) 对上面正确的功率谱密度表达式计算自相关函数和均方值。

2. 已知平稳过程 $X(t)$ 的功率谱密度为

$$S_X(\omega) = \begin{cases} a^2 - \omega^2 & |\omega| \leqslant a \\ 0 & |\omega| > a \end{cases}$$

试求 $X(t)$ 的均方值。

3. 已知下列平稳过程 $X(t)$ 的自相关函数，试分别求 $X(t)$ 的功率谱密度。

(1) $R_X(\tau) = e^{-a|\tau|} \cos \omega_0 \tau \quad a > 0$

(2) $R_X(\tau) = \begin{cases} 1 - \dfrac{|\tau|}{T} & -T < \tau < T \\ 0 & \text{其它} \end{cases}$

(3) $R_X(\tau) = 4e^{-|\tau|} \cos \pi \tau + \cos 3\pi \tau$

(4) $R_X(\tau) = \sigma^2 e^{-a|\tau|}(\cos b\tau - ab^{-1} \sin b|\tau|) \quad a > 0$

4. 已知下列平稳过程 $X(t)$ 的功率谱密度，试分别求 $X(t)$ 的自相关函数。

(1) $S_X(\omega) = \begin{cases} 1 & |\omega| \leqslant \omega_0 \\ 0 & \text{其它} \end{cases}$

(2) $S_X(\omega) = \begin{cases} 8\delta(\omega) + 20\left(1 - \dfrac{|\omega|}{10}\right) & |\omega| \leqslant 10 \\ 0 & \text{其它} \end{cases}$

(3) $S_X(\omega) = \begin{cases} 1 - \dfrac{|\omega|}{\omega_0} & -\omega_0 \leqslant \omega \leqslant \omega_0 \\ 0 & \text{其它} \end{cases}$

(4) $S_X(\omega) = \dfrac{5}{\omega^4 + 13\omega^2 + 36}$

(5) $S_X(\omega) = \displaystyle\sum_{k=1}^{n} \dfrac{a_k}{\omega^2 + b_k^2} \quad a_k > 0, b_k > 0; \quad k = 0, 1, 2, \cdots, n$

(6) $S_X(\omega) = \begin{cases} b^2 & a \leqslant |\omega| \leqslant 2a \\ 0 & \text{其它} \end{cases}$

5. 设 $X(t) = \sum_{k=1}^{n} A_k \mathrm{e}^{\mathrm{i}\omega_k t}$，其中 ω_k，$k = 1, 2, \cdots, n$ 是常数，A_1，A_2，$\cdots$，A_n 是互不相关的随机变量，且 $E(A_k) = 0$，$E(A_k^2) = \sigma_k^2$，$k = 1, 2, \cdots, n$，试求 $X(t)$ 的相关函数与谱密度。

6. 当平稳过程 $X(t)$ 通过如图 5.3 所示系统时，试证输入 $Y(t)$ 的谱密度为
$$S_Y(\omega) = 2S_X(\omega)(1 + \cos(\omega T))$$

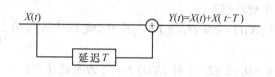

图 5.3

7. 设平稳过程 $X(t) = a\cos(\Omega t + \Theta)$，其中 a 是常数，Θ 是在 $(0, 2\pi)$ 上均匀分布的随机变量，Ω 是具有概率密度 $f(x)$ 为偶函数的随机变量，且 Θ 与 Ω 相互独立，试证 $X(t)$ 的功率谱密度为 $S_X(\omega) = a^2 \pi f(\omega)$。

8. 设 $X(t)$ 和 $Y(t)$ 是两个不相关的平稳过程，均值函数 m_X 与 m_Y 均不为零，定义
$$Z(t) = X(t) + Y(t)$$

试求互谱密度 $S_{XY}(\omega)$ 和 $S_{XZ}(\omega)$。

本章基本要求

1. 了解严平稳过程概念，了解严平稳过程的基本性质；
2. 了解宽平稳过程概念，掌握宽平稳过程的性质；
3. 了解联合平稳过程的基本概念；均值与相关函数；
4. 了解时平均与时相关函数概念及遍历性意义，掌握判别遍历性的充要条件；
5. 了解谱密度及谱密度概念，会求谱密度及利用谱密度求相关函数；
6. 了解互谱密度概念，会求互谱密度；
7. 了解随机过程的谱分解理论。

综 合 练 习

1. 设随机过程 $\{X(t) = A\cos(\omega t + \Phi), \ t \in (-\infty, +\infty)\}$，其中 A 为服从瑞利分布

的随机变量，其概率密度函数为

$$f(x) = \begin{cases} \dfrac{x}{\sigma^2} \mathrm{e}^{-\frac{x^2}{2\sigma^2}} & x > 0 \\ 0 & x \leqslant 0 \end{cases}$$

$\varPhi$是在$(0,2\pi)$上服从均匀分布的随机变量，且与A相互独立，ω为常数，试问此过程$X(t)$是否平稳过程？

2. 设随机过程$\{X(t) = \cos \varPhi t, t \in T\}$，其中$\varPhi$是服从区间$(0,2\pi)$上均匀分布随机变量，试证：

(1) 当$T = \{n \mid n = 0, \pm 1, \pm 2, \cdots\}$时$\{X(t), t \in T\}$为平稳序列；

(2) 当$T = \{t \mid t \in (-\infty, +\infty)\}$时$\{X(t), t \in T\}$不是平稳过程。

3. 设$\{X(t), t \in (-\infty, +\infty)\}$是一平稳过程，且不恒等于一个随机变量，$Y$是一个方差有限的随机变量，若当

(1) Y与$\{X(t), t \in (-\infty, +\infty)\}$不相关；

(2) $Y = X(0)$。

试问 $\{Y(t) = X(t) + Y, (-\infty < t < +\infty)\}$是否为平稳过程？

4. 设随机过程$\{X(t) = A \cos \omega_0 t, t \in (-\infty, +\infty)\}$，其中$\omega_0$为常数，$A$是$(0, a)$区间上服从均匀分布的随机变量，试讨论$X(t)$的严平稳性。

5. 设$\{X(n), n = 0, \pm 1, \pm 2, \cdots\}$是具有相同概率密度$f(x)$的独立同分布的随机变量序列。令

$$Y(n) = \frac{1}{4} X(n) + \frac{1}{2} X(n-1) + \frac{1}{4} X(n-2) \qquad n = 0, \pm 1, \pm 2, \cdots$$

(1) 试求$Y(n)$的自相关函数；

(2) 讨论$\{Y(n), n = 0, \pm 1, \pm 2, \cdots\}$的严平稳性。

6. 证明如图 5.4 所示的函数不可能是平稳过程的自相关函数。

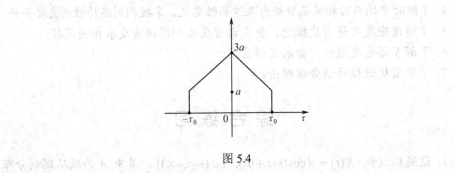

图 5.4

7. 设随机过程 $\{X(t), t \in T\}$，其中

$$X(t) = Ah(t)$$

A 是均值为零，方差为 σ^2 的随机变量，$h(t)$ 是确定性时间函数。试证 $X(t)$ 是宽平稳的充要条件是

$$h(t) = e^{i\omega t} \qquad \omega \text{ 是实常数}$$

8. 设实平稳过程 $X(t)$ 的均值为零，协方差为 $C_X(\tau)$，$(X(t), X(t + \tau))$ 的二维概率密度函数为 $f_2(x_1, x_2, t, t + \tau) = f_2(x_1, x_2, \tau)$，试证：

$$P\{|X(t + \tau) - X(t)| \geqslant a\} \leqslant 2[C(0) - C(\tau)] / a^2$$

9. 设 $\{X(t), t \in (-\infty, +\infty)\}$ 与 $\{Y(t), t \in (-\infty, +\infty)\}$ 为两个平稳相关的随机过程，试证：$Z(t) = X(t) + Y(t)$，$t \in (-\infty, +\infty)$ 亦为平稳过程。

10. 设 $\{X(t), t \in T\}$ 与 $\{Y(t), t \in T\}$ 为相互独立的实平稳过程

$$EX(t) = \mu_X, \quad EY(t) = \mu_Y$$

令　　$Z(t) = X(t)Y(t)$，$t \in T$。

(1) 试证 $Z(t)$ 是平稳过程，而且 $Z(t)$ 的自相关函数等于 $X(t)$，$Y(t)$ 的自相关函数之积；

(2) 令　　　　　　　　$P(t) = X(t) - m_X$

$$Q(t) = Y(t) - m_Y$$

若已知 $P(t)$ 和 $Q(t)$ 的自相关函数分别为

$$R_P(\tau) = e^{-a|\tau|} \qquad a > 0$$

$$R_Q(\tau) = e^{-b|\tau|} \qquad b > 0$$

试求 $Z(t)$ 的自协方差函数。

11. 设 $\{X(t), t \in (-\infty, +\infty)\}$ 是实平稳过程，自相关函数 $R_X(\tau)$ 是以 T 为周期的函数，试证对任意的 t 都有

$$E[X(t) - X(t + T)]^2 = 0$$

12. 设 $S(t)$ 是一个周期为 a 的函数，Φ 是在 $[0, a]$ 上均匀分布的随机变量，则 $X(t) = S(t + \Phi)$ 称为随机相位过程，若 $S(t)$ 具体给出如下：

215

$$S(t) = \begin{cases} \dfrac{8A}{a}t & 0 < t \leqslant \dfrac{a}{8} \\[3mm] \dfrac{-8A}{a}\left(t - \dfrac{a}{4}\right) & \dfrac{a}{8} < t \leqslant \dfrac{a}{4} \\[3mm] 0 & \dfrac{a}{4} < t \leqslant a \end{cases}$$

其中 A 为常数，试计算 $EX(t), < X(t) >$。并验证均值函数具有遍历性。

13. 设 $X(t)$ 的均值为 μ，协方差函数 $C_X(\tau) = \mathrm{e}^{-\alpha|\tau|}$，有限时间平均为

$$\mu_T = \frac{1}{2T}\int_{-T}^{T} X(t)\mathrm{d}t$$

试求：

(1) $P\{|\mu_T - \mu| < \varepsilon\}$；

(2) 需要多大的 T 才能使 $P\{|\mu_T - \mu| < 0.1\} > 0.95$。

14. 若 $X(t)$ 和 $Y(t)$ 为联合平稳过程，试证：当且仅当

$$\lim_{T \to \infty} \frac{1}{2T}\int_{-2T}^{2T}\left(1 - \frac{|\tau|}{2T}\right)E\left[X(t+\tau+\lambda)Y(t+\tau)X(t+\lambda)Y(t)\right]\mathrm{d}\tau = R_{XY}^2(\lambda)$$

时，时间互相关函数等于两过程集上的互相关函数，即

$$\lim_{T \to \infty} \frac{1}{2T}\int_{-T}^{T} X(t+\lambda)Y(t)\mathrm{d}t = R_{XY}(\lambda)$$

15. 若 $X(t) = A\cos\omega t + B\sin\omega t$，$0 \leqslant t \leqslant 1$，$A, B$ 是服从 $N(0, \sigma^2)$ 的相互独立随机变量，ω 为常数，试证 $X(t)$ 是严平稳过程。

16. 设 $\{W(t), t \in [0, +\infty)\}$ 是标准维纳过程，令

$$X(t) = \int_{t}^{t+1}[W(u) - W(t)]\mathrm{d}u \quad 0 \leqslant t < +\infty$$

试求 $X(t)$ 的自相关函数，并说明 $X(t)$ 是一个宽平稳过程。

17. 设 $\{W(t), t \in [0, +\infty)\}$ 是标准维纳过程，试求：

(1) $Y(t) = W(t+1) - W(t)$，$t \geqslant 0$ 的谱密度；

(2) $Z(n) = W(1) + W(2) + \cdots + W(n)$ 的分布。

18. 设随机过程

$$Y(t) = X(t)\cos(\omega_0 t + \Theta) \quad -\infty < t < +\infty$$

216

其中 $X(t)$ 为平稳过程，Θ 为在区间 $(0, 2\pi)$ 上均匀分布的随机变量，ω_0 为常数，且 $X(t)$ 与 Θ 相互独立。记 $X(t)$ 的自相关函数为 $R_X(\tau)$，功率谱密度为 $S_X(\omega)$，试证：

(1) $Y(t)$ 是平稳过程，且它的自相关函数为

$$R_Y(\tau) = \frac{1}{2} R_X(\tau) \cos \omega_0 \tau$$

(2) $Y(t)$ 的功率谱密度为

$$S_Y(\omega) = \frac{1}{4} \left[S_X(\omega - \omega_0) + S_X(\omega + \omega_0) \right]$$

19. 已知平稳过程 $X(t)$ 的相关函数为

$$R_X(\tau) = A e^{-\alpha |\tau|} \left(\cos \beta \tau + \frac{\alpha}{\beta} \sin \beta |\tau| \right) \qquad \alpha > 0, \ \beta > 0$$

试求其功率谱密度。

20. 已知平稳过程 $X(t)$ 的谱密度为

$$S_X(\omega) = \begin{cases} 0 & 0 \leqslant |\omega| < \omega_0 \\ c^2 & \omega_0 \leqslant |\omega| < 2\omega_0 \\ 0 & |\omega| \geqslant 2\omega_0 \end{cases}$$

试求相关函数 $R_X(\tau)$。

21. 设 $X(t)$ 为平稳过程，令 $Y(t) = X(t) + X(t - 2a)$，a 为常数，试证：

$$S_Y(\omega) = 4 S_X(\omega) \sin^2(a\omega)$$

$$R_Y(\tau) = 2 R_X(\tau) - R_X(\tau + 2a) - R_X(\tau - 2a)$$

22. 若 $X(t)$ 与 $Y(t)$ 是平稳相关的，且有

$$E[X(t)] = 0 \qquad\qquad E[Y(t)] = 0$$

$$R_X(\tau) = R_Y(\tau) \qquad\qquad R_{XY}(\tau) = -R_{YX}(\tau)$$

试证 $Z(t) = X(t) \cos \omega_0 t + Y(t) \sin \omega_0 t$ 也是平稳过程。又若 $X(t)$ 与 $Y(t)$ 的谱密度存在，则 $Z(t)$ 的谱密度也存在，试用 $X(t)$、$Y(t)$ 的谱密度表示出 $Z(t)$ 的谱密度。

23. 设平稳过程 $\{X(t), t \in T\}$ 的自相关函数为 $R_X(\tau)$，谱函数为 $F_X(\omega)$，若定义

$$Y(t) = \sum_{k=1}^{n} a_k X(t + s_k)$$

其中 a_k 为复常数，s_k 为实常数，$k=1,2,\cdots,n$，证明 $\{Y(t),\ t\in T\}$ 亦为平稳过程，并求其自相关函数 $R_Y(\tau)$ 及谱函数 $F_Y(\omega)$。

自测题

1. 设 $X(t)=A\sin(t+\Theta)$，其中 A 与 Θ 是相互独立的随机变量，$P\left\{\Theta=\pm\dfrac{\pi}{4}\right\}=\dfrac{1}{2}$，$A$ 在 $(-1,1)$ 区间上服从均匀分布，试证 $X(t)$ 是宽平稳的。

2. 设均方连续的平稳过程 $\{X(t),t\in(-\infty,+\infty)\}$，有
$$X(t)=A\cos\omega t+B\sin\omega t \quad t\in(-\infty,+\infty)$$
其中 A,B 为两个随机变量，满足条件
$$E(A)=E(B)=0,\ E(A^2)=E(B^2)=\sigma^2\quad E(AB)=0$$
试讨论该过程均值的遍历性。

3. 设有随机过程 $Z(t)=X\sin t+Y\cos t$，其中 X 和 Y 是相互独立的随机变量，它们都分别以 2/3 和 1/3 的概率取值 -1 和 2，试求 $Z(t)$ 的均值函数与自相关函数，并讨论 $Z(t)$ 的平稳性。

4. 设 $X(t)$ 为平稳正态过程，其自相关函数为
$$R_X(\tau)=\mathrm{e}^{-2|\tau|}\sin(3\pi|\tau|)+\cos(\pi\tau)$$
试求谱密度函数。

5. 已知平稳过程 $X(t)$ 的谱密度为
$$S_X(\omega)=\frac{\omega^2+4}{\omega^4+10\omega^2+9}$$
试求其自相关函数 $R_X(\tau)$。

第 6 章   马尔可夫过程

马尔可夫过程是一类重要的随机过程，它是在 20 世纪初由苏联学者马尔可夫在研究随机过程中得到的。由于马尔可夫过程在信息理论、自动控制、数值计算、近代物理、交通运输、工程技术及生物科学等方面起到的异乎寻常的作用，使得现代科学家与工程技术人员越来越重视马尔可夫过程的理论及其应用的研究。

6.1   马尔可夫过程概念

一、马尔可夫过程的数学定义

马尔可夫过程是具有所谓马尔可夫性的一类特殊的随机过程，这种马尔可夫性意味着：当过程在某时刻 t_k 所处的状态已知的条件下，过程在时刻 $t, t > t_k$ 处的状态只会与过程在 t_k 时刻的状态有关，而与过程在 t_k 以前所处的状态无关，这种特性亦称之为无后效性。无后效性现象在实际中是普遍存在的，例如，假设一部电梯是由进入电梯内的人自行操纵的，那么电梯下一步会运行到何处，只依赖于当前在电梯内的人的意图，而与过去电梯从何而来是无关的。又如在某电话交换台 $[0, t_k)$ 时段内收到 x_k 次呼唤，即 $X(t_k) = x_k$，则在时段 $[0, t), t > t_k$ 内收到的呼唤次数 $X(t)$ 为在 $[0, t_k)$ 内收到的呼唤次数 $X(t_k) = x_k$ 与 $[t_k, t)$ 内收到的呼唤次数之和。其中 x_k 为确定已知时，这个数 $X(t)$ 就与 t_k 以前呼唤的历史情况无关，因此随机过程 $\{X(t), t \geq 0\}$ 具有这种无后效性，即马尔可夫性，简称马氏性。马尔可夫过程的数学定义如下。

定义 6.1.1   设 $\{X(t), t \in T\}$ 为一随机过程，E 为其状态空间，若对任意的 $n \geq 1$，任意的 $t_1 < t_2 < \cdots < t_n < t \in T$，任意的 $x_1, x_2, \cdots, x_n, x \in E$，随机变量 $X(t)$ 在已知条件 $X(t_1) = x_1, X(t_2) = x_2, \cdots, X(t_n) = x_n$ 下的条件分布函数若只与 $X(t_n) = x_n$ 有关，而与 $X(t_{n-1}) = x_{n-1}, \cdots, X(t_2) = x_2, X(t_1) = x_1$ 无关，即条件分布函数满足等式

$$F(x, t \mid x_n, x_{n-1}, \cdots, x_2, x_1, t_n, t_{n-1}, \cdots, t_2, t_1) = F(x, t \mid x_n, t_n) \tag{6.1.1a}$$

或相应的条件概率分布满足等式

$$P\{X(t) = x \mid X(t_n) = x_n, \cdots, X(t_1) = x_1\} = P\{X(t) = x \mid X(t_n) = x_n\} \quad (6.1.1b)$$

或相应的条件概率密度满足等式

$$f(x,t \mid x_1, \cdots, x_n, t_1, \cdots, t_n) = f(x, t \mid x_n, t_n) \quad (6.1.1c)$$

则称此过程 $\{X(t), t \in T\}$ 为马尔可夫过程，简称为马氏过程。

易见，式（6.1.1）表示马氏性，即无后效性。若把时刻 t_n 视作"现在"，而 $t > t_n$，故视 t 为"将来"，自然视时刻 $t_1 < t_2 < \cdots < t_{n-1}$ 为"过去"，因此上述定义中的条件可表述为：在 t_n 时刻过程 $X(t)$ 处于 $X(t_n) = x_n$ 的状态条件下，$X(t)$ 的"将来"状态只与"现在"状态有关，而与"过去"状态无关。也可以说，过程 $X(t)$ 的"将来"只通过"现在"与"过去"发生联系，一旦"现在"已经确定，则"将来"与过去无关。所以有人形象地将马氏过程戏称为一个"健忘"过程，即指它是一个只注重现在，而把过去经历统统忘却的一类特殊的随机过程。

二、满足马氏性的随机过程

常见的随机过程中，独立随机过程与独立增量随机过程都满足马氏性，即式（6.1.1a），故它们均为马氏过程，这由下述定理给出：

定理 6.1.1　独立随机过程为马氏过程。

证：设 $\{X(t), t \in T\}$ 为一独立随机过程，则由定义 6.1.1 可知，对于任意的 $n, t_1, t_2, \cdots, t_n, t \in T$ 及 $x_1, x_2, \cdots, x_n, x \in E$，相应的随机变量 $X(t_1), X(t_2), \cdots, X(t_n), X(t)$ 相互独立，特别地，对于 $t_1 < t_2 < \cdots < t_n < t \in T$，应有 $P\{X(t) \leqslant x, X(t_n) = x_n, \cdots, X(t_1) = x_1\} = P\{X(t) \leqslant x\} P\{X(t_n) = x_n\} \cdots P\{X(t_1) = x_1\}$。故条件分布函数为

$$P\{X(t) \leqslant x \mid X(t_n) = x_n, \cdots, X(t_1) = x_1\} = \frac{P\{X(t) \leqslant x, X(t_n) = x_n, \cdots, X(t_1) = x_1\}}{P\{X(t_n) = x_n, \cdots, X(t_1) = x_1\}} =$$

$$\frac{P\{X(t) \leqslant x\} P\{X(t_n) = x_n\} \cdots P\{X(t_1) = x_1\}}{P\{X(t_n) = x_n\} \cdots P\{X(t_1) = x_1\}} =$$

$$P\{X(t) \leqslant x\} = \frac{P\{X(t) \leqslant x\} P\{X(t_n) = x_n\}}{P\{X(t_n) = x_n\}} =$$

$$\frac{P\{X(t) \leqslant x, X(t_n) = x_n\}}{P\{X(t_n) = x_n\}} = P\{X(t) \leqslant x \mid X(t_n) = x_n\}$$

即满足式（6.1.1），所以独立随机过程是一个马氏过程。

[例 6.1.1]　设 $\{X(n), n \geqslant 1\}$ 为一个随机过程，其中 $X(n)$ 如下定义：

$$X(n) = \begin{cases} 1 & \text{第} n \text{次投掷一硬币出现正面朝上} \\ 0 & \text{否} \end{cases}$$

由 n 次投掷同一枚硬币时，每一次投掷与其它各次投掷是相互独立的，故而 $\{X(n), n \geq 1\}$ 为一独立随机过程，由定理 6.1.1 知它是马氏过程。

[例 6.1.2] 设 $\{X(n), n \geq 1\}$ 为一随机过程，其中 $X(n) =$ 第 n 次投掷一骰子出现朝上的点数，易见参数空间 $T = \{n \mid n \geq 1\}$，状态空间 $E = \{1, 2, \cdots, 6\}$，且对于任意的 $n \neq m$，$X(n)$ 与 $X(m)$ 是相互独立的，即此 $\{X(n), n \geq 1\}$ 是一独立随机过程，亦为一马氏过程。

注意：独立过程为马氏过程，但马氏过程不一定为独立过程，马氏过程只是满足式（6.1.1a）的条件概率的特殊的随机过程。

定理 6.1.2 设 $\{X(t), t \in T = [0, +\infty)\}$ 为一独立增量过程，且有 $P\{X(0) = x_0\} = 1$，x_0 为常数，则此 $\{X(t), t \in T\}$ 为一马氏过程。

证：因 $\{X(t), t \in T\}$ 为一独立增量过程，由定义 6.1.1 可知，对于任意的 n，$0 < t_1 < t_2 < \cdots < t_n < t \in T$，相应的增量 $X(t_1) - X(0), X(t_2) - X(t_1), \cdots$，$X(t_n) - X(t_{n-1})$，$X(t) - X(t_n)$ 相互独立，不妨设 $x_0 = 0$（因 $X(t) - x_0$ 仍为独立增量过程），则有增量 $X(t) - X(t_n)$ 与 $X(t_1), X(t_2), \cdots, X(t_{n-1})$ 相互独立，因此，对任意的 $x_1, x_2, \cdots, x_n \in E$，条件分布函数为

$$P\{X(t) \leq x \mid X(t_n) = x_n, X(t_{n-1}) = x_{n-1}, \cdots, X(t_1) = x_1\} =$$
$$P\{X(t) - X(t_n) \leq x - x_n \mid X(t_n) = x_n, X(t_{n-1}) = x_{n-1}, \cdots, X(t_1) = x_1\} =$$
$$P\{X(t) - X(t_n) \leq x - x_n \mid X(t_n) = x_n\}$$

又因为

$$P\{X(t) \leq x \mid X(t_n) = x_n\} = P\{X(t) - X(t_n) \leq x - x_n \mid X(t_n) = x_n\}$$

则有

$$P\{X(t) \leq x \mid X(t_n) = x_n, X(t_{n-1}) = x_{n-1}, \cdots, X(t_1) = x_1\} =$$
$$P\{X(t) \leq x \mid X(t_n) = x_n\}$$

满足式（6.1.1），故知独立增量过程亦为马氏过程。

[例 6.1.3] 设 $X(t)$ 表示电话交换台在 $[0, t)$ 时段内收到的呼叫次数，则 $\{X(t),\ t \geq 0\}$ 为一随机过程。对于任意时刻 $0 \leq t_1 < t_2 < \cdots < t_n < t \in T = \{t \mid t \geq 0\}$，随机变量 $X(t_1) - X(0)$，$X(t_2) - X(t_1)$，$\cdots$，$X(t_n) - X(t_{n-1})$，$X(t) - X(t_n)$ 分别表示在时间段 $[0, t_1), [t_1, t_2), \cdots, [t_{n-1}, t_n)$ 与 $[t_n, t)$ 中电话交换台接到的呼叫次数，自然可以认为它们是相互独立的，所以 $\{X(t), t \geq 0\}$ 是一独立增量过程，因而亦为马氏过程。

[例 6.1.4]（二项过程） 设在每次试验中，事件 A 发生的概率为 $p, 0 < p < 1$，独立地重复进行这项试验，以 $X(n)$ 表示到第 n 次为止事件 A 发生的次数，则 $\{X(n), n = 1, 2, \cdots\}$ 是一个平稳独立增量过程，且 $X(0) = 0$，实际上，由二项分布知识

可知，$X(n)$服从二项分布 $B(n, p)$，故称此 $\{X(n), n \geq 1\}$ 为二项过程。若令增量 $Y_n = X(n) - X(n-1), n = 1, 2, \cdots$，显见 Y_n 是第 n 次试验中事件 A 发生的次数为

$$P\{Y_n = 0\} = 1 - p, \ P\{Y_n = 1\} = p \quad n = 1, 2, \cdots$$

且

$$X(n + m) - X(n) \sim B(m, p), \qquad n = 1, 2, \cdots$$

即 $\{X(n), n \geq 1\}$ 为一平稳独立增量过程，亦为一马氏过程。

[例 6.1.5]   设一质点自坐标原点出发在数轴上作随机游动，每隔 1s 以概率 p 向右移动 1 单位距离，以概率 $q = 1 - p$ 向左移动 1 单位距离，以 $X(n)$ 表示质点在第 ns 至第 n+1s 期间的坐标，则 $\{X(n), n \geq 1\}$ 是一个平稳的独立增量过程，且 $X(0)=0$。实际上，$X(n)$ 的概率分布为

$$P\{X(n) = k\} = \begin{cases} C_n^{\frac{n+k}{2}} p^{\frac{n+k}{2}} q^{\frac{n-k}{2}} & \text{当}|k| \leq n \text{且} \frac{n+k}{2} \text{为整数} \\ 0 & \text{其它} \end{cases}$$

增量 $X(n + m) - X(n)$ 的概率分布为

$$P\{X(n + m) - X(n) = i\} = \begin{cases} C_m^{\frac{m+i}{2}} p^{\frac{m+i}{2}} q^{\frac{m-i}{2}} & \text{当}|i| \leq m \text{且} \frac{m+i}{2} \text{为整数} \\ 0 & \text{其它} \end{cases}$$

因而此过程 $\{X(n), n \geq 1\}$ 亦为一马氏过程。

[例 6.1.6]   泊松过程 $\{N(t), t \geq 0\}$ 为一马氏过程。这是因为泊松过程是具有平稳独立增量的随机过程，且 $N(0)=0$。

三、马氏过程的分类

马氏过程亦可根据参数空间与状态空间的离散与连续类型分为以下 4 种类型：

(1) 离散参数集，离散状态集马氏过程；

(2) 离散参数集，连续状态集马氏过程；

(3) 连续参数集，离散状态集马氏过程；

(4) 连续参数集，连续状态集马氏过程。

其中第一种类型，即离散参数集 $T = \{t_1, t_2, \cdots\}$，离散状态集 $E = \{a_1, a_2, \cdots\}$ 的马氏过程，称之为离散参数马尔可夫链，简称马氏链。第三种类型，即连续参数集，离散状态集马氏过程称为连续参数马尔可夫链。关于马氏链有许多非常重要的成果与重要的应用价值，所以本书将着重讨论有关马氏链的一些重要性质。

四、马氏过程的有限维分布族

根据马氏过程的性质及概率论中的乘法定理可知，马氏过程的 n 维分布函数是由一些条件分布函数与初始时刻对应的随机变量的分布函数的乘积得出。即若 $\{X(t), t \in T\}$ 为一马氏过程，对于任意的 n 及 $t_1 < t_2 < \cdots < t_n \in T$，对应的随机变量 $X(t_1), X(t_2), \cdots, X(t_n)$ 的联合变量 $(X(t_1), X(t_2), \cdots, X(t_n))$ 的分布函数为

$$F_n(x_1, x_2, \cdots, x_n, t_1, t_2, \cdots, t_n) =$$

$$P\{X(t_1) \leqslant x_1, X(t_2) \leqslant x_2, \cdots, X(t_n) \leqslant x_n\}$$

$$P\{X(t_1) \leqslant x_1\} P\{X(t_2) \leqslant x_2 \mid X(t_1) \leqslant x_1\} \cdots P\{X(t_n) \leqslant x_n \mid X(t_{n-1}) \leqslant x_{n-1},$$

$$X(t_{n-2}) \leqslant x_{n-2}, \cdots, X(t_2) \leqslant x_2, X(t_1) \leqslant x_1\} =$$

$$P\{X(t_1) \leqslant x_1\} P\{X(t_2) \leqslant x_2 \mid X(t_1) \leqslant x_1\} \cdots P\{X(t_n) \leqslant x_n \mid X(t_{n-1}) \leqslant x_{n-1}\} =$$

$$F(x_1, t_1) F(x_2, t_2 \mid x_1, t_1) \cdots F(x_n, t_n \mid x_{n-1}, t_{n-1}) \tag{6.1.2}$$

也就是说，马氏过程的有限维分布函数族可以通过初始时刻对应的分布函数与条件分布函数得到，因此研究马氏过程将重点放在讨论条件分布与初始分布的性质上，事实上，在讨论马氏链时正是这样做的。

当然，若 $X(t)$ 为离散型随机变量或连续型随机变量时，有与上同样的性质：

(1) 若 $X(t)$ 为连续型随机变量时，马氏过程 $\{X(t), t \in T\}$ 的有限维密度函数为

$$f_n(x_1, x_2, \cdots, x_n, t_1, t_2, \cdots, t_n) =$$

$$f_1(x_1, t_1) f(x_2, t_2 \mid x_1, t_1) \cdots f_n(x_n, t_n \mid x_{n-1}, t_{n-1}) \tag{6.1.3}$$

即此时马氏过程 $\{X(t), t \in T\}$ 的有限维概率密度函数等于一些条件概率密度与初始时刻 t_1 对应的随机变量 $X(t_1)$ 的概率密度函数 $f(x_1, t_1)$ 的乘积，式（6.1.3）中的条件概率密度常称为转移概率密度。

(2) 若 $X(t)$ 为离散型随机变量时，马氏过程 $\{X(t), t \in T\}$ 的有限维概率分布为

$$P\{X(t_1) = x_1, X(t_2) = x_2, \cdots, X(t_n) = x_n\} =$$

$$P\{X(t_1) = x_1\} P\{X(t_2) = x_2 \mid X(t_1) = x_1\} \cdots P\{X(t_n) = x_n \mid X(t_{n-1}) = x_{n-1}\} \tag{6.1.4}$$

即此时，马氏过程 $\{X(t), t \in T\}$ 的有限维概率分布可表示为一些条件概率与初始时刻 t_1 对应的随机变量 $X(t_1)$ 的概率分布 $P\{X(t_1) = x_1\}$ 的乘积，式（6.1.4）中的条件概率常称为转移概率。

思 考 题

1. 什么是马氏过程？马氏过程中的随机变量之间有何关系？

2. 马氏性是怎样一条特殊性质，为什么称之为无后效性或"健忘"性？

3. 马氏过程的有限维分布有何特点？

4. 马氏过程的数字特征有何特点？

5. 有哪些常见随机过程是马氏过程？

6.1　基本练习题

1. 证明 Wiener 过程是一马氏过程。

2. 设 $\{X(n), n \geq 1\}$ 是独立随机序列：

(1) 令 $Y(n) = \left(\sum_{k=1}^{n} X(k)\right)^2$，试证 $\{Y(n), n \geq 1\}$ 是马氏过程；

(2) 令 $Y(n) = \alpha Y(n-1) + X(n)$，其中 α 为常数，$Y(0) \equiv 0$，试证 $\{Y(n), n \geq 1\}$ 为马尔可夫过程。

3. 设 $\{X(t), t \in T\}$ 为一马氏过程，对于任意的 $t_1 < t_2 < \cdots < t_m < t_{m+1} < \cdots < t_{m+k} \in T$，试证明

$$f_X(x_m, t_m \mid x_{m+1}, x_{m+2}, \cdots, x_{m+k}, t_{m+1}, t_{m+2}, \cdots, t_{m+k}) =$$
$$f_X(x_m, t_m \mid x_{m+1}, t_{m+1})$$

4. 设 $\{N(t), t \geq 0\}$ 是强度为 λ 的泊松过程，$X(n)$ 是相互独立且同分布取整数值的随机变量序列，令

$$Y(t) = \sum_{n=1}^{N(t)} X(n)$$

试证 $\{Y(t), t \geq 0\}$ 为一马尔可夫过程。

5. 设随机过程 $\{Y(n), n \geq 0\}$ 的状态空间为 E，$Y(n)$ 满足条件：

(1) $Y(n) = f(Y(n-1), X(n))$　$n \geq 1$，其中 $f : E \times E \to E$，且 $X(n)$ 取值在 E 上；

(2) $\{X(n), n \geq 1\}$ 是独立同分布随机序列，且 $Y(0)$ 与 $\{X(n), n \geq 1\}$ 也相互独立。试证明 $\{Y(n), n \geq 0\}$ 是马氏过程。

6. 若每隔 1min 观察噪声电压，以 $X(n)$ 表示第 $n$min 观察噪声电压所得结果，则 $X(n)$ 为一随机变量，$\{X(n), n \geq 1\}$ 为一随机过程，此过程是马氏过程吗？为什么？

7. 设有随机过程 $\{X(t), t \in T\}$，其中

$$X(t) = A \cos \omega t + B \sin \omega t, \qquad t \in T = (-\infty, +\infty), \omega$$
为常数

随机变量 A 与 B 相互独立且服从相同分布 $N(0,1)$。若把 $X(t)$ 写成 $X(t) = V \sin(\omega t + \Theta)$ 的形式：

(1) 求 $f_V(v)$，$f_\Theta(\theta)$ 及 $f_{V\Theta}(v, \theta)$，问 V 和 Θ 是否相互独立？

224

(2) $X(t)$是否马氏过程，为什么？

6.2 马尔可夫链

参数集为离散集，状态集亦为离散集的马氏过程称之为马尔可夫链，简称为马氏链。此时参数集常当作为时间集，即取 $T = \{0, 1, 2, \cdots\}$，其中 $t = 0$ 称为初始时刻，且其状态集 E 为简单计，常取作整数集 $\{0, \pm 1, \pm 2, \cdots\}$，或正整数的子集 $\{1, 2, \cdots\}$，整数子集 $\{i_0, i_1, i_2, \cdots\}$，或有限子集 $\{0, 1, 2, \cdots, n\}$ 等。则马氏链 $\{X(t), t \in T\}$ 可表示为随机序列 $\{X(n), n \geq 0\}$，或 $\{X_n, n \geq 0\}$。

一、马氏链的定义

按照马氏过程的定义 6.1.1 可得马氏链的定义如下：

定义 6.2.1 设 $\{X(n), n = 0, 1, 2, \cdots\}$ 为一随机过程，状态集为 $E = \{i_0, i_1, i_2, \cdots\}$，若对于任意的 n 及 $\{i_0, i_1, \cdots, i_{n+1}\}$，对应的随机变量 $(X(0), X(1), X(2), \cdots, X(n+1))$ 满足

$$P\{X(n+1) = j \mid X(n) = i_n, X(n-1) = i_{n-1}, \cdots, X(1) = i_1, X(0) = i_0\} =$$

$$P\{X(n+1) = j \mid X(n) = i_n\} \tag{6.2.1}$$

则称此过程为马氏链。

式（6.2.1）即为马氏性，它表明在状态 $X(0) = i_0, X(1) = i_1, \cdots, X(n) = i_n$ 已知的条件下，$X(n+1) = j$ 的条件概率与 $X(0) = i_0, X(1) = i_1, \cdots, X(n-1) = i_{n-1}$ 无关，而仅与 $X(n)$ 所处状态 i_n 有关。

若马氏链的状态空间 E 为可列集 $\{0, \pm 1, \pm 2, \cdots\}$ 或 $\{0, 1, 2, \cdots\}$，则称之可列状态的马氏链；若 E 中状态是有限多个，则常称之为有限状态的马氏链。

由式（6.1.4）可知，若 $\{X(n), n = 0, 1, 2, \cdots\}$ 是一个马氏链，则 $n+2$ 维变量 $(X(0), X(1), \cdots, X(n), X(n+1))$ 的概率分布为

$$P\{X(0) = i_0, X(1) = i_1, \cdots, X(n) = i_n, X(n+1) = i_{n+1}\} =$$

$$P\{X(n+1) = i_{n+1} \mid X(0) = i_0, X(1) = i_1, \cdots, X(n) = i_n\} P\{X(0) = i_0,$$

$$X(1) = i_1, \cdots, X(n) = i_n\} =$$

$$P\{X(n+1) = i_{n+1} \mid X(n) = i_n\} P\{X(0) = i_0, X(1) = i_1, \cdots, X(n) = i_n\} =$$

$$\cdots =$$

$$P\{X(n+1) = i_{n+1} \mid X(n) = i_n\}P\{X(n) = i_n \mid X(n-1) = i_{n-1}\}\cdots \qquad (6.2.2)$$

$$P\{X(2) = i_2 \mid X(1) = i_1\}P\{X(1) = i_1 \mid X(0) = i_0\}P\{X(0) = i_0\}$$

即马氏链的上述 $n+2$ 维分布律是由一些条件分布与初始分布 $P\{X(0) = i_0\}$ 的乘积组成的，其中重要的是条件概率

$$P\{X(k+1) = j \mid X(k) = i\} = p_{ij}(k) \qquad k = 0, 1, 2, \cdots \qquad (6.2.3)$$

我们称此概率为马氏链在时刻 k 时所处状态 i，而下一步将处于状态 j 的一步转移概率，即 $p_{ij}(k)$ 表示在时刻 k 时 $X(k)$ 取 i 值的条件下，在下一时刻 $X(k+1)$ 取 j 值的一步转移概率。

显然，$p_{ij}(k)$ 具有下述两个性质：

1° $p_{ij}(k) \geqslant 0$ $\qquad \forall i, j \in E$ $\qquad\qquad\qquad\qquad\qquad\qquad\qquad (6.2.4)$

2° $\sum\limits_{j \in E} p_{ij}(k) = 1$ $\qquad \forall i \in E$ $\qquad\qquad\qquad\qquad\qquad\qquad\qquad (6.2.5)$

第 1° 条性质是由概率定义所决定的，第 2° 条性质利用全概率公式可知其正确性，实际上，$\forall i \in E$，有

$$\sum_{j \in E} p_{ij}(k) = \sum_{j \in E} P\{X(k+1) = j \mid X(k) = i\} =$$

$$\frac{1}{P\{X(k) = i\}} \sum_{j \in E} P\{X(k+1) = j, X(k) = i\} =$$

$$\frac{1}{P\{X(k) = i\}} P\left\{\bigcup_{j \in E}(X(k+1) = j, X(k) = i)\right\} =$$

$$\frac{1}{P\{X(k) = i\}} P\left\{\left(\bigcup_{j \in E}\{X(k+1) = j\}\right) \bigcap \{X(n) = i\}\right\} =$$

$$\frac{1}{P\{X(k) = i\}} P(S \bigcap \{X(k) = i\}) =$$

$$\frac{P\{X(k) = i\}}{P\{X(k) = i\}} = 1$$

从上述证明中可见到，不管马氏链从何时刻出发，而下一步到达 E 中之一状态的事件 $\bigcup\limits_{j \in E}\{X(k+1) = j\}$ 是必然事件 S。

故式（6.2.5）表明马氏链在时刻 k 处于状态 i 的条件下，下一步到达状态集 E 中之一状态的概率为 1，这是合乎情理的。

[例 6.2.1]　设 $\{X(n), n = 0, 1, 2, \cdots\}$ 是一独立随机变量序列，则 $\{X(n), n = $

226

$0, 1, 2, \cdots\}$ 为一马氏过程，若其状态空间 E 为可列集 $\{0, 1, 2, \cdots\}$ 或为有限集 $\{0, 1, 2, \cdots, n\}$ 时，它就成为一个马尔可夫链。且其一步转移概率与过去及现在状态都无关，即

$$p_{ij}(k) = P\{X(k+1) = j \mid X(k) = i\} = P\{X(k+1) = j\}$$

这因 $X(k)$ 与 $X(k+1)$ 是相互独立的。

[例 6.2.2]   设 $\{X(n), n = 0, 1, 2, \cdots\}$ 为相互独立随机变量序列，且 $P\{X(0) = i_0\} = 1$，并令

$$Y(n) = \sum_{k=1}^{n} X(k) \qquad n = 0, 1, 2, \cdots$$

则 $\{Y(n), n=0,1,2,\cdots\}$ 为一独立增量过程，因而也是马氏过程。再若 $X(n)$ 的状态空间 E 为可列集 $\{0, 1, 2, \cdots\}$ 或有限集 $\{0, 1, 2, \cdots, n\}$ 时，则此 $\{Y(n), n = 0, 1, 2, \cdots\}$ 就成为马氏链。

[例 6.2.3]   试写出可列多次相互独立的打靶试验的一步转移概率。

解：可列多次相互独立的打靶试验定义了一个离散时间，离散状态的随机过程 $\{X(n), n = 1, 2, \cdots\}$，对应的试验结果为"中"与"不中"，记

$$X(n) = \begin{cases} 1 & \text{第} n \text{次射击中靶} \\ 0 & \text{否} \end{cases} \qquad n = 1, 2, \cdots$$

则 $X(1), X(2), \cdots, X(n), \cdots$ 相互独立，故由例 6.2.1 知 $\{X(n), n = 1, 2, \cdots\}$ 为一马氏链，其中 $T = \{1, 2, \cdots\}$，$E = \{0, 1\}$，且其一步转移概率与过去及现在状态均无关，若记

$$P\{X(k) = 1\} = p \qquad\qquad 0 < p < 1$$
$$P\{X(k) = 0\} = 1 - p = q \qquad\qquad k = 1, 2, \cdots$$

则得此马氏链的一步转移概率为

$$p_{00}(k) = P\{X(k+1) = 0 \mid X(k) = 0\} = P\{X(k+1) = 0\} = q$$

$$p_{10}(k) = P\{X(k+1) = 0 \mid X(k) = 1\} = P\{X(k+1) = 0\} = q$$

$$p_{01}(k) = P\{X(k+1) = 1 \mid X(k) = 0\} = P\{X(k+1) = 1\} = p$$

$$p_{11}(k) = P\{X(k+1) = 1 \mid X(k) = 1\} = P\{X(k+1) = 1\} = p$$

一般地，若记随机变量

$$X(n) = \begin{cases} 1 & \text{第} n \text{次独立试验事件} A \text{发生} \\ 0 & \text{第} n \text{次独立试验事件} \bar{A} \text{发生} \end{cases} \qquad n = 1, 2, \cdots$$

则 $\{X(n), n = 1, 2, \cdots\}$ 为一马氏链，它描述了独立试验序列，即贝努利试验序列的

概率特性，其一步转移概率同上所述。

马氏链中应用最广且最重要的一类是具有所谓齐次性，或称时齐性的马氏链，即下文所述的其转移概率与绝对时间无关的齐次马氏链。

二、齐次马氏链

定义 6.2.2 设 $\{X(n),\ n=0,\ 1,\ 2,\ \cdots\}$ 是一马氏链，状态空间为 $E=\{0,1,2,\cdots\}$，若其一步转移概率与马氏链现在所在时刻无关，即满足等式

$$P\{X(k+1)=j \mid X(k)=i\}=p_{ij} \qquad \forall k \in T \tag{6.2.6}$$

比较式（6.2.3），此时马氏链从 i 状态转移到 j 状态的概率与现在所在时刻 k 无关，只与现在所处状态 i 有关，则称此马氏链为齐次马氏链(或时齐马氏链)，亦称之具有平稳转移概率的马氏链。

有时为特别标明其为一步转移概率，常记一步转移概率为 $p_{ij}=p_{ij}^{(1)}$。若马氏链满足式（6.2.6），则称之具有齐次性（时齐性）或平稳性。

齐次马氏链的一步转移概率 p_{ij} 具有与马氏链的一步转移概率 $p_{ij}(k)$ 同样的性质：

$1°\ \ p_{ij}=p_{ij}^{(1)} \geqslant 0,\ \ \forall i,j \in E$

$2°\ \ \sum\limits_{j \in E} p_{ij}=\sum\limits_{j \in E} p_{ij}^{(1)}=1,\ \forall i \in E$

若将全部的一步转移概率表示为矩阵的形式，则有

$$\boldsymbol{P}=\begin{pmatrix} p_{00} & p_{01} & p_{02} & \cdots \\ p_{10} & p_{11} & p_{12} & \cdots \\ \vdots & \vdots & \vdots & \vdots \\ p_{i0} & p_{i1} & p_{i2} & \cdots \\ \cdots & \cdots & \cdots & \cdots \end{pmatrix} \qquad E=\{0,\ 1,\ 2,\ \cdots\} \tag{6.2.7}$$

其中 $\boldsymbol{P}$ 即称为马氏链的一步转移概率矩阵，p_{ij} 为 $\boldsymbol{P}$ 的腹元，由 p_{ij} 的性质可知，$\boldsymbol{P}$ 的每个腹元不小于 0，且每一行元素数值之和均为 1。

易见在例 6.2.1 中，$X(n),\ n=0,\ 1,\ 2,\ \cdots$，为相互独立且同分布随机变量列，则此马氏链为齐次的，因其一步转移概率与时刻无关，且与现在状态 i 也无关，即

$$p_{ij}=p_j \qquad \forall j \in E \qquad \sum_{j \in E} p_j=1$$

它的一步转移概率矩阵为

228

$$\boldsymbol{P} = \begin{pmatrix} p_{00} & p_{01} & p_{02} & \cdots \\ p_{10} & p_{11} & p_{12} & \cdots \\ \vdots & \vdots & \vdots & \vdots \\ p_{i0} & p_{i1} & p_{22} & \cdots \end{pmatrix} = \begin{pmatrix} p_0 & p_1 & p_2 & \cdots \\ p_0 & p_1 & p_2 & \cdots \\ \vdots & \vdots & \vdots & \vdots \\ p_0 & p_1 & p_2 & \cdots \end{pmatrix}$$

且例 6.2.3 中马氏链亦是齐次的，因为其一步转移概率矩阵为

$$\boldsymbol{P} = \begin{pmatrix} q & p \\ q & p \end{pmatrix}$$

它的一步转移概率与绝对时刻无关。

[**例 6.2.4**] 从 1, 2, 3, 4, 5, 6 个数中等可能地取出一数，取后还原，如此不断地连续取下去，如在前 n 次中所取得的最大数为 j，则称质点在第 n 步时的位置在状态 j，试问：

(1) 这样的质点运动是否构成马氏链？是否为齐次的？

(2) 写出它的一步转移概率矩阵。

解：(1) 令 $X(n) =$ 前 n 次取得的最大数（$n \geq 1$），则 $X(n)$ 的可能取值为 1, 2, 3, 4, 5, 6，即状态空间 $E = \{1, 2, 3, 4, 5, 6\}$，$T = \{n \mid n \geq 1\}$，设 $X(n)$ 取值为 i，$X(n+1)$ 取值为 j，且 $j \geq i \in E$，易见 $X(n+1)$ 的取值仅与 $X(n)$ 取值有关，即前 $n+1$ 次取最大数只与前 n 次所取最大数有关，因此 $\{X(n), n \geq 1\}$ 构成一马氏链，且其一步转移概率为 $P\{X(n+1) = j \mid X(n) = i\} = p_{ij}(n)$，由实际情况知，此 $X(n+1)$ 处于状态 $j = 1, 2, \cdots, 6$ 的概率只与上一时刻所处状态有关，而与上一时刻为何值，即绝对时间 n 是无关的，因此 $X(n)$ 是齐次马氏链。

(2) 根据等可能取数，当前 n 次取到最大数 i 时，第 $n+1$ 次仍在 1, 2, $\cdots$, 6 中等可能任取一数，与 $X(n)$ 所处何状态无关，故当前 n 次取最大数 i，而第 $n+1$ 次取最大数 j 的一步转移概率为

$$P\{X(n+1) = j \mid X(n) = i\} = p_{ij} \qquad j \geq i \in E$$

故当 $i = 1$ 时，即前 n 次均取到数 1，则前 $n+1$ 次的最大数为何，决定于第 $n+1$ 次的任一次抽取，而由于是等可能抽取，第 $n+1$ 次等可能的从状态空间 $E = \{1, 2, 3, \cdots, 6\}$ 中任意抽取一数，因此可得，在 $\{X(n) = 1\}$ 的条件下 $\{X(n+1) = j\}$ 的条件概率为

$$p_{1j} = P\{X(n+1) = j \mid X(n) = 1\} = \frac{1}{6} \qquad j = 1, 2, \cdots, 6$$

而当 $i = 2$ 时，由题意应知 $p_{21} = P\{X(n+1) = 1 \mid X(n) = 2\} = 0$；但 $p_{2j} = \frac{1}{6}$，$j = 3, 4, 5, 6$；而当 $i = 2$ 时，$j = 2$，即表明第 $n+1$ 次所取的数小于或等于 2，即取到

数 1 或 2，其相应概率应为 $\dfrac{2}{6}$，故 $p_{22}=\dfrac{2}{6}$；如此类推可得：全部的一步转移概率为

$$p_{ij}=\begin{cases} 0 & j<i \\ \dfrac{j}{6} & j=i \\ \dfrac{1}{6} & j>i \end{cases} \quad i,j=1,2,\cdots,6$$

其一步转移概率矩阵为

$$P=\begin{pmatrix} \dfrac{1}{6} & \dfrac{1}{6} & \dfrac{1}{6} & \dfrac{1}{6} & \dfrac{1}{6} & \dfrac{1}{6} \\ 0 & \dfrac{2}{6} & \dfrac{1}{6} & \dfrac{1}{6} & \dfrac{1}{6} & \dfrac{1}{6} \\ 0 & 0 & \dfrac{3}{6} & \dfrac{1}{6} & \dfrac{1}{6} & \dfrac{1}{6} \\ 0 & 0 & 0 & \dfrac{4}{6} & \dfrac{1}{6} & \dfrac{1}{6} \\ 0 & 0 & 0 & 0 & \dfrac{5}{6} & \dfrac{1}{6} \\ 0 & 0 & 0 & 0 & 0 & 1 \end{pmatrix}$$

[例 6.2.5] （有不可越壁（反射壁）的随机游动） 在线段 $[1,6]$ 上有一质点，假设质点只能停留在 1, 2, 3, 4, 5, 6，这几点处，并且只能在 1s，2s，…等时刻发生随机的转移，移动规则是：如果移动前，它处在 2, 3, 4, 5 这几点上，那么就分别以 $\dfrac{1}{3}$ 的概率向左或向右移动一格，或停留在原处；如果移动前，它处在 1 这一点上，那么它就以概率 1 向右移动到 2 点；移动前处于 6 点时，那么它就以概率 1 向左移动到 5 点，因为 1 点与 6 点是质点不可逾越的，所以称之为不可越壁，上述质点运动就称之为带有不可越壁的随机游动。

若令 $X(n)=i\in E=\{1,2,3,4,5,6\}$，表示质点在第 ns 位于 i 点，试说明 $\{X(n),n\geq 1\}$ 为一齐次马氏链，并求其一步转移概率矩阵。

解： 由题意可知，当质点第 ns 位于 i 点，$i=1,2,3,4,5,6$，由于游动是随机地，它可以向任一点 $j\in E$ 游动，第 $n+1s$ 到达 j 点只与质点第 ns 时所处状态有关，而与质点从何处到达 i 点是无关的，故 $\{X(n),n\geq 1\}$ 满足马氏性，且注意到一步转移概率

$$p_{ij}(n) = P\{X(n+1) = j \mid X(n) = i\}$$

与绝对时间 n 是无关，即 $p_{ij}(n) = p_{ij}$，即不管是什么时刻质点到达 i 点，则从 i 点出发向任一点 $j \in E$ 转移的概率都是相同的，故 $\{X(n), n \geqslant 1\}$ 满足齐次性，即它是一个齐次马氏链，其一步转移概率矩阵为

$$P = \begin{pmatrix} 0 & 1 & 0 & 0 & 0 & 0 \\ \dfrac{1}{3} & \dfrac{1}{3} & \dfrac{1}{3} & 0 & 0 & 0 \\ 0 & \dfrac{1}{3} & \dfrac{1}{3} & \dfrac{1}{3} & 0 & 0 \\ 0 & 0 & \dfrac{1}{3} & \dfrac{1}{3} & \dfrac{1}{3} & 0 \\ 0 & 0 & 0 & \dfrac{1}{3} & \dfrac{1}{3} & \dfrac{1}{3} \\ 0 & 0 & 0 & 0 & 1 & 0 \end{pmatrix}$$

下面介绍一些常见的随机游动例，这些是马氏链的典型示例。

[例 6.2.6]（随机游动）　设一质点在数轴的整数点上作随机游动，如果某时刻质点位于 i，则在下一步质点以概率 $p(0 < p < 1)$ 运动到 $i-1$，而以概率 $q = 1 - p$ 运动到 $i+1$，特别地，若 $p = q = \dfrac{1}{2}$ 时，这种情形称为对称随机游动。以 $X(n)$ 表示质点在时刻 n 所处的位置，即状态，则 $X(n) = i$ 时，$X(n+1)$ 处于何位置仅与 $X(n) = i$ 有关，而与质点在 n 时刻以前如何到达 i 无关，且质点在 i 位置时，它下一步向其它点转移的概率与绝对时间 n 是无关的，即质点在第 k 步到达 i，而 $k+1$ 步转移向 j 点的概率与质点在第 $n(n \neq k)$ 步到达 i，而下一步 $n+1$ 时质点转移向 j 点的概率是相同的，故此 $X(n)$ 不仅为马氏链，且为齐次的，即为齐次马氏链。这种随机游动的概率特性是由它在边界的行为所决定，常见有下列几种类型：

(1) 自由随机游动：此时状态空间为 $E = \{0, \pm 1, \pm 2, \cdots\}$，这种随机游动无边界限制，即没有不可越壁，弹射壁或吸收壁的随机游动。其一步转移概率为

$$p_{ij} = \begin{cases} p & j = i-1, \\ q & j = i+1, \quad i, j = 0, \pm 1, \pm 2, \cdots \\ 0 & \text{其它} \end{cases}$$

一步转移概率矩阵为

$$P = \begin{pmatrix} \cdots & \cdots & \cdots & \cdots & \cdots & \cdots & \cdots & \cdots & \cdots \\ \cdots & 0 & p & 0 & q & 0 & 0 & 0 & \cdots \\ \cdots & 0 & 0 & p & 0 & q & 0 & 0 & \cdots \\ \cdots & 0 & 0 & 0 & p & 0 & q & 0 & \cdots \\ \cdots & \cdots & \cdots & \cdots & \cdots & \cdots & \cdots & \cdots & \cdots \end{pmatrix}$$

(2) 有一个吸收壁（状态 0）的随机游动：此时状态空间为 $E = \{0, 1, 2, \cdots\}$，当质点移动前处于状态 0 时，则以概率 1 停留在原点，质点移动前处于其它状态（$\neq 0$）时，移动规则同上，则其一步转移概率为

$$p_{ij} = \begin{cases} 1 & i = j = 0 \\ p & j = i - 1, \ i \geq 1 \\ q & j = i + 1, \ i \geq 1 \\ 0 & \text{其它} \end{cases}$$

一步转移概率矩阵为

$$P = \begin{pmatrix} 1 & 0 & 0 & 0 & 0 & \cdots \\ p & 0 & q & 0 & 0 & \cdots \\ 0 & p & 0 & q & 0 & \cdots \\ \cdots & \cdots & \cdots & \cdots & \cdots & \cdots \end{pmatrix}$$

(3) 有两个吸收壁的随机游动：此时状态空间为有限集 $E = \{0, 1, 2, \cdots, N\}$，且规定质点移动的一步转移概率为（见图 6.1）

$$p_{ij} = \begin{cases} 1 & j = i = 0 \text{或} N \\ p & j = i - 1, 1 \leq i \leq N - 1 \\ q & j = i + 1, 1 \leq i \leq N - 1 \\ 0 & \text{其它} \end{cases}$$

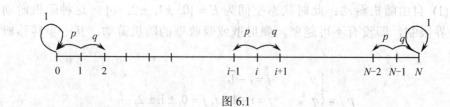

图 6.1

其一步转移概率矩阵为

$$\mathbf{P}=\begin{pmatrix} 1 & 0 & 0 & 0 & 0 & \cdots & 0 & 0 & 0 & 0 \\ p & 0 & q & 0 & 0 & \cdots & 0 & 0 & 0 & 0 \\ 0 & p & 0 & q & 0 & \cdots & 0 & 0 & 0 & 0 \\ \vdots & \vdots & \vdots & \vdots & \vdots & & \vdots & \vdots & \vdots & \vdots \\ 0 & 0 & 0 & 0 & 0 & \cdots & 0 & p & 0 & q \\ 0 & 0 & 0 & 0 & 0 & \cdots & 0 & 0 & 0 & 1 \end{pmatrix}$$

(4) 有一个反射壁（状态 0）的随机游动：此时状态空间为 $E=\{0,1,2,\cdots\}$，其一步转移概率为（见图 6.2）

$$p_{ij}=\begin{cases} 1 & i=0, j=1 \\ p & j=i-1, i\geqslant 1 \\ q & j=i+1, i\geqslant 1 \\ 0 & \text{其它} \end{cases}$$

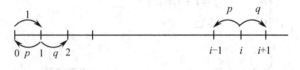

图 6.2

一步转移概率矩阵为

$$\mathbf{P}=\begin{pmatrix} 0 & 1 & 0 & 0 & 0 & \cdots \\ p & 0 & q & 0 & 0 & \cdots \\ 0 & p & 0 & q & 0 & \cdots \\ \cdots & \cdots & \cdots & \cdots & \cdots & \cdots \end{pmatrix}$$

(5) 有两个反射壁的随机游动：此时状态空间为有限集 $E=[0,1,2,\cdots,N\}$，其一步转移概率为（见图 6.3）

$$p_{ij}=\begin{cases} 1 & i=0, j=1 \text{或} i=N, j=N-1 \\ p & j=i-1, 1\leqslant i\leqslant N-1 \\ q & j=i+1, 1\leqslant i\leqslant N-1 \\ 0 & \text{其它} \end{cases}$$

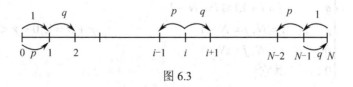

图 6.3

233

一步转移概率矩阵为

$$\boldsymbol{P} = \begin{pmatrix} 0 & 1 & 0 & 0 & 0 & \cdots & \cdots & \cdots & \cdots & 0 \\ p & 0 & q & 0 & 0 & \cdots & \cdots & \cdots & \cdots & 0 \\ 0 & p & 0 & q & 0 & \cdots & \cdots & \cdots & \cdots & 0 \\ \vdots & \vdots & \vdots & \vdots & \vdots & \vdots & \vdots & \vdots & \vdots & \vdots \\ 0 & \cdots & \cdots & \cdots & \cdots & \cdots & 0 & p & 0 & q \\ 0 & \cdots & \cdots & \cdots & \cdots & \cdots & 0 & 0 & 1 & 0 \end{pmatrix}$$

(6) 有一个弹射壁(状态 0)的随机游动：此时状态空间为 $E = \{0, 1, 2, \cdots\}$，其一步转移概率为（见图 6.4）

$$p_{ij} = \begin{cases} \alpha & i = j = 0 \\ \beta & i = 0, j = 1 \\ p & j = i-1, i \geqslant 1 \\ q & j = i+1, i \geqslant 1 \\ 0 & \text{其它} \end{cases} \qquad \alpha + \beta = 1,\ 0 < \alpha < 1$$

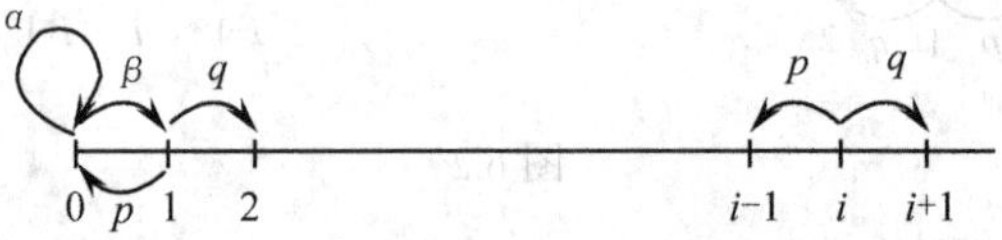

图 6.4

一步转移概率矩阵为

$$\boldsymbol{P} = \begin{pmatrix} \alpha & \beta & 0 & 0 & 0 & \cdots \\ p & 0 & q & 0 & 0 & \cdots \\ 0 & p & 0 & q & 0 & \cdots \\ \cdots & \cdots & \cdots & \cdots & \cdots & \cdots \end{pmatrix}$$

(7) 有两个弹射壁的随机游动：此时状态空间为有限集 $E = \{0, 1, 2, \cdots, N\}$，其一步转移概率为（见图 6.5）

$$p_{ij} = \begin{cases} \alpha & i = 0, j = 0 \\ \beta & i = 0, j = 1 \\ p & j = i-1, 1 \leqslant i \leqslant N-1 \\ q & j = i+1, 1 \leqslant i \leqslant N-1 \\ \gamma & i = N, j = N-1 \\ \delta & i = N, j = N \\ 0 & \text{其它} \end{cases} \qquad \begin{array}{l} \alpha + \beta = 1,\ 0 < \alpha < 1 \\ \\ \\ \gamma + \delta = 1,\ 0 < \gamma < 1 \end{array}$$

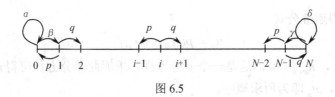

图 6.5

一步转移概率矩阵为

$$\boldsymbol{P} = \begin{pmatrix} \alpha & \beta & 0 & 0 & 0 & \cdots & \cdots & \cdots & 0 \\ p & 0 & q & 0 & 0 & \cdots & \cdots & \cdots & 0 \\ 0 & p & 0 & q & 0 & \cdots & \cdots & \cdots & 0 \\ \vdots & \vdots & \vdots & \vdots & \vdots & \vdots & \vdots & \vdots & \vdots \\ 0 & \cdots & \cdots & \cdots & \cdots & 0 & p & 0 & q \\ 0 & \cdots & \cdots & \cdots & \cdots & 0 & 0 & \gamma & \delta \end{pmatrix}$$

随机游动有着非常广泛的应用，例如历史上的"赌徒输光问题"，设参加赌博的甲方有赌本 a 元，乙方有无限多赌本，按如下规则进行赌博；如甲输，则付出 1 元，如甲胜，则收进 1 元，每局甲输的概率为 p，赢的概率为 q，$p+q=1$，如此赌下去，直到甲的赌本输光为止时赌博停止，这就是以状态 0 为吸收壁的随机游动；若规定以甲的赌本增加到 $a_1, a_1 \geqslant a$ 时赌博停止，则这种赌博过程就是以 0 和 a_1 为吸收壁的随机游动；若规定当甲输光后仍可进行"欠账式"的赌博（即赌本可为负整数）。此时状态空间为 $E = \{0, \pm1, \pm2, \cdots\}$，则赌博可无限制地进行下去，这就是自由随机游动过程，总之，通过修改赌博规则就可得到各种边界的随机游动模型。有关赌博停止的概率，停止的时刻等问题，就是所谓赌徒输光问题。下面介绍一个计算赌徒输光的概率计算问题：

[例 6.2.7]（赌徒输光问题） 设有两赌徒进行一系列赌博，在每一局中乙胜的概率为 p，甲胜的概率为 $q = 1 - p, 0 < p < 1$，每一局后，负者要付 1 元给胜者，若开始时甲有赌本 a 元，乙有赌本 b 元，两人赌博直到甲输光或乙输光为止，试求甲输光的概率。

解：这个问题实际上是带有两个吸收壁的随机游动，这时的状态空间为 $E = \{0, 1, 2, \cdots, a+b\}$，$a \geqslant 1, b \geqslant 1$，现在的问题是求质点从 a 点出发，在到达状态 $a+b$ 之前而先到达 0 状态的概率。

设 $0 < j < a+b$，记质点从 j 出发在到达 $a+b$ 状态之前先到达 0 状态的概率为 u_j，则质点从 j 出发，以概率 p 移动到 $j-1$，以概率 q 移动到 $j+1$，而在 $j+1$ 点出发而先于到达 $a+b$ 状态之前先到达 0 状态的概率记为 u_{j+1}，同理，从 $j-1$ 点出发先于到达 $a+b$ 状态之前到达 0 状态的概率记为 u_{j-1}，利用全概率公式描述上

述情况，即得递推公式

$$u_j = pu_{j-1} + qu_{j+1}$$

初值为 $u_0 = 1$ ， $u_{a+b} = 0$ ，这是一个差分方程，求解此差分方程可得 u_j 的解，特别当 $j = a$ 时， u_a 即为所求概率。

因为 $p + q = 1$ ，代入递推式可得

$$(p + q)u_j = pu_{j-1} + qu_{j+1}$$

即

$$u_j - u_{j+1} = \frac{p}{q}(u_{j-1} - u_j)$$

再令 $r = \dfrac{p}{q}$ ， $d_j = u_j - u_{j+1}$ ，则上式化为两个相邻差分间的递推关系

$$d_j = rd_{j-1} \qquad j = 1, 2, \cdots$$

故得

$$d_j = rd_{j-1} = r^2 d_{j-2} = \cdots = r^j d_0 \qquad 0 \leqslant j < a + b$$

(1) 当 $r \neq 1$ 时， $1 - r \neq 0$ ，则有

$$1 = u_0 - u_{a+b} = \sum_{j=0}^{a+b-1}(u_j - u_{j+1}) = \sum_{j=0}^{a+b-1} d_j =$$

$$\sum_{j=0}^{a+b-1} r^j d_0 = \frac{1 - r^{a+b}}{1 - r} d_0$$

故得

$$d_0 = \frac{1 - r}{1 - r^{a+b}}$$

即得质点从 j 出发在到达 $a + b$ 状态之前先到达 0 状态的概率为

$$u_j = u_j - u_{a+b} = \sum_{i=j}^{a+b-1}(u_i - u_{i+1}) = \sum_{i=j}^{a+b-1} d_i = \sum_{i=j}^{a+b-1} r^i d_0 =$$

$$r^j(1 + r + r^2 + \cdots + r^{a+b-j-1})d_0 = \frac{r^j(1 - r^{a+b-j})}{1 - r} d_0 =$$

$$\frac{r^j - r^{a+b}}{1 - r} d_0 = \frac{r^j - r^{a+b}}{1 - r} \cdot \frac{1 - r}{1 - r^{a+b}} = \frac{r^j - r^{a+b}}{1 - r^{a+b}} \qquad j = 1, 2, \cdots, a+b-1$$

故当甲输光，即 $j = a$ 时，其概率为

$$u_a = \frac{r^a - r^{a+b}}{1 - r^{a+b}} = \frac{r^a(1 - r^b)}{1 - r^{a+b}} = \frac{(p/q)^a(1 - (p/q)^b)}{1 - (p/q)^{a+b}}$$

(2) 若 $r=1$ 时，$d_j=d_0$，$0\leqslant j<a+b$，此时

$$1=u_0-u_{a+b}=\sum_{j=0}^{a+b-1}(u_j-u_{j+1})=\sum_{j=0}^{a+b-1}d_j=(a+b)d_0$$

故

$$d_0=\frac{1}{a+b}$$

又

$$u_j=u_j-u_{a+b}=\sum_{i=j}^{a+b-1}(u_i-u_{i+1})=\sum_{i=j}^{a+b-1}d_i=(a+b-j)d_0$$

故

$$u_j=\frac{a+b-j}{a+b}\qquad 0\leqslant j<a+b$$

特别地，当 $j=a$ 时，$u_a=\dfrac{b}{a+b}$ 即为所求甲输光的概率。

同理可求得乙先输光的概率为

$$u_b=\begin{cases}\dfrac{(q/p)^b(1-(q/p)^a)}{1-(q/p)^{a+b}} & p\neq q\\[4mm]\dfrac{a}{a+b} & p=q\end{cases}$$

[例 6.2.8]（艾伦菲斯特（Ehrenfest）模型） 设一个坛子中装有 c 个球，它们或是红色的，或是黑色的。从坛中随机地摸出一个球，并换入一个另一种颜色的球，经过 n 次摸换，记坛中的黑球数为 $X(n)$。试问 $\{X(n),n\geqslant1\}$ 是否构成一齐次马氏链？

解：设坛子中原有黑球数为 i，视 i 为过程的状态，则 $X(0)=i$ 且 $P(X(0)=i)=1$，当经过一次摸换，$X(1)$ 可能处于状态 $i-1$，也可能处于状态 $i+1$，其条件概率为

$$p_{i\,i-1}(1)=P(X(1)=i-1\,|\,X(0)=i)=\frac{i}{c}$$

$$p_{i\,i+1}(1)=P(X(1)=i+1\,|\,X(0)=i)=\frac{c-i}{c}$$

易见此概率与绝对时间 1 无关，同理可说明当 $X(n)=i$ 状态时，下一步处于 $i-1$ 状态的转移概率 $p_{i\,i-1}(n)$ 与 n 无关，仍为 $\dfrac{i}{c}$，而下一步处于 $i+1$ 状态的转移概率 $p_{i\,i+1}(n)$ 也与 n 无关，仍为 $\dfrac{c-i}{c}$，故 $\{X(n),n\geqslant1\}$ 为齐次的，且由题意可知

$X(n+1)$ 所处的状态仅与 $X(n)$ 所处状态有关，即第 $n+1$ 次摸换后的黑球数只与第 n 次摸换后的黑球数有关，因而 $\{X(n), n \geq 1\}$ 构成一齐次马氏链，其状态空间 $E = \{0, 1, 2, \cdots, c\}$。

[**例 6.2.9**]（波利亚（Polya）坛子模型） 设坛子中有 r 只红球，t 只白球，每次从坛子中任取一只球，观察其颜色后放回，并再次放入 a 只与所取出的那只球同色的球，如此不断取放，令 $X(n) = i$ 表示在第 n 次取放后坛子中有 i 只红球，试问 $\{X(n), n \geq 1\}$ 是否为齐次马氏链？

解：注意到 $X(n+1) = j$，即第 $n+1$ 次取放后坛子中还有 j 只红球，只与第 n 次取放后坛子中的红球数有关，即仅与 $X(n) = i$ 有关，而与以前若干次取放无关，即此 $\{X(n), n \geq 1\}$ 为一马氏链，但注意到当 $X(n) = i$ 时 $X(n+1) = j$ 的条件概率为

$$p_{ij}(n) = P\{X(n+1) = j \mid X(n) = i\} = \begin{cases} \dfrac{i}{r+t+na} & j = i+a \\ 1 - \dfrac{i}{r+t+na} & j = i \\ 0 & \text{其它} \end{cases}$$

易见此转移概率 $p_{ij}(n)$ 与绝对时间 n 有关，因而 $X(n)$ 不是齐次的，即此链 $\{X(n), n \geq 1\}$ 为非齐次马氏链。

三、转移图(状态传递图与概率转移图)

为了能更加直观形象地表现马氏链的状态转移过程及状态转移的概率特性，我们借助于转移图与标明转移概率的概率转移图加以描述。

所谓转移图就是在一图中，首先将马氏链所具有的各个状态一一标出，然后用标有箭头的连线将各状态连接起来，箭头所指的状态，就是箭尾所连状态一步能到达的状态，如图 6.6 给出一个转移图。其中 $E = \{1, 2, 3\}$ 包含 3 个状态，可以看出从状态 1 可一步到达状态 2，经状态 2 两步到达状态 3，再由状态 3 可一步返回到状态 1；从状态 2 可一步到达状态 1，也可一步到达状态 3；从状态 3 出发可一步到达状态 1，也可经一步又返回到自身的状态的传递特性。

若在转移图的状态之间的连线上再标出相应的一步转移概率，则成为概率转移图，如图 6.7 所示。从图中可看出，相应的一步转移概率为

$$p_{11} = 0, \quad p_{12} = \frac{1}{2}, \quad p_{13} = \frac{1}{2}$$

$$p_{21} = \frac{1}{3}, \quad p_{22} = 0, \quad p_{23} = \frac{2}{3}$$

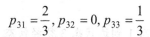
$$p_{31} = \frac{2}{3}, p_{32} = 0, p_{33} = \frac{1}{3}$$

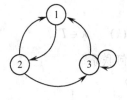

图 6.6

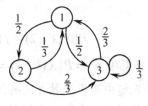

图 6.7

故其一步转移概率矩阵为

$$P = \begin{pmatrix} 0 & \dfrac{1}{2} & \dfrac{1}{2} \\ \dfrac{1}{3} & 0 & \dfrac{2}{3} \\ \dfrac{2}{3} & 0 & \dfrac{1}{3} \end{pmatrix}$$

易见，转移图仅给出状态之间转移的可行性，而未标明状态之间转移的可能性的大小，而概率转移图用一步转移概率描述了状态之间的转移特性，这给我们研究状态的相通性、可达性、常返性及马氏链的可约性等概念提供了许多方便。

[**例 6.2.10**] 试画出例 6.2.3 中齐次马氏链的概率转移图。

解：由例 6.2.3 知，马氏链 $\{X(n), n \geq 1\}$ 的一步转移概率矩阵为 $P = \begin{pmatrix} q & p \\ q & p \end{pmatrix}$，状态空间 $E = \{0,1\}$，包括两个状态，故其概率转移图为（见图 6.8）

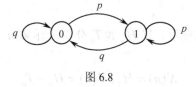

图 6.8

从上可见，读者容易根据一步转移概率矩阵绘出相应的转移概率图。

思 考 题

1. 马氏链的状态空间可否取作为 $E = \{a_0, a_1, a_2, \cdots\}$，其中 a_i 为实数，此时定义 6.2.1 如何描述？

2. 齐次性描述的是转移概率与绝对时间无关的特性，那么式（6.2.6）可否用二步转移概率

$$P\{X(k+2) = j \mid X(k) = i\} = p_{ij}^{(2)} \quad k \in T$$

代替，为什么?

3. 由图 6.5 看出，从状态 1 到达状态 3 须经状态 2 两步到达，那么二步转移概率

$$P\{X(k+2) = j \mid X(k) = i\} = p_{ij}^{(2)}(k) \qquad k \in T$$

与一步转移概率 $p_{ij} = P\{X(k+1) = j \mid X(k) = i\}$ 有何联系?

4. 马氏链中随机变量之间有何关系，为什么?

5. 维纳过程是齐次马氏过程吗?

6.2 基本练习题

1. 设 $X(1), X(2), \cdots$ 是一个独立同分布的随机变量序列，其分布律为

$X(n)$	-1	1
p_i	$1-p$	p

$0 < p < 1, \ n \geqslant 1$

令 $Y(n) = \displaystyle\sum_{k=1}^{n} X(k), n \geqslant 1$，试求:

(1) $P\{X(1) \geqslant 0, \ Y(2) \geqslant 0, \ Y(3) \geqslant 0, \ Y(4) \geqslant 0\}$

(2) $P\{Y(1) \neq 0, \ Y(2) \neq 0, \ Y(3) \neq 0, \ Y(4) \neq 0\}$

(3) $P\{Y(1) \leqslant 2, \ Y(2) \leqslant 2, \ Y(3) \leqslant 2, \ Y(4) \leqslant 2\}$

(4) $P\{|Y(1)| \leqslant 2, \ |Y(2)| \leqslant 2, \ |Y(3)| \leqslant 2, \ |Y(4)| \leqslant 2\}$

2. 一质点在圆周上作随机游动，圆周上共有 N 格，质点以概率 p 顺时针游动一格，以概率 $q = 1 - p$ 逆时针移动一格。试用马氏链描述游动过程，并确定状态空间及转移概率矩阵。

3. 无限制地抛一枚硬币，以 H_n 和 T_n 分别表示前 n 次抛掷中，正面和反面出现的次数，令

$$X(n) = H_n, \ Y(n) = H_n - T_n$$

试问它们是马氏链吗? 如果是，求其转移概率矩阵。

4. 设 $\{X(n), n \geqslant 0\}$ 为齐次马氏链，其一步转移概率 $p_{ij} = a_j$，试证 $\{X(n), n \geqslant 1\}$ 是独立同分布的随机序列。

5. 如果 $X(0), X(1), \cdots, X(n), \cdots$ 是取整数值且相互独立的随机序列。试证:

(1) $\{X(n), n \geqslant 0\}$ 是马氏链，在什么条件下是齐次的?

(2) 设 $P\{X(n) = i\} = p_i, n = 0, 1, 2, \cdots, Y(n) = \displaystyle\sum_{k=0}^{n} X(k)$，$\{Y(n), n \geqslant 0\}$ 是齐次马氏链，指出其状态空间，并求其一步转移概率。

240

6. 设甲、乙两人轮流投篮，甲、乙的命中率各为 $\frac{1}{2}$，各次投篮的结果相互独立，今规定每次谁投中，对方就输给他 0.1 元，如果投不中他输给对方 0.1 元。甲开始时有 a 元，乙有 b 元，令 $X(n)$ 表示第 n 次投篮后，其中一人，例如甲的钱数。

(1) 如果比赛进行到其中一人输光为止，试证 $\{X(n), n \geq 1\}$ 是齐次马氏链，指出其状态空间，并求其一步转移概率；

(2) 假定不论何时当其中有一人输光时，另一人就给对方 0.1 元，使得比赛能不停止地进行下去，试写出 $\{X(n), n \geq 1\}$ 的状态空间，并求其一步转移概率。

7. 设甲袋中有 6 只黑球，乙袋内有 4 只白球，每次从甲、乙两袋内随机地各取出一球并进行交换，然后再放入袋中，记 $X(n)$ 为经 n 次交换后甲袋内的白球数。试证 $\{X(n), n \geq 1\}$ 是齐次马氏链。

8. 一只老鼠放在迷宫内(图 6.9)，每隔单位时间老鼠在迷宫中移动一次，随机地通过格子，也就是说如果有 R 条通路供离开，那么选取其中任一条通路的概率为 $\frac{1}{R}$，试用马氏链描述老鼠的移动，给出它的状态空间和一步转移概率矩阵。

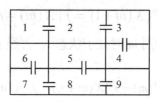

图 6.9

9. 设齐次马氏链的转移概率矩阵为

$$P = \begin{pmatrix} \frac{1}{3} & \frac{1}{3} & \frac{1}{3} & 0 \\ \frac{1}{2} & \frac{1}{2} & 0 & 0 \\ \frac{1}{4} & \frac{1}{4} & 0 & \frac{1}{2} \\ 0 & \frac{1}{2} & 0 & \frac{1}{2} \end{pmatrix}$$

(1) 该马氏链有几个状态？

(2) 试画出概率转移图。

(3) 从第 2 个状态至少要几步才能转移到第 3 个状态？

10. 试根据已给概率转移图（见图 6.10）求一步转移概率矩阵。

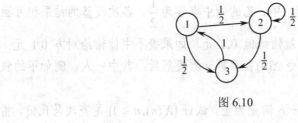

图 6.10

6.3 切普曼—柯尔莫哥洛夫方程

切普曼—柯尔莫哥洛夫方程，简称 C—K 方程，是马氏过程的一个重要的概率特性，它揭示了状态之间转移的统计规律。为介绍 C—K 方程，我们首先引入 n 步转移概率概念。

一、n 步转移概率

前面定义了马氏过程在时刻 m 时处于状态 i，下一步转移到状态 j 的一步转移概率。

$$p_{ij}^{(1)}(m) = P\{X(m+1) = j \mid X(m) = i\} = p_{ij}(m)$$

类似地，马氏过程在时刻 m 时处于状态 i，再经 n 步转移到状态 j 的 n 步转移概率，表示为

$$p_{ij}^{(n)}(m) = P\{X(m+n) = j \mid X(m) = i\} \tag{6.3.1}$$

式（6.3.1）中标记了参考时间 m，即表示条件概率 $p_{ij}^{(n)}(m)$ 不仅与转移步数有关，也与时间起点 m 有关。显然，n 步转移概率也具有下述性质：

$$1° \qquad\qquad p_{ij}^{(n)}(m) \geqslant 0 \qquad i,j \in E \tag{6.3.2}$$

$$2° \qquad\qquad \sum_{j \in E} p_{ij}^{(n)}(m) = 1 \qquad i \in E$$

因 $p_{ij}^{(n)}(m)$ 为概率，故性质 1° 是显然的，性质 2° 可借助于全概率公式加以证明，实际上

$$\sum_{j \in E} p_{ij}^{(n)}(m) = \sum_{j \in E} P\{X(m+n) = j \mid X(m) = i\} =$$

$$\sum_{j \in E} \frac{P\{X(m+n) = j, X(m) = i\}}{P\{X(m) = i\}} =$$

$$\frac{1}{P\{X(m)=i\}}\sum_{j\in E}P\{X(m+n)=j,X(m)=i\}=$$

$$\frac{1}{P\{X(m)=i\}}P\left(\bigcup_{j\in E}\{X(m+n)=j,X(m)=i\}\right)=$$

$$\frac{1}{P\{X(m)=i\}}P\{X(m)=i\}=1$$

特别，当式（6.3.1）中 $n=1$ 时，即得一步转移概率 $p_{ij}^{(1)}(m),n=2$ 时，即为二步转移概率 $p_{ij}^{(2)}(m)$。

通常，规定 0 步转移概率为

$$p_{ij}^{(0)}(m)=\delta_{ij}=\begin{cases}1 & i=j \\ 0 & i\neq j\end{cases}\quad m\geq0$$

n 步转移概率构成的矩阵，称为 n 步转移概率矩阵，当 $E=\{1,2,\cdots\}$ 时，表示为

$$\boldsymbol{P}^{(n)}(m)=\begin{pmatrix}p_{11}^{(n)}(m) & p_{12}^{(n)}(m) & \cdots & p_{1j}^{(n)}(m) & \cdots \\ p_{21}^{(n)}(m) & p_{22}^{(n)}(m) & \cdots & p_{2j}^{(n)}(m) & \cdots \\ \cdots & \cdots & \cdots & \cdots & \cdots \\ p_{i1}^{(n)}(m) & p_{i2}^{(n)}(m) & \cdots & p_{ij}^{(n)}(m) & \cdots \\ \cdots & \cdots & \cdots & \cdots & \cdots\end{pmatrix}=\left(p_{ij}^{(n)}(m)\right) \qquad (6.3.3)$$

[例 6.3.1] 设 $\{X(n),n=0,1,2,\cdots\}$ 是状态空间为 $E=\{0,1\}$ 的马氏链，其中 0，1 分别表示系统故障或工作，若系统今天是工作的，明天仍工作或故障的概率为 q_1 和 p_1，若系统今天为故障，明天仍故障或工作的概率分别是 q_0 和 p_0，其概率转移图如图 6.11 所示。其中 $p_0+q_0=1$，$p_1+q_1=1$。

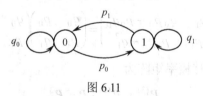

图 6.11

若不考虑绝对时间，试求此马氏链所表示系统的一步、二步转移概率矩阵。

解： 若不考虑绝对时间，故 $X(n)$ 是齐次的，令 $X(0)=i$ 表示系统今天的状态，$i=0,1$，则系统的一步转移概率为

$$p_{00}=P\{X(1)=0\mid X(0)=0\}=q_0$$

$$p_{01}=P\{X(1)=1\mid X(0)=0\}=p_0$$

$$p_{10} = P\{X(1) = 0 \mid X(0) = 1\} = p_1$$
$$p_{11} = P\{X(1) = 1 \mid X(1) = 1\} = q_1$$

一步转移概率矩阵为

$$\boldsymbol{P} = \begin{pmatrix} q_0 & p_0 \\ p_1 & q_1 \end{pmatrix}$$

二步转移概率为

$$p_{00}^{(2)} = P\{X(2) = 0 \mid X(0) = 0\} =$$

$$P(\{X(2) = 0\} \bigcap [\{X(1) = 0\} \bigcup \{X(1) = 1\}] \mid X(0) = 0) =$$

$$P\{X(2) = 0, X(1) = 0 \mid X(0) = 0\} + P\{X(2) = 0, X(1) = 1 \mid X(0) = 0\} =$$

$$\frac{P\{X(2) = 0, X(1) = 0, X(0) = 0\}}{P\{X(0) = 0\}} + \frac{P\{X(2) = 0, X(1) = 1, X(0) = 0\}}{P\{X(0) = 0\}} =$$

$$P\{X(1) = 0 \mid X(0) = 0\}P(X(2) = 0 \mid X(1) = 0\} +$$

$$P\{X(1) = 1 \mid X(0) = 0\}P(X(2) = 0 \mid X(1) = 1\} =$$

$$p_{00}p_{00} + p_{01}p_{10} = q_0^2 + p_0 p_1$$

类似可得其它两步转移概率为

$$p_{01}^{(2)} = p_{00}p_{01} + p_{01}p_{11} = q_0 p_0 + p_0 q_1$$

$$p_{10}^{(2)} = p_{10}p_{00} + p_{11}p_{10} = p_1 q_0 + q_1 p_1$$

$$p_{11}^{(2)} = p_{10}p_{01} + p_{11}p_{11} = p_1 p_0 + q_1^2$$

从上述推导可看出，此二步转移概率矩阵，可由一步转移概率矩阵相乘得出，即

$$\boldsymbol{P}^{(2)} = \begin{pmatrix} q_0^2 + p_0 p_1 & q_0 p_0 + p_0 q_1 \\ p_1 q_0 + q_1 p_1 & p_1 p_0 + q_1^2 \end{pmatrix} = \begin{pmatrix} q_0 & p_0 \\ p_1 & q_1 \end{pmatrix}\begin{pmatrix} q_0 & p_0 \\ p_1 & q_1 \end{pmatrix} = \boldsymbol{PP} = \boldsymbol{P}^2$$

类似可推得三步转移概率矩阵为

$$\boldsymbol{P}^{(3)} = \boldsymbol{P}^{(2)} \cdot \boldsymbol{P} = \boldsymbol{P}^3$$

[例 6.3.2] 设 $\{X(n), n = 0, 1, 2, \cdots\}$ 为齐次马氏链，状态 $E = \{1, 2, 3\}$，其一步转移概率矩阵为

$$\boldsymbol{P} = \begin{pmatrix} 0.5 & 0.5 & 0 \\ 0 & 0.5 & 0.5 \\ 0.75 & 0.25 & 0 \end{pmatrix}$$

试求其二步及三步转移概率矩阵。

解： $\boldsymbol{P}^{(2)}=\boldsymbol{P}\boldsymbol{P}=\begin{pmatrix} 0.5 & 0.5 & 0 \\ 0 & 0.5 & 0.5 \\ 0.75 & 0.25 & 0 \end{pmatrix}\begin{pmatrix} 0.5 & 0.5 & 0 \\ 0 & 0.5 & 0.5 \\ 0.75 & 0.25 & 0 \end{pmatrix}=$

$$\begin{pmatrix} 0.25 & 0.5 & 0.25 \\ 0.375 & 0.375 & 0.25 \\ 0.375 & 0.5 & 0.125 \end{pmatrix}$$

$\boldsymbol{P}^{(3)}=\boldsymbol{P}^{(2)}\boldsymbol{P}=\begin{pmatrix} 0.25 & 0.5 & 0.25 \\ 0.375 & 0.375 & 0.25 \\ 0.375 & 0.5 & 0.125 \end{pmatrix}\begin{pmatrix} 0.5 & 0.5 & 0 \\ 0 & 0.5 & 0.5 \\ 0.75 & 0.25 & 0 \end{pmatrix}=$

$$\begin{pmatrix} 0.3125 & 0.4375 & 0.25 \\ 0.375 & 0.4375 & 0.1875 \\ 0.28125 & 0.46875 & 0.25 \end{pmatrix}$$

一般地，若状态空间 $E=\{1,2,\cdots,r\}$，已知齐次马氏链 $\{X(n),n\geq 0\}$ 的一步转移概率矩阵为

$$\boldsymbol{P}=\begin{pmatrix} p_{11} & p_{12} & \cdots & p_{1r} \\ p_{21} & p_{22} & \cdots & p_{2r} \\ \vdots & \vdots & \vdots & \vdots \\ p_{r1} & p_{r2} & \cdots & p_{rr} \end{pmatrix} \tag{6.3.4}$$

它与时间起点无关，即 $p_{ij}(m)=p_{ij},i,j\in E$，则由全概率公式可得，其二步转移概率为

$$p_{ij}^{(2)}=P\{X(2)=j|X(0)=i\}=$$

$$p_{i1}p_{1j}+p_{i2}p_{2j}+\cdots+p_{ir}p_{rj}=$$

$$\sum_{k=1}^{r}p_{ik}p_{kj} \quad i,j=1,2,\cdots,r$$

二步转移概率矩阵

$$\boldsymbol{P}^{(2)}=\left(p_{ij}^{(2)}\right)=\boldsymbol{P}\boldsymbol{P}=\boldsymbol{P}^2 \tag{6.3.5}$$

即二步转移概率矩阵恰好等于两个一步转移概率矩阵的乘积，类似地，读者可推导出

$$P^{(3)} = \left(p_{ij}^{(3)}\right) = P^{(2)}P = P^3 \tag{6.3.6}$$

即三步转移概率矩阵恰好等于一个二步转移矩阵与一个一步转移概率矩阵的乘积，由此利用数学归纳法可以证明齐次马氏链的 n 步转移概率矩阵等于一个 $n-1$ 步转移概率矩阵与一个一步转移概率矩阵的乘积，即

$$P^{(n)} = \left(p_{ij}^{(n)}\right) = P^{(n-1)}P = P^n \tag{6.3.7}$$

其中 n 步转移概率为

$$p_{ij}^{(n)} = p_{i1}^{(n-1)}p_{1j} + p_{i2}^{(n-1)}p_{2j} + \cdots + p_{ir}^{(n-1)}p_{rj} =$$

$$\sum_{k=1}^{r} p_{ik}^{(n-1)}p_{kj} \tag{6.3.8}$$

从式（6.3.8）可看出，$p_{ij}^{(n)} = \sum_{k=1}^{r} p_{ik}^{(n-1)}p_{kj}$ 为全概率公式，即质点从 i 点出发，

经 $n-1$ 步必到达状态空间 E 中之一点 k 的事件为必然事件，$p_{ij}^{(n)}$ 的值可视作质点从 i 点出发，经 $n-1$ 步到达 E 中一点 k，再经一步由 k 点到达 j 点的概率之和。

利用这个思想，我们还可得到比式（6.3.7）与式（6.3.8）更一般的，有关 n 步转移概率及其转移概率矩阵的重要性质，这就是下面要叙述的 C－K 方程，它在马氏链，特别是齐次马氏链的研究中占有极其重要的地位。

二、切普曼—柯尔莫哥洛夫方程(C－K方程)

定理 6.3.1 设 $\{X(n), n = 0,1,2,\cdots\}$ 为一马氏链，状态空间 $E = \{0,\pm1,\pm2,\cdots\}$ 或有限子集，则其 n 步转移概率满足下述等式：

$$p_{ij}^{(n)}(r) = \sum_{k \in E} p_{ik}^{(m)}(r) \; p_{kj}^{(n-m)}(r+m) \quad i,j \in E \quad 1 \leqslant m \leqslant n \tag{6.3.9}$$

对应的 n 步转移概率矩阵为

$$P^{(n)}(r) = P^{(m)}(r)P^{(n-m)}(r+m) \tag{6.3.10}$$

证： 利用全概率公式，概率加法公式及马氏性可完成式（6.3.9）的证明，实际上，时间起点为 r 的 n 步转移概率为

$$p_{ij}^{(n)}(r) = P\{X(r+n) = j \mid X(r) = i\} =$$

$$P\left\{(X(r+n) = j)\left[\bigcup_{k \in E}(X(r+m) = k)\right] \middle| X(r) = i\right\} =$$

$$P\left\{\bigcup_{k\in E}(X(r+n)=j, X(r+m)=k\big|X(r)=i)\right\}=$$

$$\sum_{k\in E}P\{X(r+n)=j, X(r+m)=k\big|X(r)=i\}=$$

$$\sum_{k\in E}P\{X(r+m)=k\big|X(r)=i\}P\{X(r+n)=j\big|X(r+m)=k, X(r)=i\}=$$

$$\sum_{k\in E}p_{ik}^{(m)}(r)p_{kj}^{(n-m)}(r+m)$$

由矩阵运算可得，式（6.3.10），即 $\boldsymbol{P}^{(n)}(r)$ 的第 i 行，j 列的元素，$p_{ij}^{(n)}(r)$ 恰好等于 $\boldsymbol{P}^{(m)}(r)$ 的第 i 行元素与 $\boldsymbol{P}^{(n-m)}(r+m)$ 第 j 列元素相乘并求和而得。

由式（6.3.9）及式（6.3.10），我们可得如下几个推论：

推论 6.3.1 若 $\{X(n), n=0,1,2,\cdots\}$ 为一齐次马氏链，状态空间 $E=\{0,\pm1,\pm2,\cdots\}$，或有限子集，则其 n 步转移概率有与式（6.3.9）、式（6.3.10）类似的等式，即

$$p_{ij}^{(n)}=\sum_{k\in E}p_{ik}^{(m)}p_{kj}^{(n-m)} \tag{6.3.11}$$

$$\boldsymbol{P}^{(n)}=\boldsymbol{P}^{(m)}\boldsymbol{P}^{(n-m)} \tag{6.3.12}$$

因此时 $\{X(n), n=0,1,2,\cdots\}$ 为齐次马氏链，故一步转移概率 $p_{ij}(r)$ 与时间起点无关，即 $p_{ij}(r)=p_{ij}$，如式（6.3.9）推导，可知式（6.3.11）与式（6.3.12）成立。

推论 6.3.2 若 $\{X(n), n=0,1,2,\cdots\}$ 为一齐次马氏链，状态空间 $E=\{0,\pm1,\pm2\cdots\}$，或有限子集，则有

$$p_{ij}^{(n+m)}=\sum_{k\in E}p_{ik}^{(n)}p_{kj}^{(m)} \tag{6.3.13}$$

只须在式（6.3.9）中取 n 为 $n+m$ 即得式（6.3.11）。其意为质点从 i 点经 $n+m$ 步转移到 j 点，相当于先走 n 步达 E 中一点 k，再经 m 步由 k 到达 j。

推论 6.3.3 若 $\{X(n), n=0,1,2,\cdots\}$ 为一齐次马氏链，状态空间 $E=\{0,\pm1,\pm2,\cdots\}$ 为有限子集，则有

$$p_{ij}^{(n)}=\sum_{k_1\in E}\sum_{k_2\in E}\cdots\sum_{k_{n-1}\in E}p_{ik_1}p_{k_1k_2}\cdots p_{k_{n-1}j} \tag{6.3.14}$$

这只须在式（6.3.11）中令 $m=1$，则有

$$p_{ij}^{(n)}=\sum_{k_1\in E}p_{ik_1}p_{k_1j}^{(n-1)}$$

再对 $p_{k_1j}^{(n-1)}$ 反复递推即得式（6.3.14），此式意味着质点从 i 点转移到 j 点，可视为

其一步一步地经 n 步转移到 j 点。

以上所述式（6.3.9）～式（6.3.13）均称为切普曼—柯尔莫哥洛夫方程，简称为 C－K 方程，利用此方程可方便计算多步转移概率。

[例 6.3.3] 设 $\{X(n), n \geq 1\}$ 为齐次马氏链，状态空间 $E = \{1,2,3,4,5\}$，其转移概率为

$$p_{12} = 1, \quad p_{54} = 1, \quad p_{i\,i+1} = p_{ii} = p_{ii-1} = \frac{1}{3} \qquad i = 2,3,4$$

其余为 0，试求：

(1) 两步转移概率矩阵；

(2) 从状态 3 经过两步到达状态 3 的概率；

(3) 从状态 3 经过四步到达状态 5 的概率。

解： 由所给条件得 $\{X(n), n \geq 1\}$ 的一步转移概率矩阵为

$$\boldsymbol{P} = \begin{pmatrix} 0 & 1 & 0 & 0 & 0 \\ \dfrac{1}{3} & \dfrac{1}{3} & \dfrac{1}{3} & 0 & 0 \\ 0 & \dfrac{1}{3} & \dfrac{1}{3} & \dfrac{1}{3} & 0 \\ 0 & 0 & \dfrac{1}{3} & \dfrac{1}{3} & \dfrac{1}{3} \\ 0 & 0 & 0 & 1 & 0 \end{pmatrix}$$

(1) 由式（6.3.10），取 $n = 2, m = 1$ 即得两步转移概率矩阵为

$$\boldsymbol{P}^{(2)} = \boldsymbol{P}\boldsymbol{P} = \begin{pmatrix} \dfrac{1}{3} & \dfrac{1}{3} & \dfrac{1}{3} & 0 & 0 \\ \dfrac{1}{9} & \dfrac{5}{9} & \dfrac{2}{9} & \dfrac{1}{9} & 0 \\ \dfrac{1}{9} & \dfrac{2}{9} & \dfrac{1}{3} & \dfrac{2}{9} & \dfrac{1}{9} \\ 0 & \dfrac{1}{9} & \dfrac{2}{9} & \dfrac{5}{9} & \dfrac{1}{9} \\ 0 & 0 & \dfrac{1}{3} & \dfrac{1}{3} & \dfrac{1}{3} \end{pmatrix}$$

(2) 由 $\boldsymbol{P}^{(2)}$ 可知 $p_{33}^{(2)} = \dfrac{1}{3}$

(3) 因已知 $\boldsymbol{P}^{(2)}$，故可利用 C—K 方程计算四步转移概率为

248

$$p_{35}^{(4)} = \sum_{k \in E} p_{3k}^{(2)} p_{k5}^{(2)} =$$

$$p_{31}^{(2)} p_{15}^{(2)} + p_{32}^{(2)} p_{25}^{(2)} + p_{33}^{(2)} p_{35}^{(2)} + p_{34}^{(2)} p_{45}^{(2)} + p_{35}^{(2)} p_{55}^{(2)} =$$

$$\frac{1}{9} \times 0 + \frac{2}{9} \times 0 + \frac{1}{3} \times \frac{1}{9} + \frac{2}{9} \times \frac{1}{9} + \frac{1}{9} \times \frac{1}{3} = \frac{8}{81}$$

三、初始分布与绝对分布

为了更深入地了解马氏链的有限维分布性质，还必须了解初始分布与绝对分布概念。

定义 6.3.1 设 $\{X(n), n = 0,1,2,\cdots\}$ 为一马氏链，状态空间 $E = \{0,\pm1,\pm2,\cdots\}$ 或为有限子集，令

$$p_i(0) = P\{X(0) = i\} \quad i \in E \tag{6.3.15}$$

且对于任意的 $i \in E$，均有

(1) $p_i(0) \geqslant 0$

(2) $\sum_{i \in E} p_i(0) = 1$ \hfill (6.3.16)

则称 $\{p_i(0), i \in E\}$ 为该马氏链的初始分布，或称初始概率。实际上，初始概率就是马氏链在初始时刻 $n = 0$ 时处于状态 i 的概率。

[例 6.3.4] 设 $\{X(n), n = 0,1,2,\cdots\}$，状态空间 $E = \{1, 2, 3\}$，$p_i(0) = \dfrac{1}{3}$，$i \in E$，就构成该马氏链的初始分布。

当 $n \geqslant 1$ 时，马氏链处于状态 i 的概率称为绝对概率或绝对分布，具体定义如下：

定义 6.3.2 设 $\{X(n), n = 0,1,2,\cdots\}$ 为一马氏链，状态空间 $E = \{0,\pm1,\pm2,\}$，或为有限子集，令

$$p_i(n) = P\{X(n) = i\} \quad i \in E \tag{6.3.17}$$

且对于任意的 $i \in E$，均有

(1) $p_i(0) \geqslant 0$

(2) $\sum_{i \in E} p_i(n) = 1$ \hfill (6.3.18)

则称 $\{p_i(n), i \in E, n \geqslant 1\}$ 为该马氏链的绝对分布，或称绝对概率。

马氏链的绝对概率与初始概率的关系由如下定理给出：

定理 6.3.2 马氏链的绝对概率由其初始分布及相应的转移概率唯一确定。

证： 设 $\{X(n), n = 0,1,2,\cdots\}$ 为一马氏链，E 为状态集，则对任意的 $j \in E, n = 1$ 时马氏链处于状态 j 的绝对概率为

$$p_j(1) = P\{X(1) = j\} = P\left\{(X(1) = j)\left[\bigcup_{i \in E} X(0) = i\right]\right\} =$$

$$P\left\{\bigcup_{i \in E}(X(1) = j, X(0) = i)\right\} =$$

$$\sum_{i \in E} P\{X(1) = j, X(0) = i\} =$$

$$\sum_{i \in E} P\{X(0) = i\}P\{X(1) = j|X(0) = i\} =$$

$$\sum_{i \in E} p_i p_{ij}(0)$$

其中 $p_i = P\{X(0) = i\}$ 为初始概率，上式表明 $n = 1$ 时的绝对概率 $p_j(1)$ 由初始概率 $\{p_i, i \in E\}$ 及一步转移概率 $\{p_{ij}(0), i \in E\}$ 唯一确定。

一般地，当 $n \geqslant 2$ 时，绝对概率为

$$p_j(n) = P\{X(n) = j\} =$$

$$P\left\{(X(n) = j)\left[\bigcup_{i \in E}(X(0) = i)\right]\right\} =$$

$$P\left\{\bigcup_{i \in E}(X(n) = i, X(0) = i)\right\} =$$

$$\sum_{i \in E} P\{X(n) = j, X(0) = i\} =$$

$$\sum_{i \in E} P\{X(0) = i\}P\{X(n) = j|X(0) = i\} =$$

$$\sum_{i \in E} p_i p_{ij}^{(n)}(0)$$

即绝对概率 $p_j(n)$ 由初始分布及 n 步转移概率唯一确定。

若记
$$\mathbf{P}(n) = [p_1(n), p_2(n), \cdots p_i(n), \cdots, i \in E]$$

为一行矩阵，而

$$\mathbf{P}(0) = [p_1(0), p_2(0), \cdots p_i(0), \cdots, i \in E]$$

为初始分布构成的行矩阵，则由定理 6.3.1 结论可知

$$\mathbf{P}(n) = \mathbf{P}(0)\mathbf{P}^{(n)} = \mathbf{P}(0)\mathbf{P}^n \tag{6.3.19}$$

其中 $\mathbf{P}^{(n)}$ 为马氏链的 n 步转移概率矩阵，由式（6.3.14）知 n 步转移概率矩阵由一

250

步转移概率矩阵唯一确定，故可知定理 6.3.2 有如下推论：

推论 6.3.4 马氏链的绝对概率由其初始分布及一步转移概率唯一确定。

由马氏链的转移概率与初始分布，不仅可以完全确定其绝对分布，也可完全确定其有限维分布族，从而确定马氏链的概率特性，这一事实由下述定理给出：

定理 6.3.3 马氏链的有限维概率分布由其初始分布及一步转移概率唯一确定。

证： 设 $\{X(n), n = 0,1,2,\cdots\}$ 为一马氏链，E 为其状态空间，$p_j(0), j \in E$ 为其初始分布，则对于任意的 k 及 k 个非负整数 $0 \le n_1 < n_2 < \cdots < n_{k-1} < n_k$，及任意数 $i_j \in E, j = 1,2,\cdots,k$，随机变量 $X(n_1), X(n_2), \cdots, X(n_k)$ 的联合概率分布为

$$P\{X(n_1) = i_1, X(n_2) = i_2, \cdots, X(n_k) = i_k\} =$$

$$P\{X(n_1) = i_1\} P\{X(n_2) = i_2 | X(n_1) = i_1\} P\{X(n_3) = i_3 | X(n_2) = i_2, X(n_1) = i_1\} \cdots$$

$$P\{X(n_k) = i_k | X(n_{k-1}) = i_{k-1}, \cdots, X(n_1) = i_1\} =$$

$$P\{X(n_1) = i_1\} P\{X(n_2) = i_2 | X(n_1) = i_1\} P\{X(n_3) = i_3 | X(n_2) = i_2\} \cdots$$

$$P\{X(n_k) = i_k | X(n_{k-1}) = i_{k-1}\} =$$

$$p_{i_1}(n_1) \ p_{i_1 i_2}^{(n_2 - n_1)}(n_1) \ p_{i_2 i_3}^{(n_3 - n_2)}(n_2) \cdots p_{i_{k-1} i_k}^{(n_k - n_{k-1})}(n_{k-1})$$

易见当 $n_1 = 0$ 时，联合分布律 $P\{X(n_1) = i_1, X(n_2) = i_2, \cdots, X(n_k) = i_k\}$ 就由初始分布，$p_{i_1}(0)$ $i_1 \in E$ 及转移概率 $p_{i_1 i_2}^{(n_2 - n_1)}(n_1)$, $p_{i_2 i_3}^{(n_3 - n_2)}(n_2), \cdots, p_{i_{k-1} i_k}^{(n_k - n_{k-1})}(n_{k-1})$ 唯一确定，且多步转移概率又由其一步转移概率确定，故知定理 6.3.3 结论成立；

而当 $n_1 > 0$ 时，联合分布律 $P\{X(n_1) = i_1, X(n_2) = i_2, \cdots, X(n_k) = i_k\}$ 由绝对概率 $p_{i_1}(n_1), i_1 \in E$ 及多步转移概率 $p_{i_1 i_2}^{(n_2 - n_1)}(n_1)$, $p_{i_2 i_3}^{(n_3 - n_2)}(n_2), \cdots, p_{i_{k-1} i_k}^{(n_k - n_{k-1})}(n_{k-1})$ 唯一确定，且由定理 6.3.2 知绝对概率 $p_{i_1}(n_1)$，由其初始分布 $p_{i_1}(0), i_1 \in E$ 及一步转移概率唯一确定，故知当 $n_1 > 0$ 时，联合分布律亦由初始分布及一步转移概率唯一确定，即结论成立。

由定理 6.3.2 与定理 6.3.3 知，马氏链的初始分布与一步转移概率唯一确定了其概率特性，因此讨论初始分布与一步转移概率对马氏链研究是非常重要的。

[**例 6.3.5**] 某计算机房的一台计算机经常出故障，研究者每隔 15min 观察一次计算机的运行状态，收集了 24h 的数据(共作了 97 次观察)。用 1 表示正常状态，用 0 表示不正常状态，所得数据序列如下：

$$1110010011111110011110111111100111111$$

$$11100011011011110110110101110111011$$
$$11011111100110111111100111$$

设 $X(n)$ 为 $n = 1,2,\cdots,97$ 个时段的计算机状态，可以认为它是一个齐次马氏链。

(1) 试求其一步转移概率；

(2) 若计算机在前一时段（15min）的状态为 0，那么从本时段起，此计算机能连续正常工作 1h（4 个时段）的概率是多少？

解： 如在概率论中一样，我们可将 0 或 1 出现的频率近似作为 0 或 1 出现的概率，这样 $\{X(n), n \geq 0\}$ 为一齐次马氏链，状态空间为 $E = \{0, 1\}$，且其绝对概率为

$$p_0 = P\{X(n) = 0\} = \frac{26}{96} \qquad n = 1,2,\cdots$$

$$p_1 = P\{X(n) = 1\} = \frac{70}{96} \qquad n = 1,2,\cdots$$

(1) 由题设知，96 次状态转移过程如下：

① 从状态 0 转移到状态 0 共有 8 次，故相应转移概率为

$$p_{00} = P\{X(n+1) = 0 | X(n) = 0\} = \frac{8/96}{26/96} = \frac{8}{26} = \frac{4}{13}$$

② 从状态 0 转移到状态 1 共有 18 次，故相应转移概率为

$$p_{01} = P\{X(n+1) = 1 | X(n) = 0\} = \frac{18}{26} = \frac{9}{13}$$

③ 从状态 1 转移到状态 0 共有 18 次，故相应转移概率为

$$p_{10} = P\{X(n+1) = 0 | X(n) = 1\} = \frac{18}{70} = \frac{9}{35}$$

④ 从状态 1 转移到状态 1 共有 52 次，故相应转移概率为

$$p_{11} = P\{X(n+1) = 1 | X(n) = 1\} = \frac{52}{70} = \frac{26}{35}$$

即得一步转移概率矩阵为

$$\boldsymbol{P} = \begin{pmatrix} \dfrac{4}{13} & \dfrac{9}{13} \\ \dfrac{9}{35} & \dfrac{26}{35} \end{pmatrix}$$

(2) 由题意，前一时段的状态为 0，就是初始分布 $p_0(0) = P\{X(0) = 0\} = 1$，计算机能连续正常工作 4 个时段的概率为

$$P\{X(0) = 0, X(1) = 1, X(2) = 1, X(3) = 1, X(4) = 1\} =$$

$$p_0(0)p_{01}(0)p_{11}(1)p_{11}(2)p_{11}(3) =$$

$$1 \times \frac{9}{13} \times \frac{26}{35} \times \frac{26}{35} \times \frac{26}{35} = 0.2838$$

[例 6.3.6] 设 $\{X(n), n \geq 0\}$ 是具有 3 个状态 0, 1, 2 的齐次马氏链，一步转移概率矩阵为

$$P = \begin{pmatrix} \dfrac{3}{4} & \dfrac{1}{4} & 0 \\[2mm] \dfrac{1}{4} & \dfrac{1}{2} & \dfrac{1}{4} \\[2mm] 0 & \dfrac{3}{4} & \dfrac{1}{4} \end{pmatrix}$$

初始分布 $p_i(0) = P\{X(0) = i\} = \dfrac{1}{3}, i = 0,1,2$，试求：

(1) $P\{X(0) = 0, X(2) = 1\}$

(2) $P\{X(2) = 1\}$

(3) $P\{X(0) = 1, X(1) = 1, X(3) = 1, X(5) = 1\}$

解：(1) $P\{X(0) = 0, X(2) = 1\} =$

$$P\{X(0) = 0\}P\{X(2) = 1 | X(0) = 0\} =$$

$$p_0(0)p_{01}^{(2)}$$

而 $p_0(0) = \dfrac{1}{3}$， $p_{01}^{(2)}$ 可由二步转移概率矩阵得出。而二步转移概率矩阵 $P^{(2)}$ 为两个一步转移概率矩阵的乘积，即

$$P^{(2)} = PP = \begin{pmatrix} \dfrac{3}{4} & \dfrac{1}{4} & 0 \\[2mm] \dfrac{1}{4} & \dfrac{1}{2} & \dfrac{1}{4} \\[2mm] 0 & \dfrac{3}{4} & \dfrac{1}{4} \end{pmatrix} \begin{pmatrix} \dfrac{3}{4} & \dfrac{1}{4} & 0 \\[2mm] \dfrac{1}{4} & \dfrac{1}{2} & \dfrac{1}{4} \\[2mm] 0 & \dfrac{3}{4} & \dfrac{1}{4} \end{pmatrix} = \begin{pmatrix} \dfrac{5}{8} & \dfrac{5}{16} & \dfrac{1}{16} \\[2mm] \dfrac{5}{16} & \dfrac{1}{2} & \dfrac{3}{16} \\[2mm] \dfrac{3}{16} & \dfrac{9}{16} & \dfrac{1}{4} \end{pmatrix}$$

可得

$$p_{01}^{(2)} = \frac{5}{16}$$

故所求概率

$$P\{X(0)=0, X(2)=1\} = p_0(0)p_{01}^{(2)} = \frac{1}{3} \times \frac{5}{16} = \frac{5}{48}$$

(2) $p_1(2) = P\{X(2)=1\} =$

$$p_0(0)p_{01}^{(2)} + p_1(0)p_{11}^{(2)} + p_2(0)p_{21}^{(2)} =$$

$$\frac{1}{3} \times \frac{5}{16} + \frac{1}{3} \times \frac{1}{2} + \frac{1}{3} \times \frac{9}{16} = \frac{11}{24}$$

(3) $P\{X(0)=1, X(1)=1, X(3)=1, X(5)=1\} =$

$$P\{X(0)=1\}P\{X(1)=1 \mid X(0)=1\}P\{X(3)=1 \mid X(1)=1\}$$

$$P\{X(5)=1 \mid X(3)=1\} =$$

$$p_1(0)p_{11}(0)p_{11}^{(2)}(1)p_{11}^{(2)}(3) = \frac{1}{3} \times \frac{1}{2} \times \frac{1}{2} \times \frac{1}{2} = \frac{1}{24}$$

思 考 题

1. 马氏链的 $n>1$ 步转移概率与其一步转移概率有何关系？齐次马氏链的 $n>1$ 步转移概率与其一步转移概率有何关系？

2. 是否可由齐次马氏链的初始分布和一步转移概率求出其绝对概率，如何表示？

3. 齐次马氏链的有限维概率分布用其初始分布与一步转移概率如何表示？

4. 切普曼—柯尔莫哥洛夫方程的意义是什么？

6.3 基本练习题

1. 设 $\{X(n), n \geq 0\}$ 为齐次马氏链，状态空间 $E = \{0,1,2\}$，其一步转移概率矩阵为

$$P = \begin{pmatrix} 0 & 1 & 0 \\ 1-p & 0 & p \\ 0 & 1 & 0 \end{pmatrix}$$

(1) 试求二步转移概率矩阵 $P^{(2)}$，并证明 $P^{(2)} = P^{(4)}$；

(2) 试求 n 步转移概率矩阵 $P^{(n)}, n \geq 1$。

2. 设有齐次马氏链 $\{X(n), n \geq 0\}$，其状态空间为 $E = \{0,1\}$，一步转移概率矩阵为

$$P = \begin{pmatrix} p & 1-p \\ 1-p & p \end{pmatrix} \qquad 0 < p < 1$$

试求其 n 步转移概率矩阵。

3. 设齐次马氏链 $\{X(n), n \geqslant 0\}$ 的状态空间为 1, 2, 3, 4, 一步转移概率矩阵为

$$P = \begin{pmatrix} 0 & 1 & 0 & 0 \\ \dfrac{1}{2} & \dfrac{1}{2} & 0 & 0 \\ 0 & \dfrac{1}{2} & \dfrac{1}{2} & 0 \\ 0 & 0 & 1 & 0 \end{pmatrix}$$

(1) 试求二步转移概率矩阵;

(2) 试求 $p_{32}^{(4)}$ 及 $p_{34}^{(8)}$。

4. 甲、乙两人进行某种比赛, 设每局比赛中甲胜的概率是 p, 乙胜的概率是 q, 和局的概率为 $r(p+q+r=1)$。设每局比赛后, 胜者记 "+1", 负者记 "−1" 分, 和局不记分, 当两人中有一个人获得 2 分时结束比赛, 以 $X(n)$ 表示比赛至第 n 局时甲获和的分数, 则 $\{X(n), n \geqslant 1\}$ 为时齐马氏链。

(1) 写出状态空间及一步转移概率矩阵;

(2) 试求二步转移概率矩阵;

(3) 试问在甲获得 1 分的情况下, 再赛 2 局可以结束比赛的概率是多少?

5. 从 1, 2, 3, 4, 5, 6 个数中, 等可能地取出一数, 取后放回, 连续取下去, 若在前 n 次所取得的最大数为 j, 就说 "质点" 在第 n 步处于状态 j, 这 "质点" 运动构成一齐次马氏链。

(1) 写出状态空间 E;

(2) 写出二步转移概率矩阵及 n 步转移概率矩阵;

(3) 试求 $p_{36}^{(4)}$。

6. 作连续投一硬币的贝努利试验, 若第 $n-1$ 次试验与 n 次试验的结果为 (H, H), 则说在时刻 n 观察到的状态为 1, 而 $(H, T)(T, H)(T, T)$ 分别对应于状态 2, 3, 4。试求一步转移概率矩阵及 n 步转移概率矩阵。

7. 设 $\{X(n), n \geqslant 0\}$ 为一齐次马氏链, 其状态空间 $E = \{0, 1, 2\}$, 它的初始状态的概率分布为 $P\{X(0)=0\} = P\{X(0)=2\} = \dfrac{1}{4}, P\{X(0)=1\} = \dfrac{1}{2}$, 它的一步转移概率矩阵为

$$P = \begin{pmatrix} \dfrac{1}{4} & \dfrac{3}{4} & 0 \\ \dfrac{1}{3} & \dfrac{1}{3} & \dfrac{1}{3} \\ 0 & \dfrac{1}{4} & \dfrac{3}{4} \end{pmatrix}$$

(1) 计算概率 $P\{X(0)=0, X(1)=1, X(2)=1\}$

(2) 计算 $p_{01}^{(2)}$ 及 $p_{12}^{(3)}$

8. 设 $\{X(n), n \geqslant 1\}$ 是如下定义的一串随机变量：考虑一串袋子，每一个袋子装有四个球，分别编号 1，2，3，4 号。假定每次依次从一个袋子中取出一个球，对 $m=1,2,\cdots$，令

$A_m^{(1)}$ 表示"从第 m 个袋子中摸出的球是 1 号或 4 号"这一事件；

$A_m^{(2)}$ 表示"从第 m 个袋子中摸出的球是 2 号或 4 号"这一事件；

$A_m^{(3)}$ 表示"从第 m 个袋子中摸出的球是 3 号或 4 号"这一事件。

对 $m=1,2,\cdots$ 和 $j=1,2,3$，令

$$X(3(m-1)+j) = \begin{cases} 1 & \text{若 } A_m^{(j)} \text{ 出现} \\ 0 & \text{否则} \end{cases}$$

试证：

(1) 当 $n>m$ 时，对任意只取 0 和 1 的 k_1 和 k_2 有

$$P\{X(n)=k_2\} = P\{X(n)=k_2 | X(m)=k_1\} = \frac{1}{2}$$

(2) $P\{X(3m+3)=1 | X(3m+2)=1, X(3m+1)=1\}=1$

(3) 上述的 $P\{X(n)=k_2 | X(m)=k_1\}$ 满足 C—K 方程，但 $\{X(n), n \geqslant 1\}$ 不是马氏过程。

9. 观察一只青蛙在荷叶上跳动的行为，设池中有 4 片荷叶，分别编号为 1，2，3，4，若青蛙从所处的荷叶跳到其它任一片荷叶上的概率与两片荷叶的距离成反比，已知 4 片荷叶之间的距离如下：

①与②之间 $\dfrac{6}{5}$m，　　①与③之间 2m，　　①与④之间 $\dfrac{3}{2}$m，

②与③之间 $\dfrac{6}{7}$m，　　②与④之间 $\dfrac{1}{2}$m，　　③与④之间 $\dfrac{3}{4}$m。

(1) 说明青蛙的跳动过程是一齐次马氏链；

(2) 写出其一步，二步转移概率矩阵；

(3) 试求从 2 号荷叶出发，经过两次跳跃到 3 号荷叶的概率；

(4) 试求从 1 号荷叶出发，经过四步跳跃后回到 1 号荷叶的概率。

10. 设任意相继的两天中，雨天转晴天的概率为 $\dfrac{1}{3}$，晴天转雨天的概率为 $\dfrac{1}{2}$。任一天晴或雨是互为逆事件。以 0 表示晴天状态，以 1 表示雨天状态，$X(n)$ 表示第 n 天的状态(0 或 1)。

(1) 试画出马氏链 $\{X(n), n \geqslant 1\}$ 的概率转移图；

(2) 写出二步转移概率矩阵；

(3) 若已知 5 月 1 日为晴天，试问 5 月 3 日为晴天，且 5 月 5 日为雨天的概率是多少？

(4) 试求已知今天为晴天，而第四天（明天算第一天）为雨天的概率。

6.4 转移概率 $p_{ij}^{(n)}$ 的遍历性与平稳分布

从前面的例子中我们已注意到，齐次马氏链的 n 步转移概率 $p_{ij}^{(n)}$ 当 $n \to \infty$ 时的极限 $\lim_{n \to \infty} p_{ij}^{(n)}$ 可能存在，而且也可能与起始状态 i 无关，例如只有两个状态的马氏链，其一步转移概率矩阵为

$$\boldsymbol{P} = \begin{pmatrix} p & q \\ p & q \end{pmatrix}$$

易知其任意步转移概率矩阵 $\boldsymbol{P}^{(n)} = \boldsymbol{P} = \begin{pmatrix} p & q \\ p & q \end{pmatrix}$，显然有 $\lim_{n \to \infty} p_{ij}^{(n)} = p_{ij}$ 存在。又如一齐次马氏链 $\{X(n), n \geq 1\}$，状态空间为 $E = \{1,2,3\}$，其一步转移概率矩阵为

$$\boldsymbol{P} = \begin{pmatrix} \dfrac{1}{2} & \dfrac{1}{4} & \dfrac{1}{4} \\ 0 & 1 & 0 \\ 0 & 0 & 1 \end{pmatrix}$$

计算可得

$$\boldsymbol{P}^{(2)} = \begin{pmatrix} \dfrac{1}{4} & \dfrac{3}{8} & \dfrac{3}{8} \\ 0 & 1 & 0 \\ 0 & 0 & 1 \end{pmatrix} \qquad \boldsymbol{P}^{(3)} = \begin{pmatrix} \dfrac{1}{16} & \dfrac{15}{32} & \dfrac{15}{32} \\ 0 & 1 & 0 \\ 0 & 0 & 1 \end{pmatrix} \qquad \cdots$$

由此可推测

$$\lim_{n \to \infty} \boldsymbol{P}^{(n)} = \begin{pmatrix} 0 & \dfrac{1}{2} & \dfrac{1}{2} \\ 0 & 1 & 0 \\ 0 & 0 & 1 \end{pmatrix}$$

这说明，当过程的转移无限进行下去时，过程的概率特性与过程的结构有着紧密的关系，这就是我们要讨论的马氏链的遍历性。

一般来说，对于齐次马氏链的 n 步转移概率 $p_{ij}^{(n)} = P\{X(n) = j | X(0) = i\}$，通常讨论两方面问题，一是极限 $\lim_{n \to \infty} p_{ij}^{(n)}$ 是否存在？二是如果此极限存在，那么它是否与现在所处状态 i 无关，在马氏链理论中，有关这两方面问题的定理，统称为遍历性定理。

定义 6.4.1 设齐次马氏链 $\{X(n), n \geqslant 1\}$ 的状态空间为 E，若对于所有的状态 $i, j \in E$，存在不依赖于 i 的常数 π_j，为其转移概率 $p_{ij}^{(n)}$ 在 $n \to \infty$ 时的极限，即

$$\lim_{n \to \infty} p_{ij}^{(n)} = \pi_j \qquad i, j \in E \tag{6.4.1}$$

则称此齐次马氏链具有遍历性，并称 π_j 为状态 j 的稳态概率。

若齐次马氏链具有遍历性，状态空间 $E = \{1, 2, \cdots\}$ 时，其相应的 n 步转移概率矩阵满足

$$\boldsymbol{P}^{(n)} = \boldsymbol{P}^n = \begin{pmatrix} p_{11}^{(n)} & p_{12}^{(n)} & \cdots & p_{1j}^{(n)} & \cdots \\ p_{21}^{(n)} & p_{22}^{(n)} & \cdots & p_{2j}^{(n)} & \cdots \\ \vdots & \vdots & \vdots & \vdots & \vdots \\ p_{i1}^{(n)} & p_{i2}^{(n)} & \cdots & p_{ij}^{(n)} & \cdots \\ \cdots & \cdots & \cdots & \cdots & \cdots \end{pmatrix} \xrightarrow{n \to \infty} \begin{pmatrix} \pi_1 & \pi_2 & \cdots & \pi_j & \cdots \\ \pi_1 & \pi_2 & \cdots & \pi_j & \cdots \\ \vdots & \vdots & \vdots & \vdots & \vdots \\ \pi_1 & \pi_2 & \cdots & \pi_j & \cdots \\ \cdots & \cdots & \cdots & \cdots & \cdots \end{pmatrix} \tag{6.4.2}$$

那么齐次马氏链在什么条件下具有遍历性，存在稳态概率，如何求稳态概率？为此，下面先引入平稳分布的概念。

定义 6.4.2 设 $\{X(n), n = 0,1,2,\cdots\}$ 是一齐次马氏链，若存在实数集合 $\{r_j, j \in E\}$，满足

(1) $r_j \geqslant 0 \qquad\qquad j \in E$ \hfill (6.4.3)

(2) $\sum_{j \in E} r_j = 1$

(3) $r_j = \sum_{i \in E} r_i p_{ij} \quad j \in E$ \hfill (6.4.4)

则称 $\{X(n), n = 0,1,2,\cdots\}$ 是一平稳齐次马氏链，$\{r_j, j \in E\}$ 是该过程的一个平稳分布。例如，已知 $\{X(n), n = 0,1,2,\cdots\}$ 的初始分布为 $P(0) = (p_1(0), p_2(0), p_3(0)) = \left(\dfrac{1}{3}, \dfrac{1}{3}, \dfrac{1}{3}\right)$，一步转移概率矩阵为

$$P = \begin{pmatrix} 0.3 & 0.4 & 0.3 \\ 0.4 & 0.3 & 0.3 \\ 0.3 & 0.3 & 0.4 \end{pmatrix}$$

注意到

$$\frac{1}{3} = p_1(0) = \sum_{i=1}^{3} p_i(0) p_{i1} = \frac{1}{3} \times 0.3 + \frac{1}{3} \times 0.4 + \frac{1}{3} \times 0.3$$

$$\frac{1}{3} = p_2(0) = \sum_{i=1}^{3} p_i(0) p_{i2} = \frac{1}{3} \times 0.4 + \frac{1}{3} \times 0.3 + \frac{1}{3} \times 0.3$$

$$\frac{1}{3} = p_3(0) = \sum_{i=1}^{3} p_i(0) p_{i3} = \frac{1}{3} \times 0.3 + \frac{1}{3} \times 0.3 + \frac{1}{3} \times 0.4$$

即此初始分布 $\left\{\frac{1}{3}, \frac{1}{3}, \frac{1}{3}\right\}$ 满足定义 6.4.2 中条件，故具有上述转移概率的齐次马氏

链为一平稳齐次马氏链，$\left\{\frac{1}{3}, \frac{1}{3}, \frac{1}{3}\right\}$ 为其一个平稳分布。

注意：式（6.4.3）是构成概率分布的必要条件，当然必须满足，式（6.4.4）常称为平稳方程，容易知道，当式(6.4.4)成立时，对于齐次马氏链的 n 步转移概率亦满足类似方程：

$$r_j = \sum_{i \in E} r_i p_{ij}^{(n)} \tag{6.4.5}$$

实际上，若式（6.4.4）成立，则反复代入式（6.4.4），并引用 C－K 方程式即得式（6.4.5），即

$$r_j = \sum_{i \in E} r_i p_{ij}^{(1)} = \sum_{i \in E} \left(\sum_{k \in T} r_k p_{ki}^{(1)} \right) p_{ij}^{(1)} =$$

$$\sum_{k \in E} r_k \left(\sum_{i \in E} p_{ki}^{(1)} p_{ij}^{(1)} \right) =$$

$$\sum_{k \in E} r_k p_{kj}^{(2)} =$$

$$\sum_{k \in E} \left(\sum_{l \in E} r_l p_{lk} \right) p_{kj}^{(2)} =$$

$$\sum_{l \in E} r_l p_{lj}^{(3)} = \cdots = \sum_{i \in E} r_i p_{ij}^{(n)}$$

显然，由式（6.4.5）与 C－K 方程容易推得下述定理：

定理 6.4.1 设 $\{ X(n), n = 0, 1, 2, \cdots \}$ 是一平稳齐次马氏链，$P(0) = \{ p_1(0), p_2(0), \cdots$

$p_j(0),\cdots\}$ 为其初始分布，若 $P(0)$ 为 $X(n)$ 的平稳分布时，则对任何 $n \geqslant 1$，绝对概率等于初始概率，即

$$p_j(n) = p_j(0) \qquad j \in E$$

实际上，因为 $\{p_i(0), i \in E\}$ 是平稳分布时，由(6.4.5)式立得

$$p_j(n) = \sum_{i \in E} p_i(0) p_{ij}^{(n)} = p_j(0) \qquad (n \geqslant 1)\ j \in E$$

由此可见，当我们能判定齐次马氏链的初始分布 $\{p_j(0), j \in E\}$ 是一平稳分布时，则该马氏链在任何时刻的绝对概率分布 $\{p_j(n), j \in E\}$ 都与初始分布相同。事实上，平稳分布就是不因转移步数变化而改变的分布。马氏链处于状态 j 的概率与时间推移无关，即具有平稳性。

但一般来说，平稳齐次马氏链的平稳分布并不唯一，下述定理给出了有限状态齐次马氏链平稳分布的存在性与唯一性的一个充分条件。

定理 6.4.2 设齐次马氏链 $\{X(n), n \geqslant 0\}$ 的状态空间为 $E = \{1, 2, \cdots, N\}$，若存在正整数 m，使对任意的 $i, j \in E$，其 m 步转移概率均大于 0，即

$$p_{ij}^{(m)} > 0 \qquad i, j \in E \tag{6.4.6}$$

则此链具有遍历性；且各状态的稳态概率 $\pi_j, j \in E$ 为方程组 $\boldsymbol{\pi} = \boldsymbol{\pi P}$，即

$$\pi_j = \sum_{i=1}^{N} \pi_i p_{ij} \qquad j = 1, 2, \cdots N \tag{6.4.7}$$

的唯一解，其中 π_j 满足概率分布条件：

(1) $\pi_j > 0 \qquad j = 1, 2, \cdots N$

(2) $\sum_{j=1}^{N} \pi_j = 1$ \qquad\qquad (6.4.8)

证略。

利用定理 6.4.2 结论，可以判断齐次马氏链的遍历性，以及给出求稳态概率 π_j 的方法，实际上，此时稳态概率即为平稳分布。

[例 6.4.1] 设齐次马氏链 $\{X(n), n \geqslant 1\}$ 的状态空间 $E = \{1, 2, 3\}$，其一步转移概率矩阵为

$$\boldsymbol{P} = \begin{pmatrix} \dfrac{1}{2} & \dfrac{1}{2} & 0 \\ \dfrac{1}{2} & 0 & \dfrac{1}{2} \\ 0 & \dfrac{1}{2} & \dfrac{1}{2} \end{pmatrix}$$

260

试问此链是否具有遍历性，其极限分布是否为平稳分布？

解：注意到

$$\boldsymbol{P}^{(2)} = \boldsymbol{P}^2 = \begin{pmatrix} \dfrac{1}{2} & \dfrac{1}{2} & 0 \\ \dfrac{1}{2} & 0 & \dfrac{1}{2} \\ 0 & \dfrac{1}{2} & \dfrac{1}{2} \end{pmatrix} \begin{pmatrix} \dfrac{1}{2} & \dfrac{1}{2} & 0 \\ \dfrac{1}{2} & 0 & \dfrac{1}{2} \\ 0 & \dfrac{1}{2} & \dfrac{1}{2} \end{pmatrix} = \begin{pmatrix} \dfrac{1}{2} & \dfrac{1}{4} & \dfrac{1}{4} \\ \dfrac{1}{4} & \dfrac{1}{2} & \dfrac{1}{4} \\ \dfrac{1}{4} & \dfrac{1}{4} & \dfrac{1}{2} \end{pmatrix}$$

即知其所有的二步转移概率 $p_{ij}^{(2)}$ 均大于 0，$i, j = 1,2,3$，由定理 6.4.2 知，此链具有遍历性，且转移概率 $p_{ij}^{(n)}$ 的极限分布即为满足下述方程组的平稳分布 $\boldsymbol{\pi} = (\pi_1, \pi_2, \pi_3)$，

$$\begin{cases} \pi_1 = \pi_1 \times \dfrac{1}{2} + \pi_2 \times \dfrac{1}{2} + \pi_3 \times 0 = \dfrac{1}{2}\pi_1 + \dfrac{1}{2}\pi_2 \\ \pi_2 = \pi_1 \times \dfrac{1}{2} + \pi_2 \times 0 + \pi_3 \times \dfrac{1}{2} = \dfrac{1}{2}\pi_1 \qquad\quad + \dfrac{1}{2}\pi_3 \\ \pi_3 = \pi_1 \times 0 + \pi_2 \times \dfrac{1}{2} + \pi_3 \times \dfrac{1}{2} = \qquad\quad + \dfrac{1}{2}\pi_2 + \dfrac{1}{2}\pi_3 \end{cases}$$

且有

$$\pi_i > 0, i = 1,2,3 \qquad \sum_{i=1}^{3} \pi_i = 1$$

解此方程组可得 $\pi_1 = \pi_2 = \pi_3 = \dfrac{1}{3}$ 为该链的平稳分布。

[**例 6.4.2**] 设齐次马氏链 $\{X(n), n \geq 1\}$ 的状态空间 $E = \{1,2\}$，其一步转移概率矩阵为

$$\boldsymbol{P} = \begin{pmatrix} 1 & 0 \\ 0 & 1 \end{pmatrix}$$

试讨论该链的遍历性及平稳分布。

解：由 $\boldsymbol{P} = \begin{pmatrix} 1 & 0 \\ 0 & 1 \end{pmatrix}$，容易计算得出，其 n 步转移概率矩阵与 $\boldsymbol{P}$ 相同，即

$$\boldsymbol{P}^{(n)} = \boldsymbol{P}$$

故 $\lim_{n \to \infty} \boldsymbol{P}^{(n)} = \boldsymbol{P}$，而注意到

$$p_{11}^{(n)} = p_{22}^{(n)} = 1 \qquad p_{12}^{(n)} = p_{21}^{(n)} = 0$$

即 $\lim\limits_{n \to \infty} p_{11}^{(n)} = 1 \neq 0 = \lim\limits_{n \to \infty} p_{21}^{(n)}$，故由定理 6.4.2 知，此链不具有遍历性。

但由于 $(\pi_1, \pi_2) = (\pi_1, \pi_2) \begin{pmatrix} 1 & 0 \\ 0 & 1 \end{pmatrix}$，$\pi_1 + \pi_2 = 1$，$0 < \pi_1$，$\pi_2 < 1$，可见平稳分布是存在的，具有无穷多个：$(\pi_1, \pi_2) = (\lambda, 1 - \lambda)$，$0 < \lambda < 1$ 都是其平稳分布。

[例 6.4.3]　设齐次马氏链 $\{X(n), n \geqslant 1\}$ 的状态空间 $E = \{1, 2, 3, 4, 5\}$，其一步转移概率矩阵为

$$P = \begin{pmatrix} 0 & 1 & 0 & 0 & 0 \\ \dfrac{1}{3} & \dfrac{1}{3} & \dfrac{1}{3} & 0 & 0 \\ 0 & \dfrac{1}{3} & \dfrac{1}{3} & \dfrac{1}{3} & 0 \\ 0 & 0 & \dfrac{1}{3} & \dfrac{1}{3} & \dfrac{1}{3} \\ 0 & 0 & 0 & 1 & 0 \end{pmatrix}$$

试讨论其遍历性，并求其平稳分布。

解： 由计算得知

$$P^{(2)} = \begin{pmatrix} \dfrac{1}{3} & \dfrac{1}{3} & \dfrac{1}{3} & 0 & 0 \\ \dfrac{1}{9} & \dfrac{5}{9} & \dfrac{2}{9} & \dfrac{1}{9} & 0 \\ \dfrac{1}{9} & \dfrac{2}{9} & \dfrac{3}{9} & \dfrac{2}{9} & \dfrac{1}{9} \\ 0 & \dfrac{1}{9} & \dfrac{2}{9} & \dfrac{5}{9} & \dfrac{1}{9} \\ 0 & 0 & \dfrac{1}{3} & \dfrac{1}{3} & \dfrac{1}{3} \end{pmatrix} \qquad P^{(4)} = \begin{pmatrix} \dfrac{5}{27} & \dfrac{10}{27} & \dfrac{8}{27} & \dfrac{3}{27} & \dfrac{1}{27} \\ \dfrac{10}{81} & \dfrac{33}{81} & \dfrac{21}{81} & \dfrac{14}{81} & \dfrac{3}{81} \\ \dfrac{8}{81} & \dfrac{21}{81} & \dfrac{23}{81} & \dfrac{21}{81} & \dfrac{8}{81} \\ \dfrac{3}{81} & \dfrac{14}{81} & \dfrac{21}{81} & \dfrac{33}{81} & \dfrac{10}{81} \\ \dfrac{1}{27} & \dfrac{3}{27} & \dfrac{8}{27} & \dfrac{10}{27} & \dfrac{5}{27} \end{pmatrix}$$

即当 $m = 4$ 时，

$$p_{ij}^{(4)} > 0 \qquad i, j \in E$$

由定理 6.4.2 知此链具有遍历性，且有平稳分布 $\boldsymbol{\pi} = (\pi_1, \pi_2, \cdots, \pi_5)$ 满足方程组

$$\begin{cases} \pi_1 = \dfrac{1}{3}\pi_2 \\[2mm] \pi_2 = \pi_1 + \dfrac{1}{3}\pi_2 + \dfrac{1}{3}\pi_3 \\[2mm] \pi_3 = \dfrac{1}{3}\pi_2 + \dfrac{1}{3}\pi_3 + \dfrac{1}{3}\pi_4 \\[2mm] \pi_4 = \dfrac{1}{3}\pi_3 + \dfrac{1}{3}\pi_4 + \pi_5 \\[2mm] \pi_5 = \dfrac{1}{3}\pi_4 \end{cases}$$

及 $\qquad\qquad \pi_i > 0, \quad i = 1, 2, 3, 4, 5, \qquad \sum_{i=1}^{5} \pi_i = 1$

解此方程组可得

$$\pi_1 = \pi_5 = \frac{1}{11} \qquad \pi_2 = \pi_3 = \pi_4 = \frac{3}{11}$$

马氏链还有许多优良的性质, 由于篇幅所限, 本书仅作如上讨论, 若读者有兴趣, 可参看随机过程相关书籍。

思 考 题

1. 齐次马氏链的遍历性的意义是什么?

2. 齐次马氏链的转移概率 $p_{ij}^{(n)}$ 的极限是否就是平稳分布? 为什么? 能否举一例加以说明?

3. 能否举出 $p_{ij}^{(n)}$ 的极限不存在的马氏链?

4. 若齐次马氏链不具遍历性, 其平稳分布是否存在, 为什么?

6.4 基本练习题

1. 在一计算机系统中, 每一循环具有误差的概率取决于先前一个循环是否有误差。以 0 表示误差状态, 以 1 表示无误差状态, 且状态的一步转移概率矩阵为

$$\boldsymbol{P} = \begin{matrix} & \begin{matrix} 0 & \quad 1 \end{matrix} \\ \begin{matrix} 0 \\ 1 \end{matrix} & \begin{pmatrix} 0.75 & 0.25 \\ 0.5 & 0.5 \end{pmatrix} \end{matrix}$$

试说明相应齐次马氏链是遍历的, 并求其平稳分布:

(1) 用定义解;

(2) 引用遍历性定理解。

2. 设齐次马氏链的一步转移概率矩阵为

$$\boldsymbol{P} = \begin{pmatrix} q & p & 0 \\ q & 0 & p \\ 0 & q & p \end{pmatrix} \quad 0 < p < 1, \quad q = 1 - p$$

试证此马氏链具有遍历性，并求其平稳分布。

3. 设齐次马氏链的一步转移概率矩阵为

$$\boldsymbol{P} = \begin{pmatrix} \dfrac{1}{2} & \dfrac{1}{2} & 0 \\ \dfrac{1}{2} & \dfrac{1}{2} & 0 \\ 0 & 0 & 1 \end{pmatrix}$$

试证此链不是遍历的。

4. 设齐次马氏链的一步转移概率矩阵为

$$\boldsymbol{P} = \begin{pmatrix} 0 & 0 & \dfrac{1}{2} & \dfrac{1}{2} \\ 1 & 0 & 0 & 0 \\ 0 & 1 & 0 & 0 \\ 0 & 1 & 0 & 0 \end{pmatrix}$$

试问此链是否具有遍历性，若是，求其平稳分布。

5. 设一齐次马氏链的概率转移图如图 6.12 所示。

(1) 写出一步转移概率矩阵；

(2) 讨论其遍历性；

(3) 求平稳分布。

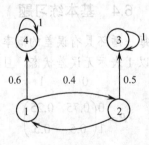

图 6.12

6. 设一齐次马氏链的状态空间为 $E = \{1, 2, 3, 4, 5\}$，转移概率矩阵为

264

$$P = \begin{pmatrix} \frac{1}{2} & 0 & \frac{1}{2} & 0 & 0 \\ \frac{1}{4} & \frac{1}{2} & \frac{1}{4} & 0 & 0 \\ \frac{1}{2} & 0 & \frac{1}{2} & 0 & 0 \\ 0 & 0 & 0 & \frac{1}{2} & \frac{1}{2} \\ 0 & 0 & 0 & \frac{1}{2} & \frac{1}{2} \end{pmatrix}$$

试求此链的平稳分布.

本章基本要求

1. 理解马氏性与马氏过程概念，学会判别马氏过程的方法；

2. 理解马氏链与齐次马氏链的概念，会求一步转移概率及一步转移概率矩阵. 会画概率转移图；

3. 掌握 n 步转移概率求法及 C—K 方程，了解初始分布概率，会求绝对分布；

4. 了解齐次马氏链的遍历性意义，会求平稳分布.

综合练习

1. $\{X(n), n \geqslant 0\}$ 是一马氏链，状态空间为 E，试证：对于任意的状态 $i_0, i_1, i_2, \cdots, i_n, i_{n+1}, \cdots, i_{n+m}$ $(n \geqslant 1, m \geqslant 1)$，有

(1) $P\{X(n+1) = i_{n+1}, X(n+2) = i_{n+2}, \cdots, X(n+m) = i_{n+m} \mid X(0) = i_0, X(1) = i_1 \cdots, X(n) = i_n\} = P\{X(n+1) = i_{n+1}, \cdots, X(n+m) = i_{n+m} \mid X(n) = i_n\}$

(2) $P\{X(0) = i_0, X(1) = i_1, \cdots, X(n) = i_n, X(n+2) = i_{n+2}, \cdots, X(n+m) = i_{n+m} \mid X(n+1) = i_{n+1}\} = P\{X(0) = i_0, X(1) = i_1, \cdots, X(n) = i_n \mid X(n+1) = i_{n+1}\} \times P\{X(n+2) = i_{n+2}, \cdots, X(n+m) = i_{n+m} \mid X(n+1) = i_{n+1}\}$

2. 试证对于一个马尔可夫过程，如"现在"的 $X(t)$ 值已知，则该过程的"过去"和"将来"是相互独立的，即如果 $t_1 < t_2 < t_3$，其中 t_2 代表"现在"，t_1 代表"过去"，t_3 代表"将来"，若 $X(t_2) = x_2$ 为已知值时，试证条件概率密度满足等式

$$f_2(x_1, x_3, t_1, t_3 \mid x_2, t_2) = f(x_1, t_1 \mid x_2, t_2) \cdot f(x_3, t_3 \mid x_2, t_2)$$

3. 若 $X(t)$ 为一马氏过程，$t_1 < t_2 < \cdots < t_m < t_{m+1} < t_{m+2}$，试证：

$$f(x_{m+1}, x_{m+2}, t_{m+1}, t_{m+2} \mid x_1, x_2, \cdots x_m, t_1, t_2, \cdots t_m) =$$

$$f\left(x_{m+1}, x_{m+2}, t_{m+1}, t_{m+2} \big| x_m, t_m\right)$$

4. 一质点沿圆周游动。圆周按顺时针等距排列 5 个点（0,1,2,3,4）把圆周分成 5 格，质点每次游动，或顺时针或逆时针移动一格，顺时针前进一格的概率为 p，逆时针转一格的概率为 $1-p$，设 $X(n)$ 代表经过 n 次转移后质点所处的位置（即状态），则 $X(n)$ 是一齐次马氏链。

(1) 试写出一步转移概率矩阵；

(2) 试写出二步转移概率矩阵；

(3) 此链是否遍历的。

5. 设 $\{X(n), n \geq 0\}$ 是具有 3 个状态 1, 2, 3 的齐次马氏链，一步转移概率矩阵为

$$\boldsymbol{P} = \begin{array}{c} \\ 1 \\ 2 \\ 3 \end{array}\begin{array}{c} \begin{array}{ccc} 1 & 2 & 3 \end{array} \\ \begin{pmatrix} \dfrac{1}{4} & \dfrac{1}{2} & \dfrac{1}{4} \\[2mm] \dfrac{1}{2} & \dfrac{1}{4} & \dfrac{1}{4} \\[2mm] 0 & \dfrac{1}{4} & \dfrac{3}{4} \end{pmatrix} \end{array}$$

初始分布为

$$p_1(0) = P\{X(0) = 1\} = \frac{1}{2} \qquad p_2(0) = \frac{1}{3} \qquad p_3(0) = \frac{1}{6}$$

(1) 试求 $P\{X(0) = 1, X(2) = 3\}$

(2) 试求 $P\{X(2) = 2\}$

(3) 此链是否遍历的？

(4) 试求其平稳分布。

6. 设有限齐次马氏链的转移概率矩阵分别为

(1) $\begin{pmatrix} \dfrac{1}{2} & \dfrac{1}{2} \\[2mm] 0 & 1 \end{pmatrix}$

(2) $\begin{pmatrix} \dfrac{1}{4} & 0 & \dfrac{3}{4} & 0 \\[2mm] 0 & \dfrac{1}{2} & \dfrac{1}{2} & 0 \\[2mm] \dfrac{1}{3} & 0 & \dfrac{2}{3} & 0 \\[2mm] 0 & \dfrac{1}{4} & \dfrac{1}{4} & \dfrac{1}{2} \end{pmatrix}$

$$(3) \quad \begin{pmatrix} \frac{1}{5} & \frac{1}{5} & \frac{1}{5} & \frac{1}{5} & \frac{1}{5} \\ 0 & \frac{2}{5} & \frac{1}{5} & \frac{1}{5} & \frac{1}{5} \\ 0 & 0 & \frac{3}{5} & \frac{1}{5} & \frac{1}{5} \\ 0 & 0 & 0 & \frac{4}{5} & \frac{1}{5} \\ 0 & 0 & 0 & 0 & 1 \end{pmatrix}$$

$$(4) \quad \begin{pmatrix} 1 & 0 & 0 & 0 & 0 & \cdots & 0 & 0 & 0 \\ q & 0 & p & 0 & 0 & \cdots & 0 & 0 & 0 \\ 0 & q & 0 & p & 0 & \cdots & 0 & 0 & 0 \\ \vdots & \vdots & \vdots & \vdots & \vdots & & \vdots & \vdots & \vdots \\ 0 & 0 & 0 & 0 & 0 & \cdots & q & 0 & p \\ 0 & 0 & 0 & 0 & 0 & \cdots & 0 & 0 & 1 \end{pmatrix}$$

求它们的平稳分布。

7. 设有限齐次马氏链的转移概率矩阵分别为

$$(1) \quad \begin{pmatrix} 0 & 1 \\ 1 & 0 \end{pmatrix} \qquad\qquad (2) \quad \begin{pmatrix} \frac{1}{2} & \frac{1}{2} \\ 1 & 0 \end{pmatrix}$$

$$(3) \quad \begin{pmatrix} \frac{1}{4} & \frac{1}{4} & \frac{1}{4} & \frac{1}{4} \\ 0 & 0 & 1 & 0 \\ 0 & 0 & 0 & 1 \\ 1 & 0 & 0 & 0 \end{pmatrix} \qquad (4) \quad \begin{pmatrix} q & p & 0 & 0 \\ 0 & 0 & q & p \\ q & p & 0 & 0 \\ 0 & 1 & 0 & 0 \end{pmatrix}$$

试讨论它们的遍历性，并求平稳分布。

8. 设有 4 个状态 $E = \{1, 2, 3, 4\}$ 的齐次马尔可夫链的一步转移概率矩阵为

$$P = \begin{pmatrix} \frac{1}{2} & \frac{1}{4} & \frac{1}{4} & 0 \\ \frac{1}{3} & 0 & \frac{1}{2} & \frac{1}{6} \\ \frac{2}{5} & \frac{1}{5} & 0 & \frac{2}{5} \\ \frac{1}{3} & 0 & \frac{1}{3} & \frac{1}{3} \end{pmatrix}$$

(1) 如果马氏链在时刻 n 处于状态 2，试求在时刻 $n+2$ 仍处于状态 2 的概率;

(2) 如果该链在时刻 n 处于状态 4，试求在时刻 $n+3$ 处于状态 3 的概率;

(3) 此链是否具有遍历性?

(4) 试求其平稳分布。

9. 设 $\{X(n), n \geq 0\}$ 是一齐次马氏链，状态空间 $E = \{0, 1, 2\}$，其一步转移概率矩阵为

$$P = \begin{pmatrix} \dfrac{1}{2} & \dfrac{1}{3} & \dfrac{1}{6} \\ \dfrac{1}{3} & \dfrac{2}{3} & 0 \\ 0 & \dfrac{1}{2} & \dfrac{1}{2} \end{pmatrix}$$

它的初始状态的概率分布为 $P\{X(0) = 0\} = \dfrac{1}{6}, P\{X(0) = 1\} = \dfrac{2}{3}, P\{X(0) = 2\} = \dfrac{1}{6}$，试求概率 $P\{X(0) = 1, X(1) = 0, X(2) = 2\}$，转移概率 $p_{02}^{(2)}$ 及其平稳分布。

10. 设齐次马氏链的一步转移概率矩阵为

$$P = \begin{pmatrix} \dfrac{1}{4} & \dfrac{1}{4} & \dfrac{1}{4} & \dfrac{1}{4} \\ \dfrac{1}{3} & \dfrac{1}{4} & \dfrac{1}{4} & \dfrac{1}{6} \\ \dfrac{1}{5} & \dfrac{1}{5} & \dfrac{1}{5} & \dfrac{2}{5} \\ \dfrac{1}{6} & \dfrac{1}{3} & \dfrac{1}{6} & \dfrac{1}{3} \end{pmatrix}$$

试求此马氏链的二步转移概率矩阵，此链是否遍历的? 且求其平稳分布。

11. 设齐次马氏链的一步转移概率矩阵为

$$P = \begin{pmatrix} \dfrac{1}{3} & \dfrac{2}{3} \\ \dfrac{2}{3} & \dfrac{1}{3} \end{pmatrix}$$

试用遍历性证明

$$P^{(n)} \xrightarrow{n \to \infty} \begin{bmatrix} \dfrac{1}{2} & \dfrac{1}{2} \\ \dfrac{1}{2} & \dfrac{1}{2} \end{bmatrix}$$

自 测 题

1. 设齐次马氏链的一步转移矩阵如下，状态空间为 $E = \{1, 2, 3\}$，转移概率矩阵为

$$P = \begin{pmatrix} \dfrac{1}{3} & \dfrac{1}{3} & \dfrac{1}{3} \\ \dfrac{1}{2} & \dfrac{1}{4} & \dfrac{1}{4} \\ 0 & \dfrac{3}{4} & \dfrac{1}{4} \end{pmatrix}$$

(1) 画出概率转移图；

(2) 求二步转移矩阵及转移概率 $p_{13}^{(4)}$；

(3) 讨论此链是否具有遍历性，试求其平稳分布。

2. 设 $\{X(n), n \geq 0\}$ 为一齐次马氏链，其状态空间 $E = \{0, 1, 2\}$，且其初始分布 $p_0(0) = \dfrac{2}{3}$, $p_1(0) = \dfrac{1}{6}$, $p_2(0) = \dfrac{1}{6}$，其一步转移概率矩阵为

$$P = \begin{pmatrix} \dfrac{2}{5} & 0 & \dfrac{3}{5} \\ \dfrac{1}{2} & \dfrac{1}{2} & 0 \\ 0 & \dfrac{2}{3} & \dfrac{1}{3} \end{pmatrix}$$

(1) 计算概率 $P\{X(0) = 1, \ X(1) = 1, \ X(2) = 2\}$；

(2) 二步转移矩阵；

(3) 绝对概率 $P\{X(2) = i\}$, $i = 0, 1, 2$。

第7章 时间序列分析概念

时间序列分析是随机数学的一个重要的应用分支，它是用随机数学方法去研究随时间变化，且前后相互关联的动态随机数据的科学理论，其研究对象即为随机时间数据序列，研究内容包括时域分析与频域分析，其中包括建立时间序列模型、参数估计、最佳预测和控制以及谱估计等独特的动态随机数据处理的理论与方法，特别对自回归模型、滑动平均模型、自回归及滑动平均模型，有一系列较完整的统计分析方法，使得时间序列分析的应用已广泛渗入到交通运输、智能控制、神经网络模拟，生物、医学、水文、气象、金融、经济学、空间科学等自然科学与社会领域之中，正在发挥着无可比拟的重大作用。

7.1 时间序列概念

顾名思义，时间序列是通过观测得到的依时间次序排列而又相互关联的数据序列，广义的说，按空间的前后次序排列的随机数据，或者按照某物理量顺序排列的随机数据，也可看做时间序列。实际上，时间序列就是随机序列，因为若 $\{X(t), t \in T\}$ 是一个随机过程，现任取参数值 $t_1 < t_2 < \cdots < t_n$，即得随机变量列：$X(t_1)$, $X(t_2)$, $\cdots X(t_n)$，若再测得观察值 $X(t_1) = x_1$, $X(t_2) = x_2$, $\cdots, X(t_n) = x_n$，则此一组有序的随机数据 $x_1, x_2, \cdots, x_n$ 即是通常所述的时间序列。由此可见，可以借助随机过程的理论来讨论时间序列的统计特征。

一、时间序列示例

[例 7.1.1] 记录 1790 年到 1980 年间某地区的人口总数，得到下表中 20 个数据，这便是由 20 个数据组成的有次序的数据序列：

年份	人口总数	年份	人口总数	年份	人口总数
1790	3929214	1820	9638453	1850	23191876
1800	5308483	1830	12860702	1860	31443321
1810	7239881	1840	17063353	1870	38558371

年份	人口总数	年份	人口总数	年份	人口总数
1880	52189209	1920	106021537	1960	179323175
1890	62979766	1930	123202624	1970	201302031
1900	76212168	1940	132164569	1980	226545805
1910	92228496	1950	151325798		

将这一时间序列描绘在图 7.1 中。

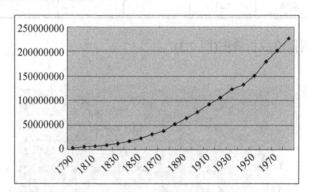

图 7.1　人口总数序列

可见这一地区的人口总数曲线呈现上升趋势。

[**例 7.1.2**]　记录化工生产过程的 21 个浓度读数(每 2 小时)为:

17.0	16.6	16.3	16.1	17.1	16.9	16.8
17.4	17.1	17.0	16.7	17.4	17.2	17.4
17.4	17.0	17.3	17.2	17.4	16.8	17.1

将这组数据描绘成折线图(图 7.2)。

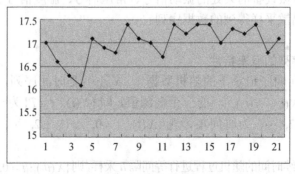

图 7.2　浓度读数

271

可见化工生产过程的浓度读数呈现出周期性的变化。

[**例 7.1.3**]　1971 年到 1972 年洛杉矶市臭氧每小时读数的月平均值为(以亿分之一计)：

1.79	1.92	2.25	2.96	2.38	3.38	3.38
3.21	2.58	2.42	1.58	1.21	1.42	1.96
3.04	2.92	3.58	3.33	4.04	3.92	3.08
2.00	1.58	1.21				

将这组数据描绘成折线图(图 7.3)。

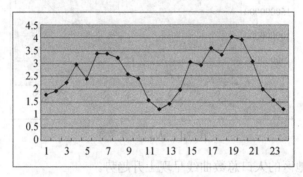

图 7.3　臭氧每小时读数

可见洛杉矶市臭氧每小时读数也呈现周期性的变化。

实际上，时序数据一类来自离散数据，如逐年的太阳黑子数，逐日的日平均气温，商品的逐日价格，股票的逐日股价，一批零件按加工顺序测量出的每一零件的尺寸等；而另一类数据则是由连续信号，通过离散取值而得：如某一地震波，脑电波，某一机械设备的某处的振动信号、常压信号、温度信号等都是以时间为坐标轴，通过离散采样得到的数据序列。

二、时间序列的概率特性

一列依时间顺序记录下的随机数据 x_1, x_2, … 是时间序列，实际上可视为一列随机变量 $X(t_1)$, $X(t_2)$, … 的一个观测值，即 $\{X(t),\ t \in T\}$ 为一随机过程，若 $T = \{0,\ \pm 1,\ \pm 2,\ \cdots\}$ 为时间集，则 $\{X(t),\ t = 0,\ \pm 1,\ \pm 2,\ \cdots\}$ 为随机时间序列。

若对一个连续时间的随机过程进行等间隔 h 采样，则 $\{X(th),\ t = 0,\ \pm 1,\ \pm 2,\ \cdots\}$ 为一个随机序列。因此，时间序列分析实际上是对上述一部分特殊随机序列进行统计分析。

1. 时间序列的有限维分布族

设一个时间序列为 $\{X(t),\ t=0,\ \pm1,\ \pm2,\ \cdots\}$，由随机过程理论知识知，这个时间序列的概率特性由其有限维分布函数族唯一决定：

$$\{F(x_1,\cdots,x_n,t_1,\cdots,t_n)=P\{X(t_1)\leqslant x_1,\cdots,X(t_n)\leqslant x_n\},$$
$$x_1,\cdots,x_n\in R,t_1,\cdots,t_n\in T,n\geqslant1\}$$

2. 时间序列的数字特征

设 $\{X(t),\ t=0,\ \pm1,\ \pm2,\ \cdots\}$ 为一时间序列，则有

(1) 均值函数　$m_X(t)=E[X(t)]=\int_{-\infty}^{+\infty}x\mathrm{d}F(x,t)=\mu_t$

若 $X(t)$ 为离散随机变量，其概率分布为 $P\{X(t)=x_i\}=p_i(t),i=1,2,\cdots$

则 $m_X(t)=\sum_{i=1}^{+\infty}x_ip_i(t)$ 为 $\{X(t)\}$ 的均值函数。

若 $X(t)$ 为连续型随机变量，其概率密度为 $f(x,t)$

则 $m_X(t)=\int_{-\infty}^{+\infty}xf(x,t)\mathrm{d}x$ 为 $\{X(t)\}$ 的均值函数。

(2) 均方值函数　$\psi_X^2(t)=E[X^2(t)]=\int_{-\infty}^{+\infty}x^2\mathrm{d}F(x,t)=\int_{-\infty}^{+\infty}x^2f(x,t)\mathrm{d}t$

(3) 方差函数　$D_X(t)=\mathrm{Var}(X(t))=E[X^2(t)]-[E(X(t))]^2=\psi_X^2(t)-\mu_t^2$

(4) 自相关函数　$R_X(s,t)=E[X(s)X(t)]$

易见 $R_X(t,t)=\psi_x^2(t)$。若 $\{X(t)\}$ 为连续型，则 $R_X(s,t)=\int_{-\infty}^{+\infty}\int_{-\infty}^{+\infty}xyf(x,y,s,t)\mathrm{d}s\mathrm{d}t$。

(5) 自协方差函数　$C_X(s,t)=E[(X(s)-\mu_s)(X(t)-\mu_t)]=R_X(s,t)-\mu_s\mu_t$

若 $\{X(t)\}$ 为连续型时，$C_X(s,t)=\int_{-\infty}^{+\infty}\int_{-\infty}^{+\infty}(x-\mu_s)(y-\mu_t)f(x,y,s,t)\mathrm{d}s\mathrm{d}t$

不难推出自协方差函数具有下述的性质：

① 对称性：$C_X(s,t)=C_X(t,s)$

② 非负定性：对任意正整数 n，任意 n 个整数 $t_1,t_2,\cdots,t_n$，协方差阵

$$\boldsymbol{C}=\begin{pmatrix}C_{11}&C_{12}&\cdots&C_{1n}\\C_{21}&C_{22}&&C_{2n}\\\vdots&\vdots&\cdots&\vdots\\C_{n1}&C_{n2}&&C_{nn}\end{pmatrix}$$ 其中 $\boldsymbol{C}_{ij}=\boldsymbol{C}_X(t_i,\ t_j),\ i,\ j=1,\ 2,\ \cdots,\ n$

为对称非负定矩阵，即 $\boldsymbol{C}'=\boldsymbol{C}$

且对于任意 n 维实向量 $\boldsymbol{X}=(x_1,\ x_2,\ \cdots,\ x_n)'$，均有 $X'CX\geqslant0$

三、平稳时间序列

在随机过程论中,定义了宽平稳与严平稳两种平稳过程。此处对于随机序列,相应的有宽平稳与严平稳两种平稳的时间序列:

1. 严平稳时间序列

定义 7.1.1 设 $\{X(t),\ t=0,\ \pm 1,\ \pm 2,\ \cdots\}$ 为时间序列,若对于任意正整数 n 和整数 $t_1 < t_2 < \cdots < t_n$,s,随机变量 $X(t_1+s),\ X(t_2+s),\ \cdots,\ X(t_n+s)$ 的联合分布函数与 s 无关,即

$$F(x_1,x_2,\cdots,x_n,t_1,t_2,\cdots,t_n) = F(x_1,x_2,\cdots,x_n,t_1+s,t_2+s,\cdots,t_n+s) \tag{7.1.1}$$

则称此时间序列为严平稳时间序列。易见,严平稳序列的分布特性随时间的平移保持不变。

[例 7.1.4] 设 $\{X(t),\ t=0,\ \pm 1,\ \pm 2,\ \cdots\}$ 为独立同分布随机序列,则易见它是一个严平稳序列,因为,对于任意的 n 和 $t_1 < t_2 < \cdots < t_n$,$x, X(t_1+s)$,$X(t_2+s),\cdots,X(t_n+s)$ 是 n 个相互独立且同分布的随机变量,若其共同分布函数为 $F_0(x)$,则它们的联合分布函数为

$$F(x_1,x_2,\cdots,x_n,t_1+s,t_2+s,\cdots,t_n+s) = F_0(x_1)F_0(x_2)\cdots F_0(x_n)$$

与 s 无关,即独立同分布随机序列 $\{X(t),\ t=0,\ \pm 1,\ \pm 2,\ \cdots\}$ 为严平稳序列。

由随机过程知,严平稳序列具有以下性质:

(1) 一维分布函数 $F_X(x,t)$ 与时间 t 无关,即

$$F_X(x,t) = F_X(x) \tag{7.1.2}$$

(2) 二维分布函数只与时间间隔有关,而与时间起点无关,即对任意 x_1,x_2,t_1,t_2,

$$F_X(x_1,x_2,t_1,t_2) = F_X(x_1,x_2,t_2-t_1)$$

故其均值函数、均方值函数、方差函数都为常数,自相关函数、自协方差函数均与时间起点无关,而只与时间间隔有关,即

$$R_X(t_1,t_2) = R_X(t_2-t_1) \qquad C_X(t_1,t_2) = C_X(t_2-t_1)$$

2. 宽平稳时间序列

定义 7.1.2 设 $\{X(t),\ t=0,\ \pm 1,\ \pm 2,\ \cdots\}$ 为时间序列,若 $X(t)$ 满足

1° $\psi_X^2(t) = E[X^2(t)] < +\infty$

2° $\forall t \in T$,$\mu_t = E[X(t)] = \mu = $ 常数

3° $\forall t_1,t_2 \in T$,$R_X(t_1,t_2) = R_X(t_2-t_1) = R_X(\tau)$ $\quad \tau = t_2 - t_1$

则称此 $\{X(t)\}$ 为宽平稳时间序列。

274

为简单起见，常将时间序列 $\{X(t),\ t = 0,\ \pm 1,\ \pm 2,\ \cdots\}$ 记为 $\{X_t\}$。

[例 7.1.5]　如果时间序列 $\{\varepsilon_t,\ t = 0,\ \pm 1,\ \pm 2,\ \cdots\}$ 满足

① $E(\varepsilon_t) = 0$

② $E[\varepsilon_s \varepsilon_t] = \begin{cases} \sigma^2 & s = t \\ 0 & s \neq t \end{cases}$

则称此时间序列 $\{\varepsilon_t\}$ 为白噪声序列，简称为白噪声。易见，白噪声序列是一种宽平稳时间序列。若白噪声序列为相互独立同正态分布序列时，称之为正态白噪声序列，这个序列在时序分析中起着非常重要的作用。

3. 平稳线性序列

定义 7.1.3　$\{\varepsilon_t\}$ 为白噪声序列，序列

$$X_t = \sum_{j=-\infty}^{+\infty} a_j \varepsilon_{t-j} \tag{7.1.3}$$

称为 $\{\varepsilon_t\}$ 的无穷滑动平均序列，其中 $\sum\limits_{j=-\infty}^{+\infty} a_j^2 < +\infty$，无穷求和是在均方意义下收敛的，即

$$\lim_{n \to \infty} E\left[\sum_{j=-n}^{n} a_j \varepsilon_{t-j} - \sum_{j=-\infty}^{+\infty} a_j \varepsilon_{t-j} \right]^2 = 0$$

则称 $\{X_t,\ t = 0,\ \pm 1,\ \pm 2,\ \cdots\}$ 为无穷滑动平均序列，又称为平稳线性序列。

平稳线性序列有性质：

① $E(X_t) = 0$

② $\lim\limits_{k \to +\infty} R_X(k) = \lim\limits_{k \to +\infty} E(X_t X_{t+k}) = 0$

证：由于式(7.1.3)在均方意义下收敛，故有

① $E(X_t) = \sum\limits_{-\infty}^{+\infty} a_j E(\varepsilon_{t-j}) = 0$，注意其中 $E(\varepsilon_{t-j}) = 0$。

② 对于任意正整数 k，自相关函数

$$R_X(k) = E(X_t X_{t+k}) = E\left(\sum_{i=-\infty}^{+\infty} a_i \varepsilon_{t-i} \sum_{j=-\infty}^{+\infty} a_j \varepsilon_{t+k-j} \right)$$

$$= E\left(\sum_{i=-\infty}^{+\infty} \sum_{j=-\infty}^{+\infty} a_i a_j \varepsilon_{t-i} \varepsilon_{t+k-j} \right) = \sum_{i=-\infty}^{+\infty} \sum_{j=-\infty}^{+\infty} a_i a_j E(\varepsilon_{t-i} \varepsilon_{t+k-j})$$

$$= \sigma^2 \sum_{i=-\infty}^{+\infty} a_i a_{i+k} = \sigma^2 \sum_{i \leqslant -\frac{k}{2}} a_i a_{i+k} + \sigma^2 \sum_{i > \frac{k}{2}} a_i a_{i+k}$$

由 Cauchy-Schwarz 不等式及条件 $\sum\limits_{j=-\infty}^{+\infty} a_i^2 < +\infty$,

令 $j = i+k$,则当 $i = j-k \leqslant -\dfrac{k}{2} \Rightarrow j \leqslant \dfrac{k}{2}$,则有

$$\left| \sum_{i \leqslant \frac{k}{2}} a_i a_{i+k} \right|^2 \leqslant \sum_{i \leqslant \frac{k}{2}} a_i^2 \sum_{j \leqslant \frac{k}{2}} a_j^2 \leqslant \sum_{i \leqslant \frac{k}{2}} a_i^2 \sum_{j=-\infty}^{+\infty} a_j^2 \xrightarrow{k \to +\infty} 0$$

类似地,令 $j = i+k$,则当 $i = j-k > -\dfrac{k}{2} \Rightarrow j > \dfrac{k}{2}$,则有

$$\left| \sum_{i > -\frac{k}{2}} a_i a_{i+k} \right|^2 \leqslant \sum_{i > -\frac{k}{2}} a_i^2 \sum_{j > \frac{k}{2}} a_j^2 \leqslant \sum_{i=-\infty}^{+\infty} a_i^2 \sum_{j > \frac{k}{2}} a_j^2 \xrightarrow{k \to +\infty} 0$$

故得
$$\lim_{k \to +\infty} R_X(k) = 0$$

上述时间序列的记法,沿用随机过程中记号,以后为计算方便起见,我们将时间序列 $\{X_t,\ t=0,\ \pm 1,\ \pm 2,\ \cdots\}$ 均记为 $\{x_t,\ t=0,\ \pm 1,\ \pm 2,\ \cdots\}$,或 $\{x_t, t \in T\}$,或 $\{x_t\}$。

四、时间序列的运算
1. 时间序列的线性运算
设 $\{x_t\}$ 与 $\{y_t\}$ 为两个时间序列,a、b 为任意常数,则其线性运算序列为

$$z_t = ax_t + by_t \qquad t = 0,\ \pm 1,\ \pm 2,\ \cdots \tag{7.1.4}$$

易见,当 $\{x_t\}$ 与 $\{y_t\}$ 的均值函数分别为 $m_X(t)$ 与 $m_Y(t)$ 时,$\{z_t\}$ 的均值函数即为 $m_Z(t) = am_X(t) + bm_Y(t)$。特别,若 $m_X(t) = m_Y(t) = 0$,则 $m_Z(t) = 0$。

类似地,可将此推广至多个不同时间序列的线性运算。

2. 时间序列的延迟(后移)运算
设 $\{x_t\}$ 为一时间序列,k 为一正整数,x_t 的 k 步延迟运算为

$$y_t = x_{t-k} \qquad t = 0,\ \pm 1,\ \pm 2,\ \cdots \tag{7.1.5}$$

可见,$\{y_t\}$ 仍为时间序列。且若 $\{x_t\}$ 为严平稳序列,则 $\{y_t\}$ 亦为严平稳的;若 $\{x_t\}$ 为宽平稳序列,则 $\{y_t\}$ 亦为宽平稳的;若 $\{x_t\}$ 为正态序列,则 $\{y_t\}$ 亦为正态序列。

3. 时间序列的线性与延迟的联合运算
设 $\{x_t\}$ 为一时间序列,$\{x_{t-i}\}$ 为其 i 步延迟运算序列,$i = 0,\ 1,\ 2,\ \cdots$,则 $\{x_t\}$

的延迟与线性联合运算为

$$y_t = a_0 x_t + a_1 x_{t-1} + \cdots + a_k x_{t-k} \quad t = 0, \ \pm 1, \ \pm 2, \ \cdots \qquad (7.1.6)$$

其中 k, a_0, a_1, a_2, $\cdots$, a_k 为常数。$\{y_t\}$ 称为对序列 $\{x_t\}$ 的滑动(加权)平均序列。

特别地，若已知数据 $x_1, x_2, \cdots, x_n$，取 $a_0 = 0$, $a_1 = a_2 = \cdots = a_k = \dfrac{1}{k}$ 时，

$$y_t = \frac{x_{t-1} + x_{t-2} + \cdots + x_{t-k}}{k} \quad t = k+1, \ k+2, \cdots, n+1 \qquad (7.1.7)$$

为 $\{x_t\}$ 的滑动平均序列数据 $y_{k+1}, y_{k+2}, \cdots, y_{n+1}$。

滑动平均是将动态数列进行修匀的一个重要方法，它从第一项开始，逐项递增，分别计算序时平均数，形成一个新的平均数动态序列，可用以作为未来数据的预测值。

[例 7.1.6]　某企业历年实现利税(见下表)(万元)，试给出三步与四步滑动平均。

年份	实现利税	年份	实现利税	年份	实现利税
1981	142	1986	110	1991	96
1982	65	1987	98	1992	98
1983	32	1988	117	1993	85
1984	53	1989	100	1994	59
1985	124	1990	107	1995	82

解：按式(7.1.7)得

三步滑动平均：即 $k = 3$ ，$\quad y_t = \dfrac{x_{t-1} + x_{t-2} + x_{t-3}}{3} \quad t = 4, 5, \cdots, 16$

四步滑动平均：即 $k = 4$ ，$\quad y_t = \dfrac{x_{t-1} + x_{t-2} + x_{t-3} + x_{t-4}}{4} \quad t = 5, 6, \cdots, 16$

计算数据如下表

年份	实现利税	k=3 年滑动平均	k=4 年滑动平均
1981	142	—	—
1982	65	—	—
1983	32	—	—
1984	53	79.67	—
1985	124	50	73

年份	实现利税	k=3 年滑动平均	k=4 年滑动平均
1986	110	69.67	68.5
1987	98	95.67	79.75
1988	117	110.67	96.25
1989	100	108.33	112.25
1990	107	105	106.25
1991	96	108	105.5
1992	98	101	105
1993	85	100.33	110.25
1994	59	93	96.5
1995	82	80.67	84.5
1996		75.33	81.0
均值	$\bar{x} = 91.2$	$\bar{x} = 90.56$	$\bar{x} = 93.365$
方差	$\sigma = 29.1895$	$\sigma = 18.2556$	$\sigma = 14.3664$

从标准差 σ 的变化，可看见数据被修匀，k 越大越匀。从图 7.4 可看到修匀效果：

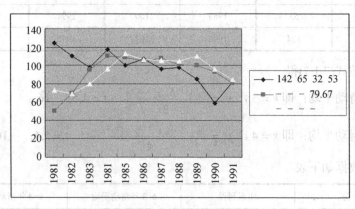

图 7.4　修匀效果图

4. 时间序列的非线性运算

例如

$$y_t = x_t^2 + ax_t$$

$$y_t = x_{t-1} / (1 + x_{t-2}^2)$$

等为 x_t 的延迟多项式或有理函数，不是线性运算。

五、时间序列的相关分析与模型

对于已知的一组时间序列数据 $x_1, x_2, \cdots, x_n$，可以对时间序列 $\{x_t, t = 0, \pm 1, \pm 2, \cdots\}$ 做出初步的相关分析与模型猜测，以供进一步讨论时间序列的理论模型作出参考。

1. 描述统计

对于已知随机数据 $x_1, x_2, \cdots, x_n$，在建立数据模型之前，可先用概率统计方法对时间序列的数字特征作出初步的估计：

(1) 样本均值：$\bar{x} = \dfrac{1}{n}\sum\limits_{t=1}^{n} x_t$。

(2) 极小值：$x_{(1)} = \min\{x_1, x_2, \cdots, x_n\}$。

(3) 极大值：$x_{(n)} = \max\{x_1, x_2, \cdots, x_n\}$。

(4) 样本中位数：$m_n = \begin{cases} x_{\left(\frac{n+1}{2}\right)} & n\text{为奇数} \\ \dfrac{1}{2}\left(x_{\left(\frac{n}{2}\right)} + x_{\left(\frac{n}{2}+1\right)}\right) & n\text{为偶数。} \end{cases}$

(5) 极差：$L = x_{(n)} - x_{(1)}$。

(6) 样本方差：$s_n^2 = \dfrac{1}{n}\sum\limits_{t=1}^{n}(x_t - \bar{x})^2$；$s^2 = \dfrac{1}{n-1}\sum\limits_{t=1}^{n}(x_t - \bar{x})^2$。

(7) 样本均方差：$s_n = \sqrt{s_n^2}$；$s = \sqrt{s^2}$。

(8) 样本自相关函数：$\hat{R}_h = \dfrac{1}{n}\sum\limits_{t=1}^{n-h} x_t x_{t+h} = \hat{R}(h)$ $0 < h < n$

且有 $\hat{R}_0 = \dfrac{1}{n}\sum\limits_{t=1}^{n} x_t^2 = \hat{R}(0)$， $\hat{R}(-h) = \hat{R}(h) = \hat{R}_h$。

(9) 样本自协方差函数：$\hat{\gamma}_h = \dfrac{1}{n}\sum\limits_{t=1}^{n-h}(x_t - \bar{x})(x_{t+h} - \bar{x}) = \hat{\gamma}(h)$， $0 < h < n$

且有 $\hat{\gamma}_0 = \dfrac{1}{n}\sum\limits_{t=1}^{n}(x_t - \bar{x})^2 = \hat{\gamma}(0)$， $\hat{\gamma}(-h) = \hat{\gamma}(h) = \hat{\gamma}_h$， $-n < h < 0$。

(10) 样本自相关系数：$\hat{\rho}_h = \hat{\gamma}_h / \hat{\gamma}_0 = \hat{\rho}(h)$， $0 < h < n$

且有 $\hat{\rho}_0 = \hat{\gamma}_0 / \hat{\gamma}_0 = 1$， $\hat{\rho}(-h) = \hat{\rho}(h) = \hat{\rho}_h$， $-n < h < 0$。

2. 纯随机性检验(独立性检验)

对于已知随机数据 $x_1, x_2, \cdots, x_n$ 是否具有随机独立性的问题，即是检验随机数据的样本自相关函数 $\hat{\rho}_h = \hat{\gamma}_h / \hat{\gamma}_0 = \hat{\rho}(h)\,(0 < h < n)$ 是否为 0 的问题。由于样本的随机性，利用正态分布性质，如果满足公式

$$|\hat{\rho}(h)| < \frac{1.96}{\sqrt{n}} \approx \frac{2}{\sqrt{n}} \quad 0 < h < n \tag{7.1.8}$$

则可认为样本自相关函数 $\hat{\rho}(h)$ 为 0 的可能性是 95%，从而能接受 $\hat{\rho}(h) = 0$ 的假设，即认为已知数据 $x_1, x_2, \cdots, x_n$ 是相互独立的，否则数据是显著相关的。实际中常采用 Q 统计量

$$Q = n\sum_{h=1}^{m} \hat{\rho}^2(h) \quad 0 < m < n \tag{7.1.9}$$

或 Q_{LB} 统计量

$$Q_{LB} = n(n+2)\sum_{h=1}^{m} \left(\frac{\hat{\rho}^2(h)}{n-h} \right) \quad 0 < m < n \tag{7.1.10}$$

因为它们近似服从 $\chi^2(m)$ 分布，故可用来检验下述统计假设：

$H_0 : \rho(1) = \rho(2) = \cdots = \rho(m) = 0$ ； $H_1 : \rho(1), \rho(2), \cdots, \rho(m)$ 至少有一个 $\neq 0$

确定时间序列值之间的短期相关性，从而判定时间序列值之间存在的显著相关性，其中，称 n 为时间序列观察期数，称 m 为指定延迟期数。显然，在给定显著性水平 α 下，若 Q 或 Q_{LB} 统计量的观察值大于 $\chi_{\alpha}^2(m)$，则应拒绝 H_0，认为时间序列值之间存在显著的相关性。

[**例 7.1.7**]　设一时间序列观察期数为 $n = 100$，该序列的前 6 个样本自相关系数如下：

h	1	2	3	4	5	6
$\hat{\rho}(h)$	0.70246	0.59539	0.47792	0.32807	0.35579	0.30327

试在显著性水平 $\alpha = 0.05$ 下检验时间序列数据之间的指定短期相关性。

解：由式(7.1.10)计算 Q_{LB} 统计量的观察值 $Q_{LB} = 75.4587$，而 $\chi_{0.05}^2(6) = 12.592$，显然因为 $Q_{LB} = 75.4587 > 12.592$，拒绝 H_0，可认为该时间序列值之间存在显著的相关性。

3. 时序图

如果检验得知随机数据 $x_1, x_2, \cdots, x_n$ 是相关的，可如同例 7.1.1、例 7.1.2，以时间 t 为横坐标值，随机变量 X_t 的观察值 x_t 为纵坐标值描点 (t, x_t)，并用折线连接画出趋势图，常称为时序图，通过时序图可以直观得出时间序列是否有明显的递增或递减的长期趋势、周期性的趋势、季节性的趋势，或是在某直线上下剧烈波动，或小幅波动的趋势。由于平稳时间序列的均值、方差为常数，因此如果时序图显示的时间序列始终在某个常数值附近随机波动，且波动的范围有界时，则可判断此序列为平稳时间序列，可用单位根方法进一步核实序列的平稳性。

4. 趋势项的分离

一般情况下，一个时间序列模型可看做为三个部分组成：

$$x_t = m_t + s_t + y_t \tag{7.1.11}$$

其中 m_t 是趋势项，反映了 x_t 的递增或递减的趋势，s_t 是季节项，反映了 x_t 的周期性变化的趋势，如按年、季、月变化等，y_t 是随机噪声项，反映了 x_t 的随机性变化的影响，式(7.1.11)常称为典型分解式，此模型称为加法模型。其中 m_t 为拟合直线或曲线，通常形式为：

(1) 直线趋势：$m_t = a + bt$。

(2) 抛物线：$m_t = a + bt + ct^2$。

(3) 指数曲线：$m_t = \mathrm{e}^{a+bt}$。

(4) 修正指数曲线：$m_t = c + ab^t$。

(5) 龚柏兹曲线：$\ln m_t = c + ab^t$。

(6) 逻辑斯蒂曲线：$m_t^{-1} = c + ab^t$。

通过历史数据，对直观得出的趋势线作相应的直线或曲线回归模型拟合，即用最小二乘法或迭代法做出相应的参数估计，从而得到趋势曲线 m_t 的估计。

思 考 题

1. 时间序列可以描述哪些工程技术中的随机现象，为什么？

2. 什么是平稳线性序列？

3. 为什么要讨论时间序列，它有哪些方面的应用？

4. 为什么滑动平均能将动态数列进行修匀？

5. 如何对时间序列做出初步的统计分析与拟合分析？

7.1　基本练习题

1. 某化工生产过程的温度每分钟读数如下：

26.6	27	27.1	27.1	26.9	26.8	26.4
26	25.8	25.6	25.2	25	24.6	24.2
24	23.7	23.4	23.1	22.9	22.8	22.7

试按行依次读取数据，描绘出数据折线图，并做出描述分析与趋势分析。

2. 设 $\{X(t), t = 0, \pm 1, \pm 2, \cdots\}$ 为是独立同分布时间序列，且 $X(t) \sim N(0, \sigma^2)$，a, b, c 为常数，试求 $Y(t) = a + bX(t) + cX(t-1)$ 的均值和自协方差函数，$Y(t)$ 是否平稳时间序列？

3. 试检验第 1 题中数据是否独立的？

4. 试对例 7.1.2 中数据利用公式 $y_t = \dfrac{1}{3}(x_{t-1} + x_{t-2} + x_{t-3})$ 作三步滑动平均。

7.2 自回归模型

时间序列分析最重要的应用是分析和表征观察值之间的相互依赖性与相关性，若对这种相关性进行量化处理，建立相应的数据模型，那么就可以方便地利用系统的过去值去预测将来的值。具有有限个参数的数据模型谓之有限参数模型。有限参数模型是时间序列分析中理论最丰富、应用最广泛的一部分。本节介绍自回归(Autoregressive)模型的基本概念，为表达方便起见，在以后章节中，均用 x_t，y_t，z_t 等表示时间序列。

一 自回归模型 AR(p)
在数理统计中讨论了线性回归模型。
$$y_t = a_1 x_{t1} + a_2 x_{t2} + \cdots + a_p x_{tp} + \varepsilon_t \quad t = 1,\ 2,\ \cdots,\ N \quad \varepsilon_t \sim N(0,\ \sigma_\varepsilon^2)$$
可以看到，这种线性回归模型很好地表示了因变量的观察值 y_t 对自变量观测值 $(x_{t1}, x_{t2}, \cdots, x_{tp})$ 的相关性，解决了 y_t 与 $x_{t1}, x_{t2}, \cdots, x_{tp}$ 的相关性问题，但是，对一组随机观测数据 $x_{t1}, x_{t2}, \cdots, x_{tp}$，即一个时间序列 $\{x_t\}$ 内部的相关关系它却描述不出来。即它不能描述 $y_1, y_2, \cdots, y_N$ 内部数据之间的相互依赖关系。

另一方面，某些随机过程与另一些变量取值之间的随机关系，往往根本无法用任何函数关系式来描述，这时就需要采用这个时间序列本身的观测数据之间的依赖关系来建立相应的统计模型，以揭示这个时间序列内在的统计规律性。

1. 自回归模型的定义
定义 7.2.1 设 $\{x_t, t = 0, \pm 1, \pm 2, \cdots\}$ 为宽平稳时间序列，$\{\varepsilon_t, t = 0, \pm 1, \pm 2, \cdots\}$ 为白噪声序列，且对任意的 $s < t$，$E(x_s \varepsilon_t) = 0$，则称满足等式
$$x_t = \alpha_0 + \alpha_1 x_{t-1} + \alpha_2 x_{t-2} + \cdots + \alpha_p x_{t-p} + \varepsilon_t \tag{7.2.1}$$
的时间序列 $\{x_t\}$ 为 p 阶自回归序列(Autoregression series of order p)($\alpha_p \neq 0$)，即称

$$\begin{cases} x_t = \alpha_0 + \alpha_1 x_{t-1} + \alpha_2 x_{t-2} + \cdots + \alpha_p x_{t-p} + \varepsilon_t \\[2mm] \forall t \in T, E(\varepsilon_t) = 0;\ \ \forall s, t \in T, E(\varepsilon_s \varepsilon_t) = \begin{cases} \sigma^2 & s = t \\ 0 & s \neq t \end{cases} \\[2mm] \forall s < t, E(x_s \varepsilon_t) = 0 \end{cases}$$

为 p 阶自回归模型，记作 $AR(p)$。

2. 平稳中心化 $AR(p)$ 模型

设 $\{x_t\}$ 为宽平稳时间序列，且为 $AR(p)$ 模型：

$$x_t = \alpha_0 + \alpha_1 x_{t-1} + \alpha_2 x_{t-2} + \cdots + \alpha_p x_{t-p} + \varepsilon_t$$

则对上式两端同取数学期望，即得

$$E(x_t) = \alpha_0 + \alpha_1 E(x_{t-1}) + \alpha_2 E(x_{t-2}) + \cdots + \alpha_p E(x_{t-p}) + E(\varepsilon_t)$$

由于 $\{x_t\}$ 为宽平稳时间序列，故 $E(x_t) = \mu$ 为与 t 无关的常数，而 $E(\varepsilon_t) = 0$，即得

$$\mu = \alpha_0 + \alpha_1 \mu + \alpha_2 \mu + \cdots + \alpha_p \mu + 0 = \alpha_0 + (\alpha_1 + \alpha_2 + \cdots + \alpha_p)\mu$$

$$\mu = \alpha_0 (1 - \alpha_1 - \alpha_2 - \cdots - \alpha_p)^{-1} \qquad (7.2.2)$$

若令 $y_t = x_t - \mu$，则由原模型化为

$$y_t = \alpha_1 y_{t-1} + \alpha_2 y_{t-2} + \cdots + \alpha_p y_{t-p} + \varepsilon_t \qquad (7.2.3)$$

称此式为中心化的 $AR(p)$ 模型，此时 $\{y_t\}$ 称为中心化 $AR(p)$ 序列。

通过平移，使非中心化序列少了常数项 α_0，讨论更为方便。因此，在以后章节中一般均讨论中心化的 $AR(p)$ 模型或序列，不会失去一般性。在式(7.2.3)中的系数构成的多项式

$$\alpha(u) = 1 - \alpha_1 u - \alpha_2 u^2 - \cdots - \alpha_p u^p \qquad (7.2.4)$$

称为中心化 $AR(p)$ 模型的自回归系数多项式。若 $\alpha(u) = 0$ 的根都在单位圆外时，称式(7.2.3)为平稳的 $AR(p)$ 模型，否则为非平稳的 $AR(p)$ 模型，或广义的 $AR(p)$ 模型。条件 $\alpha(u) = 0$ 的根都在单位圆外，称为平稳性条件。

[例 7.2.1] 单摆现象：单摆在第 t 个摆动周期中最大摆幅记为 x_t，由于阻尼作用，在第 $t+1$ 个摆动周期中，其最大振幅为

$$x_{t+1} = \rho x_t$$

其中 $\rho(0 < \rho < 1)$ 为阻尼系数。若再受到外界干扰 ε_t 的影响，则实际上的最大振幅为

$$x_{t+1} = \rho x_t + \varepsilon_t$$

此即为一个一阶中心化自回归模型 $AR(1)$。 $AR(1)$ 模型的自回归系数多项式为：$\alpha(u) = 1 - \rho u$，且因 $\alpha(u) = 0$ 的根在单位圆外，即 $u = 1/\rho > 1$，满足平稳性条件，故此序列为平稳 $AR(1)$ 序列。

[例 7.2.2] 如果时间序列 $\{x_t\}$ 满足：

(1) $x_t - \dfrac{2}{3}x_{t-1} = \varepsilon_t$ $t = 0, \pm 1, \pm 2, \cdots$；

(2) $x_t - \dfrac{5}{2}x_{t-1} + x_{t-2} = \varepsilon_t$ $t = 0, \pm 1, \pm 2, \cdots$ 试问 $\{x_t\}$ 是否为平稳的 $AR(p)$ 模型。

解：(1) 因为其自回归系数多项式为

$$\alpha(u) = 1 - \frac{2}{3}u$$

易见，$\alpha(u) = 0$ 的根为 3/2>1，所以这是平稳的 $AR(1)$ 模型。

(2) 由于其自回归系数多项式为

$$\alpha(u) = 1 - \frac{5}{2}u + u^2$$

易见，$\alpha(u) = \left(1 - \dfrac{1}{2}u\right)(1 - 2u) = 0$ 的根为 2>1 与 1/2<1，故知 $\alpha(u) = 0$ 的根不都在单位圆外，所以这是非平稳的 $AR(2)$ 模型。

自回归模型是描述系统 $\{x_t\}$ 内部的回归关系，故称为自回归，与通常的线性回归性质是不一样的。

二、平稳 $AR(p)$ 模型的平稳解

设 $\{x_t\}$ 为中心化，即 0 均值的 $AR(p)$ 模型：

$$x_t = \alpha_1 x_{t-1} + \alpha_2 x_{t-2} + \cdots + \alpha_p x_{t-p} + \varepsilon_t \tag{7.2.5}$$

式中 $\{\varepsilon_t\}$ 为白噪声序列，且 $E(x_s \varepsilon_t) = 0, s < t$，若系数 $\alpha_1, \cdots, \alpha_p$ 满足平稳条件：系数多项式 $\alpha(u) = 1 - \alpha_1 u - \alpha_2 u^2 - \cdots - \alpha_p u^p = 0$ 的根均在单位圆外，则式(7.2.5)有平稳解，此 $AR(p)$ 模型为平稳 $AR(p)$ 模型。为求平稳解，先引进后移算子 B：$Bx_t = x_{t-1}$，即 B 作用使 x_t 转化为 x_{t-1}，类似的有

$$B^2 x_t = B(Bx_t) = B(x_{t-1}) = x_{t-2}, \quad \cdots, \quad B^k x_t = x_{t-k} \quad k = 0, \quad 1, \quad \cdot\cdot 2$$

则式(7.2.5)可记为

$$x_t = \alpha_1 B x_t + \alpha_2 B^2 x_t + \cdots + \alpha_p B^p x_t + \varepsilon_t = (\alpha_1 B + \alpha_2 B^2 + \cdots + \alpha_p B^p)x_t + \varepsilon_t$$

若记后移算子多项式 $\alpha(B) = 1 - \alpha_1 B - \alpha_2 B^2 - \cdots - \alpha_p B^p$，即得 $AR(p)$ 模型的算子形式：

$$\alpha(B)x_t = \varepsilon_t \tag{7.2.6}$$

1. $AR(1)$序列的平稳解与自相关函数

(1) $AR(1)$的平稳解的求法

对一阶自回归模型:

$$x_t = \alpha x_{t-1} + \varepsilon_t \tag{7.2.7}$$

进行反复的迭代运算,则对任何自然数 n,有

$$x_t = \alpha x_{t-1} + \varepsilon_t = \alpha(\alpha x_{t-2} + \varepsilon_{t-1}) + \varepsilon_t = \alpha^2 x_{t-2} + \alpha \varepsilon_{t-1} + \varepsilon_t$$

$$= \cdots = \alpha^n x_{t-n} + \alpha^{n-1} \varepsilon_{t-n+1} + \alpha^{n-2} \varepsilon_{t-n+2} + \cdots + \alpha \varepsilon_{t+1} + \varepsilon_t$$

$$= \alpha^n x_{t-n} + \sum_{k=0}^{n-1} \alpha^k \varepsilon_{t-k}$$

故得

$$x_t = \alpha^n x_{t-n} + \sum_{k=0}^{n-1} \alpha^k \varepsilon_{t-k}$$

而 $\{x_t\}$ 是平稳时间序列,故有 $E(x_{t-n}^2) < +\infty$,若 $|\alpha| < 1$,则

$$E\left(x_t - \sum_{k=0}^{n-1} \alpha^k \varepsilon_{t-k}\right)^2 = E\left(\alpha^{2n} x_{t-n}^2\right) = \alpha^{2n} E(x_{t-n}^2) \xrightarrow{n \to \infty} 0$$

又从 $x_t = \alpha B x_t + \varepsilon_t$ 可知,$\alpha(u) = 1 - \alpha u$ 为 $AR(1)$ 模型的自回归系数多项式,且当 $|\alpha| < 1$ 时,$\alpha(u) = 0$ 的根 $|u| = \left|\dfrac{1}{\alpha}\right| > 1$,故此平稳线性序列

$$x_t = \sum_{k=0}^{+\infty} \alpha^k \varepsilon_{t-k} = 1 \cdot \mathrm{i} \cdot \mathrm{m} \sum_{n \to \infty}^{n-1} \sum_{k=0}^{n-1} \alpha^k \varepsilon_{t-k} \tag{7.2.8}$$

为 $AR(1)$模型 $x_t = \alpha x_{t-1} + \varepsilon_t$ 的平稳解。

若将后移算子引入式(7.2.8)即得平稳解的算子表示形式:

$$x_t = \varepsilon_t + \alpha \varepsilon_{t-1} + \alpha^2 \varepsilon_{t-2} + \cdots + \alpha^k \varepsilon_{t-k} + \cdots$$

$$= \varepsilon_t + \alpha B \varepsilon_t + \alpha^2 B^2 \varepsilon_t + \cdots + \alpha^k B^k \varepsilon_t + \cdots$$

$$= (1 + \alpha B + \alpha^2 B^2 + \cdots + \alpha^k B^k + \cdots) \varepsilon_t = \psi(B) \varepsilon_t$$

其中算子多项式

$$\psi(B) = 1 + \alpha B + \alpha^2 B^2 + \cdots + \alpha^k B^k + \cdots = \sum_{k=0}^{\infty} \alpha^k B^k$$

称为 $AR(1)$模型的线性转移函数(线性传递函数)。

注意到一阶自回归算子 $\alpha(B) = 1 - \alpha B$ 与传递函数 $\psi(B)$ 有下述关系:

$$\alpha(B) \psi(B) = 1$$

285

即可以认为线性转移函数 $\psi(B)$ 为一阶自回归算子 $\alpha(B)$ 的逆算子。

实际上，由麦克劳林展开式，亦可得到线性转移函数 $\psi(B)$ 满足下式：

$$\frac{1}{\alpha(B)} = \frac{1}{1-\alpha B} = \sum_{k=0}^{\infty} (\alpha B)^k = \psi(B) = \sum_{k=0}^{\infty} \psi_k B^k \qquad (|\alpha|<1)$$

其中 $\{\psi_k, k=0,1,2,\cdots\}$ 称为权系数，或格林(Green)函数，此处 $\psi_k = \alpha^k$。

(2) $AR(1)$ 的自相关函数 $R_x(k)$ 的求法

因为 $x_t = \sum_{k=0}^{\infty} \alpha^k \varepsilon_{t-k}$，其均值 $E(x_t) = \sum_{k=0}^{\infty} \alpha^k E(\varepsilon_{t-k}) = 0$，故当 $k>0$ 时，自相关函数

$$R_x(k) = R_x(t, t+k) = E(x_t x_{t+k}) = E\left(\sum_{i=0}^{\infty} \alpha^i \varepsilon_{t-i} \sum_{l=0}^{\infty} \alpha^l \varepsilon_{t+k-l} \right)$$

$$= E\left(\sum_{i=0}^{\infty} \sum_{l=0}^{\infty} \alpha^{i+l} \varepsilon_{t-i} \varepsilon_{t+k-l} \right) = \sum_{i=0}^{\infty} \sum_{l=0}^{\infty} \alpha^{i+l} E(\varepsilon_{t-i} \varepsilon_{t+k-l})$$

而 $\{\varepsilon_t\}$ 为白噪声序列，即 $\forall t \in T, E(\varepsilon_t)=0;\ \forall s,t \in T, E(\varepsilon_s \varepsilon_t) = \begin{cases} \sigma^2 & s=t \\ 0 & s \neq t \end{cases}$

所以得：当 $k>0$ 时 $\qquad R_x(k) = R_x(t, t+k) = \sigma^2 \sum_{i=0}^{\infty} \alpha^{2i+k}$

而当 $k<0$ 时，$R_x(k) = R_x(t, t+k) = E(x_t x_{t+k}) = E(x_{t+k+|k|} x_{t+k}) = \sigma^2 \sum_{i=0}^{\infty} \alpha^{2i+|k|}$

故得 $AR(1)$ 的自相关函数 $R_x(k)$ 为

$$R_x(k) = R_x(t, t+k) = \sigma^2 \sum_{i=0}^{\infty} \alpha^{2i+|k|} = \sigma^2 \alpha^{|k|} \sum_{i=0}^{\infty} \alpha^{2i}$$

$$= \sigma^2 \alpha^{|k|} \cdot \frac{1}{1-\alpha^2} = \frac{\sigma^2 \alpha^{|k|}}{1-\alpha^2}$$

于是自协方差函数为 $\quad C_x(k) = C_x(t, t+k) = R_x(t, t+k) = \frac{\sigma^2 \alpha^{|k|}}{1-\alpha^2}$

特别地，$AR(1)$ 序列的方差函数为

$$C_x(0) = D_x(t) = \frac{\sigma^2}{1-\alpha^2}$$

自相关系数为

$$\rho(k) = \frac{C_x(t, t+k)}{\sqrt{D_x(t)} \sqrt{D_x(t+k)}} = \alpha^{|k|} \qquad k=0, \pm 1, \pm 2, \cdots$$

当$|\alpha|<1$时，可见$AR(1)$序列的自相关系数$\rho(k)$依指数规律向零衰减。

[例7.2.3] 试求$AR(1)$序列$x_t=0.8x_{t-1}+\varepsilon_t$的平稳解与自相关系数$\rho(k)$。

解：$x_t=0.8x_{t-1}+\varepsilon_t$的系数多项式为$\alpha(u)=1-0.8u=0$，解之得根$u=1.25>1$，故得其平稳解为

$$x_t=\sum_{k=0}^{\infty}0.8^k\varepsilon_{t-k}$$

而自相关系数为

$$\rho(k)=0.8^{|k|}\quad k=0,\pm1,\pm2,\cdots$$

[例7.2.4] 试求$AR(1)$序列$x_t=\dfrac{2}{3}x_{t-1}+\varepsilon_t$的平稳解与自相关系数$\rho(k)$。

解：$x_t=\dfrac{2}{3}x_{t-1}+\varepsilon_t$的系数多项式为

$$\alpha(u)=1-\frac{2}{3}u=0$$

解之得根$u=1.5>1$，故得其平稳解为

$$x_t=\sum_{k=0}^{\infty}\left(\frac{2}{3}\right)^k\varepsilon_{t-k}$$

其自相关系数

$$\rho(k)=\left(\frac{2}{3}\right)^{|k|}\quad k=0,\pm1,\pm2,\cdots$$

2. $AR(2)$序列的平稳解与自相关函数

阶数$p=2$时的$AR(2)$自回归模型为

$$x_t=\alpha_1 x_{t-1}+\alpha_2 x_{t-2}+\varepsilon_t \tag{7.2.9}$$

此时自回归算子多项式为$\alpha(B)=1-\alpha_1 B-\alpha_2 B^2$，设传递函数$\psi(B)$，则式(7.2.9)的平稳解为

$$x_t=\psi(B)\varepsilon_t$$

其中$\psi(B)=1+\psi_1 B+\psi_2 B^2+\cdots$的系数$\psi_k$，$k=1,2,\cdots$称为权系数(格林函数)。若$AR(2)$的系数多项式$\alpha(u)=1-\alpha_1 u-\alpha_2 u^2=0$的根均在单位圆外，则求$AR(2)$自回归模型的平稳解问题，即为确定传递函数$\psi(B)$的权系数(格林函数)问题。

(1) 传递函数$\psi(B)$的权系数$\{\psi_k\}$求法

因$\alpha(B)x_t=\varepsilon_t$，且$x_t=\psi(B)\varepsilon_t$，故$\alpha(B)\psi(B)\varepsilon_t=\varepsilon_t$，得$\alpha(B)\psi(B)=1$，即有

$$(1-\alpha_1 B-\alpha_2 B^2)(1+\psi_1 B+\psi_2 B^2+\cdots)=1$$

对比上述等式两端 B 的同次幂的系数，可得

$1+(\psi_1-\alpha_1)B+(\psi_2-\alpha_1\psi_1-\alpha_2)B^2+\cdots=1$，即得递推计算公式：

$$\begin{cases} \psi_1-\alpha_1\psi_0=0 \\ \psi_2-\alpha_1\psi_1-\alpha_2\psi_0=0 \\ \cdots \\ \psi_k-\alpha_1\psi_{k-1}-\alpha_2\psi_{k-2}=0 \qquad k=2,\ 3,\ \cdots \end{cases}$$

易见权系数序列 $\{\psi_k\}$ 满足二阶齐次线性差分方程：

$$\begin{cases} \psi_k-\alpha_1\psi_{k-1}-\alpha_2\psi_{k-2}=0 \quad k=2,\ 3,\ \cdots \\ \psi_0=1 \\ \psi_1=\alpha_1 \end{cases} \tag{7.2.10}$$

由于式(7.2.10) $\alpha(B)\psi_k=0,\ k=2,\ 3,\ \cdots$ 的解的具体形式与

$$\alpha(u)=1-\alpha_1u-\alpha_2u^2$$

的根密切相联系，就其实根分下面两种情形讨论：

① 若 $\alpha(u)$ 有两个不等实根 u_1 与 u_2 时，式(7.2.10)的一般解为

$$\psi_k=\frac{u_2u_1^{-k}}{u_2-u_1}+\frac{u_1u_2^{-k}}{u_1-u_2} \qquad k=0,1,2,\cdots$$

这因为，若 u 为 $\alpha(u)=0$ 的实根，则 u^{-k} 必为(7.2.10)的解，此时有 $\psi_k=u^{-k}$，$\psi_{k-1}=u^{-k+1}$，$\psi_{k-2}=u^{-k+2}$，代入(7.2.10)即知

$$\psi_k-\alpha_1\psi_{k-1}-\alpha_2\psi_{k-2}=u^{-k}-\alpha_1u^{-k+1}-\alpha_2u^{-k+2}$$

$$=u^{-k}(1-\alpha_1u-\alpha_2u^2)=u^{-k}\alpha(u)=0$$

同理可知 βu^{-k} 亦为式(7.2.10)的解，于是，与常微分方程类似地，若 $\alpha(u)=0$ 有两不相等实根时，则式(7.2.10)的解为

$$\psi_k=\beta_1u_1^{-k}+\beta_2u_2^{-k} \qquad k\geqslant-1$$

再由初值条件可得

$$1=\psi_0=\beta_1+\beta_2$$

$$\alpha_1=\psi_1=\beta_1u_1^{-1}+\beta_2u_2^{-1}$$

即

288

$$\begin{cases} \beta_1 + \beta_2 = 1 \\ \dfrac{\beta_1}{u_1} + \dfrac{\beta_2}{u_2} = \alpha_1 \end{cases} \tag{7.2.11}$$

再由 $\alpha(u) = 1 - \alpha_1 u - \alpha_2 u^2 = 0$ ，即 $u^2 + \dfrac{\alpha_1}{\alpha_2} u - \dfrac{1}{\alpha_2} = 0$ 的根 u_1 ， u_2 与系数 α_1 ， α_2 的关系得

$$u_1 + u_2 = -\frac{\alpha_1}{\alpha_2} \qquad u_1 u_2 = -\frac{1}{\alpha_2}$$

将之代入(7.2.11)式，得到

$$\beta_1 = \frac{u_2}{u_2 - u_1} \qquad \beta_2 = \frac{u_1}{u_1 - u_2}$$

即得 $\psi_k = \dfrac{u_2 u_1^{-k}}{u_2 - u_1} + \dfrac{u_1 u_2^{-k}}{u_1 - u_2}$ 为所求传递函数 $\psi(B)$ 的权系数，即格林函数。

② 若 $\alpha(u)$ 有两相等实根 u ，则式(7.2.10)的解为

$$\psi_k = (1 + k) u^{-k} \qquad k = 0, 1, 2, \cdots$$

这因为若 $\alpha(u)$ 有两相等实根 u 时，易验证 u^{-k} 与 ku^{-k} 均为式(7.2.10)的解，因而 $\beta_1 u^{-k}$ 与 $\beta_2 k u^{-k}$ 亦为式(7.2.10)的解，故式(7.2.10)的一般解为

$$\psi_k = (\beta_1 + \beta_2 k) u^{-k} \qquad k = 0, 1, 2, \cdots$$

再由初值条件得

$$\begin{cases} 1 = \psi_0 = \beta_1 \\ \alpha_1 = (\beta_1 + \beta_2) u^{-1} \end{cases}$$

即

$$\begin{cases} \beta_1 = 1 \\ \beta_2 = \alpha_1 u - 1 \end{cases} \tag{7.2.12}$$

再由 $\alpha(u) = 1 - \alpha_1 u - \alpha_2 u^2 = 0$ ，即

$$u^2 + \frac{\alpha_1}{\alpha_2} u - \frac{1}{\alpha_2} = 0$$

的根与系数的关系可得

$$2u = -\frac{\alpha_1}{\alpha_2} , \qquad u^2 = -\frac{1}{\alpha_2}$$

将之代入式(7.2.12)可得

$$\beta_2 = \alpha_1 u - 1 = \alpha_1 \frac{-\dfrac{1}{\alpha_2}}{-\dfrac{\alpha_1}{2\alpha_2}} - 1 = 2 - 1 = 1$$

由 $\beta_1 = \beta_2 = 1$，故求得 $\alpha(u)$ 有两相等实根 u 时 $x_t = \psi(B)\varepsilon_t$ 的权系数为

$$\psi_k = (1+k)u^{-k} \qquad\qquad k = 0,\ 1,\ 2,\ \cdots$$

从上述两种实根情况，得到权系数 $\{\psi_k\}$，继而得到式(7.2.9)的平稳解为

$$x_t = \sum_{k=0}^{\infty} \psi_k \varepsilon_{t-k}$$

(2) $AR(2)$ 序列自相关函数

当 $k > 0$ 时，其自协方差函数

$$R_x(t,t+k) = E(x_t x_{t+k}) = E\left(\sum_{i=0}^{\infty} \psi_i \varepsilon_{t-i} \sum_{l=0}^{\infty} \psi_l \varepsilon_{t+k-l}\right)$$

$$= \sum_{i=0}^{\infty} \sum_{l=0}^{\infty} \psi_i \psi_l E(\varepsilon_{t-i} \varepsilon_{t+k-l}) = \sigma^2 \sum_{i=0}^{\infty} \psi_i \psi_{i+k} = R_x(k)$$

当 $k < 0$ 时，$R_x(t,t+k) = E(x_t x_{t+k}) = E(x_{t+|k|} x_{t+k}) = \sigma^2 \sum_{i=0}^{\infty} \psi_i \psi_{i+|k|} = R_x(k)$

综述为

$$R_x(t,t+k) = \sigma^2 \sum_{i=0}^{\infty} \psi_i \psi_{i+|k|} \tag{7.2.13}$$

但注意到，用式(7.2.13)求得 $AR(2)$ 序列的自相关函数是较困难的，故在实际中常采用一种简便有效的方法。

(3) 尤尔—沃克方法

设 $k > 0$，因 ε_t 与 x_{t-k} 互不相关，用 x_{t-k} 乘以式(7.2.9)两端，再取数学期望，即得

$$E(x_{t-k} x_t) = \alpha_1 E(x_{t-k} x_{t-1}) + \alpha_2 E(x_{t-k} x_{t-2}) + E(x_{t-k} \varepsilon_t)$$

得

$$R_x(k) = \alpha_1 R_x(k-1) + \alpha_2 R_x(k-2) \tag{7.2.14}$$

上式称为 $AR(2)$ 序列的 Yule-Walker(尤尔—沃克)方程。此式为递推方程，故可利用初值 $R_x(0)$ 与 $R_x(1)$，递推得出各个自相关函数 $R_x(k)(k = \pm 2, \cdots)$ 的值。

注意此处均值函数为 0，其自相关函数与自协方差函数相等，为分析方便起见，我们将 $E(x_t x_{t+k})$ 称为自协方差函数，即 $C_x(k) = E(x_t x_{t+k}) = R_x(k)$。

而将自相关系数 $\rho(k) = \dfrac{C_x(k)}{C_x(0)}$ 称为 $\{x_t\}$ 的自相关函数。则式(7.2.14)为

$$C_x(k) = \alpha_1 C_x(k-1) + \alpha_2 C_x(k-2) \tag{7.2.15}$$

因此，由式(7.2.15)两端同除以 $C_x(0)$，即得自相关函数：

$$\rho(k) = \alpha_1 \rho(k-1) + \alpha_2 \rho(k-2) \tag{7.2.16}$$

其初值为

$$\rho(0) = 1 \qquad \rho(1) = \frac{\alpha_1}{1 - \alpha_2} \tag{7.2.17}$$

注意其中 $\rho(-1) = \rho(1)$，故 $\rho(1) = \alpha_1 \rho(0) + \alpha_2 \rho(-1) = \alpha_1 \rho(0) + \alpha_2 \rho(1)$
解得 $(1 - \alpha_2)\rho(1) = \alpha_1 \rho(0) = \alpha_1$。

下面分三种情况讨论初始条件为式(7.2.17)的差分方程(7.2.16)的解。

① 若 $\alpha(u) = 1 - \alpha_1 u - \alpha_2 u^2 = 0$ 有两不相等实根 $u_1 \neq u_2$ 时，式(7.2.16)的解为

$$\rho(k) = \beta_1 u_1^{-k} + \beta_2 u_2^{-k}$$

由初始条件式(7.2.17)可得

$$1 = \rho(0) = \beta_1 + \beta_2$$

$$\frac{\alpha_1}{1 - \alpha_2} = \rho(1) = \beta_1 u_1^{-1} + \beta_2 u_2^{-1}$$

即

$$\begin{cases} \beta_1 + \beta_2 = 1 \\ \dfrac{\beta_1}{u_1} + \dfrac{\beta_2}{u_2} = \dfrac{\alpha_1}{1 - \alpha_2} = \rho(1) = \rho(-1) = \beta_1 u_1 + \beta_2 u_2 \end{cases} \tag{7.2.18}$$

计算可得

$$\beta_1 = \frac{(u_2 - u_2^{-1})}{(u_2 - u_2^{-1}) - (u_1 - u_1^{-1})} = \frac{u_1(1 - u_2^2)}{(u_1 - u_2)(1 + u_1 u_2)} = \frac{-u_1(1 - u_2^2)}{(u_2 - u_1)(1 + u_1 u_2)}$$

$$\beta_2 = \frac{u_1 - u_1^{-1}}{(u_1 - u_1^{-1}) - (u_2 - u_2^{-1})} = \frac{u_2(1 - u_1^2)}{(u_2 - u_1)(1 + u_1 u_2)}$$

因此得

$$\rho(k) = \frac{-(1-u_2^2)u_1^{1-k} + (1-u_1^2)u_2^{1-k}}{(u_2-u_1)(1+u_1u_2)} \tag{7.2.19}$$

故

$$C_x(k) = \frac{-(1-u_2^2)u_1^{1-k} + (1-u_1^2)u_2^{1-k}}{(u_2-u_1)(1+u_1u_2)} \cdot C_x(0) \tag{7.2.20}$$

由式(7.2.19)可看出，当 $\alpha(u) = 0$ 的两实根 $u_1 \neq u_2$ 都在单位圆外部时，即

$$|u_1| > 1 \quad |u_2| > 1$$

时，$\rho(k)$ 随 k 的增大，向零衰减，若 u_1，u_2 中至少有一个在单位圆内部时，$\rho(k)$ 发散。

② 当 $\alpha(u) = 1 - \alpha_1 u - \alpha_2 u^2$ 有重根 u 时，式(7.2.16)的解的形式为

$$\rho(h) = (\beta_1 + \beta_2 h)u^{-h}$$

由初始条件式(7.2.17)可得，系数 β_1，β_2 满足

$$1 = \rho(0) = \beta_1 \quad \frac{\alpha_1}{1-\alpha_2} = \rho(1) = (\beta_1 + \beta_2)u^{-1}$$

即

$$\begin{cases} \beta_1 = 1 \\ \beta_2 = \dfrac{\alpha_1}{1-\alpha_2}u - 1 \end{cases}$$

又由 $\alpha(u) = 0$ 的重根 u 与系数 α_1, α_2 的关系可得

$$u^2 + \frac{\alpha_1}{\alpha_2}u - \frac{1}{\alpha_2} = 0 \quad 2u = -\frac{\alpha_1}{\alpha_2} \quad u^2 = -\frac{1}{\alpha_2}$$

故知 $\alpha_1 = \dfrac{2}{u}$，$\alpha_2 = -\dfrac{1}{u^2}$ 代入即得

$$\beta_1 = 1 \quad \beta_2 = \frac{2/u}{(1+1/u^2)} \cdot u - 1 = \frac{u^2-1}{1+u^2}$$

故

$$\rho(k) = \left(1 + \frac{1-u^2}{1+u^2}k\right)u^{-k} \tag{7.2.21}$$

③ 当 $\alpha(u) = 1 - \alpha_1 u - \alpha_2 u^2$ 无实根，即有一对共轭根 u_1, u_2，其中 $u_2 = \bar{u}_1$ 时，

292

记 $u_1^{-1} = re^{i\theta}$ ，由 $|u_1| = r^{-1}$ 知 $r < 1$ ，此时

$$\rho(k) = r^k \{\cos k\theta + \frac{(1-r^2)\cos\theta}{(1+r^2)\sin\theta}\sin k\theta\} \quad k \geq 0 \tag{7.2.22}$$

[例 7.2.5] 试求 $AR(2)$ 序列 $\quad x_t = 1.4x_{t-1} - 0.48x_{t-2} + \varepsilon_t$ 的平稳解与自相关函数 $\rho(k)$ 。

解：由 $x_t = 1.4x_{t-1} - 0.48x_{t-2} + \varepsilon_t$ 得系数多项式 $\alpha(u) = 1 - 1.4u + 0.48u^2$ 令其为 0，即得 $u^2 - 2.9167u + 2.0833 = 0$ 的根为

$$u = \frac{2.9167 \pm \sqrt{2.9167^2 - 4 \times 2.0833}}{2} = \frac{2.9167 \pm \sqrt{0.1739}}{2}$$

$$= \frac{2.9167 \pm 0.4170}{2}$$

即 $u_1 = 1.6669$ ，$u_2 = 1.2499$ 不相等，且均大于 1，满足序列平稳性条件。其权系数

$$\psi_k = \frac{1.2499 \times 1.6669^{-k}}{1.2499 - 1.6669} + \frac{1.6669 \times 1.2499^{-k}}{1.6669 - 1.2499}$$

$$\psi_k = -2.9974 \times 1.6669^{-k} + 3.9974 \times 1.2499^{-k}$$

故平稳解为

$$x_t = \sum_{k=0}^{\infty} (-2.9974 \times 1.6669^{-k} + 3.9974 \times 1.2499^{-k})\varepsilon_{t-k}$$

其自相关函数为

$$\rho(k) = \frac{-(1-u_2^2)u_1^{1-k} + (1-u_1^2)u_2^{1-k}}{(u_2 - u_1)(1 + u_1 u_2)}$$

$$= \frac{-(1-1.2499)^2 \times 1.6669^{1-k} + (1-1.6669^2) \times 1.2499^{1-k}}{(1.2499 - 1.6669)(1 + 1.2499 \times 1.6669)}$$

$$= -0.4373 \times 1.6669^{1-k} + 1.3832 \times 1.2499^{1-k}$$

[例 7.2.6] 试求 $AR(2)$ 序列 $x_t = x_{t-1} - 0.25x_{t-2} + \varepsilon_t$ 的平稳解与自相关函数 $\rho(k)$ 。

解：由 $x_t = x_{t-1} - 0.25x_{t-2} + \varepsilon_t$ 的系数多项式

$$\alpha(u) = 1 - u + 0.25u^2$$

令其为 0，$u^2 - 4u + 4 = (u-2)^2 = 0$ 有相同两实根 $u = 2$ ，故权系数为

$$\psi_k = (1+k) \times 2^{-k} \qquad k = 0,\ 1,\ 2,\ \cdots$$

故所求平稳解为

$$x_t = \sum_{k=0}^{\infty} (k+1) 2^{-k} \varepsilon_{t-k}$$

自相关函数为 $\rho(k) = \left(1 + \dfrac{1-u^2}{1+u^2} k\right) u^{-k} = \left(1 + \dfrac{1-2^2}{1+2^2} k\right) 2^{-k} = (1+0.6k) 2^{-k} \quad k \geqslant 0$

[例 7.2.7] 试求 $AR(2)$ 序列 $x_t = 0.8x_{t-1} + 0.6x_{t-2} + \varepsilon_t$ 的自相关函数。

解：由 $x_t = 0.8x_{t-1} - 0.6x_{t-2} + \varepsilon_t$ 的系数多项式

$$\alpha(u) = 1 - 0.8u + 0.6u^2$$

得系数多项式 $\qquad\qquad u^2 - 1.3u + 1.7 = 0$

其根为 $\qquad\qquad u = 0.65 \pm 1.13i = 1.3 \mathrm{e}^{\pm i\theta}$

其中 $\quad \cos\theta = \dfrac{0.65}{1.3} = 0.5 \quad \theta = \dfrac{\pi}{3} \quad \sin\theta = \dfrac{1.13}{1.3} = 0.87 \quad \theta = \dfrac{\pi}{3}$

故其自相关函数为

$$\rho(k) = r^k \left\{ \cos k\theta + \frac{(1-r^2)\cos\theta}{(1+r^2)\sin\theta} \sinh\theta \right\}$$

$$= 1.3^k \left\{ \cos\frac{k\pi}{3} + 0.15\sin\frac{k\pi}{3} \right\} \qquad k \geqslant 0$$

3. 一般的 $AR(p)$ 序列

(1) $AR(p)$ 的平稳解求法

$$x_t = \alpha_1 x_{t-1} + \alpha_2 x_{t-2} + \cdots + \alpha_p x_{t-p} + \varepsilon_t \qquad\qquad (7.2.23)$$

其中 $\{\varepsilon_t\}$ 为白噪声序列，即满足条件

$$\forall t \in T, E(\varepsilon_t) = 0 \quad \forall s, t \in T, E(\varepsilon_s \varepsilon_t) = \begin{cases} \sigma^2 & s = t \\ 0 & s \neq t \end{cases}$$

且满足条件 $\forall k > 0 \quad E(x_t \varepsilon_{t+k}) = 0$。仿照 $AR(1)$ 与 $AR(2)$ 序列情形，一般 $AR(p)$ 的平稳解亦为平稳线性序列，即：

定理 7.2.1 若 $AR(p)$ 序列的系数多项式 $\alpha(u) = 1 - \alpha_1 u - \alpha_2 u^2 - \cdots - \alpha_p u^p = 0$ 的所有根均在单位圆外，则存在实数列 ψ_j，$j = 0,\ 1,\ 2,\ \cdots$ 满足 p 阶齐次线性差分方程：

294

$$\alpha(B)\psi_j = 0 \qquad j \geqslant p \tag{7.2.24}$$

及初值条件:

$$\begin{cases} \psi_0 = 1 \\ \psi_1 - \alpha_1\psi_0 = 0 \\ \psi_2 - \alpha_1\psi_1 - \alpha_2\psi_0 = 0 \\ \cdots \\ \psi_{p-1} - \alpha_1\psi_{p-2} - \alpha_2\psi_{p-3} - \cdots - \alpha_{p-1}\psi_0 = 0 \end{cases} \tag{7.2.25}$$

得 $\alpha(B)x_t = \varepsilon_t$ 的平稳解为

$$x_t = \sum_{j=0}^{\infty} \psi_j \varepsilon_{t-j} = \alpha^{-1}(B)\varepsilon_t$$

上式亦称为 $AR(p)$ 模型的传递形式。因为 $\alpha(u)=0$ 的根都在单位圆外,可以证明上式中系数 ψ_j 将随 j 的增加而以指数速度下降,即存在正常数 C_1 与 C_2,满足:

$$|\psi_j| \leqslant C_1 \mathrm{e}^{-C_2 j} \qquad j \geqslant 0$$

(2) $AR(p)$ 的自相关函数

定理 7.2.2 设 $\{x_t\}$ 是 $AR(p)$ 序列,其系数多项式 $\alpha(u) = 0$ 的所有根都在单位圆外,则其自协方差函数 $C(k)$ 满足 p 阶齐次差分方程——Yule-Walker 方程:

$$\alpha(B)C(k) = 0 \qquad k \geqslant p \tag{7.2.26}$$

及初值条件

$$\begin{cases} C(0) - \alpha_1 C(1) - \alpha_2 C(2) - \cdots - \alpha_p C(p) = \sigma^2 \\ C(1) - \alpha_1 C(0) - \alpha_2 C(1) - \cdots - \alpha_p C(p-1) = 0 \\ \cdots \\ C(p-1) - \alpha_1 C(p-2) - \alpha_2 C(p-3) - \cdots - \alpha_p C(1) = 0 \end{cases} \tag{7.2.27}$$

证:由定理 7.2.1 知,$\{x_t\}$ 是线性序列,记其转移函数(传递函数)为 $\psi(B) = \alpha^{-1}(B)$,则有

$$x_t = \psi(B)\varepsilon_t \tag{7.2.28}$$

而 $\psi(B) = \sum_{j=0}^{\infty} \psi_j B^j$,故有 $x_t = \sum_{j=0}^{\infty} \psi_j B^j \varepsilon_t = \sum_{j=0}^{\infty} \psi_j \varepsilon_{t-j}$

又对任意的 $k > 0$,x_{t-k} 与 ε_t 是不相关的,用 x_{t-k} 同乘等式

$$x_t - \alpha_1 x_{t-1} - \alpha_2 x_{t-2} - \cdots - \alpha_p x_{t-p} = \varepsilon_t$$

的两边，并取数学期望，则得

$$x_{t-k}x_t - \alpha_1 x_{t-k}x_{t-1} - \alpha_2 x_{t-k}x_{t-2} - \cdots - \alpha_p x_{t-k}x_{t-p} = x_{t-k}\varepsilon_t$$

$$E(x_{t-k}x_t) - \alpha_1 E(x_{t-k}x_{t-1}) - \alpha_2 E(x_{t-k}x_{t-2}) - \cdots - \alpha_p E(x_{t-k}x_{t-p}) = E(x_{t-k}\varepsilon_t)$$

即

$$C(k) - \alpha_1 C(k-1) - \alpha_2 C(k-2) - \cdots - \alpha_p C(k-p) = 0$$

即得　　　　　　　　　　$\alpha(B)C(k) = 0 \quad k \geq p$

当 $k = 1, 2, \cdots, p-1$ 时，即得式(7.2.27)的第二行开始的 $p-1$ 个式子，当 $k = 0$ 时，注意

$$E(x_t \varepsilon_t) = E\left(\varepsilon_t \sum_{j=0}^{\infty} \psi_j \varepsilon_{t-j}\right) = E(\varepsilon_t^2) = \sigma^2$$

则有式(7.2.27)中第一个关系式成立。若在式(7.2.26)两端同除以 $C(0) = D_x(t) = D(x_t)$，则得自相关系数 $\rho(k) = C(k) / C(0)$ 满足的 Yule-Walker 方程。

推论 7.2.1　　在定理 7.2.2 条件下，$AR(p)$ 的自相关函数 $\rho(k)$ 满足如下的 Yule-Walker 方程：

$$\alpha(B)\rho(k) = 0 \quad k \geq p \tag{7.2.29}$$

及初始条件

$$\begin{cases} \rho(0) - \alpha_1 \rho(1) - \alpha_2 \rho(2) - \cdots - \alpha_p \rho(p) = \sigma^2 / C(0) \\ \rho(1) - \alpha_1 \rho(0) - \alpha_2 \rho(1) - \cdots - \alpha_p \rho(p-1) = 0 \\ \cdots \\ \rho(p-1) - \alpha_1 \rho(p-2) - \alpha_2 \rho(p-3) - \cdots - \alpha_p \rho(1) = 0 \end{cases} \tag{7.2.30}$$

时间序列的自相关函数刻划了随机序列各时刻间的线性相关程度。实际中常用自相关函数 $\rho(k)$ 的图形——相关图来分析、反映时间序列 $\{x_t\}$ 各时刻间的线性相关性。

三、$AR(p)$的平稳域和允许域

定义 7.2.2　　$AR(p)$序列的系数 $\alpha_1, \alpha_2, \cdots, \alpha_p$ 的集合：

$$\{(\alpha_1, \alpha_2, \cdots, \alpha_p) \,|\, \alpha(u) = 0 \text{ 的根在单位圆外}\}$$

称为 $AR(p)$ 序列的平稳域，而自相关函数 $\{\rho_k : k \geq 1\}$ 的前 p 个值 $\rho_1, \rho_2, \cdots, \rho_p$ 的集合

$$\{(\rho_1, \ \rho_2, \ \cdots, \ \rho_p) \big| \alpha = \boldsymbol{\Gamma}_p^{-1} b_p = R_p^{-1} d_p \text{ 在平稳域内}\}$$

称为 $AR(p)$ 序列的允许域。其中自协方差阵

$$\boldsymbol{\Gamma}_p = \begin{pmatrix} C(0) & C(1) & \cdots & C(p-1) \\ C(1) & C(0) & \cdots & C(p-2) \\ \vdots & \vdots & \cdots & \vdots \\ C(p-1) & C(p-2) & \cdots & C(0) \end{pmatrix}$$

$$b_p = (C(1), \ C(2), \ \cdots, \ C(p))' \qquad \alpha = (\alpha_1, \ \alpha_2, \ \cdots, \ \alpha_p)'$$

$R_p = \boldsymbol{\Gamma}_p / C(0) \qquad d_p = b_p / C(0) = (\rho_1, \rho_2, \cdots \rho_p)' \qquad \rho_0 = 1 \qquad \rho_k = C(k) / C(0)$

$k = 1, 2, \cdots$

(1) $AR(1)$ 的平稳域与允许域

当 $p = 1$ 时，$AR(1)$ 的平稳域为 $\{\alpha_1 | \alpha(u) = 1 - \alpha_1 u = 0$ 的根在单位圆外$\}$，即为：

$\{\alpha_1 | |\alpha_1| < 1\}$，显然其允许域为：$\{\rho_1 | \alpha_1 = \rho_1 < 1\}$。

(2) $AR(2)$ 的平稳域与允许域

由初等分析方法可知，若 $\alpha(u) = 1 - \alpha_1 u - \alpha_2 u^2 = 0$ 的根都在单位圆外时，系数 α_1，α_2 需满足条件

$$\begin{cases} \alpha_2 \pm \alpha_1 < 1 \\ |\alpha_2| < 1 \end{cases} \tag{7.2.31}$$

满足上述条件的 $(\alpha_1, \ \alpha_2)$ 的集合常称为 $AR(2)$ 序列的平稳域，即

$$\{(\alpha_1, \alpha_2) \ : \ -1 < \alpha_2 < 1, \ \alpha_2 + \alpha_1 < 1, \ \alpha_2 - \alpha_1 < 1\}$$

平稳域图形见图 7-5。

再由定义 7.2.2 知，$AR(2)$ 的允许域为

$$\left\{ (\rho_1, \ \rho_2) \Big| \begin{pmatrix} 1 & \rho_1 \\ \rho_1 & 1 \end{pmatrix} \begin{pmatrix} \alpha_1 \\ \alpha_2 \end{pmatrix} = \begin{pmatrix} \rho_1 \\ \rho_2 \end{pmatrix}, \ (\alpha_1, \ \alpha_2)' \in \text{平稳域} \right\}$$

故有

$$\begin{cases} \alpha_1 + \rho_1 \alpha_2 = \rho_1 \\ \rho_1 \alpha_1 + \alpha_2 = \rho_2 \\ \alpha_2 \pm \alpha_1 < 1 \\ -1 < \alpha_2 < 1 \end{cases}$$

解得 $-1 < \rho_1 < 1 \qquad -1 < \rho_2 < 1 \qquad \rho_1^2 < (1 + \rho_2) / 2$

即 $AR(2)$ 的允许域为 $\{(\rho_1,\rho_2)\big|\ |\rho_1|<1,\ |\rho_2|<1,\ 2\rho_1^2<1+\rho_2\}$
如图 7.6 所示。

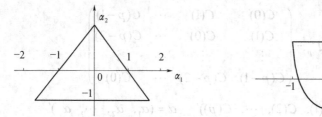 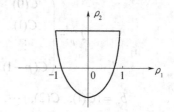

图 7.5　$AR(2)$模型的平稳域　　　　　　　　图 7.6　$AR(2)$模型的允许域

四、平稳序列的偏相关函数

定义 7.2.3　对于任意的平稳时间序列 $\{x_t\}$，若其自协方差函数 $\{C(k)\}$ 满足以下条件：对任意 $k\geqslant1$，自协方差矩阵

$$\boldsymbol{\Gamma}_k=\begin{bmatrix} C(0) & C(1) & C(2) & \cdots & C(k-1) \\ C(1) & C(0) & C(1) & \cdots & C(k-2) \\ \cdots & \cdots & \cdots & \cdots & \cdots \\ C(k-1) & C(k-2) & C(k-3) & \cdots & C(0) \end{bmatrix}=\big(C(i-j)\big)\quad 1\leqslant i,\ j\leqslant k$$

(7.2.32)

为正定矩阵，即对任意实向量 $\boldsymbol{x}=(x_1,\cdots,x_k)'$，自协方差函数矩阵 $\boldsymbol{\Gamma}_k$ 满足条件：

$$\boldsymbol{x}'\boldsymbol{\Gamma}_k\boldsymbol{x}>0$$

记 $b_k=(C(1),\ C(2),\ \cdots,\ C(k))'$，向量 $\boldsymbol{\alpha}(k)=(\alpha_{1k},\ \alpha_{2k},\ \cdots,\ \alpha_{kk})'$，若满足等式：

$$\boldsymbol{\Gamma}_k\boldsymbol{\alpha}(k)=b_k,\ \text{或}\ R_k\boldsymbol{\alpha}(k)=d_k\quad k=1,2,\cdots$$ (7.2.33)

则称 $\{\alpha_{kk},\ k=0,1,2,\cdots\}$ 为上述平稳序列的偏相关函数列，简记为 $\{\alpha_{kk}\}$，其中记 $\alpha_{00}=1$。

$$R_k=\Gamma_k/C(0)\quad d_k=b_k/C(0)\quad \rho_0=1\quad \rho_k=C(k)/C(0)\quad k=1,2,\cdots$$

由式(7.2.33)与线性方程组求解的 Cramer 法则，记行列式

$$\boldsymbol{D}_k=|R_k|=\begin{vmatrix} 1 & \rho_1 & \cdots & \rho_{k-1} \\ \rho_1 & 1 & \cdots & \rho_{k-2} \\ \vdots & \vdots & \cdots & \vdots \\ \rho_{k-1} & \rho_{k-2} & \cdots & 1 \end{vmatrix},\ \boldsymbol{D}_{kk}=|R_{kk}|=\begin{vmatrix} 1 & \rho_1 & \cdots & \rho_1 \\ \rho_1 & 1 & \cdots & \rho_2 \\ \vdots & \vdots & \cdots & \vdots \\ \rho_{k-1} & \rho_{k-2} & \cdots & \rho_k \end{vmatrix}$$

则得 $\alpha_{kk}=\boldsymbol{D}_{kk}/\boldsymbol{D}_k$。此偏相关函数也可用下述 $\alpha(k)$ 的递推公式递推计算出。

298

$$\begin{cases} \alpha_{11} = C(1)/C(0) \\ \alpha_{k+1,k+1} = \left(C(k+1) - \sum_{j=1}^{k} C(k+1-j)\alpha_{jk} \right) \left(C(0) - \sum_{j=1}^{k} C(j)\alpha_{jk} \right)^{-1} \\ \alpha_{j,k+1} = \alpha_{jk} - \alpha_{k+1,k+1}\alpha_{k-j+1,k} \qquad j = 1,2,\cdots,k \end{cases} \quad (7.2.34)$$

因为 $\rho_k = C(k)/C(0)$，故得 $\alpha(k)$ 关于 ρ_k 的递推公式：

$$\begin{cases} \alpha_{11} = \rho_1 \\ \alpha_{k+1,k+1} = \left(\rho_{k+1} - \sum_{j=1}^{k} \rho_{k+1-j}\alpha_{jk} \right) \left(1 - \sum_{j=1}^{k} \rho_j \alpha_{jk} \right)^{-1} \\ \alpha_{j,k+1} = \alpha_{jk} - \alpha_{k+1,k+1}\alpha_{k-j+1,k} \qquad j = 1,2,\cdots,k \end{cases} \quad (7.2.35)$$

实际上，对于平稳时间序列 $\{x_t\}$，用 $x_{t-1}, x_{t-2}, \cdots, x_{t-k}$ 对 x_t 作最小方差估计，即选择 k 个系数 $\alpha_{k1}, \alpha_{k2}, \cdots, \alpha_{kk}$，使得

$$L = E\left(x_t - \sum_{i=1}^{k} \alpha_{ki} x_{t-i} \right)^2$$

达到极小值。为此，分别对 $\alpha_{ki}(i=1,2,\cdots,k)$，求 L 的偏导数 $\dfrac{\partial L}{\partial \alpha_{ki}}$，再令其为 0，即得到 α_{ki} 满足的方程组：$\Gamma_k \alpha(k) = b_k$ 即式(7.2.33)。

对平稳 $AR(p)$ 序列而言，其偏相关函数具有截尾性质，即

$$\forall k > p, \quad \alpha_{kk} = 0 \quad (7.2.36)$$

一般来说，偏相关函数的意义由下述定理给出。

定理 7.2.3 对于零均值的平稳序列 $\{x_t\}$ 而言，以下两条是相互等价的：

(1) $\{x_t\}$ 满足平稳时间序列 $AR(p)$ 模型式(7.2.5)；

(2) $\{x_t\}$ 的偏相关函数列 $\{\alpha_{kk}\}$ 满足式(7.2.36)。

此定理表明式(7.2.5)与式(7.2.34)的等价性，即偏相关函数列的截尾性质是平稳自回归序列独有的特征。

思 考 题

1. 什么是平稳时间序列，什么是平稳 $AR(p)$ 序列的平稳解？

2. 什么是平稳域与允许域，其意义何在？

3. 平稳 $AR(p)$ 序列自相关函数与偏相关函数的意义是什么？

4. 可否利用算子方法求平稳 $AR(p)$ 序列的平稳解？

7.2 基本练习题

1. 设 $\{x_t\}$ 为平稳时间序列：

$$x_t = 2 + 0.8x_{t-1} + \varepsilon_t$$

其中 $\{\varepsilon_t\}$ 为白噪声序列，$E(\varepsilon_t^2) = 0.3^2$ 且 $\forall s < t$，$E(x_s\varepsilon_t) = 0$，试求其均值函数，平稳中心化序列与方差函数。

2. 设 $\{x_t\}$ 为平稳时间序列：

$$x_t = 0.75 + 0.31x_{t-1} + 0.54x_{t-2} + \varepsilon_t$$

其中 $\{\varepsilon_t\}$ 为白噪声序列，且 $\forall s < t$，$E(x_s\varepsilon_t) = 0$，试求其均值函数，平稳中心化序列。

3. 试求下列模型的平稳解：

(1) $x_t = -0.5x_{t-1} + \varepsilon_t$；   (2) $x_t = -0.5x_{t-1} + 0.24x_{t-2} + \varepsilon_t$

其中 $\{\varepsilon_t\}$ 为白噪声序列，且 $\forall s < t$，$E(x_s\varepsilon_t) = 0$。

4. 试求第 1 题中时间序列模型的平稳解。

5. 试求下列模型的自相关函数 $\{\rho_k, k = 1,2,3\}$ 与偏相关函数 $\{\alpha_{kk}, k = 0,1,2,\cdots\}$：

$$x_t = -0.5x_{t-1} + 0.4x_{t-2} + \varepsilon_t$$

其中 $\{\varepsilon_t\}$ 为白噪声序列，且 $\forall s < t$，$E(x_s\varepsilon_t) = 0$。

7.3 滑动平均模型

一、滑动平均模型 $MA(q)$ 的概念

1. 滑动平均模型的定义

定义 7.3.1 设 $\{\varepsilon_t\}$ 是一白噪声序列，若时间序列 $\{x_t\}$ 满足

$$x_t = \varepsilon_t - \beta_1\varepsilon_{t-1} - \beta_2\varepsilon_{t-2} - \cdots - \beta_q\varepsilon_{t-q} \tag{7.3.1}$$

则称 $\{x_t\}$ 为 q 阶滑动平均序列(Moving Average series of order q)($\beta_q \neq 0$)，记为 $MA(q)$。显然，对于此 $MA(q)$ 序列，其均值与方差分别为

$$E(x_t) = E(\varepsilon_t) - \beta_1 E(\varepsilon_{t-1}) - \beta_2 E(\varepsilon_{t-2}) - \cdots - \beta_q E(\varepsilon_{t-q}) = 0,$$

$$D(x_t) = E(x_t^2) = E(\varepsilon_t^2) + \beta_1^2 E(\varepsilon_{t-1}^2) + \beta_2^2 E(\varepsilon_{t-2}^2) + \cdots + \beta_q^2 E(\varepsilon_{t-q}^2)$$

$$= (1 + \beta_1^2 + \beta_2^2 + \cdots + \beta_q^2)\sigma^2$$

若时间序列 $\{x_t\}$ 为非中心化序列，即 $x_t = \mu + \varepsilon_t - \beta_1\varepsilon_{t-1} - \beta_2\varepsilon_{t-2} - \cdots - \beta_q\varepsilon_{t-q}$ 时，只需做一个平移，令 $y_t = x_t - \mu$，就可化为中心化序列式(7.3.1)。

若令滑动平均算子为 $\beta(B) = 1 - \sum\limits_{k=1}^{q}\beta_k B^k$，则式(7.3.1)可表示为传递形式：

$$x_t = \varepsilon_t - \sum_{k=1}^{q}\beta_k\varepsilon_{t-k} = \beta(B)\varepsilon_t \tag{7.3.2}$$

可见此序列 $\{x_t\}$ 为平稳线性时间序列：

$$x_t = \psi(B)\varepsilon_t = \sum_{j=0}^{\infty}\psi_j\varepsilon_{t-j} \qquad \sum_{j=-\infty}^{\infty}\psi_j^2 < +\infty$$

此处 $\psi_0 = 1, \psi_1 = -\beta_1, \psi_2 = -\beta_2, \cdots, \psi_q = -\beta_q$，当 $j \geqslant q+1$，或 $j < 0$ 时，$\psi_j = 0$。

2. MA(q)序列的自协方差函数与自相关函数

(1) MA(q)的自协方差函数与自相关函数计算

由模型 $x_t = \varepsilon_t - \beta_1\varepsilon_{t-1} - \beta_2\varepsilon_{t-2} - \cdots - \beta_q\varepsilon_{t-q}$ 直接计算可得

① 当 $k = 0$ 时，$C(0) = D(x_t) = E(x_t^2) = (1 + \beta_1^2 + \beta_2^2 + \cdots + \beta_q^2)\sigma^2$

即方差 $\qquad\qquad \gamma_0 = C(0) = \sigma^2\left(1 + \sum\limits_{i=1}^{q}\beta_i^2\right) \tag{7.3.3}$

② 对于任意的 $k > q$ 时，$x_{t+k} = \varepsilon_{t+k} - \sum\limits_{j=1}^{q}\beta_j\varepsilon_{t+k-j}$ 与 x_t 的自协方差函数为

$$\gamma_k = C(k) = E(x_t x_{t+k}) = E\left[\left(\varepsilon_t - \sum_{i=1}^{q}\beta_i\varepsilon_{t-i}\right)\left(\varepsilon_{t+k} - \sum_{j=1}^{q}\beta_j\varepsilon_{t+k-j}\right)\right]$$

$$= E\left(\sum_{i=1}^{q}\sum_{j=1}^{q}\beta_i\beta_j\varepsilon_{t-i}\varepsilon_{t+k-j} + \varepsilon_t\varepsilon_{t+k} - \sum_{j=1}^{q}\beta_j\varepsilon_t\varepsilon_{t+k-j} - \sum_{i=1}^{q}\beta_i\varepsilon_{t+k}\varepsilon_{t-i}\right)$$

$$= \sum_{i=1}^{q}\sum_{j=1}^{q}\beta_i\beta_j E(\varepsilon_{t-i}\varepsilon_{t+k-j}) + E(\varepsilon_t\varepsilon_{t+k}) - \sum_{j=1}^{q}\beta_j E(\varepsilon_t\varepsilon_{t+k-j}) - \sum_{i=1}^{q}\beta_i E(\varepsilon_{t+k}\varepsilon_{t-i})$$

由于 $\{\varepsilon_t\}$ 是一白噪声序列，故知当 $k > q$ 时，上述四项均为 0，即 $\gamma_k = 0$；

③ 对于任意的 $1 \leqslant k \leqslant q$ 时，$x_{t+k} = \varepsilon_{t+k} - \sum\limits_{j=1}^{q}\beta_j\varepsilon_{t+k-j}$ 与 x_t 的自协方差函数为

$$\gamma_k = C(k) = E(x_t x_{t+k}) = E\left[\left(\varepsilon_t - \sum_{i=1}^{q}\beta_i\varepsilon_{t-i}\right)\left(\varepsilon_{t+k} - \sum_{j=1}^{q}\beta_j\varepsilon_{t+k-j}\right)\right]$$

$$= E\left(\sum_{i=1}^{q}\sum_{j=1}^{q}\beta_i\beta_j\varepsilon_{t-i}\varepsilon_{t+k-j} + \varepsilon_t\varepsilon_{t+k} - \sum_{j=1}^{q}\beta_j\varepsilon_t\varepsilon_{t+k-j} - \sum_{i=1}^{q}\beta_i\varepsilon_{t+k}\varepsilon_{t-i}\right)$$

$$= \sum_{i=1}^{q}\sum_{j=1}^{q}\beta_i\beta_j E(\varepsilon_{t-i}\varepsilon_{t+k-j}) + E(\varepsilon_t\varepsilon_{t+k}) - \sum_{j=1}^{q}\beta_j E(\varepsilon_t\varepsilon_{t+k-j}) - \sum_{i=1}^{q}\beta_i E(\varepsilon_{t+k}\varepsilon_{t-i})$$

$$= \sum_{i=1}^{q-k}\beta_i\beta_{i+k} E(\varepsilon_{t-i}^2) + 0 - \beta_k E(\varepsilon_t^2) + 0 = \left(\sum_{i=1}^{q-k}\beta_i\beta_{i+k} - \beta_k\right)\sigma^2$$

因此有
$$\gamma_k = C(k) = \begin{cases} \sigma^2\left(1+\sum_{i=1}^{q}\beta_i^2\right) & k=0 \\ \sigma^2\left(-\beta_k+\sum_{i=1}^{q-k}\beta_i\beta_{i+k}\right) & 1\leqslant k\leqslant q \\ 0 & k>q \end{cases} \tag{7.3.4}$$

④ 对于相应的自相关函数 $\rho_k = C(k)/C(0)$ 为

$$\rho_k = \begin{cases} 1 & k=0 \\ \left(-\beta_k+\sum_{i=1}^{q-k}\beta_i\beta_{i+k}\right)\left(1+\sum_{i=1}^{q}\beta_i^2\right)^{-1} & 1\leqslant k\leqslant q \\ 0 & k>q \end{cases} \tag{7.3.5}$$

[例7.3.1] 设 $\{\varepsilon_t\}$ 是一白噪声序列，且 $E(\varepsilon_t^2)=0.2^2$，试求 $MA(1)$ 序列 $x_t=\varepsilon_t-0.8\varepsilon_{t-1}$ 的自协方差函数列 $\{\gamma_k\}$。

解： 因为 $\beta_1=0.8$，$\sigma^2=0.2^2$，故

$$\gamma_0 = C(0) = E(x_t x_t) = (1+\beta_1^2)\sigma^2 = (1+0.8^2)\times 0.2^2 = 0.0656$$

$$\gamma_1 = C(1) = E(x_t x_{t+1}) = -\beta_1\sigma^2 = -0.8\times 0.2^2 = -0.032$$

当 $k\geqslant 2$ 时，$\gamma_k = C(k) = E(x_t x_{t+k}) = E[(\varepsilon_t-0.8\varepsilon_{t-1})(\varepsilon_{t+k}-0.8\varepsilon_{t+k-1})]=0$

[例7.3.2] 设 $\{\varepsilon_t\}$ 是一白噪声序列，且 $E(\varepsilon_t^2)=2$，试求 $MA(2)$ 序列

$$x_t = \varepsilon_t + 0.31\varepsilon_{t-1} - 0.54\varepsilon_{t-2}$$

的自协方差函数列 $\{\gamma_k\}$ 与自相关函数列 $\{\rho_k\}$。

解： 因为 $\beta_1=-0.31$，$\beta_2=0.54$，$\sigma^2=2$，故

$$\gamma_0 = C(0) = E(x_t^2) = (1+\beta_1^2+\beta_2^2)\sigma^2 = (1+0.31^2+0.54^2)\times 2 = 2.7754$$

$$\gamma_1 = C(1) = E(x_t x_{t+1}) = (-\beta_1+\beta_1\beta_2)\sigma^2 = (0.31-0.31\times 0.54)\times 2 = 0.2852$$

$$\gamma_2 = C(2) = E(x_t x_{t+2}) = -\beta_2 \sigma^2 = -0.54 \times 2 = -1.08$$

当 $k \geqslant 3$ 时，$\gamma_k = C(k) = E(x_t x_{t+k}) = 0$

于是得 $\rho_0 = C(0)/C(0) = 1$ $\rho_1 = C(1)/C(0) = 0.2852/2.7754 = 0.1028$

$$\rho_2 = C(2)/C(0) = -1.08/2.7754 = -0.3891$$

当 $k \geqslant 3$ 时，$\rho_k = 0$

(2) $MA(q)$ 的自协方差函数的截尾性

定义 7.3.2 若平稳序列 $\{x_t\}$ 的自协方差函数 $\{C(k)\}$ 满足条件：

$$\forall \, |k| > q \quad C(k) = 0 \tag{7.3.6}$$

则称此自协方差函数在 q 后截尾。

对于 $MA(q)$ 序列而言，存在下述定理：

定理 7.3.1 一个自协方差函数列 $\{C(k)\}$，成为某个 $MA(q)$ 序列的自协方差函数列的充要条件是：$\{C(k)\}$ 在 q 后截尾。

显然，由于自协方差函数列与自相关函数列的对应关系，$\{\rho_k\}$ 成为某个 $MA(q)$ 序列的自相关函数列的充要条件是：$\{\rho_k\}$ 应在 q 后截尾。这个定理给出了判断 $MA(q)$ 模型的自协方差序列的充要条件，也即是说自协方差函数在 q 后截尾是 $MA(q)$ 序列的典型特征条件。

推论 7.3.1 若自协方差函数 $\{\gamma_k\}$ 在 q 后截尾，且 $\gamma_k = C(k)$ 满足条件

$$\sum_{k=-q}^{q} \gamma_k \mathrm{e}^{ik\lambda} \geqslant 0 \quad -\pi \leqslant \lambda \leqslant \pi \tag{7.3.7}$$

那么，将自协方差值 $C(0)$，$C(1)$，$\cdots$，$C(q)$ 代入式(7.3.5)，则系数多项式

$$\beta(u) = 1 - \beta_1 u - \beta_2 u^2 - \cdots - \beta_q u^q = 0$$

的根都在单位圆外，且式(7.3.5)存在 β_1，β_2，$\cdots$，β_q 及 $\sigma^2 (>0)$ 的唯一实数解。

从上可见，自协方差函数 $\{\gamma_k\}$ 对模型参数 β_1，β_2，$\cdots$，β_q 和 σ^2 存在相互依赖关系。这在寻求 $MA(q)$ 模型的统计方法时，具有重要的实际意义，意味着通过样本自协方差函数 $\{\hat{\gamma}_k\}$ 的值，可求得参数 β_1，β_2，$\cdots$，β_q 和 σ^2 的估计值。

二、可逆 $MA(q)$ 模型与逆转形式

定义 7.3.3 若 $MA(q)$ 模型 $x_t = \varepsilon_t - \beta_1 \varepsilon_{t-1} - \beta_2 \varepsilon_{t-2} - \cdots - \beta_k \varepsilon_{t-q}$ 的系数多项式

$$\beta(u) = 1 - \beta_1 u - \beta_2 u^2 - \cdots - \beta_q u^q$$

满足可逆条件：$\beta(u) = 0$ 的根都在单位圆外，则称此 $MA(q)$ 模型为可逆 $MA(q)$ 模型。

由于式(7.3.1)可视为 ε_t 的 $AR(q)$ 序列，即

$$\varepsilon_t = \beta_1 \varepsilon_{t-1} + \beta_2 \varepsilon_{t-2} + \cdots + \beta_q \varepsilon_{t-q} + x_t$$

如果上式系数多项式 $\beta(u) = 1 - \beta_1 u - \beta_2 u^2 - \cdots - \beta_q u^q = 0$ 的根都在单位圆外，则此 ε_t 的 $AR(q)$ 模型的平稳解，即为可逆 $MA(q)$ 的逆转形式：

$$\varepsilon_t = \sum_{j=0}^{\infty} \varphi_j x_{t-j} = \varphi(B)x_t \qquad (7.3.8)$$

其中 $\{\varphi_j, j = 0,1,2,\cdots\}$ 称为逆函数。

[例 7.3.3]　试确定 $MA(1)$ 序列 $x_t = \varepsilon_t - \beta\varepsilon_{t-1}$ 的逆转形式。

解：因为 $x_t = \varepsilon_t - \beta\varepsilon_{t-1} = (1-\beta B)\varepsilon_t$，若 $\beta(u) = 1 - \beta u = 0$ 的根 $|u| = (1/|\beta|) > 1$，

$$\varepsilon_t = \frac{1}{1-\beta B} x_t = \sum_{j=0}^{\infty} (\beta B)^j x_t = \sum_{j=0}^{\infty} \beta^j x_{t-j}$$

为 $MA(1)$ 序列 $x_t = \varepsilon_t - \beta\varepsilon_{t-1}$ 的逆转形式，且当 $|\beta| < 1$ 时是平稳的。

[例 7.3.4]　试说明 $MA(2)$ 模型 $x_t = \varepsilon_t - 1.2\varepsilon_{t-1} + 0.3\varepsilon_{t-2}$ 为可逆 $MA(2)$ 模型。

解：因为 $MA(2)$ 模型　$x_t = \varepsilon_t - 1.2\varepsilon_{t-1} + 0.3\varepsilon_{t-2}$ 的系数多项式为

$$\beta(u) = 1 - 1.2u + 0.3u^2$$

则 $\beta(u) = 0$ 的根为

$$u = \frac{1.2 \pm \sqrt{1.2^2 - 4 \times 0.3}}{0.6} = \frac{1.2 \pm \sqrt{0.24}}{0.6} = 2 \pm \frac{\sqrt{0.24}}{0.6} = 2 \pm 0.82$$

即 $u_1 = 2.82$，$u_2 = 1.18$ 均大于 1，因此它为可逆 $MA(2)$ 模型。

[例 7.3.5]　试说明 $MA(2)$ 模型 $x_t = \varepsilon_t - 1.2\varepsilon_{t-1} + 0.8\varepsilon_{t-2}$ 为可逆 $MA(2)$ 模型。

解：因为 $MA(2)$ 模型 $x_t = \varepsilon_t - 1.2\varepsilon_{t-1} + 0.8\varepsilon_{t-2}$ 的系数多项式

$$\beta(u) = 1 - 1.2u + 0.8u^2$$

则 $\beta(u) = 0$ 的根为

$$u = \frac{1.2 \pm \sqrt{1.2^2 - 4 \times 0.8}}{2 \times 0.8} = \frac{1.2 \pm \sqrt{-1.76}}{1.6}$$

$$= (1.2 \pm \sqrt{1.76}i)/1.6 = 0.75 \pm 0.83i = 1.12e^{i\theta}$$

其中 $\cos\theta = \dfrac{0.75}{1.12}$，$\sin\theta = \dfrac{0.83}{1.12}$，易见 $|u_i| = 1.12 > 1$　$i = 1,2$

即说明 $x_t = \varepsilon_t - 1.2\varepsilon_{t-1} + 0.8\varepsilon_{t-2}$ 亦是可逆 $MA(2)$ 模型。

三 $MA(q)$ 模型的可逆域与允许域

1. $MA(q)$ 模型的可逆域

定义 7.3.4 满足可逆条件的系数 β_1，β_2，$\cdots$，β_q 的集合称为可逆 $MA(q)$ 序列的可逆域：

$$\{(\beta_1，\beta_2，\cdots，\beta_q) \mid \beta(u) = 0 \text{ 的根在单位圆外}\}$$

[**例 7.3.6**] 试确定 $MA(1)$ 模型 $x_t = \varepsilon_t - \beta\varepsilon_{t-1}$ 为可逆 $MA(1)$ 模型的条件与可逆域。

解：因为 $MA(1)$ 模型的可逆条件是系数多项式 $\beta(u) = 1 - \beta u = 0$ 的根在单位圆外，即 $|u| = |\frac{1}{\beta}| > 1$，故其可逆域为：$\{\beta \mid |\beta| < 1\}$。

[**例 7.3.7**] 试确定 $MA(2)$ 模型 $x_t = \varepsilon_t - \beta_1\varepsilon_{t-1} - \beta_2\varepsilon_{t-2}$ 为可逆 $MA(2)$ 模型的条件与可逆域。

解：$MA(2)$ 模型的可逆条件是系数多项式 $\beta(u) = 1 - \beta_1 u - \beta_2 u^2 = 0$ 的根在单位圆外，即 $\beta_2 u^2 + \beta_1 u - 1 = 0$ 的根为

$$u = \frac{-\beta_1 \pm \sqrt{\beta_1^2 + 4\beta_2}}{2\beta_2}$$

若须两根 $|u_1| > 1$，$|u_2| > 1$，则 β_1，β_2 需满足条件 $\beta_2 \pm \beta_1 < 1$，$|\beta_2| < 1$，此时 $MA(2)$ 模型是可逆的。可逆域为 $\{(\beta_1, \beta_2) \mid \beta_2 \pm \beta_1 < 1, |\beta_2| < 1\}$，取值如图 7.7 所示。

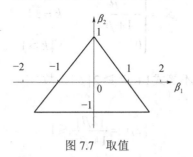

图 7.7 取值

由于 $MA(q)$ 可视为 ε_t 的 $AR(q)$ 模型，故 $MA(q)$ 的可逆域与 $AR(q)$ 的平稳域是一致的。

2. $MA(q)$ 模型的允许域

定义 7.3.5 设 $MA(q)$ 序列 $x_t = \varepsilon_t - \beta_1\varepsilon_{t-1} - \beta_2\varepsilon_{t-2} - \cdots - \beta_q\varepsilon_{t-q}$ 的自相关函数列

为 ρ_1，ρ_2，$\cdots$，ρ_q，$\cdots$，满足式(7.3.5)：

$$\rho_k = \begin{cases} 1 & k=0 \\ \left(-\beta_k + \sum_{i=1}^{q-k} \beta_i \beta_{i+k}\right)\left(1+\sum_{i=1}^{q}\beta_i^2\right)^{-1} & 1 \leqslant k \leqslant q \\ 0 & k>q \end{cases}$$

当 $(\beta_1$，β_2，$\cdots$，$\beta_q)$ 取遍 $MA(q)$ 的可逆域中所有可能实数时，自相关函数 $(\rho_1$，ρ_2，$\cdots$，$\rho_q)$ 取值的集合称为允许域。即 $\{(\rho_1$，ρ_2，$\cdots$，$\rho_q)|(\rho_1$，ρ_2，$\cdots$，$\rho_q)$ 满足式(7.3.5)，$(\beta_1$，β_2，$\cdots$，$\beta_q) \in$ 可逆域$\}$

[**例 7.3.8**] 试确定 $MA(1)$ 模型 $x_t = \varepsilon_t - \beta \varepsilon_{t-1}$ 的允许域。

解：因为 $MA(1)$ 模型 $x_t = \varepsilon_t - \beta \varepsilon_{t-1}$ 的可逆域为 $\{\beta | |\beta|<1\}$，模型的逆转形式为

$$\varepsilon_t = \sum_{j=0}^{\infty} \beta^j x_{t-j}$$

其在 $|\beta|<1$ 时依均方收敛。又式中 $\{x_t\}$ 的协方差函数 $\{\gamma_k\}$ 满足：

$$\gamma_k = \begin{cases} (1+\beta^2)\sigma^2 & k=0 \\ -\beta\sigma^2 & k=\pm 1 \\ 0 & \text{其它} \end{cases}$$

故自相关函数为

$$\rho_k = \begin{cases} 1 & k=0 \\ -\dfrac{\beta}{1+\beta^2} & k=\pm 1 \\ 0 & |k|>1 \end{cases}$$

注意 $\rho_1 = -\dfrac{\beta}{1+\beta^2}$。而由不等式 $1+\beta^2 \geqslant 2|\beta|$，故

$$|2\rho_1| = \frac{|2\beta|}{1+\beta^2} \leqslant 1$$

即

$$|\rho_1| \leqslant \frac{1}{2}$$

其中当且仅当 $|\beta|=1$ 时，上式中 "=" 才成立。

故得 $MA(1)$ 的允许域为

$$\left\{\rho_1 \mid |\rho_1| \leqslant \frac{1}{2}\right\}$$

[例 7.3.9]　试确定 $MA(2)$ 模型 $x_t = \varepsilon_t - \beta_1\varepsilon_{t-1} - \beta_2\varepsilon_{t-2}$ 的允许域。

解：因为 $MA(2)$ 模型的可逆域为：$\{(\beta_1, \beta_2) \mid \beta_2 \pm \beta_1 < 1, |\beta_2| < 1\}$，模型的逆转形式为

$$\varepsilon_t = \sum_{j=0}^{\infty} \varphi_j x_{t-j}$$

其中 φ_j 由恒等式：$(1 - \beta_1 u - \beta_2 u^2)\left(\sum_{j=0}^{\infty} \varphi_j u^j\right) = 1$ 决定。$MA(2)$ 的自协方差函数为

$$\gamma_k = \begin{cases} \sigma^2(1 + \beta_1^2 + \beta_2^2) & k = 0 \\ \sigma^2(-\beta_1 + \beta_1\beta_2) & k = \pm 1 \\ -\sigma^2\beta_2 & k = \pm 2 \\ 0 & |k| \geqslant 3 \end{cases}$$

容易得出

$$\rho_1 = \frac{-\beta_1 + \beta_1\beta_2}{1 + \beta_1^2 + \beta_2^2} \qquad \rho_2 = \frac{-\beta_2}{1 + \beta_1^2 + \beta_2^2}$$

故 $MA(2)$ 的允许域为

$$\left\{(\rho_1, \rho_2) \mid \rho_1 = \frac{-\beta_1 + \beta_1\beta_2}{1 + \beta_1^2 + \beta_2^2},\ \rho_2 = \frac{-\beta_2}{1 + \beta_1^2 + \beta_2^2}, \beta_2 \pm \beta_1 < 1, |\beta_2| < 1\right\}$$

$$= \{(\rho_1, \rho_2) \mid \rho_1 + \rho_2 > -\frac{1}{2},\ \rho_2 - \rho_1 > -\frac{1}{2},$$

$$\text{当 } \rho_2 > \frac{1}{6} \text{ 时，} \quad \rho_1^2 < 4\rho_2(1 - 2\rho_2)\}$$

其允许域如图 7.8 所示。

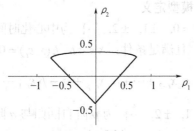

图 7.8　允许域

思 考 题

1. 移动平均序列与自回归序列有何不同?
2. 什么是移动平均模型的可逆域与允许域,其意义何在?
3. 可逆 $MA(q)$ 序列的自相关函数与偏相关函数的意义是什么?
4. 可否利用算子方法求可逆 $MA(q)$ 序列的逆转形式?

7.3 基本练习

1. 设 $\{x_t\}$ 为可逆时间序列:

$$x_t = \varepsilon_t - 0.8\varepsilon_{t-1}$$

其中 $\{\varepsilon_t\}$ 为白噪声序列, $E(\varepsilon_t^2) = 0.3^2$,试求其均值函数、方差函数与逆转形式。

2. 设 $\{x_t\}$ 为平稳时间序列:

$$x_t = \varepsilon_t - 0.69\varepsilon_{t-1} + 0.11\varepsilon_{t-2}$$

其中 $\{\varepsilon_t\}$ 为白噪声序列, $E(\varepsilon_t^2) = 0.1$,试求其均值函数、方差函数与逆转形式。

3. 试求下列模型的自协方差函数列 $\{\gamma_k\}$ 与自相关函数列 $\{\rho_k\}$:

    (1) $x_t = \varepsilon_t - 0.75\varepsilon_{t-1}$

    (2) $x_t = \varepsilon_t + 0.5\varepsilon_{t-1} + 0.2\varepsilon_{t-2}$

其中 $\{\varepsilon_t\}$ 为白噪声序列,且 $E(\varepsilon_t^2) = 0.5$。

4. 试求下列模型的自相关函数与偏相关函数 $\{\alpha_{kk}, k = 1, 2, 3\}$:

$$x_t = \varepsilon_t - 0.5\varepsilon_{t-1} + 0.4\varepsilon_{t-2}$$

其中 $\{\varepsilon_t\}$ 为白噪声序列。

7.4 自回归滑动平均模型

一、自回归滑动平均模型概念
1. 自回归滑动平均模型定义

定义 7.4.1 设 $\{x_t, t = 0, \pm 1, \pm 2, \cdots\}$ 为中心化时间序列, $\{\varepsilon_t, t = 0, \pm 1, \pm 2, \cdots\}$ 为白噪声序列,且满足条件: $\forall s < t$, $E(x_s \varepsilon_t) = 0$,则称满足等式

$$x_t = \alpha_1 x_{t-1} + \alpha_2 x_{t-2} + \cdots + \alpha_p x_{t-p} + \varepsilon_t - \beta_1 \varepsilon_{t-1} - \cdots - \beta_q \varepsilon_{t-q} \tag{7.4.1}$$

的时间序列 $\{x_t, t = 0, \pm 1, \pm 2, \cdots\}$ 为 p 阶自回归与 q 阶滑动平均混合模型,简记为 $ARMA(p, q)$ (Autoregression and Moving Average)。

关于 x_t 与 ε_t 的系数多项式分别记为

$$\alpha(u) = 1 - \alpha_1 u - \alpha_2 u^2 - \cdots - \alpha_p u^p$$

$$\beta(u) = 1 - \beta_1 u - \beta_2 u^2 - \cdots - \beta_q u^q$$

若 $\alpha(u)$ 与 $\beta(u)$ 无公共根，则式(7.4.1)可用自回归算子 $\alpha(B)$ 与移动平均算子 $\beta(B)$ 表示：

$$\alpha(B)x_t = \beta(B)\varepsilon_t \qquad\qquad\qquad (7.4.2)$$

当 $\alpha(u) = 0$ 与 $\beta(u) = 0$ 的根都在单位圆外时，则称式(7.4.1)为平稳可逆的 $ARMA(p, q)$ 模型，相应的解 $\{x_t\}$ 称为平稳可逆的 $ARMA(p, q)$ 序列。

若 $E(x_t) = \mu \neq 0$ 时，即 x_t 为非中心化序列，只需做平移 $y_t = x_t - \mu$，若仍然满足式(7.4.1)，则仍为平稳可逆 $ARMA(p, q)$ 序列，故下文中仍只讨论平稳中心化序列情况。

2. $ARMA(p，q)$模型的传递与逆转形式

由式(7.4.2)，$ARMA(p, q)$ 模型为 $\alpha(B)x_t = \beta(B)\varepsilon_t$，则有

(1) $ARMA(p, q)$ 的传递形式为

$$x_t = \sum_{j=0}^{\infty} \psi_j \varepsilon_{t-j} = \psi(B)\varepsilon_t \qquad t = 0, \pm 1, \pm 2, \cdots \qquad (7.4.3)$$

其中权系数列 $\{\psi_j\}$ 满足等式：$\psi(u) = \alpha^{-1}(u)\beta(u) = \sum_{j=0}^{\infty} \psi_j u^j$，$\psi_0 = 1$。

事实上，因为 $\alpha(B)x_t = \beta(B)\varepsilon_t$，若 $\alpha(u) = 0$ 的根都在单位圆外时，故有平稳解：

$$x_t = \alpha^{-1}(B)\beta(B)\varepsilon_t = \sum_{j=0}^{\infty} \psi_j \varepsilon_{t-j}$$

其中 $\psi_0 = 1$，而 $\{\psi_j, j = 1, 2, \cdots\}$ 由 $\alpha(u)\psi(u) = \beta(u)$ 决定，即由恒等式

$$(1 - \alpha_1 u - \alpha_2 u^2 - \cdots - \alpha_p u^p)(1 + \psi_1 u + \psi_2 u^2 + \cdots) = (1 - \beta_1 u - \beta_2 u^2 - \cdots - \beta_q u^q)$$

对比等式两端 u 的同次幂的系数，易见当 $k > q$ 时，等式右端 u^k 的系数为 0，故有

$$\psi_k - \alpha_1 \psi_{k-1} - \alpha_2 \psi_{k-2} - \cdots - \alpha_p \psi_{k-p} = 0$$

若约定 $\psi_k = 0 \quad (k < 0)$，当 $k < 0$ 或 $k > q$ 时，记 $\beta_k = 0$，$\beta_0 = -1$，当 $0 \leqslant k \leqslant q$ 时，有

$$\psi_k - \alpha_1 \psi_{k-1} - \alpha_2 \psi_{k-2} - \cdots - \alpha_p \psi_{k-p} = -\beta_k \quad k = 0, \ 1, \ \cdots$$

即有
$$\alpha(B)\psi_k = -\beta_k$$
于是得出系数列 $\{\psi_k\}$ 满足的等式为

$$\psi_k - \alpha_1\psi_{k-1} - \alpha_2\psi_{k-2} - \cdots - \alpha_p\psi_{k-p} = \begin{cases} -\beta_k & 0 \leqslant k \leqslant q \\ 0 & k < 0, \text{或} \ k > q \end{cases} \tag{7.4.4}$$

(2) $\alpha(B)x_t = \beta(B)\varepsilon_t$ 的逆转形式为

$$\varepsilon_t = \sum_{j=0}^{\infty} \varphi_j x_{t-j} = \varphi(B)x_t \tag{7.4.5}$$

其中逆函数 $\varphi_0 = 1$，而 $\{\varphi_k, k = 1, 2, \cdots\}$ 满足下式：

$$\varphi_k - \beta_1\varphi_{k-1} - \beta_2\varphi_{k-2} - \cdots - \beta_q\varphi_{k-q} = \begin{cases} -\alpha_k & 0 \leqslant k \leqslant p \\ 0 & k < 0 \text{或} k > p \end{cases} \tag{7.4.6}$$

如上分析，若 $\alpha(u) = 0$ 的根都在单位圆外时，故有形如式(7.4.5)的平稳解，于是有

$$\alpha(u) = \beta(u)\varphi(u)$$

即 $1 - \alpha_1 u - \alpha_2 u^2 - \cdots - \alpha_p u^p = (1 - \beta_1 u - \beta_2 u^2 - \cdots - \beta_q u^q)(1 + \varphi_1 u + \varphi_2 u^2 + \cdots)$

对比等式两端 u 的同次幂的系数，易见当 $k > p$ 时，等式右端 u^k 的系数为 0，故有

$$\varphi_k - \beta_1\varphi_{k-1} - \beta_2\varphi_{k-2} - \cdots - \beta_q\varphi_{k-q} = 0$$

若约定 $\varphi_k = 0$ $(k < 0)$，当 $k < 0$ 或 $k > p$ 时，记 $\alpha_k = 0$，$\alpha_0 = -1$，当 $0 \leqslant k \leqslant p$ 时，有

$$\varphi_k - \beta_1\varphi_{k-1} - \beta_2\varphi_{k-2} - \cdots - \beta_q\varphi_{k-q} = -\alpha_k$$

即有

$$\beta(B)\varphi_k = -\alpha_k$$

于是得出系数列 $\{\varphi_k\}$ 满足的等式为(7.4.6)。

二、ARMA(p,q)序列的自协方差函数
1. ARMA(p,q)序列的自协方差函数为

$$\gamma_k = \sigma^2 \sum_{j=0}^{\infty} \psi_j \psi_{j+k} \tag{7.4.7}$$

这因为，若 $\{x_t\}$ 为 ARMA(p,q)序列，其模型为 $\alpha(B)x_t = \beta(B)\varepsilon_t$，则由其传递

形式 $x_t = \sum\limits_{j=0}^{\infty} \psi_j \varepsilon_{t-j}$ 与自协方差的定义可得

$$\gamma_k = E(x_t x_{t+k}) = E\left[\left(\sum_{j=0}^{\infty} \psi_j \varepsilon_{t-j}\right)\left(\sum_{i=0}^{\infty} \psi_i \varepsilon_{t+k-i}\right)\right]$$

$$= \sum_{j=0}^{\infty} \sum_{i=0}^{\infty} \psi_j \psi_i E(\varepsilon_{t-j} \varepsilon_{t+k-i}) = \sigma^2 \sum_{j=0}^{\infty} \psi_j \psi_{j+k}$$

可见，直接计算 $ARMA(p, q)$ 序列的自协方差函数是比较困难的，通常利用模型参数，建立相应的差分方程式进行递推计算。

2. 自协方差函数的差分方程计算法

由 $ARMA(p, q)$ 序列模型

$$x_t = \alpha_1 x_{t-1} + \alpha_2 x_{t-2} + \cdots + \alpha_p x_{t-p} + \varepsilon_t - \beta_1 \varepsilon_{t-1} - \beta_2 \varepsilon_{t-2} - \cdots - \beta_q \varepsilon_{t-q}$$

可知，对于 $k > q$ 的正整数，以 x_{t-k} 同乘上式两端，再求数学期望，且注意 $E(x_s \varepsilon_t) = 0 \ (s < t)$，可得

$$\gamma_k = \alpha_1 \gamma_{k-1} + \alpha_2 \gamma_{k-2} + \cdots + \alpha_p \gamma_{k-p} \qquad k > q \tag{7.4.8}$$

即有

$$\alpha(B)\gamma_k = 0 \qquad k > q$$

当参数 α_1，α_2，$\cdots$，α_p 已知时，令

$$y_t = \alpha(B)x_t = x_t - \alpha_1 x_{t-1} - \cdots - \alpha_p x_{t-p}$$

则式(7.4.1)为

$$y_t = \varepsilon_t - \beta_1 \varepsilon_{t-1} - \beta_2 \varepsilon_{t-2} - \cdots - \beta_q \varepsilon_{t-q} = \beta(B)\varepsilon_t \tag{7.4.9}$$

即此序列 $\{y_t\}$ 为 $MA(q)$ 列，记其自协方差函数为 $\gamma_k(y)$，由前节结果知

$$\gamma_k(y) = \begin{cases} \sigma^2\left(1 + \sum\limits_{j=1}^{q} \beta_j^2\right) & k = 0 \\[3mm] \sigma^2\left(-\beta_k + \sum\limits_{i=1}^{q-k} \beta_i \beta_{i+k}\right) & 1 \leqslant k \leqslant q \\[3mm] 0 & k > q \end{cases} \tag{7.4.10}$$

又由 $y_t = \alpha(B)x_t$ 得其协方差函数为

$$\gamma_k(y) = E(y_t y_{t-k}) = E\left[\alpha(B)x_t \cdot \alpha(B)x_{t-k}\right]$$

$$= E\{(x_t - \alpha_1 x_{t-1} - \alpha_2 x_{t-2} - \cdots - \alpha_p x_{t-p})(x_{t-k} - \alpha_1 x_{t-k-1} - \alpha_2 x_{t-k-2} - \cdots - \alpha_p x_{t-k-p})\}$$

$$= \gamma_k - \sum_{j=1}^{p} \alpha_j \gamma_{k-j} - \sum_{j=1}^{p} \alpha_j \gamma_{k+j} + \sum_{i=1}^{p} \sum_{j=1}^{p} \alpha_i \alpha_j \gamma_{i-j+k}$$

记 $\alpha_0 = -1$ 时，上式可写为

$$\gamma_k(y) = \sum_{i=0}^{p} \sum_{j=0}^{p} \alpha_i \alpha_j \gamma_{i-j+k} \tag{7.4.11}$$

易见

$$\sum_{i=0}^{p} \sum_{j=0}^{p} \alpha_i \alpha_j \gamma_{i-j+k} = \begin{cases} \sigma^2 \left(1 + \sum_{j=1}^{q} \beta_j^2\right) & k=0 \\ \sigma^2 \left(-\beta_k + \sum_{i=1}^{q-k} \beta_i \beta_{i+k}\right) & 1 \leqslant k \leqslant q \\ 0 & k > q \end{cases} \tag{7.4.12}$$

此等式描述了 $(\alpha_1, \ \alpha_2, \ \cdots, \ \alpha_p, \ \beta_1, \cdots, \beta_q, \sigma^2)$ 与 $\{\gamma_k\}$ 的相互依赖关系，故在参数 $\alpha_1, \ \alpha_2, \ \cdots, \ \alpha_p, \ \beta_1, \cdots, \beta_q, \sigma^2$ 已知的条件下，可以通过(7.4.12)式递推计算出 $ARMA(p, \ q)$ 序列的自协方差函数 $\{\gamma_k\}$。同时，因为

$$\begin{cases} \gamma_{q+1} = \alpha_1 \gamma_q + \alpha_2 \gamma_{q-1} + \cdots + \alpha_p \gamma_{q-p+1} \\ \gamma_{q+2} = \alpha_1 \gamma_{q+1} + \alpha_2 \gamma_q + \cdots + \alpha_p \gamma_{q-p+2} \\ \cdots \\ \gamma_{q+p} = \alpha_1 \gamma_{q+p-1} + \alpha_2 \gamma_{q+p-2} + \cdots + \alpha_p \gamma_q \end{cases} \tag{7.4.13}$$

描述了 $(\alpha_1, \ \alpha_2, \ \cdots, \ \alpha_p)$ 与 $\{\gamma_k\}$ 的依赖关系，故若已知某模型 $ARMA(p, \ q)$ 序列的自协方差函数列 $\{\gamma_k\}$ 时，由式(7.4.13)可以确定参数 $\alpha_1, \ \alpha_2, \ \cdots, \ \alpha_p$，再据式 (7.4.12)确定参数 $\beta_1, \cdots, \beta_q, \sigma^2$。

三、$AMRA(p,q)$ 序列的平稳域、可逆域与允许域

设 $\{x_t\}$ 为中心化 $AMRA(p, \ q)$ 序列，其模型为 $\alpha(B)x_t = \beta(B)\varepsilon_t$，则有：

(1) 平稳域：$\{(\alpha_1, \ \alpha_2, \ \cdots, \ \alpha_p) | \alpha(u) = 0$ 的根在单位圆外$\}$，与 $AR(p)$ 平稳域相同；

(2) 可逆域：$\{(\beta_1, \ \beta_2, \ \cdots, \ \beta_p) | \beta(u) = 0$ 的根在单位圆外$\}$，与 $MA(q)$ 可逆域相同；

(3) 允许域：满足上述式(7.4.11)~式(7.4.13)的类似公式：

$$\rho_k(y) = \sum_{i=0}^{p} \sum_{j=0}^{p} \alpha_i \alpha_j \rho_{i-j+k} \tag{7.4.14}$$

$$\sum_{i=0}^{p}\sum_{j=0}^{p}\alpha_i\alpha_j\rho_{i-j+k} = \begin{cases} 1 & k=0 \\ \left(-\beta_k+\sum_{i=1}^{q-k}\beta_i\beta_{i+k}\right)\left(1+\sum_{j=1}^{q}\beta_j^2\right)^{-1} & 1\leqslant k\leqslant q \\ 0 & k>q \end{cases} \qquad (7.4.15)$$

$$\begin{cases} \rho_{q+1}=\alpha_1\rho_q+\alpha_2\rho_{q-1}+\cdots+\alpha_p\rho_{q-p+1} \\ \rho_{q+2}=\alpha_1\rho_{q+1}+\alpha_2\rho_q+\cdots+\alpha_p\rho_{q-p+2} \\ \cdots \\ \rho_{q+p}=\alpha_1\rho_{q+p-1}+\alpha_2\rho_{q+p-2}+\cdots+\alpha_p\rho_q \end{cases} \qquad (7.4.16)$$

的自相关函数 $(\rho_1,\ \rho_2,\ \cdots,\ \rho_{p+q})$ 的所有取值集合为 $ARMA(p,\ q)$ 的允许域。

[**例 7.4.1**] 试讨论 $ARMA(1,\ 1)$ 模型

$$x_t=\alpha x_{t-1}+\varepsilon_t-\beta\varepsilon_{t-1} \quad 即 \quad (1-\alpha B)x_t=(1-\beta B)\varepsilon_t$$

的平稳域，可逆域与允许域，$ARMA(1,\ 1)$ 的传递形式、逆转形式与自协方差函数与自相关函数，其中 $\{\varepsilon_t\}$ 为白噪声序列。

解：$(1-\alpha B)x_t=(1-\beta B)\varepsilon_t$ 的

(1) 平稳域为 $\{\alpha\|\alpha|<1\}$ 即 $\{\alpha|-1<\alpha<1\}$

(2) 可逆域为 $\{\beta\|\beta|<1\}$ 即 $\{\beta|-1<\beta<1\}$

(3) 平稳可逆域为 $\{(\alpha,\beta)\|\alpha|<1,|\beta|<1\}$，见图 7.9。

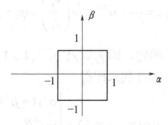

图 7.9 平稳可逆域

(4) $ARMA(1,\ 1)$ 传递形式为

$$x_t=(1-\alpha B)^{-1}(1-\beta B)\varepsilon_t=\sum_{j=0}^{\infty}(\alpha B)^j(1-\beta B)\varepsilon_t=\sum_{j=0}^{\infty}(\alpha^j B^j-\beta\alpha^j B^{j+1})\varepsilon_t$$

$$=\sum_{j=0}^{\infty}\alpha^j B^j\varepsilon_t-\beta\sum_{j=0}^{\infty}\alpha^j B^{j+1}\varepsilon_t=\sum_{j=0}^{\infty}\alpha^j B^j\varepsilon_t-\beta\sum_{j=1}^{\infty}\alpha^{j-1}B^j\varepsilon_t$$

$$=\varepsilon_t+\sum_{j=1}^{\infty}\alpha^j B^j\varepsilon_t-\beta\sum_{j=1}^{\infty}\alpha^{j-1}B^j\varepsilon_t=\varepsilon_t+\sum_{j=1}^{\infty}(\alpha^j B^j-\beta\alpha^{j-1}B^j)\varepsilon_t$$

$$= \varepsilon_t + \sum_{j=1}^{\infty} (\alpha^j - \beta \alpha^{j-1}) \varepsilon_{t-j} = \varepsilon_t + \sum_{j=1}^{\infty} \alpha^{j-1} (\alpha - \beta) \varepsilon_{t-j} = \sum_{j=0}^{\infty} \psi_j \varepsilon_{t-j}$$

即传递算子 $\quad \psi(B) = (1-\alpha B)^{-1}(1-\beta B) = 1 + \sum_{j=1}^{\infty} \alpha^{j-1}(\alpha-\beta) B^j$

其中权函数 $\quad \psi_0 = 1, \ \psi_j = \alpha^{j-1}(\alpha - \beta) \quad j = 1, 2, \cdots$

(5) $(1-\alpha B)x_t = (1-\beta B)\varepsilon_t$ 的逆转形式

将上式中 $(1-\alpha B)$ 与 $(1-\beta B)$ 位置互换，即得

$$\varepsilon_t = x_t + \sum_{j=1}^{\infty} \beta^{j-1}(\beta - \alpha) x_{t-j}$$

其中逆转算子

$$\varphi(B) = (1-\beta B)^{-1}(1-\alpha B) = 1 + \sum_{j=1}^{\infty} \beta^{j-1}(\beta-\alpha) B^j = \sum_{j=0}^{\infty} \varphi_j B^j$$

故其系数为

$$\varphi_0 = 1 \quad \varphi_j = \beta^{j-1}(\beta - \alpha) \quad j = 1, 2, \cdots$$

(6) 自协方差函数与自相关函数

由式(7.4.13)得 $\gamma_2 = \alpha \gamma_1$，得 $\alpha = \dfrac{\gamma_2}{\gamma_1} = \dfrac{\rho_2}{\rho_1}$，且由式(7.4.8) $\gamma_k = \alpha \gamma_{k-1}$ $(k>1)$，得

$$\gamma_k = \alpha \gamma_{k-1} = \alpha^2 \gamma_{k-2} = \cdots = \alpha^{k-1} \gamma_1 = \left(\frac{\gamma_2}{\gamma_1} \right)^{k-1} \gamma_1 = \gamma_2^{k-1} \gamma_1^{2-k} \quad k > 1$$

故此 $\{\gamma_k\}$ 由 γ_0，γ_1 与 γ_2 唯一确定，即 $\gamma_k = \gamma_2^{k-1} \gamma_1^{2-k}, k > 1$。

再由式(7.4.12)，当 $p = q = 1$ 代入即得

$$(1+\alpha^2)\gamma_k - \alpha(\gamma_{k-1} + \gamma_{k+1}) = \begin{cases} \sigma^2(1+\beta^2) & k = 0 \\ -\sigma^2 \beta & k = 1 \\ 0 & k \geqslant 2 \end{cases}$$

即得等式：

$$(1+\alpha^2)\gamma_0 - \alpha(\gamma_{-1} + \gamma_1) = \sigma^2(1+\beta^2)$$

$$(1+\alpha^2)\gamma_1 - \alpha(\gamma_0 + \gamma_2) = -\sigma^2 \beta$$

将 $\gamma_2 = \alpha \gamma_1$ 代入上式即得

$$\begin{cases} (1+\alpha^2)\gamma_0 - 2\alpha\gamma_1 = \sigma^2(1+\beta^2) \\ \gamma_1 - \alpha\gamma_0 = -\sigma^2 \beta \end{cases}$$

解之得：$\gamma_0 = \dfrac{1+\beta^2-2\alpha\beta}{1-\alpha^2}\sigma^2$，$\gamma_1 = \dfrac{(\alpha-\beta)(1-\alpha\beta)}{1-\alpha^2}\sigma^2$，而当 $k>1$ 时，$\gamma_k = \alpha^{k-1}\gamma_1$

所以得：$\rho_0 = 1$，$\rho_1 = \dfrac{\gamma_1}{\gamma_0} = \dfrac{(\alpha-\beta)(1-\alpha\beta)}{1+\beta^2-2\alpha\beta}$，而当 $k>1$ 时，$\rho_k = \dfrac{\gamma_k}{\gamma_0} = \alpha^{k-1}\rho_1$

易见，由上式中可解出用 $\gamma_0,\gamma_1,\gamma_2$ 或 ρ_0,ρ_1,ρ_2 的函数表示的 α,β,σ^2。

(7) 允许域

当 $|\alpha|<1$ 且 $|\beta|<1$ 时 (ρ_1,ρ_2) 满足条件：

当 $\rho_1>0$ 时，$\rho_2 > \rho_1(2\rho_1-1)$ 且 $|\rho_2|<|\rho_1|$；

当 $\rho_1<0$ 时，$\rho_2 > \rho_1(2\rho_1+1)$ 且 $|\rho_2|<|\rho_1|$ 的 (ρ_1,ρ_2) 的集合即为此 $ARMA(1,\ 1)$ 的允许域，见图 7.10。

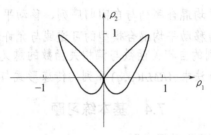

图 7.10　允许域

四、序列的偏相关函数与分类性质

由定义 7.2.3 知，$AMRA(p,\ q)$ 模型 $\{x_t\}$ 的偏相关函数 $\{\alpha_{kk}\}$ 满足下列方程式 (7.2.33)：

$$\Gamma_k \alpha(k) = b_k \quad 或 \quad R_k \alpha(k) = d_k \quad k = 1,2,\cdots$$

来计算偏相关函数 $\{\alpha_{kk}\}$ 可用 $\alpha_{kk} = D_{kk}/D_k$，也可用式(7.2.34)或式(7.2.35)递推计算。

对于 $ARMA(p,\ q)$ 模型，当 $q=0$ 时，即为 $AR(p)$ 模型；当 $p=0$ 时，即为 $MA(q)$ 模型。它们之间的典型分类特征由下表给出：

序列 类别	$AR(p)$序列	$MA(q)$序列	$ARMA(p,q)$ 序列
差分方程	$\alpha(B)x_t = \varepsilon_t$	$x_t = \beta(B)\varepsilon_t$	$\alpha(B)x_t = \beta(B)\varepsilon_t$
平稳性	$\alpha(u)=0$ 的根 $|u|>1$	无条件	$\alpha(u)=0$ 的根 $|u|>1$
可逆性	无条件	$\beta(u)=0$ 的根 $|u|>1$	$\beta(u)=0$ 的根 $|u|>1$
传递形式	$x_t = \alpha^{-1}(B)\varepsilon_t$	$x_t = \beta(B)\varepsilon_t$	$x_t = \alpha^{-1}(B)\beta(B)\varepsilon_t$

类别＼序列	$AR(p)$ 序列	$MA(q)$ 序列	$ARMA(p,q)$ 序列
逆转形式	$\varepsilon_t = \alpha(B)x_t$	$\varepsilon_t = \beta^{-1}(B)x_t$	$\varepsilon_t = \beta^{-1}(B)\alpha(B)x_t$
自相关函数	拖尾	q 阶截尾	拖尾
偏相关函数	p 阶截尾	拖尾	拖尾

表中的拖尾表示序列的尾部不全为 0，即不截尾。

思 考 题

1. 自回归与移动平均混合序列与自回归序列、移动平均序列有何联系?

2. 什么是自回归与移动平均混合模型的可逆域与允许域，其意义何在?

3. $ARMA(p,q)$ 序列的自相关函数与偏相关函数的意义是什么?

4. 如何利用算子方法求 $ARMA(p,q)$ 序列的传递形式与逆转形式?

7.4　基本练习题

1. 设 $\{x_t\}$ 为 $ARMA(1,1)$ 时间序列:

$$x_t = 0.7x_{t-1} + \varepsilon_t - 0.8\varepsilon_{t-1}$$

其中 $\{\varepsilon_t\}$ 为白噪声序列，$\forall s < t$，$E(x_s\varepsilon_t) = 0$，$E(\varepsilon_t^2) = 0.3^2$，试求其均值函数、方差函数，传递形式与逆转形式。

2. 试求下列模型的自协方差函数列 $\{\gamma_k, k = 1,2,3\}$ 与自相关函数列 $\{\rho_k, k = 1,2,3\}$:

$$x_t = 0.5x_{t-1} + \varepsilon_t - 0.75\varepsilon_{t-1}$$

其中 $\{\varepsilon_t\}$ 为白噪声序列，$\forall s < t, E(x_s\varepsilon_t) = 0$。

3. 试求 2 题中模型偏相关函数 $\{\alpha_{kk}, k = 1,2,3\}$。

第 8 章 平稳时间序列的模型拟合

一般地，对于一个时间序列 $\{x_t\}$ 作统计分析，首先需要根据已获得的数据建立相应的统计模型，其次应根据实际数据对此模型进行假设检验，之后才可依据经检验修正的模型对时间序列的某些特定值与未来值作出可信的预报与控制。因此建立与检验时间序列模型是时间序列分析中最重要的任务。本章主要介绍根据平稳时间序列的量测实际数据，对自相关函数与偏相关函数的估计方法，自回归模型、移动平均模型、自回归与移动平均混合模型的拟合与检验及预测方法等内容，这些都是动态数据分析中的重要内容。

8.1 自回归模型拟合

依据已知 0 均值样本值 x_1, x_2, $\cdots$, x_n 对 $AR(p)$ 模型做出估计，称为自回归模型拟合。自回归模型拟合内容包括：

(1) $AR(p)$ 模型阶数 p 的估计；

(2) $AR(p)$ 模型中参数 α_1, α_2, $\cdots$, α_p 与 σ^2 的估计；

(3) 对模型作拟合检验。

一、AR(p)序列阶数p的估计

若 $AR(p)$ 模型中阶数 p 未知，首先要对其进行估计，估计的方法有偏相关函数估计法、AIC 准则估计与 BIC 准则估计法等。

1. 偏相关函数估计法

(1) 首先由 0 均值样本值 x_1, $\cdots$, x_n，计算样本自协方差函数 $\hat{\gamma}_0$, $\hat{\gamma}_1$, $\cdots$, $\hat{\gamma}_k$，则如式(7.2.33)知样本自协方差函数满足尤尔—沃克方程，即

$$\begin{cases} \alpha_{1k}\hat{\gamma}_0 + \alpha_{2k}\hat{\gamma}_1 + \cdots + \alpha_{kk}\hat{\gamma}_{k-1} = \hat{\gamma}_1 \\ \alpha_{1k}\hat{\gamma}_1 + \alpha_{2k}\hat{\gamma}_0 + \cdots + \alpha_{kk}\hat{\gamma}_{k-2} = \hat{\gamma}_2 \\ \cdots \\ \alpha_{1k}\hat{\gamma}_{k-1} + \alpha_{2k}\hat{\gamma}_{k-2} + \cdots + \alpha_{kk}\hat{\gamma}_0 = \hat{\gamma}_k \end{cases} \quad k = 1, 2; \qquad (8.1.1)$$

将上述方程组表示为矩阵形式，即

$$\boldsymbol{\Gamma}(k)\boldsymbol{\alpha}(k) = \hat{\boldsymbol{b}}_k \qquad (8.1.2)$$

其中 $\boldsymbol{\Gamma}(k) = \begin{pmatrix} \hat{\gamma}_0 & \hat{\gamma}_1 & \cdots & \hat{\gamma}_{k-1} \\ \hat{\gamma}_1 & \hat{\gamma}_0 & \cdots & \hat{\gamma}_{k-2} \\ \vdots & \vdots & \cdots & \vdots \\ \hat{\gamma}_{k-1} & \hat{\gamma}_{k-2} & \cdots & \hat{\gamma}_0 \end{pmatrix}$，$\boldsymbol{\alpha}(k) = \begin{pmatrix} \alpha_{1k} \\ \alpha_{2k} \\ \vdots \\ \alpha_{kk} \end{pmatrix}$，$\hat{\boldsymbol{b}}_k = \begin{pmatrix} \hat{\gamma}_1 \\ \hat{\gamma}_2 \\ \vdots \\ \hat{\gamma}_k \end{pmatrix}$

而 $\boldsymbol{\Gamma}(k)$ 是对称可逆阵，故可求得系数向量 $\boldsymbol{\alpha}(k)$ 的尤尔—沃克估计为

$$\hat{\boldsymbol{\alpha}}(k) = \boldsymbol{\Gamma}^{-1}(k)\hat{\boldsymbol{b}}_k \qquad k = 1, 2, \cdots \qquad (8.1.3)$$

(2) 因为上式中 $\hat{\alpha}(k) = \boldsymbol{\Gamma}^{-1}(k)\hat{\boldsymbol{b}}_k$ （$k=1$, 2, $\cdots$）的第 k 分量 $\hat{\alpha}_{kk}$ 实际上为偏相关函数，而 $\{x_t\}$ 若是 $AR(p)$ 序列，则其偏相关函数 $\{\alpha_{kk}, k=1,2,\cdots\}$ 必在 p 处截尾，故可利用这一特征性质估计阶数 p。即若在 p 阶后，$\hat{\alpha}_{kk}$ 很接近 0 值，则可判断此模型为 $AR(p)$。

在实用中因为 $\hat{\alpha}_{kk}$ 为 α_{kk} 的估计，没有严格的截尾性质，但可证明当 k 很大时 $\hat{\alpha}_{kk}$ 渐近服从正态分布 $N(0,1/n)$。将 $(k, \hat{\alpha}_{kk})$ 描在笛卡儿坐标图上，若在某个 p 值后，$\hat{\alpha}_{p+1,p+1}, \hat{\alpha}_{p+2,p+2}, \cdots, \hat{\alpha}_{kk}$ 等数值点只在横轴上下作小幅波动，即这 $k-p$ 个数中满足不等式：

$$|\alpha_{jj}| < \frac{1}{\sqrt{n}} \quad \text{或} \quad |\alpha_{jj}| < \frac{2}{\sqrt{n}} \qquad (8.1.4)$$

的个数与总个数 $k-p$ 的比例超过 68% 或 95%，则此 p 值即为 $AR(p)$ 模型的阶数。

若用自相关函数 ρ_k 代替自协方差函数 $\hat{\gamma}_k$，则式(8.1.1)～式(8.1.3)表示为

$$\begin{cases} \alpha_{1k}\hat{\rho}_0 + \alpha_{2k}\hat{\rho}_1 + \cdots + \alpha_{kk}\hat{\rho}_{k-1} = \hat{\rho}_1 \\ \alpha_{1k}\hat{\rho}_1 + \alpha_{2k}\hat{\rho}_0 + \cdots + \alpha_{kk}\hat{\rho}_{k-2} = \hat{\rho}_2 \\ \cdots \\ \alpha_{1k}\hat{\rho}_{k-1} + \alpha_{2k}\hat{\rho}_{k-2} + \cdots + \alpha_{kk}\hat{\rho}_0 = \hat{\rho}_k \end{cases} \quad k = 1, 2, \cdots \qquad (8.1.5)$$

$$\boldsymbol{R}(k)\boldsymbol{\alpha}(k) = \hat{\boldsymbol{d}}_k \qquad (8.1.6)$$

其中 $\boldsymbol{R}(k) = \begin{pmatrix} 1 & \hat{\rho}_1 & \cdots & \hat{\rho}_{k-1} \\ \hat{\rho}_1 & \hat{\rho}_0 & \cdots & \hat{\rho}_{k-2} \\ \vdots & \vdots & \cdots & \vdots \\ \hat{\rho}_{k-1} & \hat{\rho}_{k-2} & \cdots & 1 \end{pmatrix}$，$\boldsymbol{\alpha}(k) = \begin{pmatrix} \alpha_{1k} \\ \alpha_{2k} \\ \vdots \\ \alpha_{kk} \end{pmatrix}$，$\hat{\boldsymbol{d}}_k = \begin{pmatrix} \hat{\rho}_1 \\ \hat{\rho}_2 \\ \vdots \\ \hat{\rho}_k \end{pmatrix}$ $k = 1, 2, \cdots$

$$\hat{\boldsymbol{\alpha}}(k) = \boldsymbol{R}^{-1}(k)\hat{\boldsymbol{d}}_k \quad k = 1, 2, \cdots \tag{8.1.7}$$

可据此公式求出样本偏相关函数 $\{\alpha_{kk}, k = 1, 2, \cdots\}$ 的值。

[**例 8.1.1**] 某水文站记录了 59 年的每年的最大径流量数据,算得了样本偏相关函数值如下表,试对阶数 p 作出估计。

K	1	2	3	4	5	6	7
α_{kk}	-0.28	0.27	-0.06	0.2	0.14	0.14	0.18
K	9	10	11	12	13	14	15
α_{kk}	-0.02	-0.01	-0.02	-0.11	-0.09	-0.04	0

解: $\hat{\alpha}_{1,1}, \hat{\alpha}_{2,2}, \cdots \hat{\alpha}_{15,15}$ 的点图如图 8.1 所示。

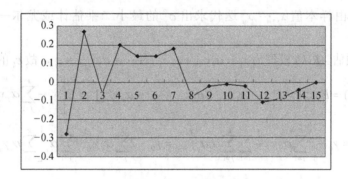

图 8.1 样本分布图

可以看出 $n = 59$，$1/\sqrt{59} = 0.13$，$2/\sqrt{59} = 0.26$，在 $p = 2$ 后，有 9 个样本偏相关函数值，其绝对值不超过 0.13，所占比例为总个数 $15 - 2 = 13$ 的 69%，大于 68%；在 $p = 2$ 后，全部 13 个样本偏相关函数值的绝对值均不超过 0.26，所占比例为总个数 $15 - 2 = 13$ 的 100%，大于 95%，因此可以认为此时间序列为 $AR(2)$ 模型，阶数为 2。

2. AIC 准则估计与 BIC 准则估计法

AIC 准则是 1971 年日本学者赤池(Akaike)给出的一种适用面非常广泛的统计模型选择准则,称为最小信息准则(Akaike Information Criterion),运用这一准则,可以在模型参数极大似然估计的基础上，估计 $AR(p)$ 序列的阶数 p，其作法是，首先引入了以下所谓的 AIC 准则函数

$$\text{AIC}(k) = \ln \hat{\sigma}^2(k) + \frac{2k}{n} \quad k = 0, \ 1, \ \cdots, \ P \tag{8.1.8}$$

其中 $\hat{\sigma}^2(k)$ 为取 $p = k(0 < k < P)$ 时 σ^2 的估计，而 $p = 0$ 时，$\hat{\sigma}^2 = \hat{\gamma}_0$，$P$ 为 p 的预

估的上界，一般 P 的取值视实际情况由经验而定。再取 $\hat{p}$，使其满足下式：

$$\text{AIC}(\hat{p}) = \min_{1 \leq k \leq P} \text{AIC}(k) \qquad (8.1.9)$$

则此 $\hat{p}$ 即为所求 p 的 AIC 准则估计。

有时也采用 AIC 准则修改形式，即 BIC 准则函数

$$\text{BIC}(k) = \ln \hat{\sigma}^2(k) + \frac{k \ln n}{n} \qquad k = 0,\ 1,\ 2,\ \cdots,\ P \qquad (8.1.10)$$

确定 $\hat{p}$，使其满足下式：

$$\text{BIC}(\hat{p}) = \min_{1 \leq k \leq P} \text{BIC}(k) \qquad (8.1.11)$$

由此得到的 $\hat{p}$ 为所求 p 的 BIC 准则估计。此利用 AIC 准则判断阶数 p 值的步骤是：

(1) 首先凭经验选定阶数 p 的上界 P 值，则 $0 \leq p \leq P$；

(2) 再由样本值 $x_t, \cdots, x_n$ 迭代求出 σ^2 的最小二乘估计或尤尔—沃克估计 $\hat{\sigma}^2(k)$。

因为预估 $AR(k)$ 模型为 $x_t = \alpha_1 x_{t-1} + \alpha_2 x_{t-2} + \cdots + \alpha_k x_{t-k} + \varepsilon_t$，故 ε_k 的方差

$$\sigma^2(k) = E(\varepsilon_k^2) = E[x_t - \alpha_1 x_{t-1} - \alpha_2 x_{t-2} - \cdots - \alpha_k x_{t-k}]^2 = E\left[x_t - \sum_{j=1}^{k} \alpha_j x_{t-j}\right]^2$$

$$= \gamma_0 - 2\sum_{j=1}^{k} \alpha_j \gamma_j + \sum_{i=1}^{k}\sum_{j=1}^{k} \alpha_i \alpha_j \gamma_{j-i} = \gamma_0 - 2\sum_{j=1}^{k} \alpha_j \gamma_j + \sum_{j=1}^{k} \alpha_j \left[\sum_{i=1}^{k} \alpha_i \gamma_{j-i}\right]$$

$$= \gamma_0 - 2\sum_{j=1}^{k} \alpha_j \gamma_j + \sum_{j=1}^{k} \alpha_j \gamma_j = \gamma_0 - \sum_{j=1}^{k} \alpha_j \gamma_j = \gamma_0 - \alpha'(k) b_k$$

故方差 $\sigma^2(k)$ 的估计为

$$\hat{\sigma}^2(k) = \hat{\gamma}_0 - \hat{\alpha}'(k)\hat{b}_k = \hat{\gamma}_0 - \hat{b}_k' \Gamma^{-1}(k) \hat{b}_k = \hat{\gamma}_0 - \sum_{j=1}^{k} \alpha_j \hat{\gamma}_j \qquad (8.1.12)$$

或 $\qquad \hat{\sigma}^2(k) = \hat{\gamma}_0(1 - \hat{\alpha}'(k)\hat{d}_k) = \hat{\gamma}_0(1 - \sum_{j=1}^{k} \alpha_j \hat{\rho}_j) \qquad k = 1, 2, \cdots P$

当 $k = 0$ 时，$\hat{\sigma}^2 = \hat{\sigma}^2(0) = \hat{\gamma}_0$

(3) 将 $\hat{\sigma}^2(k)$ 代入 $A(k) = \text{AIC}(k) = \ln \hat{\sigma}^2(k) + \frac{2k}{n}$ 得 $A(0), A(1), \cdots, A(P)$，若有 $A(\hat{p}) = \min A(k)$，$0 \leq k \leq P$ 则确定 $\hat{p}$ 为所求 AIC 准则估计。BIC 准则估计类似可得。

二、$AR(p)$ 模型中参数 α_1，α_2，$\cdots$，α_p 与 σ^2 的估计

当模型阶数 p 确定后，再确定 $AR(p)$ 参数的估计。设 $x_1, \cdots, x_n$ 来自中心化

320

$AR(p)$ 模型

$$x_t = \alpha_1 x_{t-1} + \alpha_2 x_{t-2} + \cdots + \alpha_p x_{t-p} + \varepsilon_t \quad t = p+1, \ p+2, \ \cdots, \ n \quad (8.1.13)$$

ε_t 为独立时间序列，且 $E(\varepsilon_t) = 0$，$E(\varepsilon_t^2) = \sigma^2$，$E(\varepsilon_t^4) < +\infty$，$\varepsilon_t$ 与 $\{x_s, s < t\}$ 相互独立，$\alpha = (\alpha_1, \cdots, \alpha_p)'$ 满足平稳条件：$\alpha(u) = 0$ 的根在单位圆外。(8.2.13) 的数据矩阵形式：

$$y = X\alpha + \varepsilon \quad (8.1.14)$$

其中

$$y = \begin{pmatrix} x_{p+1} \\ x_{p+2} \\ \vdots \\ x_n \end{pmatrix}, \quad X = \begin{pmatrix} x_p & x_{p-1} & \cdots & x_1 \\ x_{p+1} & x_p & \cdots & x_2 \\ \cdots & \cdots & \cdots & \cdots \\ x_{n-1} & x_{n-2} & \cdots & x_{n-p} \end{pmatrix}, \quad \varepsilon = \begin{pmatrix} \varepsilon_{p+1} \\ \varepsilon_{p+2} \\ \vdots \\ \varepsilon_n \end{pmatrix} \quad (8.1.15)$$

称 X 为随机矩阵，则求 α 与 σ^2 的估计有三种常用的方法。

1. 最小二乘估计法

令 $S(\alpha) = \sum_{t=p+1}^{n} (x_t - \alpha_1 x_{t-1} - \alpha_2 x_{t-2} - \cdots - \alpha_p x_{t-p})^2 = \sum_{t=p+1}^{n} \varepsilon_t^2$

求 $\hat{\alpha}$，使 $S(\hat{\alpha}) = \min\{S(\alpha)\}$，则称这样的 $\hat{\alpha}$ 为最小二乘估计，由最小二乘估计的运算方法可得 α 与 σ^2 的最小二乘估计为

$$\hat{\alpha} = (X'X)^{-1} X' y \quad (8.1.16)$$

而

$$\hat{\sigma}^2 = \frac{1}{n-p} S(\hat{\alpha}) = \frac{1}{n-p} \sum_{t=p+1}^{n} \hat{\varepsilon}_t^2 \quad (8.1.17)$$

其中残差 $\hat{\varepsilon}_t = x_t - \hat{\alpha}_1 x_{t-1} - \hat{\alpha}_2 x_{t-2} - \cdots - \hat{\alpha}_p x_{t-p}$。

2. 尤尔—沃克估计方法

由 $x_1, \cdots, x_n$，计算样本自协方差函数 $\hat{\gamma}_0, \ \hat{\gamma}_1, \ \cdots, \ \hat{\gamma}_p$，则 $\{x_t\}$ 的自协方差函数满足尤尔—沃克方程，即

$$\begin{cases} \hat{\alpha}_1 \hat{\gamma}_1 + \hat{\alpha}_2 \hat{\gamma}_2 + \cdots + \hat{\alpha}_p \hat{\gamma}_p + \hat{\sigma}^2 = \hat{\gamma}_0 \\ \hat{\alpha}_1 \hat{\gamma}_0 + \hat{\alpha}_2 \hat{\gamma}_1 + \cdots + \hat{\alpha}_p \hat{\gamma}_{p-1} = \hat{\gamma}_1 \\ \hat{\alpha}_1 \hat{\gamma}_1 + \hat{\alpha}_2 \hat{\gamma}_0 + \cdots + \hat{\alpha}_p \hat{\gamma}_{p-2} = \hat{\gamma}_2 \\ \cdots \\ \hat{\alpha}_p \hat{\gamma}_{p-1} + \hat{\alpha}_2 \hat{\gamma}_{p-2} + \cdots + \hat{\alpha}_p \hat{\gamma}_0 = \hat{\gamma}_p \end{cases} \quad (8.1.18)$$

表示为矩阵为

$$\boldsymbol{\Gamma}_p \hat{\alpha} = \hat{b}_p \quad (8.1.19)$$

$$\boldsymbol{\Gamma}_p = \begin{pmatrix} \hat{\gamma}_0 & \hat{\gamma}_1 & \cdots & \hat{\gamma}_{p-1} \\ \hat{\gamma}_1 & \hat{\gamma}_0 & \cdots & \hat{\gamma}_{p-2} \\ \vdots & \vdots & \cdots & \vdots \\ \hat{\gamma}_{p-1} & \hat{\gamma}_{p-2} & \cdots & \hat{\gamma}_0 \end{pmatrix}, \quad \hat{\boldsymbol{\alpha}} = \begin{pmatrix} \hat{a}_1 \\ \hat{a}_2 \\ \vdots \\ \hat{a}_p \end{pmatrix}, \quad \hat{\boldsymbol{b}} = \begin{pmatrix} \hat{\gamma}_1 \\ \hat{\gamma}_2 \\ \vdots \\ \hat{\gamma}_p \end{pmatrix}$$

而 $\boldsymbol{\Gamma}_p$ 是可逆阵，故得 α 与 σ^2 尤尔—沃克估计为

$$\hat{\alpha} = \boldsymbol{\Gamma}_p^{-1} \hat{b}_p \tag{8.1.20}$$

$$\hat{\sigma}^2 = \hat{\gamma}_0 - \hat{\alpha}' \hat{b}_p = \hat{\gamma}_0 - \hat{b}_p' \boldsymbol{\Gamma}_p^{-1} \hat{b}_p$$

(1) $AR(1)$ 模型的参数估计

对 $x_t = \alpha_1 x_{t-1} + \varepsilon_t$ 两边分别乘以 x_t 与 x_{t-1}，再取数学期望，即得 $\hat{\gamma}_0$ 与 $\hat{\gamma}_1$ 的方程：

$$\begin{cases} \hat{\gamma}_1 = \hat{a}_1 \hat{\gamma}_0 \\ \hat{\gamma}_0 = \hat{a}_1 \hat{\gamma}_1 + \hat{\sigma}^2 \end{cases}, \quad 得 \begin{cases} \hat{a}_1 = \hat{\gamma}_1 / \hat{\gamma}_0 = \hat{\rho}_1 \\ \hat{\sigma}^2 = \hat{\gamma}_0 - \hat{a}_1 \hat{\gamma}_1 = \hat{\gamma}_0 (1 - \hat{a}_1 \hat{\rho}_1) \end{cases}$$

为模型参数 α_1 与误差方差 σ^2 的估计。

(2) $AR(2)$ 模型的参数估计

对模型 $x_t = \alpha_1 x_{t-1} + \alpha_2 x_{t-2} + \varepsilon_t$，两边分别乘以 x_t，x_{t-1} 与 x_{t-2}，再取数学期望，即得 $\hat{\gamma}_0$，$\hat{\gamma}_1$ 与 $\hat{\gamma}_2$ 的方程：

$$\begin{cases} \hat{a}_1 \hat{\gamma}_1 + \hat{a}_2 \hat{\gamma}_2 + \hat{\sigma}^2 = \hat{\gamma}_0 \\ \hat{a}_1 \hat{\gamma}_0 + \hat{a}_2 \hat{\gamma}_1 = \hat{\gamma}_1 \\ \hat{a}_1 \hat{\gamma}_1 + \hat{a}_2 \hat{\gamma}_0 = \hat{\gamma}_2 \end{cases}$$

自相关函数估计值 $\hat{\rho}_j = \hat{\gamma}_j / \hat{\gamma}_0 \quad j = 0, 1, 2$，故得参数估计为

$$\hat{\alpha}_1 = \frac{\begin{vmatrix} \hat{\gamma}_1 & \hat{\gamma}_1 \\ \hat{\gamma}_2 & \hat{\gamma}_0 \end{vmatrix}}{\begin{vmatrix} \hat{\gamma}_0 & \hat{\gamma}_1 \\ \hat{\gamma}_1 & \hat{\gamma}_0 \end{vmatrix}}, \quad \hat{\alpha}_2 = \frac{\begin{vmatrix} \hat{\gamma}_0 & \hat{\gamma}_1 \\ \hat{\gamma}_1 & \hat{\gamma}_2 \end{vmatrix}}{\begin{vmatrix} \hat{\gamma}_0 & \hat{\gamma}_1 \\ \hat{\gamma}_1 & \hat{\gamma}_0 \end{vmatrix}}, \quad \hat{\sigma}^2 = \hat{\gamma}_0 - \hat{a}_1 \hat{\gamma}_1 - \hat{a}_2 \hat{\gamma}_2$$

或

$$\hat{\alpha}_1 = \frac{\begin{vmatrix} \hat{\rho}_1 & \hat{\rho}_1 \\ \hat{\rho}_2 & 1 \end{vmatrix}}{\begin{vmatrix} 1 & \hat{\rho}_1 \\ \hat{\rho}_1 & 1 \end{vmatrix}}, \quad \hat{\alpha}_2 = \frac{\begin{vmatrix} 1 & \hat{\rho}_1 \\ \hat{\rho}_1 & \hat{\rho}_2 \end{vmatrix}}{\begin{vmatrix} 1 & \hat{\rho}_1 \\ \hat{\rho}_1 & 1 \end{vmatrix}}, \quad \hat{\sigma}^2 = \hat{\gamma}_0 (1 - \hat{a}_1 \hat{\rho}_1 - \hat{a}_2 \hat{\rho}_2)$$

3. 极大似然估计

若 $\{\varepsilon_t\}$ 为独立且同正态分布序列，则 x_t 亦为正态 $AR(p)$ 序列，故

$$(x_1, \cdots, x_n)' \sim N(0, \ \boldsymbol{\Gamma}_n)$$

322

其中协方差阵　$\boldsymbol{\Gamma}_n = (\gamma_{ij})$，$\gamma_{ij} = E(x_i x_j)$　$1 \leqslant j, j \leqslant n$

故由 $(x_1, \cdots, x_n)'$ 的联合概率密度，即似然函数

$$L(\alpha, \sigma^2) = f(x_1, \cdots, x_n, \alpha, \sigma^2) = \frac{1}{(2\pi)^{\frac{n}{2}} |\boldsymbol{\Gamma}_n|^{\frac{1}{2}}} e^{-\frac{1}{2} x_n' \boldsymbol{\Gamma}_n^{-1} x_n}$$

故取对数得　　　$\ln L(\alpha, \sigma^2) = \frac{n}{2}\ln(2\pi) - \frac{1}{2}\ln|\boldsymbol{\Gamma}_n| - \frac{1}{2} x_n' \boldsymbol{\Gamma}_n^{-1} x_n$

再求 α，σ^2 使上述式达到最大值的 $(\hat{\alpha}, \hat{\sigma}^2)$，即为 α, σ^2 的极大似然估计。但此法较难，故在实际中常用前两种方法与近似极大似然估计法求 α_1，α_2，$\cdots$，α_p 与 σ^2 的估计，而在理论中常采用极大似然估计法。

[例 8.1.2]　设某化工过程一组 70 个顺次产量的序列如下。

1~9	10~18	19~27	28~36	37~45	46~54	55~63	64~70
47	48	37	45	45	62	53	60
64	71	74	25	54	44	49	39
23	35	51	59	36	64	34	59
71	57	57	50	54	43	35	40
38	40	50	71	48	52	54	57
64	58	60	56	55	38	45	54
55	44	45	74	45	59	68	23
41	80	57	50	57	55	38	
59	55	50	58	50	41	50	

试确定此序列模型阶数、参数估计与模型的估计。

解：(1) 首先求序列数据的平均值 $\bar{x} = 51.13$，则令 $y_i = x_i - 51.13$ 的数据如下。

1~9	10~18	19~27	28~36	37~45	46~54	55~63	64~70
-4.13	-3.13	-14.13	-6.13	-6.13	10.87	1.87	8.87
12.87	19.87	22.87	-26.13	2.87	-7.13	-2.13	-12.13
-28.13	-16.13	-0.13	7.87	-15.13	12.87	-17.13	7.87
19.87	5.87	5.87	-1.13	2.87	-8.13	-16.13	-11.13
-13.13	-11.13	-1.13	19.87	-3.13	0.87	2.87	5.87
12.87	6.87	8.87	4.87	3.87	-13.13	-6.13	2.87
3.87	-7.13	-6.13	22.87	-6.13	7.87	16.87	-28.13
-10.13	28.87	5.87	-1.13	5.87	3.87	-13.13	
7.87	3.87	-1.13	6.87	-1.13	-10.13	-1.13	

据此计算这一时间序列的自协方差与自相关数据如下表。

k	0	1	2	3	4	5	6	7
$\hat{\gamma}_k$	139.80	−54.50	42.55	−23.14	9.89	−13.57	−6.58	4.94
$\hat{\rho}_k$	1.00	−0.39	0.30	−0.17	0.07	−0.10	−0.05	0.04
K	8	9	10	11	12	13	14	15
$\hat{\gamma}_k$	−6.08	−0.67	2.01	15.37	−9.62	20.69	5.00	−0.93
$\hat{\rho}_k$	−0.04	0.00	0.01	0.11	−0.07	0.15	0.04	−0.01

(2)计算偏相关函数：利用尤尔一沃克方程(8.1.6)

$$R(k)\alpha(k) = \hat{d}_k$$

其中　$R(k) = \begin{pmatrix} 1 & \hat{\rho}_1 & \cdots & \hat{\rho}_{k-1} \\ \hat{\rho}_1 & \hat{\rho}_0 & \cdots & \hat{\rho}_{k-2} \\ \vdots & \vdots & \cdots & \vdots \\ \hat{\rho}_{k-1} & \hat{\rho}_{k-2} & \cdots & 1 \end{pmatrix}$, $\quad \boldsymbol{\alpha}(k) = \begin{pmatrix} \alpha_{1k} \\ \alpha_{2k} \\ \vdots \\ \alpha_{kk} \end{pmatrix}$, $\quad \hat{d}_k = \begin{pmatrix} \hat{\rho}_1 \\ \hat{\rho}_2 \\ \vdots \\ \hat{\rho}_k \end{pmatrix}$

得　$\hat{\alpha}_{11} = \hat{\rho}_1 = -0.39$

由 $\begin{pmatrix} 1 & \hat{\rho}_1 \\ \hat{\rho}_1 & \hat{\rho}_0 \end{pmatrix}\begin{pmatrix} \hat{\alpha}_{12} \\ \hat{\alpha}_{22} \end{pmatrix} = \begin{pmatrix} \hat{\rho}_1 \\ \hat{\rho}_2 \end{pmatrix}$ 得

$$\hat{\alpha}_{12} = \frac{\begin{vmatrix} \hat{\rho}_1 & \hat{\rho}_1 \\ \hat{\rho}_2 & 1 \end{vmatrix}}{\begin{vmatrix} 1 & \hat{\rho}_1 \\ \hat{\rho}_1 & 1 \end{vmatrix}} = \frac{\hat{\rho}_1 - \hat{\rho}_1\hat{\rho}_2}{1 - \hat{\rho}_1^2} = \frac{-0.39 + 0.39 \times 0.3}{1 - 0.39^2} = \frac{-0.273}{0.8479} = -0.32$$

$$\hat{\alpha}_{22} = \frac{\begin{vmatrix} 1 & \hat{\rho}_1 \\ \hat{\rho}_1 & \hat{\rho}_2 \end{vmatrix}}{\begin{vmatrix} 1 & \hat{\rho}_1 \\ \hat{\rho}_1 & 1 \end{vmatrix}} = \frac{\hat{\rho}_2 - \hat{\rho}_1^2}{1 - \hat{\rho}_1^2} = \frac{0.3 - 0.39^2}{1 - 0.39^2} = \frac{0.1479}{0.8479} = 0.17$$

或按递推公式得 $\hat{\alpha}_{12} = \hat{\alpha}_{11} - \hat{\alpha}_{22}\hat{\alpha}_{11} = -0.39 + 0.17 \times 0.39 = -0.32$

再由 $\begin{pmatrix} 1 & \hat{\rho}_1 & \hat{\rho}_2 \\ \hat{\rho}_1 & 1 & \hat{\rho}_1 \\ \hat{\rho}_2 & \hat{\rho}_1 & 1 \end{pmatrix}\begin{pmatrix} \hat{\alpha}_{13} \\ \hat{\alpha}_{23} \\ \hat{\alpha}_{33} \end{pmatrix} = \begin{pmatrix} \hat{\rho}_1 \\ \hat{\rho}_2 \\ \hat{\rho}_2 \end{pmatrix}$ 得：

$$\hat{\alpha}_{13}=\frac{\begin{vmatrix} \hat{\rho}_1 & \hat{\rho}_1 & \hat{\rho}_2 \\ \hat{\rho}_2 & 1 & \hat{\rho}_1 \\ \hat{\rho}_3 & \hat{\rho}_1 & 1 \end{vmatrix}}{\begin{vmatrix} 1 & \hat{\rho}_1 & \hat{\rho}_2 \\ \hat{\rho}_1 & 1 & \hat{\rho}_1 \\ \hat{\rho}_2 & \hat{\rho}_1 & 1 \end{vmatrix}}=\frac{\begin{vmatrix} -0.39 & -0.39 & 0.3 \\ 0.30 & 1 & -0.39 \\ -0.17 & -0.39 & 1 \end{vmatrix}}{\begin{vmatrix} 1 & -0.39 & -0.39 \\ -0.39 & 1 & 0.30 \\ 0.30 & -0.39 & -0.17 \end{vmatrix}}=\frac{-0.2236}{0.6971}=-0.32$$

$$\hat{\alpha}_{23}=\frac{\begin{vmatrix} 1 & \hat{\rho}_1 & \hat{\rho}_2 \\ \hat{\rho}_1 & \hat{\rho}_2 & \hat{\rho}_1 \\ \hat{\rho}_2 & \hat{\rho}_3 & 1 \end{vmatrix}}{\begin{vmatrix} 1 & \hat{\rho}_1 & \hat{\rho}_2 \\ \hat{\rho}_1 & 1 & \hat{\rho}_1 \\ \hat{\rho}_2 & \hat{\rho}_1 & 1 \end{vmatrix}}=\frac{\begin{vmatrix} 1 & -0.39 & 0.3 \\ -0.39 & 0.30 & -0.39 \\ 0.3 & -0.17 & 1 \end{vmatrix}}{\begin{vmatrix} 1 & -0.39 & -0.39 \\ -0.39 & 1 & 0.30 \\ 0.30 & -0.39 & -0.17 \end{vmatrix}}=\frac{0.1201}{0.6971}=0.17$$

$$\hat{\alpha}_{33}=\frac{\begin{vmatrix} 1 & \hat{\rho}_1 & \hat{\rho}_1 \\ \hat{\rho}_1 & 1 & \hat{\rho}_2 \\ \hat{\rho}_2 & \hat{\rho}_1 & \hat{\rho}_2 \end{vmatrix}}{\begin{vmatrix} 1 & \hat{\rho}_1 & \hat{\rho}_2 \\ \hat{\rho}_1 & 1 & \hat{\rho}_1 \\ \hat{\rho}_2 & \hat{\rho}_1 & 1 \end{vmatrix}}=\frac{\begin{vmatrix} 1 & -0.39 & -0.39 \\ -0.39 & 1 & 0.30 \\ 0.30 & -0.39 & -0.17 \end{vmatrix}}{\begin{vmatrix} 1 & -0.39 & -0.39 \\ -0.39 & 1 & 0.30 \\ 0.30 & -0.39 & -0.17 \end{vmatrix}}=\frac{-0.0046}{0.6971}=0.0066$$

其余可按递推公式计算：

$$\hat{\alpha}_{k+1,\,k+1}=\left(\hat{\rho}_{k+1}-\sum_{j=1}^{k}\hat{\rho}_{k+1-j}\hat{\alpha}_{jk}\right)\left(1-\sum_{j=1}^{k}\hat{\rho}_{j}\hat{\alpha}_{jk}\right)^{-1}$$

其中 $\hat{\alpha}_{j,\,k+1}=\hat{\alpha}_{jk}-\hat{\alpha}_{k+1,\,k+1}\hat{\alpha}_{k-j+1,\,k}$, $\quad j=1,\,2,\,\cdots,\,k$

$$\begin{aligned}
\hat{\alpha}_{44}&=(\hat{\rho}_4-\sum_{j=1}^{k}\hat{\rho}_{4-j}\hat{\alpha}_{j3})(1-\sum_{j=1}^{k}\hat{\rho}_{j}\hat{\alpha}_{j3})^{-1}\\
&=[0.07-(0.17\times0.32+0.3\times0.17-0.39\times0.0066)]\times\\
&\quad[1-(0.39\times0.32+0.3\times0.17-0.17\times0.0066)]^{-1}\\
&=0.0328\times0.8253^{-1}=0.04
\end{aligned}$$

$$\hat{\alpha}_{14}=\hat{\alpha}_{13}-\hat{\alpha}_{44}\hat{\alpha}_{33}=-0.32-0.04\times0.0066=-0.32$$

$$\hat{\alpha}_{24}=\hat{\alpha}_{23}-\hat{\alpha}_{44}\hat{\alpha}_{23}=0.17-0.04\times0.17=0.16$$

$$\hat{\alpha}_{34}=\hat{\alpha}_{33}-\hat{\alpha}_{44}\hat{\alpha}_{13}=0.0066+0.04\times0.32=0.02$$

可计算得，当 $k \geqslant 3$，有 $|\hat{\alpha}_{kk}| < \dfrac{1}{\sqrt{70}} = 0.12$，故可认为模型阶数为 $p = 2$。

(3) 由上述计算得知：$\hat{\alpha}_{12} = -0.32$，$\hat{\alpha}_{22} = 0.17$，故得模型估计为

$$y_t = -0.32 y_{t-1} + 0.17 y_{t-2} + \varepsilon_t$$

将 $y_i = x_i - 51.13$ 代回，即得模型为

$$x_t = 58.8 - 0.32 x_{t-1} + 0.17 x_{t-2} + \varepsilon_t$$

且由公式计算 $\hat{\sigma}^2(2) = \hat{\gamma}_0 - \hat{\alpha}'(2)\,\hat{b}_k = \hat{\gamma}_0 - \hat{b}_k'\boldsymbol{\Gamma}^{-1}(2)\hat{b}_k$ 的值为 σ^2 的估计值：

$$\hat{\sigma}^2(2) = \hat{\gamma}_0 - \hat{\alpha}'(2)\,\hat{b}_k = \hat{\gamma}_0 - \hat{b}_k'\boldsymbol{\Gamma}^{-1}(2)\hat{b}_k$$

$$= 139.8 - \begin{pmatrix} -0.32 & 0.17 \end{pmatrix} \begin{pmatrix} -54.5 \\ 42.55 \end{pmatrix} = 139.8 - 24.67 = 115.13$$

三、拟合模型检验

拟合模型检验的目的就是检验所估计的时间序列模型是否与实际数据相吻合，是否能较准确地描述真实的时间序列，从而可以利用估计出的时间序列模型对真实的时间序列做出预测或预报。根据统计假设检验的方法，拟合模型检验需要检验假设：

$$H_0: \quad x_t = \alpha_1 x_{t-1} + \alpha_2 x_{t-2} + \cdots + \alpha_p x_{t-p} + \varepsilon_t \qquad t = p+1,\ \cdots,\ n$$

其中 $\{\varepsilon_t\}$ 为独立时间序列，满足条件 $E(\varepsilon_t) = 0$，$E(\varepsilon_t^2) = \sigma^2$，$E(\varepsilon_t^4) < +\infty$，且与 $\{x_s, s < t\}$ 独立。实际上，检验 H_0 是否为真，只需检验残差列 $\{\hat{\varepsilon}_t\}$ 是否独立序列即可，而残差列可由样本值 $x_1, \cdots, x_n$ 计算得出，即

$$\hat{\varepsilon}_k = x_k - \hat{\alpha}_1 x_{t-1} - \cdots - \hat{\alpha}_p x_{t-p} \qquad k = p+1,\ p+2,\ \cdots,\ n$$

然后再求出 $\{\varepsilon_t\}$ 的样本自协方差函数与自相关函数

$$\hat{\gamma}_k(\varepsilon) = \frac{1}{n-p} \sum_{t=1}^{n-p-k} \hat{\varepsilon}_{t+p} \hat{\varepsilon}_{t+p+k} \qquad k = 0, 1, 2, \cdots, n-p-1$$

$$\hat{\rho}_k(\varepsilon) = \hat{\gamma}_k(\varepsilon) / \hat{\gamma}_0(\varepsilon) \qquad k = 0, 1, 2, \cdots, n-p-1$$

最后利用判别独立序列的方法，若 $\{\hat{\rho}_k(\varepsilon),\ k = 0,\ 1,\ 2,\ \cdots, n-p-1\}$ 中约有 68.3% 的点落在纵坐标 $\hat{\rho} = \pm 1 / \sqrt{n-p-1}$ 内，或约有 95.4% 的点落在纵坐标 $\hat{\rho} = \pm 2 / \sqrt{n-p-1}$ 内，则 $(\varepsilon_{p+1},\ \varepsilon_{p+2},\ \cdots,\ \varepsilon_n)$ 为独立序列样本值，接受 H_0，否则拒绝 H_0。具体的检验步骤为：

① 提出假设 H_0: $\quad x_t = \sum_{i=1}^{p} \alpha_i x_{t-i} + \varepsilon_t \quad t = p+1, \cdots, n$

② 将参数 $\hat{\alpha}_i$ 与 $\hat{\sigma}^2$ 的估计的估计代替 H_0 中的 α_i, σ^2, 故实际检验

$$H_0: \quad x_t = \sum_{i=1}^{p} \hat{\alpha}_i x_{t-i} + \varepsilon_t \quad t = p+1, \; p+2, \; \cdots, n$$

③ 由上式计算残差:

$$\hat{\varepsilon}_t = x_t - \sum_{i=1}^{p} \hat{\alpha}_i x_{t-i} \quad t = p+1, \; p+2, \; \cdots, n$$

④ 由 $\{\hat{\varepsilon}_t\}$ 求自协方差函数与自相关函数:

$$\hat{\gamma}_k(\varepsilon) = \frac{1}{n-p} \sum_{t=1}^{n-p-k} \hat{\varepsilon}_{t+p} \hat{\varepsilon}_{t+p+k}, \quad \hat{\rho}_k(\varepsilon) = \hat{\gamma}_k / \hat{\gamma}_0(\varepsilon) \quad k = 0, \; 1, \; 2, \; \cdots, n-p-1$$

⑤ 若 $\{\hat{\rho}_k(\varepsilon), k = 0, \; 1, \; 2, \; \cdots, n-p\}$ 中约有 68.3% 的点落在纵坐标 $\hat{\rho} = \pm 1/\sqrt{n-p}$ 内, 或约有 95.4% 的点落在纵坐标 $\hat{\rho} = \pm 2/\sqrt{n-p}$ 内, 则 $(\varepsilon_{p+1}, \; \varepsilon_{p+2}, \; \cdots, \; \varepsilon_n)$ 为独立序列样本值, 接受 H_0, 否则拒绝 H_0。

[**例 8.1.3**] 试检验例 8.1.2 中结果是否与实际数据吻合。

解: 由例 8.1.2 中数据得拟合模型: $x_t = 58.8 - 0.32x_{t-1} + 0.17x_{t-2} + \varepsilon_t$, 则得残差列:

$$\varepsilon_t = x_t - 58.8 + 0.32x_{t-1} - 0.17x_{t-2} \quad t = 3,4,\cdots,70$$

其自相关函数序列 $\{\hat{\rho}_k(\varepsilon), k = 1,2,\cdots,66\}$ 为(图 8.2):

1	2	3	4	5	6	7	8	9	10
0.012	0.019	−0.00	−0.06	−0.11	−0.1	0.049	−0.1	−0.1	0.13
11	12	13	14	15	16	17	18	19	20
0.095	−0.01	0.145	0.073	0.025	0.19	−0.06	−0.1	−0	0.01
21	22	23	24	25	26	27	28	29	30
0.025	−0.11	−0.04	−0.12	−0.02	0.05	0.053	0.09	0.06	−0
31	32	33	34	35	36	37	38	39	40
−0.01	−0.07	−0.06	−0.08	0.026	−0.1	−0.07	−0.1	−0	−0.1
41	42	43	44	45	46	47	48	49	50
0.053	0.019	−0.02	0.078	−0.09	0.01	−0.07	0.01	−0	−0.1
51	52	53	54	55	56	57	58	59	60
0.07	−0.06	−0.10	0.045	0.081	−0	0.051	−0	−0	0.03
61	62	63	64	65	66				
−0.07	0.081	−0.05	0	0.012	−0.1				

327

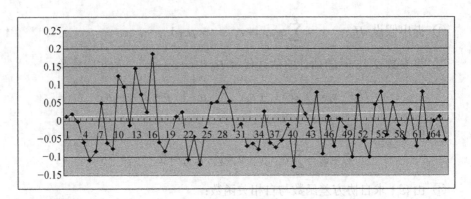

图 8.2　自相关函数序列

可见 66 个数中有 63 个数的绝对值小于 $\dfrac{1}{\sqrt{68}} = 0.12$，所占比例为 $\dfrac{63}{68} = 0.93$，远大于

概率值 0.683，所以可判断此残差列为独立序列，即认为实际数据可接受上述拟合模型。

也可采用检验统计量 Q_{LB} 检验此模型，参见 7.1 节独立性检验内容。

思 考 题

1. 如何确定自回归模型的阶数？有哪些常用方法？

2. 如何估计自回归模型的参数？有哪些常用方法？

3. 如何判断实际数据与估计自回归模型吻合？

8.1　基本练习题

1. 由 $\{x_t\}$ 的样本数据计算得 $\hat{\gamma}_0 = 53.8$，$\hat{\rho}_k$ 的前 3 个值如下：

$$\hat{\rho}_0 = 1 \quad \hat{\rho}_1 = 0.56 \quad \hat{\rho}_2 = 0.3$$

试求 $AR(2)$ 模型的参数 $\alpha_1, \alpha_2, \sigma^2$ 的估计。

2. 某水文站记录了 59 年的每年的最大径流量数据，计算得 $\hat{\gamma}_0 = 502$，样本自相关函数列与偏相关函数列如下表：

k	1	2	3	4	5	6	7	8
$\hat{\rho}_k$	−0.23	0.29	−0.16	0.28	−0.01	0.22	0.08	0.0
$\hat{\alpha}_{kk}$	−0.23	0.25	−0.06	0.20	0.14	0.14	0.12	−0.08

k	9	10	11	12	13	14	15
$\hat{\rho}_k$	0.05	0.03	0.09	−0.07	0.03	−0.05	0.04
$\hat{\alpha}_{kk}$	−0.02	−0.01	−0.02	−0.11	−0.09	−0.04	0

(1)试进行模型识别；(2)求出模型参数估计。

3. 设一平稳时间序列，经采样得 $n=50$ 个数据，计算得其样本自相关函数列与偏相关函数列如下表：

k	1	2	3	4	5	6	7	8	9
$\hat{\rho}_k$	0.46	0.27	0.34	0.12	-0.29	0.11	0.05	0.01	0.21
$\hat{\alpha}_{kk}$	0.54	0.29	-0.14	-0.13	0.10	0.02	0.00	0.001	-0.01

$\hat{\gamma}_0 = 3.15$ 。判断所属模型，并计算出相应的模型参数。

4. 对于 $AR(3)$ 模型：$x_t = \alpha_1 x_{t-1} + \alpha_2 x_{t-2} + \alpha_3 x_{t-3} + \varepsilon_t$，试给出参数 $\hat{\alpha}_1, \hat{\alpha}_2, \hat{\alpha}_3$ 与方差 $\hat{\sigma}^2$ 的计算公式。

8.2　滑动平均模型拟合

设 $x_1, \cdots, x_n$ 为来自 $MA(q)$ 模型的样本值，其模型为

$$x_t = \varepsilon_t - \beta_1 \varepsilon_{t-1} - \beta_2 \varepsilon_{t-2} - \cdots - \beta_q \varepsilon_{t-q}, \quad t = 1, \ 2, \ \cdots, \ n \tag{8.2.1}$$

其中 $\{\varepsilon_t\}$ 为独立序列，且 $E(\varepsilon_t) = 0$，$E(\varepsilon_t^2) = \sigma^2$，$E(\varepsilon_t^4) < +\infty$。

一、$MA(q)$模型阶数 q 的估计

若 $MA(q)$ 模型中阶数 q 未知，首先需估计 q 的具体值，估计的方法有自相关函数估计法、AIC 准则估计法等。

1. 自相关函数分析法

因为一个平稳序列为 $MA(q)$ 模型的充要条件是，其自相关函数 ρ_k 必在 q 以后截尾，所以可以借助这一特征作为估计阶数 q 的依据。在实际中，是利用所知时序样本值，计算样本自相关函数值，观察其在何处近似为 0，以确定阶数 q 的值，估计的步骤为：

(1) 设由 x_1, x_2, $\cdots$, x_n 计算均值得 $\bar{x} = \dfrac{1}{n} \sum_{t=1}^{n} x_t = \hat{\mu} \approx 0$，若 $\hat{\mu}$ 显著不为 0，则令平移：$y_t = x_t - \hat{\mu}$，此时有 $\bar{y} = \dfrac{1}{n} \sum_{t=1}^{n} y_t \approx 0$，从而进行下一步。

(2) 计算 0 均值序列 x_1, x_2, $\cdots$, x_n 的样本自协方差函数与样本自相关函数

$$\hat{\gamma}_k = \frac{1}{n} \sum_{j=1}^{n-k} x_j x_{j+k} \qquad \hat{\rho}_k = \frac{\hat{\gamma}_k}{\hat{\gamma}_0} \quad k = 0, 1, 2, \cdots, n-1$$

(3) 将 $(k, \hat{\rho}_k)$ 描在笛卡儿坐标图上，若从某个 q 值以后，$\hat{\rho}_k$ 明显接近于零，则该值即为所求阶数的估计 q。在实用中如同 $AR(p)$ 的定阶判别方法，因为 $\hat{\rho}_k$ 为 ρ_k 的估计，没有严格的截尾性质，但可证明当 k 很大时 $\hat{\rho}_k$ 渐近服从正态分布 $N(0, 1/n)$。若在某个 q 值后，$\hat{\rho}_{q+1}, \hat{\rho}_{q+2}, \cdots, \hat{\rho}_k$ 等数值点只在直角坐标系图中横轴上下作小幅波动，即这 $k-q$ 个数中满足不等式：

$$|\hat{\rho}_j| < \frac{1}{\sqrt{n}} \quad \text{或} \quad |\hat{\rho}_j| < \frac{2}{\sqrt{n}} \tag{8.2.2}$$

的个数与总个数 $k-q$ 的比例超过 68% 或 95%，则此 q 值即为 $MA(q)$ 模型的阶数。

[例 8.2.1] 某化学反应过程记录了 200 个温度数据，计算得样本自相关函数和样本偏相关函数如下表，试做出模型识别。

k	1	2	3	4	5	6	7	8
$\hat{\rho}_k$	-0.5	0.40	-0.13	-0.11	-0.01	-0.04	0.09	-0.05
$\hat{\alpha}_{kk}$	-0.73	-0.64	-0.71	-0.82	-0.73	-0.75	-0.76	-0.75
k	9	10	11	12	13	14	15	
$\hat{\rho}_k$	-0.08	0.13	-0.04	0.07	-0.05	0.02	0.03	
$\hat{\alpha}_{kk}$	0.14	-0.32	0.11	-0.16	-0.12	-0.10	-0.07	

解： 为判断 $\hat{\rho}_k$ 与 $\hat{\alpha}_{kk}$ 的截尾性，先分别画出 $\hat{\rho}_k$ 的图像与 $\hat{\alpha}_{kk}$ 的图像(图 8.3、图 8.4)。

可以看出 $n = 200$，$2/\sqrt{200} = 0.1414$，在 $q = 2$ 后，有 13 个样本自相关函数值 $\hat{\rho}_3, \hat{\rho}_4, \cdots, \hat{\rho}_{15}$ 的绝对值均不超过 0.1414，所占比例大于 95%；且从图中也可看出有 13 个样本偏自相关函数值 $\hat{\alpha}_{kk}$ 的绝对值中有 8 个不小于 0.1414，所占比例 0.6154，小于 95%；所以可认为 $\hat{\alpha}_{kk}$ 是拖尾的，所以数据应符合 $MA(2)$ 模型。

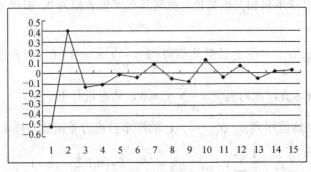

图 8.3　$\hat{\rho}_k$ 图像

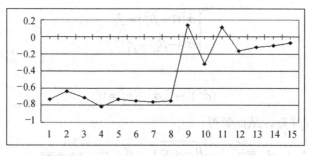

图 8.4 $\hat{\alpha}_{kk}$ 图像

2. AIC(BIC)准则法

类似于 $AR(p)$ 模型中 p 的确定方法,确定 $MA(q)$ 模型中 q 的阶数步骤为:

(1) 凭经验确定 q 的上限 Q,$0 \leqslant q \leqslant Q$

(2) 再由 x_1,x_2,$\cdots$,x_n 求 $\sigma^2(j)$ 的估计 $\hat{\sigma}^2(j)$

$$\hat{\sigma}^2(j) = \hat{\gamma}_0 \left(1 + \sum_{i=1}^{j} \hat{\beta}_i^2 \right) \qquad j = 1,2,\cdots,Q$$

(3) 令 $A(j) = \text{AIC}(j) = \ln \hat{\sigma}^2(j) + \dfrac{2j}{n}$ (或 $\text{BIC}(j) = \ln \hat{\sigma}^2(j) + \dfrac{j \log n}{n}$)

从 $A(1),A(2),\cdots,A(j),\cdots,A(Q)$ 中选取 $\hat{q}$ 满足:

$$\text{AIC}(\hat{q}) = \min_{1 \leqslant j \leqslant Q} \text{AIC}(j)$$

以此得出模型阶数 q 的 AIC 准则估计 $\hat{q}$。

二、$MA(q)$模型参数的矩估计方法

设 0 均值时序数据为 $x_1,\cdots,x_n$,计算其自相关函数 γ_k 的估计值 $\hat{\gamma}_k$,再代入滑动平均模型 $MA(q)$ 的参数与自相关函数的关系式中,即得

$$\begin{cases} \hat{\sigma}^2 \left(1 + \sum_{j=1}^{q} \hat{\beta}_j^2 \right) = \hat{\gamma}_0 \\ \hat{\sigma}^2 \left(-\hat{\beta}_k + \sum_{j=1}^{q-k} \hat{\beta}_j \hat{\beta}_{j+k} \right) = \hat{\gamma}_k \quad k = 1,2,\cdots,q \end{cases} \tag{8.2.3}$$

从中解出 $\hat{\beta} = (\hat{\beta}_1$,$\hat{\beta}_2$,$\cdots$,$\hat{\beta}_q)$ 与 $\hat{\sigma}^2$,这样的 $\hat{\beta}$ 与 $\hat{\sigma}^2$ 即为 β,σ^2 的矩估计。

(1) $MA(1)$模型的参数估计

将由样本值 $x_1,\cdots,x_n$ 计算出的 $\hat{\gamma}_0$ 与 $\hat{\gamma}_1$,代入关系式(8.2.3)中即得

$$\begin{cases} \hat{\sigma}^2(1+\beta_1^2) = \hat{\gamma}_0 \\ \hat{\sigma}^2(-\hat{\beta}_1) = \hat{\gamma}_1 \end{cases}$$

即得

$$(\hat{\sigma}^2)^2 - \hat{\gamma}_0\hat{\sigma}^2 + \hat{\gamma}_1^2 = 0$$

且由 $\hat{\rho}_k = \hat{\gamma}_k / \hat{\gamma}_0$，从而解得

$$\hat{\sigma}^2 = \frac{\hat{\gamma}_0}{2}(1 \pm \sqrt{1-4\hat{\rho}_1^2}) \qquad \hat{\beta}_1 = \frac{-2\hat{\rho}_1}{1 \pm \sqrt{1-4\hat{\rho}_1^2}}$$

注意在上述 $\hat{\beta}$ 与 $\hat{\sigma}^2$ 的表示式中，为了保证拟合模型 $x_t = \varepsilon_t - \beta_1\varepsilon_{t-1}$ 的可逆性，"±"号应选择使 $|\hat{\beta}_1|<1$ 成立的那个符号。故得所求 $MA(1)$ 的参数矩估计为

$$\hat{\sigma}^2 = \frac{\hat{\gamma}_0}{2}(1 + \sqrt{1-4\hat{\rho}_1^2}) \qquad \hat{\beta}_1 = \frac{-2\hat{\rho}_1}{1 + \sqrt{1-4\hat{\rho}_1^2}} \qquad (8.2.4)$$

(2) $MA(2)$ 模型的参数估计

当 $q = 2$ 时，由关系式(8.2.3)得

$$\begin{cases} \hat{\sigma}^2(1+\beta_1^2+\beta_2^2) = \hat{\gamma}_0 \\ \hat{\sigma}^2(-\hat{\beta}_1+\hat{\beta}_1\hat{\beta}_2) = \hat{\gamma}_1 \\ \hat{\sigma}^2(-\hat{\beta}_2) = \hat{\gamma}_2 \end{cases} \quad \text{即} \quad \begin{cases} \hat{\rho}_1 = \dfrac{-\hat{\beta}_1+\hat{\beta}_1\hat{\beta}_2}{1+\hat{\beta}_1^2+\hat{\beta}_2^2} \\ \hat{\rho}_2 = \dfrac{-\hat{\beta}_2}{1+\hat{\beta}_1^2+\hat{\beta}_2^2} \end{cases} \qquad (8.2.5)$$

可类似 $MA(1)$ 进行推导求解，但比较烦琐，通常利用递推算法或利用近似数值解法求得模型参数 $\hat{\beta}_1, \hat{\beta}_2, \hat{\sigma}^2$ 的估计。

[例 8.2.2] 求例 8.2.1 中 $MA(2)$ 模型 $x_t = \varepsilon_t - \beta_1\varepsilon_{t-1} - \beta_2\varepsilon_{t-2}$ 的参数 $\hat{\beta}_1, \hat{\beta}_2, \hat{\sigma}^2$ 的估计。

解： 由例 8.2.1 计算得 $\hat{\rho}_1 = -0.5$，$\hat{\rho}_2 = 0.4$，故由公式(8.2.5)可得

$$\begin{cases} \hat{\rho}_1 = \dfrac{-\hat{\beta}_1+\hat{\beta}_1\hat{\beta}_2}{1+\beta_1^2+\beta_2^2} = -0.5 \\ \hat{\rho}_1 = \dfrac{-\hat{\beta}_2}{1+\beta_1^2+\beta_2^2} = 0.4 \end{cases} \quad \text{解之可得：} \quad \hat{\beta}_1 = \frac{0.5a}{1+0.4a} \qquad a = 1+\beta_1^2+\beta_2^2$$
$$\hat{\beta}_2 = -0.4a$$

由 $a = 1 + \left(\dfrac{0.5a}{1+0.4a}\right)^2 + (-0.4a)^2$，通过数值计算求得近似值 $a = 1.77$，故得

$$\hat{\beta}_1 = 0.518 \qquad \hat{\beta}_2 = -0.708 \qquad \hat{\sigma}^2 = \hat{\gamma}_0/1.77$$

得 $MA(2)$ 模型为

$$x_t = \varepsilon_t - 0.518\varepsilon_{t-1} + 0.708\varepsilon_{t-2}$$

三、拟合模型的检验

$MA(q)$ 模型的检验方法与 $AR(p)$ 模型的检验方法一样,通常也采用检验 $\{\varepsilon_t\}$ 是否独立序列的方法。即

(1) 首先给定初值 ε_0, ε_{-1}, $\cdots$, $\varepsilon_{-\hat{q}+1}$ (不妨假定为 0),再由已知时序观察值 x_1, x_2, $\cdots$, x_n 与 $MA(q)$ 模型

$$x_t = \varepsilon_t - \beta_1\varepsilon_{t-1} - \beta_2\varepsilon_{t-2} - \cdots - \beta_q\varepsilon_{t-\hat{q}}, \ t = 1, \ 2, \ \cdots, \ n$$

递推计算出 $\hat{\varepsilon}_1$, $\hat{\varepsilon}_2$, $\cdots$, $\hat{\varepsilon}_n$ 的值,其中 $\hat{q}$ 为 q 估计值;

(2) 检验 $\hat{\varepsilon}_1$, $\hat{\varepsilon}_2$, $\cdots$, $\hat{\varepsilon}_n$ 是否独立序列,与自回归模型检验类似。若检验 $\hat{\varepsilon}_1$, $\hat{\varepsilon}_2$, $\cdots$, $\hat{\varepsilon}_n$ 是独立序列,则 $MA(q)$ 模型为真,否则,不是 $MA(q)$ 模型。

在实际中也采用拟合优度检验方法与峰度偏度检验方法做 $\{\varepsilon_t\}$ 的正态性检验。

思 考 题

1. 如何确定移动平均模型的阶数?有哪些常用方法?

2. 如何求移动平均模型的参数的矩估计?

3. 如何判断实际数据与估计移动平均模型吻合?

8.2 基本练习题

1. 由 $\{x_t\}$ 的样本数据计算得 $\hat{\gamma}_0 = 23.5$, $\hat{\rho}_k$ 的前 3 个值如下:

$$\hat{\rho}_0 = 1 \quad \hat{\rho}_1 = 0.48 \quad \hat{\rho}_2 = 0.23$$

试求 $MA(2)$ 模型的参数 $\beta_1, \beta_2, \sigma^2$ 的估计。

2. 某化学反应过程记录了 200 个温度数据,计算得样本自相关函数列与偏相关函数列如下表:

k	1	2	3	4	5	6	7	8
$\hat{\rho}_k$	−0.52	0.34	−0.13	−0.11	−0.01	−0.04	0.09	−0.05
$\hat{\alpha}_{kk}$	−0.73	−0.64	−0.71	−0.82	0.14	−0.73	−0.75	−0.76
k	9	10	11	12	13	14	15	
$\hat{\rho}_k$	−0.08	0.13	−0.04	0.07	−0.05	0.02	0.03	
$\hat{\alpha}_{kk}$	0.14	−0.32	0.11	−0.16	−0.12	−0.10	−0.07	

(1)试进行模型识别；(2)求出模型参数估计。

3. 设一平稳时间序列，经采样得 $n = 200$ 个数据，计算得其样本自相关函数列与偏相关函数列如下表：

k	1	2	3	4	5	6	7	8
$\hat{\rho}_k$	−0.59	0.17	0.04	−0.07	0.07	−0.05	0.04	−0.05
$\hat{\alpha}_{kk}$	−0.59	−0.39	−0.20	−0.19	−0.20	−0.10	−0.13	−0.18
k	9	10	11	12	13	14	15	16
$\hat{\rho}_k$	0.10	0.11	0.13	−0.10	0.00	0.05	−0.06	−0.02
$\hat{\alpha}_{kk}$	−0.25	−0.15	0.05	−0.13	0.12	−0.08	0.07	0.02

$\hat{\gamma}_0 = 2.25$ ，$\hat{\mu} = \bar{x} = -0.02$ 。判断所属模型类别，并计算出相应的模型参数。

8.3　自回归滑动平均模型的拟合

设时间序列 $\{x_t\}$ 满足 $ARMA(p,q)$ 模型：

$$x_t = \sum_{i=1}^{p} \alpha_i x_{t-i} + \varepsilon_t - \sum_{j=1}^{q} \beta_j \varepsilon_{t-j} \quad t = p+1, \ p+2, \ \cdots, \ n \qquad (8.3.1)$$

其中 $\alpha = (\alpha_1, \ \alpha_2, \ \cdots, \ \alpha_p)'$ ，$\beta = (\beta_1, \ \beta_2, \ \cdots, \ \beta_q)'$ 为模型参数，满足平稳性及可逆性条件，而 $\{\varepsilon_t\}$ 为独立序列，且 $E(\varepsilon_t) = 0$ ，$E(\varepsilon_t^2) = \sigma^2$ ，$E(\varepsilon_t^4) < +\infty$ ，$\forall s < t, E(x_s \varepsilon_t) = 0$ 。

已知样本值 $x_1, \ x_2, \ \cdots, \ x_n$ ，求与之适应的 $ARMA(p,q)$ 模型的方法与前述方法类似。即首先确定假设 $ARMA(p,q)$ 模型的阶数，再求其参数的估计，最后作模型拟合检验。

一、$ARMA(p,q)$ 模型的阶数 p 与 q 的估计

如果时间序列 $\{x_t\}$ 为 $ARMA(p,q)$ 模型，其中自回归阶数 p 与滑动平均阶数 q 均未知，可利用样本值首先对其进行估计。常用的估计方法亦有自相关函数与偏相关函数分析法，AIC 准则方法或 BIC 准则方法等。

1.　自相关函数与偏相关函数分析法

因为一个平稳可逆序列为 $ARMA(p,q)$ 模型的特征是，其偏相关函数 α_{kk} 与自相关函数 ρ_k 均为拖尾的，即若偏相关函数 α_{kk} 在 p 以后截尾，则应拟和 $AR(p)$ 模型；若其自相关函数 ρ_k 在 q 以后截尾，则应拟和 $MA(q)$ 模型；所以当偏相关函数 α_{kk} 与自相关函数 ρ_k 均是拖尾时，应当考虑可以拟和 $ARMA(p,q)$ 模型。但是这

一方法只能说明是否可以拟和 $ARMA(p,q)$ 模型，不能说明具体的阶数 p 和 q 当取何值。因此具体确定阶数 p 和 q 的估计还需借助别的方法。常用的自相关函数与偏相关函数分析法的步骤为：

(1) 设由 x_1, x_2, $\cdots$, x_n 计算均值得 $\bar{x} = \dfrac{1}{n}\sum_{t=1}^{n} x_t = \hat{\mu} \approx 0$，若 $\hat{\mu}$ 显著不为 0，则令平移：$y_t = x_t - \hat{\mu}$，此时有 $\bar{y} = \dfrac{1}{n}\sum_{t=1}^{n} y_t \approx 0$，从而进行下一步。

(2) 计算 0 均值序列 x_1, x_2, $\cdots$, x_n 的样本自协方差函数与样本自相关函数：

$$\hat{\gamma}_k = \frac{1}{n}\sum_{j=1}^{n-k} x_j x_{j+k} \qquad \hat{\rho}_k = \frac{\hat{\gamma}_k}{\hat{\gamma}_0} \qquad k=0,1,2,\cdots,n-1 \tag{8.3.2}$$

(3) 再用迭代法计算样本偏相关函数 α_{kk}：

$\hat{\alpha}_{1,\,1} = \hat{\rho}_1$

$$\hat{\alpha}_{k+1,\,k+1} = \left(\hat{\rho}_{k+1} - \sum_{j=1}^{k} \hat{\rho}_{k+1-j}\hat{\alpha}_{jk}\right)\left(1 - \sum_{j=1}^{k}\hat{\rho}_j\hat{\alpha}_{jk}\right)^{-1} \tag{8.3.3}$$

其中 $\hat{\alpha}_{j,\,k+1} = \hat{\alpha}_{jk} - \hat{\alpha}_{k+1,\,k+1}\hat{\alpha}_{k-j+1,\,k}$ $\qquad j=1$, 2, $\cdots$, k

或用 7.2 节中 Cramer 法则计算 $\hat{\alpha}_{kk} = D_{kk}/D_k$，可借助 Excel 方便计算。

(4) 将 $(k,\ \hat{\rho}_k)$ 与 $(k,\ \hat{\alpha}_{kk})$ 分别描在笛卡儿坐标图上，若从某个 k 以后，$\hat{\rho}_k$ 明显接近于零，则该 k 即为所求阶数 q 的估计 $\hat{q}$，此时模型为 $MA(q)$；若 $\hat{\alpha}_{kk}$ 从某个 k 以后明显接近于零，则该 k 即为所求阶数 p 的估计 $\hat{p}$，此时模型为 $AR(p)$。若 $\hat{\rho}_k$ 与 $\hat{\alpha}_{kk}$ 都没有明显的接近于零的趋势，则此时模型应考虑为 $ARMA(p,q)$。但是此法不能定量给出阶数 p 和 q 的估计值，一般为使模型简单起见，先用低阶模型作初估计，即通常 p 和 q 的数值取得较小。例如常取 $p=1,q=1$，或 $p=2,q=1$，或 $p=1,q=2$ 等，当 p 和 q 的数值确定后，再确定模型参数，之后对模型进行检验，如检验通不过，再重新调整 p 和 q 的数值，并重复刚才过程，直到模型检验通过为止确定的 p 和 q 的数值即为该模型的阶数。

[例 8.3.1] 某人心跳时间间隔(即相邻两次心跳之间的间隔时间)记录有 400 个数据，算出样本自相关函数和样本偏相关函数如下

k	1	2	3	4	5	6	7	8
$\hat{\rho}_k$	0.57	0.47	0.44	0.47	0.45	0.38	0.53	0.37
$\hat{\alpha}_{kk}$	0.57	0.22	0.16	0.20	0.11	0.01	−0.03	0.10
k	9	10	11	12	13	14	15	
$\hat{\rho}_k$	0.39	0.42	0.32	0.31	0.27	0.25	0.24	
$\hat{\alpha}_{kk}$	0.09	0.13	−0.03	−0.02	0.06	−0.07	0.01	

设数据来自 $ARMA(p,q)$ 模型，分别画出 $\hat{\rho}_k$ 与 $\hat{\alpha}_{kk}$ 的折线图，试确定模型的阶数。

解：画出 $\hat{\rho}_k$ 的折线图如图 8.5 所示。

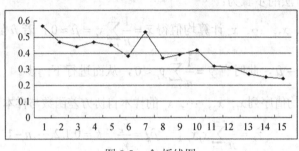

图 8.5　$\hat{\rho}_k$ 折线图

$\hat{\alpha}_{kk}$ 的折线图如图 8.6 所示。

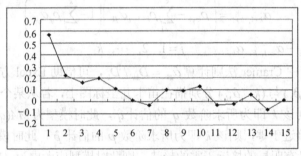

图 8.6　$\hat{\alpha}_{kk}$ 折线图

因为 $n=400$，$2/\sqrt{400}=0.1$ 数值较小，所以从图中可看出 $\hat{\rho}_k$ 与 $\hat{\alpha}_{kk}$ 均可认为是拖尾的，数据来自 $ARMA(p,q)$ 模型。为使模型简单起见，此题可先取 $p=1,q=1$，或 $p=2,q=1$，或 $p=1,q=2$ 等试一试，可借助统计软件 Eviews 建模进行确认。

2. AIC 准则方法与 BIC 准则方法

可以将求 $AR(p)$ 模型阶数 p 的 AIC 准则方法与 BIC 准则方法加以推广，即得求 $ARMA(p,q)$ 模型阶数 p 与 q 的 AIC 准则方法与 BIC 准则方法：

(1) 首先可视实际情况由经验确定实数 P 为真阶数 p 与 q 的公共上限。

(2) 再由样本值 $x_t,\cdots,x_n$ 迭代求出 σ^2 的最小二乘估计或尤尔—沃克估计：

$$\hat{\sigma}^2(k,j)=\hat{\gamma}_0-\hat{\alpha}'(k,j)\hat{b}_k=\hat{\gamma}_0-b_k'\Gamma^{-1}(k,j)\hat{b}_k \tag{8.3.4}$$

$$k,j=0,\ 1,\ 2,\ \cdots,\ P \quad k=0,\ \hat{\sigma}^2=\hat{\gamma}_0$$

(3) 引入并计算 AIC 或 BIC 准则函数值：

$$\mathrm{AIC}(k,j) = \ln \hat{\sigma}^2(k,j) + \frac{2(k+j)}{n} \quad k,j = 0, \ 1, \ \cdots, \ P \qquad (8.3.5)$$

$$\mathrm{BIC}(k,j) = \ln \hat{\sigma}^2(k,j) + \frac{(k+j)\ln n}{n} \quad k,j = 0, \ 1, \ 2, \ \cdots, \ P \qquad (8.3.6)$$

(4) 再取 $(\hat{p},\hat{q})$,使其满足下式:

$$\mathrm{AIC}(\hat{p},\hat{q}) = \min_{0 \leqslant k,j \leqslant P} \mathrm{AIC}(k,j) \qquad (8.3.7)$$

或 $$\mathrm{BIC}(\hat{p},\hat{q}) = \min_{1 \leqslant k,j \leqslant P} \mathrm{BIC}(k,j) \qquad (8.3.8)$$

则此 $\hat{p}$ 与 $\hat{q}$ 即为所求 p 与 q 的 AIC 准则估计。

二、ARMA(p,q)模型参数的矩估计

利用样本矩代替总体矩求未知参数的估计方法称为矩估计法。若时间序列 $\{x_t\}$ 为 $ARMA(p,q)$ 模型,共有 α_1, α_2, $\cdots$, α_p, β_1, β_2, $\cdots$, β_q 及 σ^2 等 $p+q+1$ 个未知参数,通常用矩估计法进行估计,此时,设 0 均值时序数据为 $x_1,\cdots,x_n$,先计算其样本自协方差函数的估计值 $\hat{\gamma}_k$ 代替 γ_k,再代入 $ARMA(p,q)$ 的参数与自协方差函数的关系式中,从而得出各参数的矩估计。

1. ARMA(p,q)模型参数的矩估计步骤

(1) 首先由样本数据样本数据 $x_1,\cdots,x_n$ 计算样本自协方差函数 $\hat{\gamma}_k$;

(2) 由数字矩阵等式 $\hat{\boldsymbol{\Gamma}}_{pq}\hat{\alpha} = \hat{b}$ 求得自回归系数 $\alpha = (\hat{\alpha}_1\cdots\hat{\alpha}_p)'$ 的矩估计式:

$$\hat{\alpha} = \hat{\boldsymbol{\Gamma}}_{pq}^{-1}\hat{b} \qquad (8.3.9)$$

其中 $$\hat{\boldsymbol{\Gamma}}_{pq} = \begin{pmatrix} \hat{\gamma}_q & \hat{\gamma}_{q-1} & \cdots & \hat{\gamma}_{q-p+1} \\ \hat{\gamma}_{q+1} & \hat{\gamma}_q & \cdots & \hat{\gamma}_{q-p+2} \\ \cdots & \cdots & \cdots & \cdots \\ \hat{\gamma}_{q+p-1} & \hat{\gamma}_{p+q-2} & \cdots & \hat{\gamma}_q \end{pmatrix}, \quad \hat{b} = \begin{pmatrix} \hat{\gamma}_{q+1} \\ \hat{\gamma}_{q+2} \\ \vdots \\ \hat{\gamma}_{q+p} \end{pmatrix} \qquad (8.3.10)$$

求出 $\hat{\alpha}$ 的估计。

(3) 再将上述自回归系数 $\hat{\alpha} = (\hat{\alpha}_1,\cdots,\hat{\alpha}_p)'$ 的矩估计代回模型(8.3.1)中, 即得

$$y_t \hat{=} x_t - \sum_{i=1}^{p} \hat{\alpha}_i x_{t-i} = \varepsilon_t - \sum_{j=1}^{q} \beta_j \varepsilon_{t-j} \quad t = p+1, \ p+2, \ \cdots, \ n$$

再求得模型 $\{y_t\}$ 的自协方差函数的估计 $\hat{\gamma}_k(y)$, $k = 1,2,\cdots,q$:

$$\hat{\gamma}_k(y) = \frac{1}{n-p}\sum_{i=p+1}^{n-k} y_t y_{t+k} = \frac{1}{n-p}\sum_{i=p+1}^{n-k} \left(x_t - \sum_{i=1}^{p}\hat{\alpha}_i x_{t-i} \right)\left(x_{t+k} - \sum_{i=1}^{p}\hat{\alpha}_i x_{t+k-i} \right)$$

$$= \frac{1}{n-p}\left[\sum_{t=p+1}^{n-k} x_t x_{t+k} - \sum_{t=p+1}^{n-k}\sum_{i=1}^{p}\hat{\alpha}_i x_{t+k} x_{t-i} - \sum_{t=p+1}^{n-k}\sum_{i=1}^{p}\hat{\alpha}_i x_t x_{t+k-i} + \sum_{t=p+1}^{n-k}\sum_{i=1}^{p}\sum_{j=1}^{p}\hat{\alpha}_i \hat{\alpha}_j x_{t-i} x_{t+k-i}\right]$$

$$= \hat{\gamma}_k - \sum_{i=1}^{p}\hat{\alpha}_i \hat{\gamma}_{k+i} - \sum_{j=1}^{p}\hat{\alpha}_j \hat{\gamma}_{k-j} + \sum_{i=1}^{p}\sum_{j=1}^{p}\hat{\alpha}_i\hat{\alpha}_j\hat{\gamma}_{k+i-j} = \sum_{i=0}^{p}\sum_{j=0}^{p}\hat{\alpha}_i\hat{\alpha}_j\hat{\gamma}_{k+i-j}$$

其中记 $\hat{\alpha}_0 = -1$。注意上式中为便于计算，$\dfrac{1}{n-p}\sum_{t=p+1}^{n-k} x_t x_{t+k}$ 近似取为 $\hat{\gamma}_k$。

(4) 再由等式

$$\hat{\gamma}_k(y) = \sum_{i=0}^{p}\sum_{j=0}^{p}\hat{\alpha}_i\hat{\alpha}_j\hat{\gamma}_{k+i-j} = \begin{cases} \hat{\sigma}^2\left(1+\sum_{j=1}^{q}\beta_j^2\right) & k=0 \\[2mm] \hat{\sigma}^2\left(-\beta_k + \sum_{j=1}^{q-k}\beta_j\beta_{j+k}\right) & 1\leqslant k\leqslant q \end{cases} \tag{8.3.11}$$

中解出 $\hat{\beta}_1, \hat{\beta}_2, \cdots, \hat{\beta}_q, \hat{\sigma}^2$ 的估计即为所求。

2. $ARMA(1，1)$模型参数的矩估计

设 $ARMA(1,1)$ 模型为 $x_t = \alpha_1 x_{t-1} + \varepsilon_t - \beta_1\varepsilon_{t-1}$，为求其参数估计，则

(1) 首先由样本数据 $x_1,\cdots,x_n$ 计算自协方差函数 $\hat{\gamma}_0$，$\hat{\gamma}_1$，$\hat{\gamma}_2$。

(2) 当 $p=q=1$ 时，由数字矩阵等式得 $\hat{\gamma}_1\alpha_1 = \hat{\gamma}_2$，即 $\hat{\alpha}_1 = \hat{\gamma}_2 / \hat{\gamma}_1$。

(3) 令 $y_t = x_t - \hat{\alpha}_1 x_{t-1}$，并由公式(8.3.11)计算 $\hat{\gamma}_0(y)$ 与 $\hat{\gamma}_1(y)$ 的值：

$$\hat{\gamma}_0(y) = \hat{\gamma}_0(1+\hat{\alpha}_1^2) - 2\hat{\alpha}_1\hat{\gamma}_1$$

$$\hat{\gamma}_1(y) = \hat{\gamma}_1(1+\hat{\alpha}_1^2) - \hat{\alpha}_1(\hat{\gamma}_0 + \hat{\gamma}_2)$$

(4) 再由 $y_t = \varepsilon_t - \beta_1\varepsilon_{t-1}$，与等式 $\hat{\gamma}_0(y) = \hat{\sigma}^2(1+\beta_1^2)$，$\hat{\gamma}_1(y) = -\hat{\sigma}^2\hat{\beta}_1$，即可求得

$$\hat{\sigma}^2 = \frac{\hat{\gamma}_0(y)}{2}\left(1+\sqrt{1-4\hat{\rho}_1^2(y)}\right) \qquad \hat{\beta}_1 = \frac{-2\hat{\rho}_1(y)}{1+\sqrt{1-4\hat{\rho}_1^2(y)}} \tag{8.3.12}$$

[例 8.3.2] 设一时间序列 $\{z_t\}$ 为 $ARMA(1,1)$ 模型，由时序数据计算得 $\hat{\gamma}_0 = 23.5$，样本自相关函数 $\hat{\rho}_1 = 0.567$，$\hat{\rho}_2 = 0.474$，$\bar{z} = 16.9$，试建立适合的 $ARMA(1,1)$ 模型。

解：(1) 设中心化模型为 $x_t = \alpha_1 x_{t-1} + \varepsilon_t - \beta_1\varepsilon_{t-1}$，且由题设知，其样本方差 $\hat{\gamma}_0 = 23.5$，样本自相关函数 $\hat{\rho}_1 = 0.567$，$\hat{\rho}_2 = 0.474$。

(2) 当 $p=q=1$ 时，由数字矩阵等式得 $\hat{\alpha}_1 = \hat{\gamma}_2 / \hat{\gamma}_1 = \hat{\rho}_2 / \hat{\rho}_1 = 0.474 / 0.567 = 0.84$。

(3) 令 $y_t = x_t - 0.84 x_{t-1}$，利用 $\hat{\gamma}_k(y)$ 公式计算得

338

$$\hat{\gamma}_0(y) = \hat{\gamma}_0(1 + \hat{\alpha}_1^2) - 2\hat{\alpha}_1\hat{\gamma}_1 = \hat{\gamma}_0(1 + 0.84^2) - 2 \times 0.84\hat{\gamma}_1 = 0.753\hat{\gamma}_0$$

$$\hat{\gamma}_1(y) = \hat{\gamma}_1(1 + \hat{\alpha}_1^2) - \hat{\alpha}_1(\hat{\gamma}_0 + \hat{\gamma}_2) = \hat{\gamma}_1(1 + 0.84^2) - 0.84(\hat{\gamma}_0 + \hat{\gamma}_2) = -0.271\hat{\gamma}_0$$

(4) 因为 $\hat{\rho}_1(y) = \hat{\gamma}_1(y) / \hat{\gamma}_0(y) = -0.271 / 0.753 = -0.36$，所以得

$$\hat{\beta}_1 = \frac{-2\hat{\rho}_1(y)}{1 + \sqrt{1 - 4\hat{\rho}_1^2(y)}} = \frac{-2 \times (-0.36)}{1 + \sqrt{1 - 4 \times 0.36^2}} = 0.42$$

$$\hat{\sigma}^2 = \frac{\hat{\gamma}_0(y)}{2}(1 + \sqrt{1 - 4 \times 0.36^2}) = 0.85\hat{\gamma}_0(y) = 0.64\hat{\gamma}_0 = 15.04$$

(5) 故 $\{z_t\}$ 的线性模型是

$$z_t - 16.9 = 0.84(z_{t-1} - 16.9) + \varepsilon_t - 0.42\varepsilon_{t-1}$$

即得所求模型：
$$z_t = 2.7 + 0.84z_{t-1} + \varepsilon_t - 0.42\varepsilon_{t-1}$$

三、ARMA(p,q)模型的拟合检验

检验 $ARMA(p, q)$ 模型与检验 $AR(p)$ 模型 $MA(q)$ 模型的方法基本相同,都是检验其拟合残差序列是否为独立序列, 不同的是, 各自获得拟合残差序列序列时使用各自不同的拟合模型而已。即实际上, 检验 $\{x_t\}$ 是否为 $ARMA(p,q)$ 时, 只需检验残差列 $\{\varepsilon_t\}$ 是否独立序列即可, 而残差列的估计值 $\{\hat{\varepsilon}_t\}$ 可由样本值 $x_1, \cdots, x_n$ 计算得出, 最后再利用判别独立序列的方法, 判断 $\{\hat{\varepsilon}_t\}$ 是否独立序列, 若是, 则认为 $\{x_t\}$ 为 $ARMA(p,q)$ 序列, 否则认为 $\{x_t\}$ 不是 $ARMA(p,q)$ 序列。因此检验 $ARMA(p,q)$ 模型的具体步骤为:

① 提出假设 H_0: $x_t = \sum_{i=1}^{p} \alpha_i x_{t-i} + \varepsilon_t - \sum_{k=1}^{q} \beta_k \varepsilon_{t-k}$ $t = p+1$, $\cdots$, n

② 将参数的估计值 $\hat{\alpha}_1$, $\hat{\alpha}_2$, $\cdots$, $\hat{\alpha}_p$, $\hat{\beta}_1$, $\hat{\beta}_2$, $\cdots$, $\hat{\beta}_q$, 与阶数的估计 $\hat{p}$ 与 $\hat{q}$ 代替 H_0 中的 α_1, α_2, $\cdots$, α_p, β_1, β_2, $\cdots$, β_q, σ^2, p 与 q, 故实际检验

$$H_0: \quad x_t = \sum_{i=1}^{\hat{p}} \hat{\alpha}_i x_{t-i} + \varepsilon_t - \sum_{k=1}^{\hat{q}} \hat{\beta}_k \varepsilon_{t-k} \qquad t = \hat{p}+1, \cdots, n$$

③ 由上式计算残差:

$$\hat{\varepsilon}_t = \sum_{i=1}^{\hat{q}} \hat{\beta}_i \varepsilon_{t-i} + x_t - \sum_{k=1}^{\hat{p}} \hat{\alpha}_k x_{t-k} \qquad t = \hat{p}+1, \hat{p}+2, \cdots$$

④ 由 $\{\hat{\varepsilon}_t\}$ 求自协方差函数与自相关函数

$$\hat{\gamma}_k(\varepsilon) = \frac{1}{n-p} \sum_{t=1}^{n-p-k} \varepsilon_{t+p}\varepsilon_{t+p+k} \qquad \hat{\rho}_k(\varepsilon) = \hat{\gamma}_k(\varepsilon) / \hat{\gamma}_0(\varepsilon) \quad (\quad k = 0, \quad 1, \quad \cdots 2$$

⑤ 若 $\{\hat{\rho}_k(\varepsilon), \quad k = 0, 1, 2, \cdots, n\}$ 中约有 68.3%的点落在纵坐标 $\hat{\rho} = \pm 1/\sqrt{n}$ 内，或约有 95.4%的点落在纵坐标 $\hat{\rho} = \pm 2/\sqrt{n}$ 内，则 $(\varepsilon_{p+1}, \varepsilon_{p+2}, \cdots, \varepsilon_n)$ 为独立序列样本值，此时接受 H_0，否则拒绝 H_0。

思 考 题

1. 如何确定自回归滑动平均模型的阶数？有哪些常用方法？
2. 如何求自回归滑动平均模型参数的矩估计？
3. 如何判断实际数据与估计自回归滑动平均模型吻合？

8.3 基本练习题

1. 由 $\{x_t\}$ 的样本数据计算得 $\hat{\gamma}_0 = 43.6$，$\hat{\rho}_k$ 的前 3 个值为 $\hat{\rho}_0 = 1$，$\hat{\rho}_1 = 0.56$，$\hat{\rho}_2 = 0.49$，试求 $ARMA(1,1)$ 模型参数 $\alpha_1, \beta_1, \sigma^2$ 的估计。

2. 设一平稳时间序列 $\{x_t\}$ 的实测数据确定拟合模型为 $ARMA(1,1)$，经计算得：$\hat{\gamma}_0 = 1.25$，$\hat{\gamma}_1 = 0.5$，$\hat{\gamma}_2 = 0.4$，$\bar{x} = 6.2$，试建立适合的 $ARMA(1,1)$ 模型。

8.4 自回归与滑动平均序列的预报

根据时间序列 $\{x_t\}$ 的历史数据 $x_t, x_{t-1}, \cdots$，对未来时刻 $t+l$ 时的取值 $x_{t+l}(l = 1, 2; \cdot$ 进行估计，称为时间序列的预报或预测。通常称函数

$$\hat{x}_{t+l} = f_l(x_t, x_{t-1}, \cdots) \tag{8.4.1}$$

为 $\{x_t\}$ 序列的未来 l 步预报，或 l 期预报。目前求平稳序列预报值的常用方法是线性最小方差预报法，即预报值函数 f_l 是历史数据的线性函数，且能使预报方差达到最小。

一、AR(p)序列的预报
对于 0 均值平稳 $AR(p)$ 序列：

$$x_t = \alpha_1 x_{t-1} + \alpha_2 x_{t-2} + \cdots + \alpha_p x_{t-p} + \varepsilon_t$$

其中 $\{\varepsilon_t\}$ 为白噪声，$E(\varepsilon_t) = 0$，$E(\varepsilon_t^2) = \sigma^2 > 0$，$\forall s < t, E(x_s\varepsilon_t) = 0$，若已知模型

参数 $\alpha = (\alpha_1, \cdots, \alpha_p)'$ 满足平稳性条件，则模型有平稳解。

1. 一步线性最小方差预报与预报误差

若已知历史数据 $x_n, x_{n-1}, \cdots, x_1$，则序列 $\{x_t\}$ 的一步线性最小方差预报与预测方差为

$$\hat{x}_{n+1} = \alpha_1 x_n + \alpha_2 x_{n-1} + \cdots + \alpha_p x_{n+1-p} \tag{8.4.2}$$

$$D(\hat{\varepsilon}_{n+1}) = E(|x_{n+1} - \hat{x}_{n+1}|^2) = \sigma^2 \tag{8.4.3}$$

事实上，若 $x_{n+1} = \sum_{j=1}^{p} \alpha_j x_{n+1-j} + \varepsilon_{n+1}$ 的预报值 $\hat{x}_{n+1} = \sum_{j=1}^{\infty} c_j x_{n+1-j}$ 为历史数据的线性组合，则由条件 $E(\varepsilon_t) = 0$，$E(\varepsilon_t^2) = \sigma^2 > 0$，$\forall s < t, E(x_s \varepsilon_t) = 0$ 得

$$E(|x_{n+1} - \hat{x}_{n+1}|^2) = E\left(|\sum_{j=1}^{p} \alpha_j x_{n+1-j} + \varepsilon_{n+1} - \sum_{j=0}^{+\infty} c_j x_{n+1-j}|^2\right)$$

$$= \left(E|\sum_{j=1}^{p}(\alpha_j - c_j) x_{n+1-j} - \sum_{j=p+1}^{+\infty} c_j x_{n+1-j} + \varepsilon_{n+1}|^2\right)$$

$$= E\left(|\sum_{j=1}^{p}(\alpha_j - c_j) x_{n+1-j} - \sum_{j=p+1}^{+\infty} c_j x_{n+1-j}|^2\right) + E(|\varepsilon_{n+1}|^2) +$$

$$2E\left(\left[\sum_{j=1}^{p}(\alpha_j - c_j) x_{n+1-j} - \sum_{j=p+1}^{+\infty} c_j x_{n+1-j}\right]\varepsilon_{n+1}\right)$$

$$= E\left(|\sum_{j=1}^{p}(\alpha_j - c_j) x_{n+1-j} - \sum_{j=p+1}^{+\infty} c_j x_{n+1-j}|^2\right) + \sigma^2 \geqslant \sigma^2$$

显然取 $c_j = \alpha_j (1 \leqslant j \leqslant p)$；$c_j = 0 (j \geqslant p+1)$，则 $\hat{x}_{n+1} = \sum_{j=1}^{p} \alpha_j x_{n+1-j}$ 是最小方差线性预报。可见平稳 $AR(p)$ 序列的一步预报值，只与最近的 p 个历史数据 $x_n, x_{n-1}, \cdots, x_{n+1-p}$ 有关。

[例 8.4.1] 试求平稳 $AR(2)$ 序列 $x_t = -0.17 x_{t-1} + 0.25 x_{t-2} + \varepsilon_t$ 的一步预报。

解：由式(8.4.2)立得：$\qquad \hat{x}_{n+1} = -0.17 x_n + 0.25 x_{n-1}$

一步预报误差方差：$\qquad E(\varepsilon_{n+1}^2) = E(|x_{n+1} - \hat{x}_{n+1}|^2) = \sigma^2$

类似地，l 步预报值可以由一步线性最小方差估计递推得到。

2. l 步线性最小方差预报与预报方差

若已知历史数据 $x_n, x_{n-1}, \cdots, x_1$，则序列 $\{x_t\}$ 的 l 步线性最小方差预报与预报方差为

$$\hat{x}_{n+l} = \begin{cases} \alpha_1 \hat{x}_{n+l-1} + \alpha_2 \hat{x}_{n+l-2} + \cdots + \alpha_p \hat{x}_{n+l-p} & l > 0 \\ x_{n+l} & l \leqslant 0 \end{cases} \quad (8.4.4)$$

$$D(\hat{\varepsilon}_{n+l}) = E(|x_{n+l} - \hat{x}_{n+l}|^2) = (1 + \psi_1^2 + \psi_2^2 + \cdots + \psi_{l-1}^2)\sigma^2 \quad (8.4.5)$$

其中系数 $\{\alpha_j, 1 \leqslant j \leqslant p\}$ 是由已知时序样本确定的估计值，$\{\psi_j\}$ 为格林函数，即 $\{x_t\}$ 的传递形式 $x_t = \sum_{j=1}^{\infty} \psi_j \varepsilon_{t-j}$ 的权系数。若再有 $\varepsilon_t \sim N(0, \sigma^2)$，$x_{n+l}$ 对于给定 $x_n, x_{n-1}, \cdots, x_1$ 下的条件分布为 $N(\hat{x}_{n+l}, D(\hat{\varepsilon}_{n+l}))$，因此，$x_{n+l}$ 的置信度为 $1-\alpha$ 的置信区间为

$$(\hat{x}_{n+l} \pm \sigma z_{\alpha/2} \sqrt{1 + \psi_1^2 + \psi_2^2 + \cdots + \psi_{l-1}^2}) \quad (8.4.6)$$

由式(8.4.4)可见相应步长的预报值为

$$\hat{x}_{n+1} = \alpha_1 x_n + \alpha_2 x_{n-1} + \cdots + \alpha_p x_{n+1-p}$$

$$\hat{x}_{n+2} = \alpha_1 \hat{x}_{n+1} + \alpha_2 x_n + \cdots + \alpha_p x_{n+2-p}$$

$$\cdots$$

$$\hat{x}_{n+p} = \alpha_1 \hat{x}_{n+p-1} + \alpha_2 \hat{x}_{n+p-2} + \cdots + \alpha_{p-1} \hat{x}_{n+1-p} + \alpha_p x_n$$

$$\hat{x}_{n+l} = \alpha_1 \hat{x}_{n+l-1} + \alpha_2 \hat{x}_{n+l-2} + \cdots + \alpha_p \hat{x}_{n+l-p} \quad l > p$$

注意上式中的初始值 $\hat{x}_{n+l} = x_{n+l}$ ($l \leqslant 0$)，且平稳 $AR(p)$ 序列的 l 步预报值 x_{n+l} 只是与最近的 p 个历史数据 $x_n, x_{n-1}, \cdots, x_{n+1-p}$ 有关。

一般地，i 步预报值既可通过差分方程方法求得，也可通过逐步递推求出。

(1) $AR(1)$ 的 l 步预报值

当 $p = 1$ 时，$AR(1)$ 模型为

$$x_t = \alpha_1 x_{t-1} + \varepsilon_t$$

因此由公式(8.4.4)得其 l 步预报值为

$$\hat{x}_{n+l} = \alpha_1 \hat{x}_{n+l-1} \quad l \geqslant 1$$

而因为 $\hat{x}_n = x_n$，故有

$$\hat{x}_{n+1} = \alpha_1 x_n \quad \hat{x}_{n+2} = \alpha_1 \hat{x}_{n+1} = \alpha_1^2 x_n, \quad \cdots \quad \hat{x}_{n+l} = \alpha_1^l x_n \quad l \geqslant 1$$

可见，平稳 $AR(1)$ 序列的 l 步预报值，只与最近的 1 个历史数据 x_n 有关。

(2) $AR(2)$ 的 l 步预报值

当 $p = 2$ 时，$AR(2)$ 模型为

$$x_t = \alpha_1 x_{t-1} + \alpha_2 x_{t-2} + \varepsilon_t$$

因此由公式(8.4.4)得 l 步预报值为

$$\hat{x}_{n+l} = \alpha_1 \hat{x}_{n+l-1} + \alpha_2 \hat{x}_{n+l-2} \qquad l \geq 1$$

而 $\hat{x}_n = x_n$ ，$\hat{x}_{n-1} = x_{n-1}$ ，故有

$$\hat{x}_{n+1} = \alpha_1 x_n + \alpha_2 x_{n-1} \qquad \hat{x}_{n+2} = \alpha_1 \hat{x}_{n+1} + \alpha_2 x_n ，\cdots \qquad \hat{x}_{n+l} = \alpha_1 \hat{x}_{n+l-1} + \alpha_2 \hat{x}_{n+l-2}$$

可见，平稳 $AR(2)$ 序列的 l 步预报值，只与最近的 2 个历史数据 x_n 与 x_{n-1} 有关。

[例 8.4.2] 设有平稳 $AR(2)$ 序列 $\{x_t\}$ ，$x_n = 7.61$ ，$x_{n-1} = 6.02$ ，且

$$x_t = 1.2x_{t-1} - 0.55x_{t-2} + \varepsilon_t \qquad \varepsilon_t \sim N(0, 0.8)$$

试求模型的前三步预报值，预测方差及 x_{n+3} 的置信度为 0.95 的置信区间。

解：由式(8.4.4)得

$$\hat{x}_{n+l} = \alpha_1 \hat{x}_{n+l-1} + \alpha_2 \hat{x}_{n+l-2} = 1.2 \hat{x}_{n+l-1} - 0.55 \hat{x}_{n+l-2}$$

$$\hat{x}_{n+1} = 1.2 x_n - 0.55 x_{n-1} = 1.2 \times 7.61 - 0.55 \times 6.02 = 5.821$$

$$\hat{x}_{n+2} = 1.2 \hat{x}_{n+1} - 0.55 x_n = 1.2 \times 5.821 - 0.55 \times 7.61 = 2.7997$$

$$\hat{x}_{n+3} = 1.2 \hat{x}_{n+2} - 0.55 \hat{x}_{n+1} = 1.2 \times 2.7997 - 0.55 \times 5.821 = 0.1581$$

再由格林函数 $\{\psi_j\}$ 的递推式(7.2.10)得

$$\psi_0 = 1 \qquad \psi_1 = \alpha_1 = 1.2 \qquad \psi_2 = 1.2\psi_1 - 0.55\psi_0 = 1.2 \times 1.2 - 0.55 = 0.89 \qquad ，则$$

$$D(\hat{\varepsilon}_{n+1}) = \sigma^2 = 0.8 ，$$

$$D(\hat{\varepsilon}_{n+2}) = (1 + \psi_1^2)\sigma^2 = (1 + 1.2^2) \times 0.8 = 1.952$$

$$D(\hat{\varepsilon}_{n+3}) = (1 + \psi_1^2 + \psi_2^2)\sigma^2 = (1 + 1.2^2 + 0.89^2) \times 0.8 = 2.5857$$

已知置信水平 $1 - \alpha = 0.95$ ，查表 $z_{0.05/2} = 1.96$ ，故得所求 x_{n+3} 的置信区间：

$$(\hat{x}_{n+3} \pm \sigma z_{0.05/2}\sqrt{1 + \psi_1^2 + \psi_2^2}) = (0.1581 \pm \sqrt{0.8} \times 1.96 \times \sqrt{1 + 1.2^2 + 0.89^2})$$

$$= (0.1581 \pm 3.1517) = (2.9936, 3.3098)$$

[例 8.4.3] 某水文站记录的年最大径流量的模型方程为

$$x_t = 7966 - 0.172x_{t-1} + 0.253x_{t-2} + \varepsilon_t$$

已知 $x_{1998} = 10000$ ，$x_{1999} = 9300$ ，试对 2000 年～2002 年三年的年最大径流量作出预报。

解：由题设知，预报公式为

$$\hat{x}_{n+l} = \alpha_0 + \alpha_1 \hat{x}_{n+l-1} + \alpha_2 \hat{x}_{n+l-2} = 7966 - 0.172 \hat{x}_{n+l-1} + 0.253 \hat{x}_{n+l-2}$$

于是计算可得

$$\hat{x}_{2000} = 7966 - 0.172x_{1999} + 0.253x_{1998} =$$

$$= 7966 - 0.172 \times 9300 + 0.253 \times 10000 = 8896$$

$$\hat{x}_{2001} = 7966 - 0.172\hat{x}_{2000} + 0.253x_{1999}$$

$$= 7966 - 0.172 \times 8896 + 0.253 \times 9300 = 8789$$

$$\hat{x}_{2002} = 7966 - 0.172\hat{x}_{2001} + 0.253\hat{x}_{2000}$$

$$= 7966 - 0.172 \times 8789 + 0.253 \times 8896 = 8705$$

二、$MA(q)$序列预报方法

设平稳时间序列为 $MA(q)$ 模型为

$$x_t = \mu + \varepsilon_t - \beta_1\varepsilon_{t-1} - \beta_2\varepsilon_{t-2} - \cdots - \beta_q\varepsilon_{t-q}$$

其中 $\{\varepsilon_t\}$ 为白噪声序列，$E(\varepsilon_t^2) = \sigma^2$，若已知历史数据 $x_n, x_{n-1}, \cdots, x_1$，则得 $MA(q)$ 序列的 l 步预报公式为

$$\hat{x}_{n+l} = \begin{cases} \mu - \sum_{j=l}^{q}\beta_j\varepsilon_{n+l-j} & l \leqslant q \\ \mu & l > q \end{cases} \tag{8.4.7}$$

$MA(q)$模型预测方差为

$$D(\hat{\varepsilon}_{n+l}) = \begin{cases} (1 + \beta_1^2 + \beta_2^2 + \cdots + \beta_{l-1}^2)\sigma^2 & l \leqslant q \\ (1 + \beta_1^2 + \beta_2^2 + \cdots + \beta_q^2)\sigma^2 & l > q \end{cases} \tag{8.4.8}$$

若再有 $\varepsilon_t \sim N(0, \sigma^2)$，$x_{n+l}$ 对于给定 $x_n, x_{n-1}, \cdots, x_1$ 下的条件分布为 $N(\hat{x}_{n+l}, D(\hat{\varepsilon}_{n+l}))$，因此，$x_{n+l}$ 的置信度为 $1-\alpha$ 的置信区间为

$$(\hat{x}_{n+l} \pm z_{\alpha/2}\sqrt{D(\hat{\varepsilon}_{n+l})}) \tag{8.4.9}$$

[例 8.4.4] 设平稳 $MA(2)$ 序列 $\{x_t\}$，$\hat{\varepsilon}_n = 0.4$，$\hat{\varepsilon}_{n-1} = -0.6$，且

$$x_t = \varepsilon_t - 0.5\varepsilon_{t-1} + 0.06\varepsilon_{t-2} \qquad \varepsilon_t \sim N(0, 0.7)$$

试求模型的前三步预报值、预测方差及 x_{n+3} 的置信度为 0.95 的置信区间。

解：由题设知：$\mu = 0$，$\beta_1 = 0.5$，$\beta_2 = -0.06$，根据公式(8.4.7)得

$$\hat{x}_{n+1} = -\beta_1\varepsilon_n - \beta_2\varepsilon_{n-1} = -0.5 \times 0.4 + 0.06 \times (-0.6) = -0.236$$

344

$$\hat{x}_{n+2} = -\beta_2\varepsilon_n = 0.06 \times 0.4 = 0.024$$

$$\hat{x}_{n+3} = 0$$

$$D(\hat{\varepsilon}_{n+1}) = \sigma^2 = 0.7$$

$$D(\hat{\varepsilon}_{n+2}) = (1+\beta_1^2)\sigma^2 = (1+0.5^2) \times 0.7 = 0.875$$

$$D(\hat{\varepsilon}_{n+3}) = (1+\beta_1^2+\beta_2^2)\sigma^2 = (1+0.5^2+0.06^2) \times 0.7 = 0.8775$$

x_{n+3} 的置信度为 0.95 的置信区间为

$$(\hat{x}_{n+3} \pm z_{0.05/2}\sqrt{D(\hat{\varepsilon}_{n+3})}) = (0 \pm 1.96 \times \sqrt{0.8775}) = (-1.836, 1.836)$$

[例 8.4.5] 某水文站根据 1950 年到 2003 年各年最大径流量的数据，确定 MA(2)模型：

$$x_t = 31563 + \varepsilon_t - 0.01\varepsilon_{t-1} + 0.204\varepsilon_{t-2} \quad \varepsilon_t \sim N(0, 18573)$$

且由历史数据已计算得 $\hat{\varepsilon}_{2002} = -18180$，$\hat{\varepsilon}_{2003} = -3277$，试预报 2004 年～2006 年最大径流量及预测方差。

解：由题设知：$\mu = 31563$，$\beta_1 = 0.01$，$\beta_2 = -0.204$，根据公式(8.4.7)得

$$\hat{x}_{2004} = \mu - \beta_1\varepsilon_{2003} - \beta_2\varepsilon_{2002} = 31563 - 0.01 \times (-3277) +$$
$$0.204 \times (-18180) = 27887$$

$$\hat{x}_{2005} = \mu - \beta_2\varepsilon_{2003} = 31563 + 0.204 \times (-3277) = 30894,$$

$$\hat{x}_{2006} = 31563$$

$$D(\hat{\varepsilon}_{2004}) = \sigma^2 = 18573$$

$$D(\hat{\varepsilon}_{2005}) = (1+\beta_1^2)\sigma^2 = (1+0.01^2) \times 15873 = 18574$$

$$D(\hat{\varepsilon}_{2006}) = (1+\beta_1^2+\beta_2^2)\sigma^2 = (1+0.01^2+0.204^2) \times 18573 = 19348$$

三、ARMA(p,q)序列预报方法

设平稳可逆的零均值时间序列为 ARMA(p,q) 模型为

$$x_t = \alpha_1 x_{t-1} + \alpha_2 x_{t-2} + \cdots + \alpha_p x_{t-p} + \varepsilon_t - \beta_1\varepsilon_{t-1} - \cdots - \beta_q\varepsilon_{t-q}$$

其中 $\{\varepsilon_t\}$ 为白噪声序列，$E(\varepsilon_t^2) = \sigma^2$，$\alpha = (\alpha_1, \cdots, \alpha_p)$ 与 $\beta = (\beta_1, \cdots, \beta_q)'$ 满足平稳及可逆性条件，而且 $E(\varepsilon_t x_s) = 0 \ (s < t)$，若已知历史数据 $x_n, x_{n-1}, \cdots, x_1$，则序列 $\{x_t\}$ 的 l 步线性最小方差预报与预报方差为

$$\hat{x}_{n+l} = \begin{cases} \sum_{i=1}^{p} \alpha_i \hat{x}_{n+l-i} - \sum_{j=l}^{q} \beta_j \hat{\varepsilon}_{n+l-j} & l \leqslant q \\ \sum_{i=1}^{p} \alpha_i \hat{x}_{n+l-i} & l > q \end{cases} \tag{8.4.10}$$

$$D(\hat{\varepsilon}_{n+l}) = E(\mid x_{n+l} - \hat{x}_{n+l}\mid^2) = (1 + \psi_1^2 + \psi_2^2 + \cdots + \psi_{l-1}^2)\sigma^2 \tag{8.4.11}$$

其中 $\{\psi_j\}$ 为 $ARMA(p,q)$ 传递形式 $x_t = \sum_{j=1}^{\infty} \psi_j \varepsilon_{t-j}$ 的权系数。若再有

$\varepsilon_t \sim N(0,\sigma^2)$，对于给定 $x_n, x_{n-1}, \cdots, x_1$ 下 x_{n+l} 的条件分布为 $N(\hat{x}_{n+l}, D(\hat{\varepsilon}_{n+l}))$，因此，

x_{n+l} 的置信度为 $1-\alpha$ 的置信区间为

$$(\hat{x}_{n+l} \pm \sigma z_{\alpha/2} \sqrt{1 + \psi_1^2 + \psi_2^2 + \cdots + \psi_{l-1}^2}) \tag{8.4.12}$$

注意上式中的初始值为 $\hat{x}_{n+l} = x_{n+l} (l \leqslant 0)$。

[例 8.4.6] 已知 $ARMA(1,1)$ 序列模型为

$$x_t = 0.8x_{t-1} + \varepsilon_t - 0.6\varepsilon_{t-1} \qquad \varepsilon_t \sim N(0,0.05^2)$$

且 $x_{100} = 0.3$，$\varepsilon_{100} = 0.01$，试求未来三期序列值的置信度为 0.95 的置信区间。

解：由题设知：$\alpha_1 = 0.8$，$\beta_1 = 0.6$，$x_{100} = 0.3$，$\varepsilon_{100} = 0.01$，$\sigma^2 = 0.0025$，

(1) 根据公式(8.4.10)得：计算未来三期序列值的预测值

$$\hat{x}_{101} = \alpha_1 x_{100} - \beta_1 \varepsilon_{100} = 0.8 \times 0.3 - 0.6 \times 0.01 = 0.234$$

$$\hat{x}_{102} = \alpha_1 \hat{x}_{101} = 0.8 \times 0.234 = 0.1872$$

$$\hat{x}_{103} = \alpha_1 \hat{x}_{102} = 0.8 \times 0.1872 = 0.1498$$

(2) 计算未来三期预测方差

由格林函数 $\{\psi_j\}$ 的递推公式可得

$$\psi_0 = 1 \quad \psi_1 = \alpha_1 \psi_0 - \beta_1 = 0.8 - 0.6 = 0.2 \quad \psi_2 = \alpha_1 \psi_1 = 0.8 \times 0.2 = 0.16$$

$$D(\hat{\varepsilon}_{101}) = \sigma^2 = 0.0025$$

$$D(\hat{\varepsilon}_{102}) = (1 + \psi_1^2)\sigma^2 = (1 + 0.2^2) \times 0.0025 = 0.0026$$

$$D(\hat{\varepsilon}_{n+3}) = (1 + \psi_1^2 + \psi_2^2)\sigma^2 = (1 + 0.2^2 + 0.16^2) \times 0.0025 = 0.0027$$

(3) 计算未来三期预测值的置信度为 0.95 的置信区间为

$$(\hat{x}_{n+l} \pm z_{0.05/2} \sqrt{D(\hat{\varepsilon}_{n+l})}) \qquad l = 1,2,3$$

$$(\hat{x}_{101} \pm z_{0.05/2} \sqrt{D(\hat{\varepsilon}_{n+l})}) = (0.234 \pm 1.96 \times \sqrt{0.0025}) = (0.136, 0.332)$$

$$(\hat{x}_{102} \pm z_{0.05/2}\sqrt{D(\hat{\varepsilon}_{n+l})}) = (0.1872 \pm 1.96 \times \sqrt{0.0026}) = (0.087, 0.287)$$

$$(\hat{x}_{103} \pm z_{0.05/2}\sqrt{D(\hat{\varepsilon}_{n+l})}) = (0.1498 \pm 1.96 \times \sqrt{0.0027}) = (0.049, 0.251)$$

上述内容仅介绍了时间序列分析的基础理论与方法，在实际中，关于时间序列的描述统计、相关性分析、平稳性分析、趋势分析、周期性分析、谱分析，以及建立各种类型的时序模型、检验与修正模型、预测及控制分析等内容所涉及的计算都极为繁杂，可利用 Eviews、SAS 与 SPSS 等常用统计软件进行计算，请参阅相关统计软件的应用书籍。

思 考 题

1. 如何做出 $ARMA(p,q)$ 的预报？
2. 如何计算预报方差与预报值的置信区间？
3. 如何采用逆函数形式作 $ARMA(p,q)$ 的预报？

8.4 基本练习题

1. 设有平稳 $AR(2)$ 序列：

$$x_t = -0.2x_{t-1} + 0.35x_{t-1} + \varepsilon_t \quad \varepsilon_t \sim N(0,1.3^2)$$

$x_n = 5.66$，$x_{n-1} = 4.82$，试求模型的前三步预报值及其 0.95 的置信区间。

2. 已知某地区每年常住人口数量近似服从 $MA(3)$ 模型(单位：万人)：

$$x_t = 100 + \varepsilon_t - 0.8\varepsilon_{t-1} + 0.6\varepsilon_{t-2} - 0.2\varepsilon_{t-3} \quad \varepsilon_t \sim N(0,5^2)$$

且知 $\hat{\varepsilon}_{2004} = -4$，$\hat{\varepsilon}_{2003} = 8$，$\hat{\varepsilon}_{2002} = -6$，试预测未来 4 年该地区常住人口 95%的置信区间。

3. 设时间序列为 $ARMA(1,1)$ 模型：

$$x_t = 0.12x_{t-1} + \varepsilon_t - 0.8\varepsilon_{t-1} \quad \varepsilon_t \sim N(0,1)$$

且 $x_{100} = 3$，$\varepsilon_{100} = 0.1$，试求未来三期序列值的置信度为 0.95 的置信区间。

习题参考答案

1.1　基本练习题

1. 0.7

2. (1) $\dfrac{53}{120}$　　(2) $\dfrac{20}{53}$

3. $\dfrac{1}{3}$

4. $\alpha = C_n^n 0.94^n (1-0.94)^0 = 0.94^n$

   $\beta = C_n^{n-2} 0.94^{n-2} (1-0.94)^2$

   $\theta = 1 - 0.94^n - n0.94^{n-1} \times 0.06$

5. (1) $\dfrac{3}{2}$　　(2) $\dfrac{1}{4}$

6. 4

7. $P\{V_n = k\} = C_n^k 0.01^k 0.99^{n-k}$　　$k = 0,1,2,\cdots,n$

8. (1) $f_X(x) = \begin{cases} 2x & 0 < x < 1 \\ 0 & \text{其它} \end{cases}$　$f_Y(y) = \begin{cases} 1 - \dfrac{y}{2} & 0 < y < 2 \\ 0 & \text{其它} \end{cases}$

   不独立。

   (2) $f_Z(z) = \begin{cases} 1 - \dfrac{1}{2}z & 0 \leqslant z < 2 \\ 0 & \text{其它} \end{cases}$

   (3) $\dfrac{3}{4}$

9. (1) $a = 0.4$，$b = 0.1$

   (2) $F(x,y) = \begin{cases} 0 & x < 0 \text{ or } y < 0 \\ 0.4 & 0 \leqslant x < 1,\ 0 \leqslant y < 1 \\ 0.5 & x \geqslant 1,\ 0 \leqslant y < 1 \\ 0.8 & 0 \leqslant x < 1,\ y \geqslant 1 \\ 1 & x \geqslant 1,\ y \geqslant 1 \end{cases}$

348

10. (1) $\quad f_Y(y) = \begin{cases} \dfrac{3}{8\sqrt{y}} & 0 < y < 1 \\ \dfrac{1}{8\sqrt{y}} & 1 \leqslant y < 4 \\ 0 & \text{其它} \end{cases}$

(2) $\dfrac{2}{3}$

(3) $\dfrac{1}{4}$

11. (1) $\dfrac{7}{24}$ (2) $f_Z(z) = \begin{cases} z(2-z) & 0 < z < 1 \\ (2-z)^2 & 1 \leqslant z < 2 \\ 0 & \text{其它} \end{cases}$

12. (1)

U \ V	1	2
1	4/9	0
2	4/9	1/9

(2) $\dfrac{4}{81}$, $\dfrac{1}{\sqrt{10}}$

13. (1) $X \sim B(100, 0.2)$ (2) 0.927

14. 98

1.2 基本练习题

1. $E(X \mid Y = 1) = 1.2$ $E(X \mid Y = 2) = 0$ $E(X \mid Y = 3) = 0.3$

   $E(Y \mid X = 0) = 2.29$ $E(Y \mid X = 0) = 1.44$

2. $Y \mid X = i$ 服从二项分布 $B(i, 0.51)$，$E(Y \mid X = i) = 0.51i$ $i = 0, 1, 2, \cdots$

3. $f_{Y|X}(y \mid x) = \begin{cases} \dfrac{1}{x} & 0 < y < x \\ 0 & \text{其它} \end{cases}$ $E(Y \mid X = x) = \dfrac{x}{2}$ $0 < x < 1$

4. $\dfrac{47}{64}$

5. $\dfrac{7}{10}$, $\dfrac{7}{15}$

349

6. $\dfrac{2y+1}{3}$

7. $f_{X|Y}(x|y) = \begin{cases} \dfrac{1}{y}e^{-\frac{x}{y}} & x>0, y>0 \\ 0 & 其它 \end{cases}$ $E(X|Y=y) = y \quad y>0$

8. $\dfrac{n(n+1)}{2}$

1.3　基本练习题

1. $0.4 + 0.3e^{it} + 0.2e^{2it} + 0.1e^{3it}$

2. $\varphi_X(t) = \dfrac{pe^{it}}{1-qe^{it}} \quad E(X) = \dfrac{1}{p} \quad D(X) = \dfrac{q}{p^2}$

3. $\varphi_X(t) = \left(\dfrac{pe^{it}}{1-qe^{it}}\right)^r$

4. $\varphi_X(t) = \dfrac{a^2}{a^2+t^2} \quad E(X) = 0 \quad D(X) = \dfrac{2}{a^2}$

5. $E\left[X-E(X)\right]^3 = 0 \quad E\left[X-E(X)\right]^4 = 3\sigma^4$

9. $\overline{X} \sim N\left(\mu, \dfrac{\sigma^2}{n}\right)$

2.1　基本练习题

3. (1) $x_1(t) = \dfrac{1}{2}\sin(\omega t + \Theta) \qquad x_2(t) = -\dfrac{1}{2}\sin(\omega t + \Theta)$

(2) $x_1(t) = A\sin\left(\omega t + \dfrac{\pi}{2}\right) = A\cos(\omega t) \quad x_2(t) = A\sin(\omega t + \pi) = -A\sin(\omega t)$

(3) $x_1(t) = \dfrac{1}{2}\sin(\pi t + \Theta) \quad x_1(t) = -\dfrac{1}{2}\sin(\pi t + \Theta)$

(4) $x_1(t) = \dfrac{1}{2}\sin\left(\omega t + \dfrac{\pi}{2}\right) = \dfrac{1}{2}\cos\omega t \quad x_2(t) = -\dfrac{1}{2}\sin\left(\omega t + \dfrac{\pi}{2}\right) = -\dfrac{1}{2}\cos\omega t$

5. (2)

Y_1 \ Y_2	−2	0	2
−1	1/4	1/4	0
1	0	1/4	1/4

(3) $P\{Y_n = n - 2k\} = C_n^k \dfrac{1}{2^n}$ $k = 0, 1, 2, \cdots n$

6. (1) $X_1(t) = \cos \omega t - \sin \omega t$ $t \in (-\infty, +\infty)$

 $X_2(t) = \cos \omega t + \sin \omega t$ $t \in (-\infty, +\infty)$

 (2) $f(x, t) = \dfrac{1}{\sqrt{2\pi}\sigma} \mathrm{e}^{-\frac{x^2}{2\sigma^2}}$ $x \in (-\infty, +\infty)$

7. (1) 是

 (2) $P\{Y(t) = n\} = \dfrac{(\lambda p t)^n}{n!} \mathrm{e}^{-\lambda p t}$ $n = 0, 1, 2, \cdots$

2.2   基本练习题

1. $EY_n = n(2p - 1)$， $DY_n = 4npq$， $P\{Y_n = 2k - n\} = C_n^k p^k (1 - p)^{n-k}$ $k = 0, 1, 2, \cdots, n$

2. $m_Y(t) = t\mu + a$， $C_Y(t_1, t_2) = t_1 t_2 \sigma^2$

3. $F(x, t) = \Phi\left(\dfrac{x}{|t|}\right)$ $-\infty < x < \infty$ $t \neq 0$ 当 $t = 0$ 时， $P\{X(0) = 0\} = 1$

4. $f(x, t) = \dfrac{1}{\sqrt{2\pi}|\cos \omega t|} \exp\left\{-\dfrac{x^2}{2\cos^2 \omega t}\right\}$ $-\infty < x < +\infty$

 $F(x, t) = \Phi\left(\dfrac{x}{|\cos \omega t|}\right)$ $-\infty < x < +\infty$

 当 $t = \dfrac{\pi(2k + 1)}{2\omega}$ $k = 0, 1, 2, \cdots$ $P\{X(t) = 0\} = 1$

5. $m_Y(t) = m_X(t) + \varphi(t)$， $D_Y(t) = C_X(t, t)$，

 $\psi_Y^2(t) = C_X(t, t) + m_X^2(t) + \varphi^2(t) + 2m_X(t)\varphi(t)$

 $R_Y(t_1, t_2) = C_X(t_1, t_2) + [m_X(t_1) + \varphi(t_1)][m_X(t_2) + \varphi(t_2)]$，

 $C_Y(t_1, t_2) = C_X(t_1, t_2)$

6. $m_Y(t) = t m_X(t)$， $C_Y(t_1, t_2) = t_1 t_2 C_X(t_1, t_2)$

8. $m_X(t) = \int_R \varphi(t, x) f(x) \mathrm{d}x$， $R_X(t_1, t_2) = \int_R \varphi(t_1, x)\varphi(t_2, x) f(x) \mathrm{d}x$

 $C_X(t_1, t_2) = R_X(t_1, t_2) - m_X(t_1) m_X(t_2)$

9. (1) $F_1\left(x;\dfrac{1}{2}\right)=\begin{cases}0 & x<0\\0.5 & 0\leqslant x<1\\1 & x\geqslant 1\end{cases}$, $F_1(x;1)=\begin{cases}0 & x<-1\\0.5 & -1\leqslant x<2\\1 & x\geqslant 2\end{cases}$

(2) $F\left(x_1,x_2;\dfrac{1}{2},1\right)=\begin{cases}0 & x_1<0\text{或}x_2<-1\\0.5 & 0\leqslant x_1<1,x_2\geqslant -1\\0.5 & x_1\geqslant 0,-1\leqslant x_2<2\\1 & x_1\geqslant 1,x_2\geqslant 2\end{cases}$

10. $f(x,t)=\begin{cases}\dfrac{2}{\pi A_0^2}\sqrt{A_0^2-x^2} & |x|<A_0\\[2mm]0 & \text{其它}\end{cases}$

2.3 基本练习题

2. $EZ(t)=m_X(t)+m_Y(t)$ $DZ(t)=D_X(t)+D_Y(t)$

4. $C=\left(C_{ij}\right)_{n\times n}=\left(\sigma^2\varphi(t_i)\varphi(t_j)\right)_{n\times n}$

5. $f_n(x_1,\cdots,x_n,t_1,\cdots t_n)=\dfrac{1}{(2\pi)^{\frac{n}{2}}|C|^{\frac{1}{2}}}e^{-\frac{1}{2}x'C^{-1}x}$ $x'=(x_1,\cdots,x_n)$

7. (1) $C=\begin{pmatrix}6 & 6e^{-\frac{1}{2}} & 6e^{-1} & 6e^{-\frac{3}{2}}\\6e^{-\frac{1}{2}} & 6 & 6e^{-\frac{1}{2}} & 6e^{-1}\\6e^{-1} & 6e^{-\frac{1}{2}} & 6 & 6e^{-\frac{1}{2}}\\6e^{-\frac{3}{2}} & 6e^{-1} & 6e^{-\frac{1}{2}} & 6\end{pmatrix}$ (2) $C=\begin{pmatrix}6 & 0 & 0 & 0\\0 & 6 & 0 & 0\\0 & 0 & 6 & 0\\0 & 0 & 0 & 6\end{pmatrix}$

第2章 综合练习

1. $m_X(t)=0$, $D_X(t)=\cos^2\omega_0 t$, $\psi_X^2(t)=\cos^2\omega_0 t$, $R_X(t_1,t_2)=\cos\omega_0 t_1\cos\omega_0 t_2$
   $C_X(t_1,t_2)=\cos\omega_0 t_1\cos\omega_0 t_2$

2. $m_X(t)=\dfrac{1}{3}(1+\sin t+\cos t)$ $R_X(t_1,t_2)=\dfrac{1}{3}\left[1+\cos(t_1-t_2)\right]$

3. (1) $m_X(t) = \mu t^2 + 2t + 1$

$$R_X(t_1, t_2) = (\sigma^2 + \mu^2)t_1^2 t_2^2 + \mu[t_1^2(2t_2 + 1) + (2t_1 + 1)t_2^2] + (2t_1 + 1)(2t_2 + 1)$$

(2) $m_X(t) = \mu(\sin 4t + \cos 4t)$, $R_X(t_1, t_2) = (\sigma^2 + \mu^2)\cos 4(t_1 - t_2) + \mu^2 \sin 4(t_1 + t_2)$

4. (1) $R_Y(t_1, t_2) = (t_1 + 1)(t_2 + 1)R_X(t_1, t_2)$

(2) $R_Z(t_1, t_2) = c^2 R_X(t_1, t_2)$

5. $m_X(t) = 5\cos 2t$, $C_X(t_1, t_2) = 6\cos 2t_1 \cos 2t_2$, $D_X(t) = 6\cos^2 2t$

6. $R_Y(t_1, t_2) = R_X(t_1 + a, t_2 + a) - R_X(t_1 + a, t_2) - R_X(t_1, t_2 + a) + R_X(t_1, t_2)$

7. (1) $\varphi_{X_1,\cdots,X_n}(v_1, v_2, \cdots, v_n) = e^{-\frac{\sigma^2}{2}\sum_{k=1}^{n} v_k^2}$, $\varphi_{S_k}(v) = e^{-\frac{k\sigma^2 v^2}{2}}$, $\varphi_{Y_k}(v) = e^{-\sigma^2 v^2}$ $k = 2, \cdots, n$

$\varphi_{Y_1}(v) = \varphi_X(v) = e^{-\frac{\sigma^2 v^2}{2}}$

(2) $\varphi_{X_1,\cdots,X_n}(v_1, v_2, \cdots, v_n) = \exp\left\{\lambda \sum_{k=1}^{n}(e^{iv_k} - 1)\right\}$, $\varphi_{S_k}(v) = \exp\left\{k\lambda(e^{iv} - 1)\right\}$

$\varphi_{Y_k}(v) = \exp\left\{2\lambda(\cos v - 1)\right\}$ $k = 2, \cdots, n$, $\varphi_{Y_1}(v) = \varphi_X(v) = \exp\left\{\lambda(e^{iv} - 1)\right\}$

(3) $\varphi_{X_1,\cdots,X_n}(v_1, v_2, \cdots, v_n) = \prod_{k=1}^{n} \frac{\lambda}{\lambda - iv_k}$, $\varphi_{S_k}(v) = \frac{\lambda^k}{(\lambda - iv)^k}$

$\varphi_{Y_k}(v) = \frac{\lambda^2}{\lambda^2 + v^2}$ $k = 2, \cdots, n$, $\varphi_{Y_1}(v) = \frac{\lambda}{\lambda - iv}$

8. $m_X(t) = 0$, $D_X(t) = 1$, $\psi_X^2(t) = 1$, $R_X(t_1, t_2) = e^{i\omega(t_1 - t_2)}$, $C_X(t_1, t_2) = e^{i\omega(t_1 - t_2)}$

9. $m_X(t) = 0$, $R_Z(t_1, t_2) = e^{i\omega(t_1 - t_2)}\sum_{k=1}^{n} E(A_k^2)$

10. $m_X(t) = 0$, $D_X(t) = \sigma^2$, $C_X(t_1, t_2) = \sigma^2 e^{-\alpha|t_2 - t_1|}$

11. $m_Y(t) = 0$, $C_Y(t_1, t_2) = \sigma^2 \cos \omega(t_2 - t_1)$

13. $m_X(t) = \cos 2t + 2\sin t + t$, $D_X(t) = 3\cos^2 2t + 4\sin^2 t$

$$R_X(t_1, t_2) = 4\cos 2t_1 \cos 2t_2 + 2\cos 2t_1 \sin t_2 + t_2 \cos 2t_1 + 2\sin t_1 \cos 2t_2 +$$
$$8\sin t_1 \sin t_2 + 2t_2 \sin t_1 + t_1 \cos 2t_2 + 2t_1 \sin t_2 + t_1 t_2$$

$$C_X(t_1, t_2) = 3\cos 2t_1 \cos 2t_2 + 4\cos t_1 \sin t_2$$

14. $E(XY) = 2$, $E\left[(X-Y)^2\right] = 1$, $C = \begin{bmatrix} 2 & 2 \\ 2 & 3 \end{bmatrix}$,

$$\varphi(2,3;u,v) = \exp\left\{-\frac{1}{2}\left(2u^2 + 4uv + 3v^2\right)\right\}$$

15. $f_1(x,t) = \begin{cases} \dfrac{1}{3xt} & \mathrm{e}^{-5t} \leqslant x < \mathrm{e}^{-2t} \\ 0 & \text{其它} \end{cases}$; $m_X(t) = \dfrac{1}{3t}(\mathrm{e}^{-2t} - \mathrm{e}^{-5t})$

$$R_X(t_1, t_2) = \frac{1}{3(t_1 + t_2)}\left[\mathrm{e}^{-2(t_1+t_2)} - \mathrm{e}^{-5(t_1+t_2)}\right]$$

第2章 自测题

1. (1) $x_1(t) = 1 + t$, $x_2(t) = 2 + t$

(2) $\varphi_X(t,v) = \dfrac{1}{2\pi i v}\mathrm{e}^{i v t}(\mathrm{e}^{i2\pi v} - 1)$

(3) $m_X(t) = \pi + t$, $C_X(t_1, t_2) = \dfrac{1}{3}\pi^2$

2. (1) 参数空间为连续集，状态空间为连续集；

(2) 二阶矩过程，正态随机过程。

3. $R_Z(s,t) = \mathrm{e}^{-|s-t|} + \cos 2\pi(s-t)$

3.6 基本练习题

2. (1) $E[Y(t)] = \dfrac{A}{2}t + B$, $E[Z(t)] = \dfrac{A}{2}(2t+b) + B$, $C_Y(t_1,t_2) = 0$, $C_Z(t_1,t_2) = 0$

(2) $E[Y(t)] = \dfrac{A}{3}t^2 + \dfrac{1}{2}Bt + C$, $E[Z(t)] = \dfrac{Ab}{3}(3t^2 + 3tb + b^2) + \dfrac{B}{2}(2t+b) + C$

$C_Y(t_1,t_2) = 0$, $C_Z(t_1,t_2) = 0$

(3) $E[Y(t)] = 0$, $E[Z(t)] = 0$

$C_Y(t_1,t_2) = \dfrac{1}{\alpha^2 t_1 t_2}\left[2\alpha \min(t_1,t_2) + 2(\mathrm{e}^{-\alpha \min(t_1,t_2)} - 1) + (\mathrm{e}^{\alpha \min(t_1,t_2)} - 1)(\mathrm{e}^{-\alpha \min(t_1,t_2)} - \mathrm{e}^{-\alpha \max(t_1,t_2)})\right]$

3. (1) $m_{X'}(t) = A$, $C_{X'}(t_1,t_2) = 0$

(3) $m_X(t) = 0$, $C_{X'}(s,t) = -\alpha^2 \mathrm{e}^{-\alpha|s-t|}$

(4) $m_X(t) = 0$, $C_{X'}(s,t) = \dfrac{2(\alpha^2 - 3(s-t)^2)}{(\alpha^2 - (s-t)^2)^3}$

5. $m_Y(T) = 0$ ， $D[Y(T)] = \dfrac{8A^2}{\omega_0^2}\left(1 - \cos\dfrac{\omega_0 T}{2}\right)$

6. $EY(t) = \dfrac{\lambda}{\alpha}(e^{\alpha t} - 1)$ ， $R_Y(t_1, t_2) = \dfrac{1}{\alpha^2}e^{\alpha(t_1+t_2)}[\lambda^2 + \lambda\delta(t_1 - t_2)](1 - e^{-\alpha t_1})(1 - e^{-\alpha t_2})$

$$R_{XY}(t_1, t_2) = \dfrac{\lambda}{\alpha^2}\Big[(\lambda\alpha + \lambda\delta t_1 - \delta)e^{\alpha t_2} + \delta - \lambda - \alpha\delta(t_1 - t_2)\Big]$$

7. $R_Y(t_1, t_2) = [3 - 4(t_1 - t_2)^2]e^{-(t_1-t_2)^2}$

第3章 综合练习

1. (1) $X'(t) = -X \cdot \omega_0 \sin\omega_0 t \quad t \in R$

   (2) $Y(t) = \dfrac{1}{\omega_0} X \sin\omega_0 t \quad t \in R$

2. (1) $X'(t) = -X e^{-Xt}$

   (2) $Y(t) = -\dfrac{1}{X} e^{-Xt}$

3. (1) $R_Y(\tau) = 2(1 - \tau^2)e^{-\frac{\tau^2}{2}}$ ， $D_Y(t) = 2$

   (2) $\dfrac{D_X(t)}{D_Y(t)} = 1 - \dfrac{1}{2}C^2$ ， $m_X(t) = C$

4. $R_Y(\tau) = \alpha^2 A(1 - \alpha\,|\,\tau\,|)e^{-\alpha|\tau|}$

5. 0.4772

6. 1, $\dfrac{1}{2}(1 + e^{-2})$

第3章 自测题

1. 0, $\dfrac{4}{3}\sigma^2$

2. $\dfrac{\sigma^2(1 + t_1 t_2)}{(1 - t_1 t_2)^3}$, $\dfrac{\sigma^2 t_1}{(1 - t_1 t_2)^2}$

4.1 基本练习题

5. $50t$ ， $500t$

4.2 基本练习题

1. (1) 0.095643635 　 (2) 0.798569 　 (3) 0.4

2. 是强度为 0.5 的泊松过程；$\tau_{20} \sim \Gamma(20, 0.5)$；$T_n \sim Z(0.5)$

3. $P\{X(t) = k\} = \dfrac{(\lambda p t)^k}{k!} e^{-\lambda p t}$ $\quad k = 0, 1, 2, \cdots$

4.3 基本练习题

1. $P\{N(t) = k\} = \dfrac{[m(t)]^k}{k!} e^{-m(t)}$, $\quad \dfrac{1}{2}\left(t - \dfrac{1}{\omega}\sin\omega t\right)$, $\quad \dfrac{1}{2}\left(t - \dfrac{1}{\omega}\sin\omega t\right)$

$\quad P\{N(2, 2+1) = k\} = \dfrac{1}{2} - \dfrac{1}{\omega}\cos\dfrac{5\omega}{2}\sin\dfrac{\omega}{2}$

2. $P\{N(1) = k\} = \dfrac{(\pi/4)^k}{k!} e^{-\pi/4}$ $\quad k = 0, 1, 2, \cdots$; $\quad P\{N(4) - N(2) = k\} = \dfrac{0.2187^k}{k!} e^{-0.2187}$

$\quad \arctan t$, $\quad \arctan t$

3. $P\{N(t) = k\} = \begin{cases} \displaystyle\int_0^t \left(\dfrac{1}{(2k-1)!} - \dfrac{x^2}{(2k+1)!}\right) x^{2k-1} e^{-x} \mathrm{d}x & t > 0 \\ 0 & t \leqslant 0 \end{cases}$,

$\quad E[N(t)] = \dfrac{1}{4}(2t + e^{-2t} - 1)$

4. $P\{N(t) = n\} = \Phi\left(\dfrac{t}{\sqrt{n}\sigma}\right) - \Phi\left(\dfrac{t}{\sqrt{n+1}\sigma}\right)$ $\quad n = 0, 1, 2, \cdots$; $\quad E[N(t)] = \displaystyle\sum_{n=1}^{\infty} \Phi\left(\dfrac{t}{\sqrt{n}\sigma}\right)$

5. 0.05

6. 0.0000454，10

第4章 综合练习

2. $\dfrac{4\lambda^3}{3} e^{-2\lambda}$, $\quad e^{-\lambda}\left[\left(1 + \lambda + \dfrac{\lambda^2}{2}\right) - e^{-\lambda}(1 + 2\lambda + 2\lambda^2)\right]$

3. 25 ， 215/3

5. 1/12，1/12， $1 - \dfrac{13}{12} e^{-1/12}$

6. $m_X(t) = (\lambda_1 - \lambda_2)t$, $\quad R_X(t_1, t_2) = (\lambda_1 + \lambda_2)\min(t_1, t_2) + (\lambda_1 - \lambda_2)^2 t_1 t_2$

7. $P\{N(T) = k\} = \dfrac{\lambda^k \gamma}{(\gamma + \lambda)^{k+1}} = \dfrac{\gamma}{(\gamma + \lambda)} \cdot \left(\dfrac{\lambda}{\gamma + \lambda}\right)^k$ $\quad k = 0, 1, 2, \cdots$

8. $\dfrac{1}{2}\lambda T$, $\quad \dfrac{\lambda T}{3}$

9. (1) $\dfrac{\lambda}{\mu}(1 - e^{-\mu t})$, $\quad \dfrac{\lambda}{\mu}$

(2) $\dfrac{\lambda}{\mu}(1-e^{-\mu t})$, $\dfrac{\lambda}{\mu}$

(3) $\exp\left\{-\dfrac{\lambda}{\mu}(1-e^{-\mu t})\right\}$

10. $f(t)=\begin{cases}\lambda e^{-\lambda t} & t>0 \\ 0 & t\leqslant 0\end{cases}$, $\dfrac{\lambda_1}{\lambda_1+\lambda_2+\lambda_3}$, $\dfrac{\lambda_3}{\lambda_1+\lambda_2+\lambda_3}$, $\dfrac{\lambda_2+\lambda_3}{\lambda_1+\lambda_2+\lambda_3}$,

$\left(\dfrac{\lambda_1}{\lambda_1+\lambda_2+\lambda_3}\right)^3 \cdot \dfrac{\lambda_2+\lambda_3}{\lambda_1+\lambda_2+\lambda_3}$

11. $\dfrac{1}{2}\lambda t^2$

12. $\dfrac{\lambda E(D_1)}{\alpha}(1-e^{-\alpha t})$

14. （ I ）$7500t$, $\dfrac{35}{3}\times 10^6 t$, $\varphi_{Y(t)}(v)=\exp\left\{\lambda t\left[\dfrac{\mathrm{i}}{1000v}(e^{\mathrm{i}1000v}-e^{\mathrm{i}2000v})-1\right]\right\}$

（II）$\dfrac{5t}{\mu}$, $\dfrac{10t}{\mu^2}$, $\varphi_{Y(t)}(v)=\exp\left\{\lambda t\left(\dfrac{\mu}{\mu-\mathrm{i}v}-1\right)\right\}$

15. $E[Y(t)]=0$, $D[Y(t)]=\lambda t\sigma^2$, $\varphi_{Y(t)}(v)=\exp\left\{\lambda t\left(e^{-\frac{\sigma^2 t^2}{2}}-1\right)\right\}$

16. $P\{N(t)=n\}=\displaystyle\int_0^t\left[\dfrac{1}{2\Gamma(3n/2)}-\dfrac{(s/2)^{3/2}}{2\Gamma(3n+3/2)}\right]\left(\dfrac{s}{2}\right)^{3n/2-1}e^{-s/2}\mathrm{d}s \qquad n=0,1,2,\cdots$

$m_N(t)=\dfrac{1}{2}\displaystyle\int_0^t e^{-s/2}\sum_{k=1}^{+\infty}\dfrac{1}{\Gamma(3k/2)}\left(\dfrac{s}{2}\right)^{3k/2-1}\mathrm{d}s$

17. $P\{N(t)\geqslant k\}=P\{\tau_k\leqslant t\}=\begin{cases}\displaystyle\int_0^{t-k\delta}\dfrac{\mu^k}{(k-1)!}e^{-\mu s}s^{k-1}\mathrm{d}s & t>k\delta \\ 0 & t\leqslant k\delta\end{cases}$

第4章　自测题

1. (1) $P\{N(t)=k\}=\dfrac{(t/3)^k}{k!}e^{-t/3}$ $k=0,1,2,\cdots$

(2) $E[N(t)]=\dfrac{1}{3}t$

(3) $P\{Y(t)=k\}=\dfrac{(t/9)^k}{k!}e^{-t/9}$ $k=0,1,2,\cdots$

2. (1) $P\{N_1(t) + N_2(t) = k\} = \dfrac{(5.5t)^k}{k!}\mathrm{e}^{-5.5t}$ $k = 0,1,2,\cdots$

   (2) $E[N_2(t) - N_1(t)] = 0.5t$, $D[N_2(t) - N_1(t)] = 5.5t$

   (3) 0.135237

3. (1) $P\{N(12) - N(10) = 0\} = \mathrm{e}^{-4}$

   (2) $f_{\tau_2}(t) = \begin{cases} 2\cdot(2t)\mathrm{e}^{-2t} = 4t\mathrm{e}^{-2t} & t > 0 \\ 0 & t \leqslant 0 \end{cases}$

4. $\lambda(t) = \dfrac{\lambda}{2}(1 - \mathrm{e}^{-2\lambda t})$

5.1 基本练习题

1. $X(t)$ 是宽平稳随机过程，不是严平稳随机过程。

4. 宽平稳过程。

8. (1) $R_{XY}(\tau) = \alpha R_X(\tau - \tau_1) + R_{XN}(\tau)$

   (2) $R_{XY}(\tau) = \alpha R_X(\tau - \tau_1)$

9. (1) $m_{X^2}(t) = E\left[X^2(t)\right] = R_X(0) = \sigma^2$

   (2) $R_{X^2}(t_1, t_2) = 2R_X^2(t_2 - t_1) + \sigma^4$

5.2 基本练习题

1. $X(t)$ 是平稳过程，均值具有遍历性，自相关函数不一定具备遍历性。

2. $X(t)$ 的均值具有遍历性。

5.3 基本练习题

1. $S_1(\omega)$、$S_3(\omega)$、$S_4(\omega)$ 不是，$S_2(\omega)$ 是

2. $\psi_X^2 = \dfrac{2}{3\pi}a^3$

3. (1) $S_X(\omega) = \dfrac{a}{a^2 + (\omega + \omega_0)^2} + \dfrac{a}{a^2 + (\omega - \omega_0)^2}$

   (2) $S_X(\omega) = \dfrac{4}{\omega^2 T}\sin^2\dfrac{\omega T}{2}$

(3) $S_X(\omega) = \dfrac{4}{1+(\omega+\pi)^2} + \dfrac{4}{1+(\omega-\pi)^2} + \pi\left[\delta(\omega-3\pi)+\delta(\omega+3\pi)\right]$

(4) $S_X(\omega) = ab^{-1}\omega\sigma^2\left[\dfrac{1}{a^2+(\omega-b)^2} - \dfrac{1}{a^2+(\omega+b)^2}\right]$

4. (1) $R_X(\tau) = \dfrac{\sin\omega_0\tau}{\pi\tau}$

(2) $R_X(\tau) = \dfrac{4}{\pi} + \dfrac{4}{\pi}\cdot\dfrac{\sin^2 5\tau}{\tau^2}$

(3) $R_X(\tau) = \dfrac{2}{\pi\omega_0\tau^2}\sin^2\dfrac{\omega_0\tau}{2}$

(4) $R_X(\tau) = \dfrac{1}{4}\mathrm{e}^{-2|\tau|} - \dfrac{1}{6}\mathrm{e}^{-3|\tau|}$

(5) $R_X(\tau) = \displaystyle\sum_{k=1}^{n}\dfrac{a_k}{2b_k}\mathrm{e}^{-b_k|\tau|}$

(6) $R_X(\tau) = \dfrac{b^2}{\pi\tau}(\sin 2a\tau - \sin a\tau)$

5. $R_X(\tau) = \displaystyle\sum_{k=1}^{n}\sigma_k^2(\cos\omega_k\tau - \mathrm{i}\sin\omega_k\tau)$, $S_X(\omega) = \displaystyle\sum_{k=1}^{n}2\pi\sigma_k^2\delta(\omega+\omega_k)$

8. $S_{XY}(\omega) = 2\pi m_X m_Y\delta(\omega)$, $S_{XZ}(\omega) = S_X(\omega) + 2\pi m_X m_Y\delta(\omega)$

第5章　综合练习

1. 是平稳过程。

3. (1) 是平稳过程

(2) 不是平稳过程

4. $X(t)$不是严平稳过程，也不是宽平稳过程。

5. (1) $R_Y(n,n+m) = \dfrac{1}{16}R_X(m+2) + \dfrac{1}{4}R_X(m+1) + \dfrac{3}{8}R_X(m) +$

$\dfrac{1}{4}R_X(m-1) + \dfrac{1}{16}R_X(m-2)$

(2) $Y(n)$具有严平稳性

10. $C_Z(\tau) = \mathrm{e}^{-(a+b)|\tau|} + m_X^2\mathrm{e}^{-b|\tau|} + m_Y^2\mathrm{e}^{-a|\tau|}$

12. $E[X(t)] = \dfrac{A}{8}$，$<X(t)> = \dfrac{A}{8}$，$X(t)$ 的均值具有遍历性。

13. (1) $P\{|\mu_T - \mu| < \varepsilon\} \geqslant 1 - \dfrac{1}{\varepsilon^2}\left(\dfrac{1}{\alpha T} - \dfrac{1 - e^{-2\alpha T}}{2\alpha^2 T^2}\right)$

    (2) $T \geqslant \dfrac{1}{0.0005\alpha} = \dfrac{2000}{\alpha}$

16. $X(t)$ 是宽平稳过程，$R_X(t_1, t_2) = \begin{cases} \dfrac{1}{6}(1 - |t_2 - t_1|)^2(2 + |t_2 - t_1|) & |t_2 - t_1| \leqslant 1 \\ 0 & |t_2 - t_1| > 1 \end{cases}$

17. (1) $S_Y(\omega) = \dfrac{4\sin^2(\omega/2)}{\omega^2}$

    (2) $Z(n) \sim N\left(0, \dfrac{n(n+1)(2n+1)}{6}\right)$

19. $S_X(\omega) = \dfrac{\alpha A}{\beta}\left[\dfrac{2\beta + \omega}{\alpha^2 + (\beta + \omega)^2} + \dfrac{2\beta - \omega}{\alpha^2 + (\beta - \omega)^2}\right]$

20. $R_X(\tau) = \dfrac{2C^2}{\pi\tau}\cos\dfrac{3\omega_0\tau}{2}\sin\dfrac{\omega_0\tau}{2}$

23. $S_Y(\omega) = \left|\sum\limits_{k=1}^{n} a_k e^{-i\omega s_k}\right|^2 S_X(\omega)$；$\quad F_Y(\omega) = \int_{-\infty}^{\infty}\left|\sum\limits_{k=1}^{n} a_k e^{-its_k}\right|^2 \mathrm{d}F_X(t)$

第5章　自测题

3. $m_z(t) = 0$，$\quad R_Z(t_1, t_2) = 2\cos(t_2 - t_1)$

    $Z(t)$ 是宽平稳过程，不是严平稳过程。

4. $S_X(\omega) = \dfrac{3\pi + \omega}{4 + (3\pi + \omega)^2} + \dfrac{3\pi - \omega}{4 + (3\pi - \omega)^2} + \pi[\delta(\omega - \pi) + \delta(\omega + \pi)]$

5. $R_X(\tau) = \dfrac{5}{48}e^{-3|\tau|} + \dfrac{3}{16}e^{-|\tau|}$

6.1　基本练习题

6. 是马尔可夫过程。

7. (1) 随机变量 V 与 Θ 相互独立；
    (2) $X(t)$ 不是马氏过程。

6.2 基本练习题

1. (1) $p^2(1+q)$

   (2) $p^4 + 2pq^3 + 2p^3q + q^4$

   (3) $1-p^3$

   (4) $1-p^3-q^3$

2. $E=\{1,2,\cdots,N\}$

$$P=\begin{pmatrix} 0 & p & 0 & 0 & \cdots & q \\ q & 0 & p & 0 & \cdots & 0 \\ 0 & q & 0 & p & \cdots & 0 \\ \vdots & \vdots & \vdots & \vdots & \vdots & \vdots \\ 0 & \vdots & \vdots & q & 0 & p \\ p & 0 & \cdots & 0 & q & 0 \end{pmatrix}$$

3. 是马氏链，

$$P=\begin{pmatrix} \cdots & \cdots & \cdots & \cdots & \cdots & \cdots \\ \cdots & 1/2 & 0 & 1/2 & \cdots & \cdots \\ \cdots & \cdots & 1/2 & 0 & 1/2 & \cdots \\ \cdots & \cdots & \cdots & 1/2 & 0 & \cdots \\ \vdots & \vdots & \vdots & \vdots & \vdots & \vdots \\ \cdots & \cdots & \cdots & \cdots & \cdots & \cdots \end{pmatrix}$$

6. (1) $E=\{0,0.1,0.2,\cdots,a+b\}$ ，$X(n)$ 为马氏链

$$p_{ij}(k)=\begin{cases} 1/2 & j=i+0.1 \\ 1/2 & j=i-0.1 \\ 1 & i=a+b, j=a+b \\ 1 & i=0, j=0 \\ 0 & \text{其它} \end{cases}$$

   (2) $E=\{0.1,\ 0.2,\ \cdots,\ a+b-0.1\}$

$$p_{ij}(k)=\begin{cases} 1/2 & j=i+0.1 \\ 1/2 & j=i-0.1 \\ 1/2 & i=0.1, j=0.1 \\ 1/2 & i=a+b-0.1, j=a+b-0.1 \\ 0 & \text{其它} \end{cases}$$

$$8. \begin{pmatrix} 0 & 1 & 0 & 0 & 0 & 0 & 0 & 0 & 0 \\ 1/2 & 0 & 1/2 & 0 & 0 & 0 & 0 & 0 & 0 \\ 0 & 1/2 & 0 & 1/2 & 0 & 0 & 0 & 0 & 0 \\ 0 & 0 & 1 & 0 & 0 & 0 & 0 & 0 & 0 \\ 0 & 0 & 0 & 0 & 0 & 0 & 0 & 1 & 0 \\ 0 & 0 & 0 & 0 & 0 & 0 & 1 & 0 & 0 \\ 0 & 0 & 0 & 0 & 0 & 1/2 & 0 & 1/2 & 0 \\ 0 & 0 & 0 & 0 & 1/3 & 0 & 1/3 & 0 & 1/3 \\ 0 & 0 & 0 & 0 & 0 & 0 & 0 & 1 & 0 \end{pmatrix}$$

9. (1) 4 个状态, 分别记为 1, 2, 3, 4

(2) 概率转移图如下

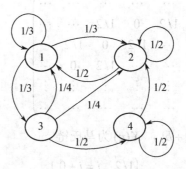

(3) 从第二个状态至少要 2 步才能转移到第三个状态。

$$10. \begin{pmatrix} 0 & 1/2 & 1/2 \\ 0 & 1/2 & 1/2 \\ 1 & 0 & 0 \end{pmatrix}$$

6.3 基本练习题

1. (1) $\boldsymbol{P}^{(2)} = \begin{pmatrix} 1-p & 0 & p \\ 0 & 1 & 0 \\ 1-p & 0 & p \end{pmatrix}$

(2) $P^{(n)} = \begin{cases} P^{(2)} & n = 2k \\ P & n = 2k-1 \end{cases} \qquad k = 1,2,3,\cdots$

2. $P^{(n)} = \begin{pmatrix} \dfrac{1}{2} + \dfrac{1}{2}(2p-1)^n & \dfrac{1}{2} - \dfrac{1}{2}(2p-1)^n \\ \dfrac{1}{2} - \dfrac{1}{2}(2p-1)^n & \dfrac{1}{2} + \dfrac{1}{2}(2p-1)^n \end{pmatrix} \qquad n = 1,2,3,\ldots$

3. (1) $P^{(2)} = \begin{pmatrix} 1/2 & 1/2 & 0 & 0 \\ 1/4 & 3/4 & 0 & 0 \\ 1/4 & 1/2 & 1/4 & 0 \\ 0 & 1/2 & 1/2 & 0 \end{pmatrix}$

(2) $p_{32}^{(4)} = \dfrac{5}{8}, \qquad p_{34}^{(8)} = 0$

4. (1) $E = \{-2, -1, 0, 1, 2\}$ \qquad $P = \begin{pmatrix} 1 & 0 & 0 & 0 & 0 \\ q & r & p & 0 & 0 \\ 0 & q & r & p & 0 \\ 0 & 0 & q & r & p \\ 0 & 0 & 0 & 0 & 1 \end{pmatrix}$

(2) $P^{(2)} = \begin{pmatrix} 1 & 0 & 0 & 0 & 0 \\ q(1+r) & r^2 + pq & 2pr & p^2 & 0 \\ q^2 & 2qr & r^2 + 2pq & 2pr & p^2 \\ 0 & q^2 & 2qr & r^2 + pq & p(1+r) \\ 0 & 0 & 0 & 0 & 1 \end{pmatrix}$

(3) $p(1+r)$

5. (1) $E = \{1,2,3,4,5,6\}$

$$(2)\ \boldsymbol{P}^{(2)}=\begin{pmatrix}\left(\dfrac{1}{6}\right)^2 & \left(\dfrac{2}{6}\right)^2-\left(\dfrac{1}{6}\right)^2 & \left(\dfrac{3}{6}\right)^2-\left(\dfrac{2}{6}\right)^2 & \left(\dfrac{4}{6}\right)^2-\left(\dfrac{3}{6}\right)^2 & \left(\dfrac{5}{6}\right)^2-\left(\dfrac{4}{6}\right)^2 & 1-\left(\dfrac{5}{6}\right)^2\\[2ex] 0 & \left(\dfrac{2}{6}\right)^2 & \left(\dfrac{3}{6}\right)^2-\left(\dfrac{2}{6}\right)^2 & \left(\dfrac{4}{6}\right)^2-\left(\dfrac{3}{6}\right)^2 & \left(\dfrac{5}{6}\right)^2-\left(\dfrac{4}{6}\right)^2 & 1-\left(\dfrac{5}{6}\right)^2\\[2ex] 0 & 0 & \left(\dfrac{3}{6}\right)^2 & \left(\dfrac{4}{6}\right)^2-\left(\dfrac{3}{6}\right)^2 & \left(\dfrac{5}{6}\right)^2-\left(\dfrac{4}{6}\right)^2 & 1-\left(\dfrac{5}{6}\right)^2\\[2ex] 0 & 0 & 0 & \left(\dfrac{4}{6}\right)^2 & \left(\dfrac{5}{6}\right)^2-\left(\dfrac{4}{6}\right)^2 & 1-\left(\dfrac{5}{6}\right)^2\\[2ex] 0 & 0 & 0 & 0 & \left(\dfrac{5}{6}\right)^2 & 1-\left(\dfrac{5}{6}\right)^2\\[2ex] 0 & 0 & 0 & 0 & 0 & 1\end{pmatrix}$$

$$\boldsymbol{P}^{(n)}=\begin{pmatrix}\left(\dfrac{1}{6}\right)^n & \left(\dfrac{2}{6}\right)^n-\left(\dfrac{1}{6}\right)^n & \left(\dfrac{3}{6}\right)^n-\left(\dfrac{2}{6}\right)^n & \left(\dfrac{4}{6}\right)^n-\left(\dfrac{3}{6}\right)^n & \left(\dfrac{5}{6}\right)^n-\left(\dfrac{4}{6}\right)^n & 1-\left(\dfrac{5}{6}\right)^n\\[2ex] 0 & \left(\dfrac{2}{6}\right)^n & \left(\dfrac{3}{6}\right)^n-\left(\dfrac{2}{6}\right)^n & \left(\dfrac{4}{6}\right)^n-\left(\dfrac{3}{6}\right)^n & \left(\dfrac{5}{6}\right)^n-\left(\dfrac{4}{6}\right)^n & 1-\left(\dfrac{5}{6}\right)^n\\[2ex] 0 & 0 & \left(\dfrac{3}{6}\right)^n & \left(\dfrac{4}{6}\right)^n-\left(\dfrac{3}{6}\right)^n & \left(\dfrac{5}{6}\right)^n-\left(\dfrac{4}{6}\right)^n & 1-\left(\dfrac{5}{6}\right)^n\\[2ex] 0 & 0 & 0 & \left(\dfrac{4}{6}\right)^n & \left(\dfrac{5}{6}\right)^n-\left(\dfrac{4}{6}\right)^n & 1-\left(\dfrac{5}{6}\right)^n\\[2ex] 0 & 0 & 0 & 0 & \left(\dfrac{5}{6}\right)^n & 1-\left(\dfrac{5}{6}\right)^n\\[2ex] 0 & 0 & 0 & 0 & 0 & 1\end{pmatrix}$$

(3) $p_{36}^{(4)}=\dfrac{671}{1296}$

6. (1) $\boldsymbol{P}=\begin{pmatrix}1/2 & 1/2 & 0 & 0\\ 0 & 0 & 1/2 & 1/2\\ 1/2 & 1/2 & 0 & 0\\ 0 & 0 & 1/2 & 1/2\end{pmatrix}$

(2) $n\geqslant 2$ 时，$\boldsymbol{P}^{(n)}=\dfrac{1}{4}\begin{pmatrix}1 & 1 & 1 & 1\\ 1 & 1 & 1 & 1\\ 1 & 1 & 1 & 1\\ 1 & 1 & 1 & 1\end{pmatrix}$

7. (1) $P\{X(0)=0, X(1)=1, X(2)=1\} = \dfrac{1}{16}$

(2) $p_{01}^{(2)} = \dfrac{7}{16}$, $p_{12}^{(3)} = \dfrac{181}{432}$

9. (2) $\boldsymbol{P} = \begin{pmatrix} 0 & 5/12 & 1/4 & 1/3 \\ 5/24 & 0 & 7/24 & 1/2 \\ 1/6 & 7/18 & 0 & 4/9 \\ 1/6 & 1/2 & 1/3 & 0 \end{pmatrix} = \begin{pmatrix} 0 & 0.42 & 0.25 & 0.33 \\ 0.21 & 0 & 0.29 & 0.5 \\ 0.17 & 0.39 & 0 & 0.44 \\ 0.17 & 0.5 & 0.33 & 0 \end{pmatrix}$

$\boldsymbol{P}^{(2)} = \begin{pmatrix} 0.19 & 0.26 & 0.23 & 0.32 \\ 0.13 & 0.45 & 0.22 & 0.20 \\ 0.16 & 0.29 & 0.3 & 0.25 \\ 0.16 & 0.2 & 0.19 & 0.45 \end{pmatrix}$

(3) $p_{23}^{(2)} = 0.22$

(4) $p_{11}^{(4)} = 0.16$

10. (1) $E = \{0,1\}$，其概率转移图为

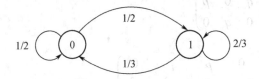

(2) $\boldsymbol{P}^{(2)} = \begin{pmatrix} 5/12 & 7/12 \\ 7/18 & 11/18 \end{pmatrix}$

(3) 35/144   (4) 259/342

6.4 基本练习题

1. $\pi = (2/3,\ 1/3)$

2. $\pi = (\pi_1, \pi_2, \pi_3) = \left(\dfrac{1-\dfrac{p}{q}}{1-\left(\dfrac{p}{q}\right)^3},\ \dfrac{1-\dfrac{p}{q}}{1-\left(\dfrac{p}{q}\right)^3}\dfrac{p}{q},\ \dfrac{1-\dfrac{p}{q}}{1-\left(\dfrac{p}{q}\right)^3}\left(\dfrac{p}{q}\right)^2 \right)$

4. 具有遍历性，$\pi = (\pi_1, \pi_2, \pi_3, \pi_4) = \left(\dfrac{2}{7},\ \dfrac{2}{7},\ \dfrac{2}{7},\ \dfrac{1}{7} \right)$

5. (1) $P = \begin{pmatrix} 0 & 0.4 & 0 & 0.6 \\ 0.5 & 0 & 0.5 & 0 \\ 0 & 0 & 1 & 0 \\ 0 & 0 & 0 & 1 \end{pmatrix}$

(2) 不是遍历的。

(3) $\pi = (\pi_1, \pi_2, \pi_3, \pi_4) = (0, 0, \lambda, 1-\lambda)$

6. $\pi = (\pi_1, \pi_2, \pi_3, \pi_4, \pi_5) = \left(\dfrac{\lambda}{2}, \dfrac{\lambda}{2}, \dfrac{\lambda}{2}, \dfrac{1-\lambda}{2}, \dfrac{1-\lambda}{2} \right)$

第6章 综合练习

4. (1) $P = \begin{pmatrix} 0 & p & 0 & 0 & q \\ q & 0 & p & 0 & 0 \\ 0 & q & 0 & p & 0 \\ 0 & 0 & q & 0 & p \\ p & 0 & 0 & q & 0 \end{pmatrix}$

(2) $P^{(2)} = \begin{pmatrix} 2pq & 0 & p^2 & q^2 & 0 \\ 0 & 2pq & 0 & p^2 & q^2 \\ q^2 & 0 & 2pq & 0 & p^2 \\ p^2 & q^2 & 0 & 2pq & 0 \\ 0 & p^2 & q^2 & 0 & 2pq \end{pmatrix}$

(3) 具有遍历性。

5. (1) $P\{X(0) = 1, X(2) = 3\} = \dfrac{3}{16}$

(2) $P\{X(2) = 2\} = \dfrac{31}{96}$

(3) 具有遍历性。

(4) $\pi = (\pi_1, \pi_2, \pi_3) = \left(\dfrac{1}{5}, \dfrac{3}{10}, \dfrac{1}{2} \right)$

6. (1) $\pi = (\pi_1, \pi_2) = (0, 1)$

366

(2) $\boldsymbol{\pi} = (\pi_1, \pi_2, \pi_3, \pi_4) = \left(\dfrac{4}{13} \,,\, 0 \,,\, \dfrac{9}{13} \,,\, 0 \right)$

(3) $\boldsymbol{\pi} = (\pi_1, \pi_2, \pi_3, \pi_4, \pi_5) = (0 \,,\, 0 \,,\, 0 \,,\, 0 \,,\, 1)$

(4) $\boldsymbol{\pi} = (\pi_1, \pi_2, \cdots, \pi_{n-1}, \pi_n) = (p \,,\, 0 \,,\, \cdots \,,\, 0 \,,\, q)$

7. (1) 无遍历性，$\boldsymbol{\pi} = (\pi_1, \pi_2) = \left(\dfrac{1}{2} \,,\, \dfrac{1}{2} \right)$

(2) 有遍历性，$\boldsymbol{\pi} = (\pi_1, \pi_2) = \left(\dfrac{2}{3} \,,\, \dfrac{1}{3} \right)$

(3) 有遍历性，$\boldsymbol{\pi} = (\pi_1, \pi_2, \pi_3, \pi_4) = (0.4 \,,\, 0.1 \,,\, 0.2 \,,\, 0.3)$

(4) 有遍历性，$\boldsymbol{\pi} = (\pi_1, \pi_2, \pi_3, \pi_4) = \left(\dfrac{q^2}{1+p^2} \,,\, \dfrac{p}{1+p^2} \,,\, \dfrac{pq}{1+p^2} \,,\, \dfrac{p^2}{1+p^2} \right)$

8. (1) $p_{22}^{(2)} = \dfrac{11}{60}$

(2) $p_{43}^{(3)} = \dfrac{7}{27}$

(3) 有遍历性。

(4) $\boldsymbol{\pi} = (\pi_1, \pi_2, \pi_3, \pi_4) = \left(\dfrac{164}{391} \,,\, \dfrac{60}{391} \,,\, \dfrac{95}{391} \,,\, \dfrac{72}{391} \right)$

9. (1) $P\{X(0) = 1, X(1) = 0, X(2) = 2\} = \dfrac{1}{27}$

(2) $p_{02}^{(2)} = \dfrac{1}{6}$

(3) $\boldsymbol{\pi} = (\pi_0, \pi_1, \pi_2) = \left(\dfrac{6}{17} \,,\, \dfrac{9}{17} \,,\, \dfrac{2}{17} \right)$

10. 有遍历性，$\boldsymbol{P}^{(2)} = \begin{pmatrix} \dfrac{19}{80} & \dfrac{31}{120} & \dfrac{13}{60} & \dfrac{23}{80} \\[2mm] \dfrac{11}{45} & \dfrac{181}{720} & \dfrac{161}{720} & \dfrac{101}{360} \\[2mm] \dfrac{67}{300} & \dfrac{41}{150} & \dfrac{31}{150} & \dfrac{89}{300} \\[2mm] \dfrac{29}{120} & \dfrac{97}{360} & \dfrac{77}{360} & \dfrac{11}{40} \end{pmatrix}$

$$\boldsymbol{\pi} = (\pi_1, \pi_2, \pi_3, \pi_4) = \left(\frac{336}{1415}, \frac{372}{1415}, \frac{305}{1415}, \frac{402}{1415} \right)$$

第6章 自测题

1. (1) 概率转移图为

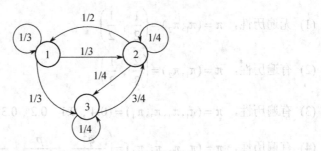

(2) $\boldsymbol{P}^{(2)} = \begin{pmatrix} \dfrac{5}{18} & \dfrac{4}{9} & \dfrac{5}{18} \\ \dfrac{7}{24} & \dfrac{5}{12} & \dfrac{7}{24} \\ \dfrac{3}{8} & \dfrac{3}{8} & \dfrac{1}{4} \end{pmatrix}$ $\qquad p_{13}^{(4)} = 0.2762$

(3) 有遍历性，$\boldsymbol{\pi} = (\pi_1, \pi_2, \pi_3) = \left(\dfrac{9}{29}, \dfrac{12}{29}, \dfrac{8}{29} \right)$

2. (1) $P\{X(0) = 1, \ X(1) = 1, \ X(2) = 2\} = 0$

(2) $\boldsymbol{P}^{(2)} = \begin{pmatrix} \dfrac{4}{25} & \dfrac{2}{5} & \dfrac{11}{25} \\ \dfrac{9}{20} & \dfrac{1}{4} & \dfrac{3}{10} \\ \dfrac{1}{3} & \dfrac{5}{9} & \dfrac{1}{9} \end{pmatrix}$

(3) $P\{X(2) = 0\} = 0.2372$

$\quad P\{X(2) = 1\} = 0.4009$

$\quad P\{X(2) = 2\} = 0.3619$

7.1 基本练习题

1. $\bar{x} = 25.09$，$m_n = 25.2$。$x_{(1)} = 22.7$，$x_{(21)} = 27.1$，$s^2 = 2.5129$

$\gamma_0 = 2.3932$ ， $\gamma_1 = 2.167$ ， $\gamma_2 = 1.8668$ ， $\gamma_3 = 1.5191$

2. 是

3. $Q_{LB}56.8658 > \chi^2_{0.05}(6) = 12.592$ ，拒绝 H_0

7.2 基本练习题

1. $\mu = 10$ ， $y_t = x_t - 10$ ， $D(y_t) = 0.25$

2. $\mu = 0.5$ ， $y_t = x_t - 0.5$ ， $y_t = 0.31y_{t-1} + 0.54y_{t-2} + \varepsilon_t$

3. (1) $x_t = \sum_{k=0}^{\infty} (-0.5)^k \varepsilon_{t-k}$ ； (2) $x_t = 0.91 \sum_{k=0}^{\infty} (0.3^{k+1} - 0.8^{k+1}) \varepsilon_{t-k}$

4. $x_t = 10 + \sum_{k=0}^{\infty} 0.8^k \varepsilon_{t-k}$

5. $\rho_1 = 0.9631$ ， $\rho_2 = 0.899$ ， $\rho_3 = 0.8276$ ， $\alpha_{11} = \rho_1$ ， $\alpha_{22} = -0.395$ ， $\alpha_{33} = 0$

7.3 基本练习题

1. $\mu = 0$ ， $D(x_t) = 0.1476$ ， $\varepsilon_t = \sum_{k=0}^{\infty} 0.8^k x_{t-k}$

2. $\mu = 0$ ， $D(x_t) = 0.14882$ ， $\varepsilon_t = 5.263 \sum_{k=0}^{\infty} (0.44^{k+1} - 0.25^{k+1}) x_{t-k}$

3. (1) $\gamma_0 = 0.78125$ ， $\gamma_1 = -0.375$ ， $\gamma_k = 0(k \geqslant 2)$ ， $\rho_1 = -0.48$ ， $\rho_k = 0(k \geqslant 2)$ ；

   (2) $\gamma_0 = 0.645$ ， $\gamma_1 = 0.6$ ， $\gamma_2 = 0.2$ ， $\gamma_k = \rho_k = 0(k \geqslant 3)$ ， $\rho_1 = 0.93$ ， $\rho_2 = 0.31$

4. $\rho_1 = 0.4965$ ， $\rho_2 = 0.2837$ ， $\rho_3 = 0$ ， $\alpha_{11} = \rho_1$ ， $\alpha_{22} = 0.04935$ ， $\alpha_{33} = -0.2107$

7.4 基本练习题

1. $\mu = 0$ ， $D(x_t) = 0.0918$ ， $x_t = \varepsilon_t - 0.1 \sum_{k=1}^{\infty} 0.7^{k-1} \varepsilon_{t-k}$ ， $\varepsilon_t = x_t + 0.1 \sum_{k=1}^{\infty} 0.8^{k-1} x_{t-k}$

2. $\gamma_0 = 1.0833$ ， $\gamma_1 = -0.2083$ ， $\gamma_2 = -0.1042$ ， $\gamma_3 = 0.0521$ ， $\rho_1 = -0.1923$ ，

   $\rho_2 = -0.0961$ ， $\rho_3 = -0.0481$

3. $\alpha_{11} = \rho_1 = -0.1923$ ， $\alpha_{22} = -0.1382$ ， $\alpha_{33} = -0.1013$

8.1 基本练习题

1. $\hat{\alpha}_1 = 0.571$ ， $\hat{\alpha}_2 = -0.02$ ， $\hat{\sigma}^2 = 36.92$

2. $x_t = -0.1724x_{t-1} + 0.2503x_{t-2} + \varepsilon_t$ ， $\hat{\sigma}^2 = 445.656$

3. $x_t = 0.4259x_{t-1} + 0.0741x_{t-2} + \varepsilon_t$，$\hat{\sigma}^2 = 2.4698$

8.2 基本练习题

1. $\hat{\beta}_1 = -1.597$，$\hat{\beta}_2 = 3.2591$，$\hat{\sigma}^2 = 1.658$
2. $\hat{\beta}_1 = 0.5323$，$\hat{\beta}_2 = -0.5338$
3. $x_t = -0.02 + \varepsilon_t - 0.7674\varepsilon_{t-1} + 0.2839\varepsilon_{t-2}$，$\hat{\sigma}^2 = 1.3473$

8.3 基本练习题

1. $\hat{\alpha}_1 = 0.875$，$\hat{\beta}_1 = 0.5021$，$\hat{\sigma}^2 = 34.88$
2. $x_t = 1.24 + 0.8x_{t-1} + \varepsilon_t - 0.2\varepsilon_{t-1}$，$\hat{\sigma}^2 = 1$

8.4 基本练习题

1.

预报期	n+1	n+2	n+3
预报值	0.555	1.87	-0.18
95%置信区间	(1.993，3.103)	(-0.73，4.47)	(-2.96，2.6)

2.

预报期	2005	2006	2007	2008
预报值	109.2	96	100.8	100
95%置信区间	(99，119)	(83，109)	(87，115)	(86，114)

3.

预报期	101	102	103
预报值	0.28	0.0336	0.004
95%置信区间	(-1.68，2.24)	(-2.3366，2.4038)	(-2.3716，2.3796)

参 考 文 献

[1] 范子亮. 应用随机过程. 成都：西南交通大学出版社，1995.

[2] 毛用才，胡奇英. 随机过程. 西安：西安电子科技大学出版社，1998.

[3] 刘嘉焜. 随机过程. 北京：科学出版社，2002.

[4] 胡细宝，孙洪祥. 概率论与随机过程. 北京：北京邮电大学出版社，2001.

[5] 钱敏平，龚光鲁. 应用随机过程. 北京：北京大学出版社，1998.

[6] S.M. 劳斯著，何声武、谢盛荣译. 随机过程. 北京：中国统计出版社，1997.

[7] 唐鸿龄，张元林，陈浩球. 应用概率. 南京：南京工学院出版社，1988.

[8] 复旦大学. 概率论. 北京：高等教育出版社，1981.

[9] 李裕奇，赵联文. 概率论与数理统计(第 4 版). 北京：国防工业出版社，2014.

[10] 林元烈. 应用随机过程. 北京：清华大学出版社，2003.

[11] 安鸿志. 时间序列分析. 上海：华东师范大学出版社，1992.

[12] 田铮. 动态数据处理的理论与方法——时间序列分析. 西安：西北工业大学出版社，1995.